近年拍摄到的著名彗星

1976 年的威斯特彗星（左上）；

1986 年的哈雷彗星（右上）；

1997 年的海尔波普彗星（左下）；

2002 年池谷－张（大庆）彗星与仙女座星系（右下）。

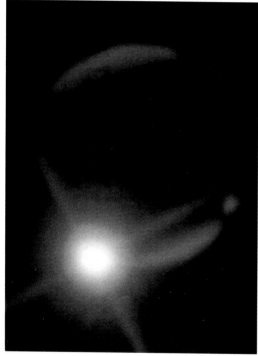

⬆⬅ 彗木相撞留影

　　1994 年苏－列 9 号彗星被木星的强大引力撕裂成块（上图为部分照片）。

　　在 7 月 15—22 日之间，彗星相继和木星相撞。这是人类第一次看到天体相撞实况。据估计相撞的总能量相当于若干亿颗原子弹爆炸！相撞时拍到的巨大火球，可以和地球大小相比！（左图）

➡ 流星暴雨

　　1883 年 11 月 13 日，在美国波士顿上空出现的狮子座流星暴雨，盛况惊人。（木版画）

⬆ **天外来客**

　　世界最大的陨石——吉林 1 号陨石（左图），重 1 770 千克。1967 年 3 月 8 日随陨石雨降落在中国吉林市郊区。

　　美国亚利桑那州的陨石坑（右图），直径 1 265 米，可能是几万年前陨石或小行星撞击地球的遗迹。

⬆ **夏夜银河与牛郎织女星**

　　盛夏季节，银河高悬，牛郎星（牵牛星）（左中亮星）位于银河东岸和织女星（右上亮星）遥相呼应，正如唐诗中"卧看牵牛织女星"名句所指。出现在南方地平线上的是银河最辉煌的部分，南斗六星就在这里（银河最亮处的左上方）。

⬆ **灿烂的南天星空**

　　猎户星座高挂天空（右上），星座的左下为全天最亮的星，即天狼星（大犬座），再往下是全天第二亮星，即船尾座的老人星。疏淡的银河顺流向南，左边贴近地平线处是南十字星座。在我国大部分地区只能看到老人星和它上面的星空。在海南一带才能一见南十字星座的全貌。

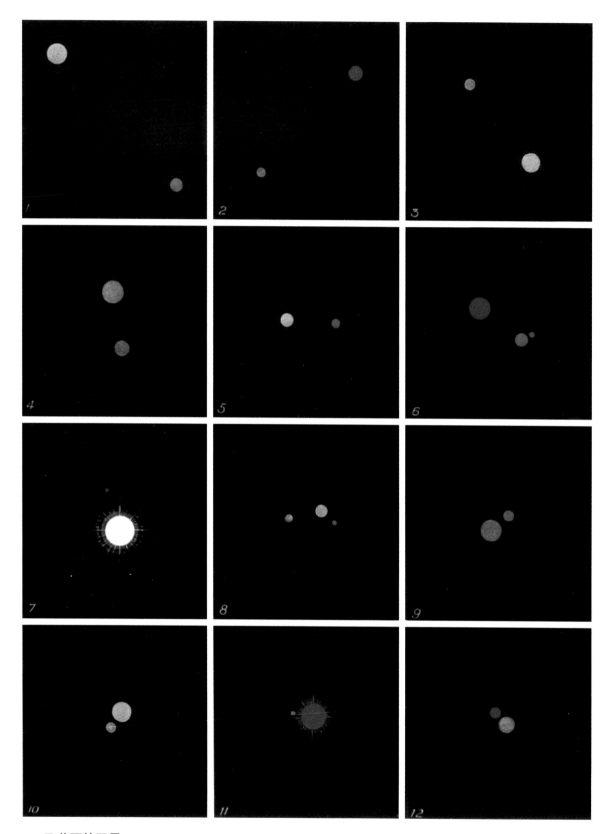

⬆ 美丽的双星

　　从望远镜中可以看到许多美丽的双星（或三重星……），从颜色对比上显示出双星之美：（1）天鹅座 β，（2）英仙座 η，（3）大熊座 α，（4）天蝎座 β，（5）海豚座 γ，（6）仙女座 γ，（7）猎户座 β，（8）仙后座 ι，（9）武仙座 α，（10）牧夫座 ε，（11）天蝎座 α，（12）牧夫座 ξ。

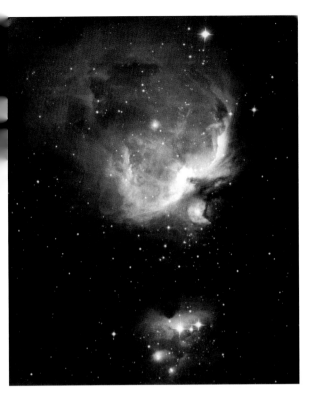

◀ 猎户座大星云（**M42**）

这是最著名的气体星云之一，在猎户座中三星下方，肉眼依稀可见。它也是天文爱好者最爱观测和拍照的天体。它是由气体氢和尘埃组成，受附近恒星的激发而发光。在彩色照片中，猎户座大星云的色彩特别美丽而鲜艳。这里也是孕育恒星的场所，距离为1 500光年。星云的宽度约为太阳系直径的数万倍。

↑ 马头星云

位于猎户座三星中ζ星的附近，是最著名的暗黑星云之一。这里也是恒星诞生的场所。在红色的明亮弥漫星云背景上不发光的物质呈现出马头形状，因此而得名。明亮的恒星、泛红色的弥漫星云衬托出马头星云的美景。星云的距离为1 300光年。马头直径约1光年。

◀ 螺旋星云

距离450光年，是行星状星云中最大和最近的。这类星云都有中心的恒星和扩散的环形气体。

天琴座环状星云 M57

最著名的行星状星云，位于天琴座中织女星附近，距离 2 000 光年。中心的白矮星放射出均匀而对称的光，使星云的姿态完美对称。天文学家用直径 8 米的红外望远镜捕摄到了这个星云物质向外扩散的晕环。

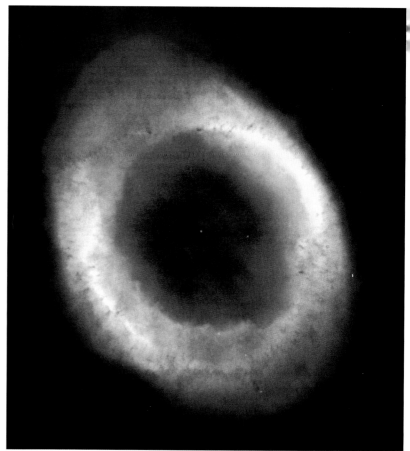

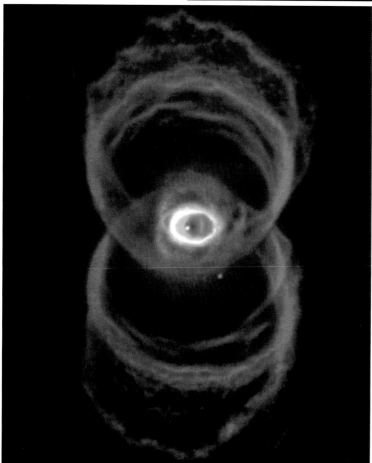

奇特的沙漏星云 MyCn18

位于南三角座的行星状星云，距离 8 000 光年，形状好像古代用沙子在瓶中徐徐下漏而计时的工具，在天体中十分罕见。有人推测形成的过程是恒星喷射物质，因气体的速度在赤道方向和两极方向不同而造成。（哈勃空间望远镜拍摄）

⬆ **超新星 1987A**

　　这是人类在将近 400 年来首次发现了肉眼可以看到的超新星，出现在大麦哲伦星云中，成为 20 世纪最重大的天文发现之一。它发出强大的紫外射线和 X 射线，成为天体物理学中重要的研究对象。该图是这颗超新星爆发前（上图）和爆发后（下图）的照片。

◀ 波江座形态完美的旋涡星系 NGC1232

直径20万光年，比银河系约大一倍，距离有1亿光年之远。在中心部分有若干类似太阳的中老年恒星，而在旋臂上有很多诞生不久、发蓝光的星。

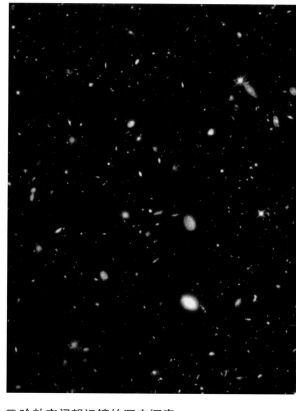

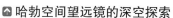

⬆ 哈勃空间望远镜的深空探索

1995年年底哈勃空间望远镜在北斗七星中的一个极小天区拍下了这幅深空探索照片，可以看到有3 000多个星系，距离有100多亿光年之远。这可以说是人类向深远宇宙空间探索的划时代图像。人类对宇宙的探索将深入，深入，再深入，这也是为了去寻找那些最早诞生的星系，以便了解宇宙演化的全过程。

◀ 飞翔在太空中的哈勃空间望远镜

背景照片为天龙星座中的旋涡星系NGC10214，距离约4.2亿光年，它的尾部长约28万光年。哈勃空间望远镜2002年3月7日拍摄，露光8小时。

ASTRONOMIE POPULAIRE

大众天文学

（修订版）

下 册

［法］弗拉马里翁（Nicolas Camille Flammarion）著

李珩 翻译 增补 **李元** 校译 配图

北京大学出版社
PEKING UNIVERSITY PRESS

目 录

下 册

第五篇　彗星、流星与陨星

第六篇　恒星宇宙

第七篇　天 文 仪 器

附　　录

第五篇 | **彗星、流星与陨星**

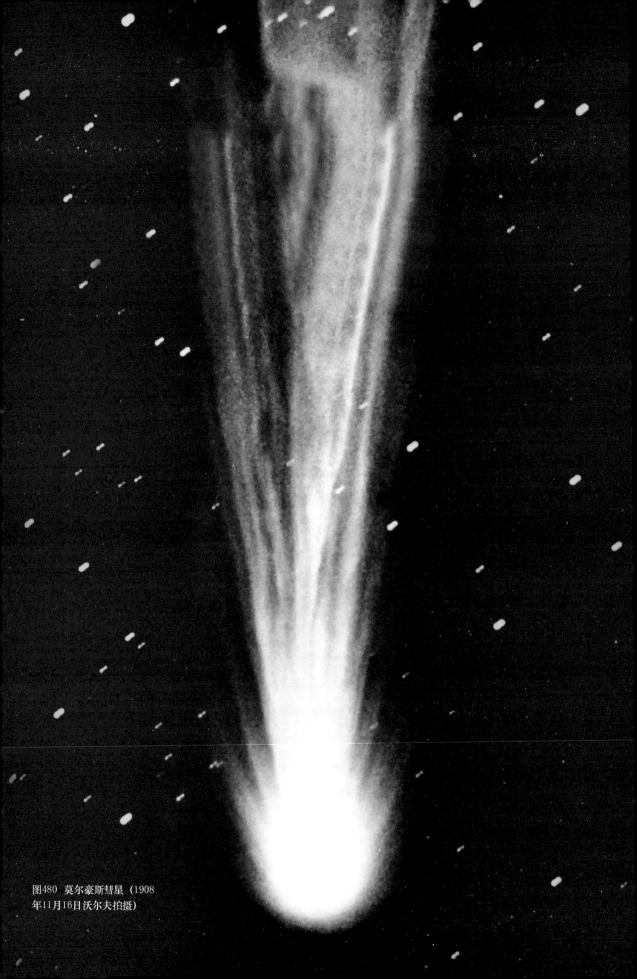

图480 莫尔豪斯彗星（1908
年11月16日沃尔夫拍摄）

图 481　威廉大帝时的彗星
即 1066 年的哈雷彗星，来自巴约彩绣毡挂毯。

第三十五章

历史上的彗星

　　在一切天象当中，彗星的出现无疑是最引人注目的。因为它们稀罕、奇特和神秘，即使是最漫不经心的人也会感觉诧异。我们每天看见的事物和经常发生的现象，成了"司空见惯"的事，不能引起我们的注意和好奇心。达朗贝尔（D'Alembert）说："科学家看见石头坠地感到惊奇，一般人笑他为什么惊奇，其实一般人对于日常事物如此地不用思想，才真令人惊奇。"真的，要是一位科学家对日常发生的现象去研究其中的缘由，他常常要问"为什么"和"怎么样"。最重要的现象反而不被人察觉，习惯磨灭了印象，终于使我们愚昧而没有感觉。更奇怪的是不常见的现象反而造成我们的恐惧，而绝不造成我们的欢乐和希望。在任何国家任何时代里，一颗彗星奇特的面貌和它灰白色光辉的尾巴忽然出现在天空时，总会在人们精神上造成一种恐怖的印象，以为已经建立的秩序受到了威胁。又因为这种现象是暂时的，人们总以为这是灾祸临头的征兆。世上的事变之中总有一两件会被人附和上，说这征兆终于印证在这些事实上了。

彗星法文是 comète，它是由希腊字 κομήτης 而来，意思是"发星"。据柏拉图和亚里士多德的学生泰奥弗拉斯托斯（Theophrastos）说，发星这个名词是从古埃及人那里来的。

除了个别例外，古代天文学家都把彗星当作是气象现象或者转瞬消逝的天象。有些人以为是地气上升至火界而燃烧，另外一些人说这是伟人的灵魂上升天界，让我们可怜的下界众生受灾祸的蹂躏。罗马人真相信公元前 44 年恺撒死时出现的大彗星的确是那位独裁者的灵魂〔罗马的名作家奥维德在他的《变形记》里贡献给奥古斯都大帝的最后一段说："维纳斯（金星）从苍天飞下，站在议院的人群中，但没有人看得见她。她从恺撒的身体内解放了灵魂，为了避免灵魂飞散，她把它带上星界。在上升的时候，这位女神感觉她所携带的灵魂变为一种神灵的质素焚烧起来。她让它从怀中逃走，灵魂上升得比月亮还高，变成一颗明星，在广大的空间里拖着一束火焰式的头发。"〕。17世纪赫维留和开普勒还以为彗星是地球和行星所发射出来的精气。在这样的见解之下，自然就不会有人去从事彗星运动的测定工作了。由于第谷、牛顿和哈雷特别是近代天文学家的努力，彗星的运动才被列入行星运动的理论里面去。

乍看起来，天体运动的庄严性和均一性，好像被奇异的过路客人、长发披天的怪物所搅扰了。古代的作家常把彗星描写成各种各样可怕的形象，如刀、枪、剑、戟，甚至是砍下毛发茸茸的脑袋所流出的鲜血，发出红、黄或灰色的光辉。历史学家约瑟夫就曾这样描绘过公元 66 年，即耶路撒冷城被毁前 4 年时所出现的彗星的形状。事实上这是一次哈雷彗星的出现。

拉丁历史学家苏埃托尼乌斯（Suétone）否认尼禄（Néron）所犯的暴行是彗星的影响，尼禄宠幸的占星家巴比吕斯（Babilus）〔自尼禄至美第奇家族的凯瑟琳，大多数国王和王子都养有各自的占星家。这些占星人的生活不常是舒适的：罗马皇帝提比略常把他的占星家抛到特布尔河或卡普雷（Caprée）山脚下的海里去。这些占星家想设法避免刑罚是很困难的。路易十一的占星家曾预言皇帝宠幸的某一贵妇人将死亡。这妇人真的凑巧死了，皇帝命他的御前教官把这占星人叫进宫来，并且命令侍卫听到信号，就将这位占星人捉住，放进袋内，抛入塞恩河中。皇帝看见他的时候问他道："你这位能干的先知，既然能够知道别人的命运，那么立刻告诉我，你还会活上几天？"他毫不惊恐地回答道："陛下，天星告诉我，我该比陛下早三天死亡。"皇帝听了这个回答，就没有发出信号，而且特别注意这位占星家的健康〕以为某一次彗星的出现预兆克劳狄王朝的灭亡。希腊历史学家卡修斯（Dion Cassius）的书中曾经有这样一段记载："在罗马皇帝韦斯巴芗（Vespasianus）驾崩以前有几个预兆：一颗彗星久现不散，奥古斯都大帝的陵墓崩裂。"御医们以为皇帝一定染了重病，可是看见皇帝仍然是无恙地在料理政事。他对医生们说道："你们的皇帝应该站立着死去。"他又看见宫人们在低声谈论彗星，他含笑说道："这颗长发星和我没有关系，它是在威胁雅典的国王，因为他有头发，我是秃子。"比希尼亚国王因在被屠的动物的肚内所得的预兆不佳，就拒绝作战，汉尼拔大将取笑他说道："那么，你宁肯相信羊肝的意见，而怀疑老将的意见吗？"每个时代都有它的成见，我们这个时代也不免有同样的笑话。

希腊人也有这样的迷信：公元前 372 年出现的一颗彗星，亚里士多德曾经描绘它有长 60°的尾巴；根据西西里的史学家狄奥多罗斯（Diodore）的看法，它预兆斯巴达人的衰颓；根据埃福罗斯（Ephore）的看法，它预兆阿沙依省的赫里斯和布拉城将被海摧毁。普卢塔克叙述公元前 343 年的彗星，按照科林斯的提莫莱昂将军的意思，那是他打败西西里人的成功预兆。史学家索佐门（Sozomène）和苏格拉底（Socrate）也说到公元 400 年出现的一颗刀形的彗星，照耀在君士坦丁堡上，那时正是加伊那背信弃义、大祸降临的前夕。

中世纪里，人们更是变本加厉，扩大了古代人疯狂的意念，把有些彗星形容得怪诞无比〔有人看见过一颗彗星，形状像一对月亮；在查理曼大帝死时（814 年）一颗彗星像一个没头的人。历史学家尼塞塔斯描绘 1182 年的彗星，有下面一段奇特的叙述："自从罗马人被逐出君士坦丁堡以后，天空即现出愤怒和罪恶的预兆。一颗彗星出现，它形似蜿蜒的蛇，时而伸，时而屈，时而张开血盆大口，人们以为它想喝人血，快要下来捉人去吃呢。"〕帕拉切尔苏斯（Paracelse）医生却以为彗星是被天使派来警告人们的。葡萄牙王阿方索六世听说 1664 年出现彗星，匆忙跑到月台上去，百般地诅咒，且抽出手枪向彗星射击，可是彗星仍然庄严地在它的轨道上运行。

下面我们要谈到历史上的一颗最著名的周期彗星，名叫哈雷彗星，是为纪念首先预言它回来的一位天文学家而命名的。这颗彗星自公元前 467 年出现时，历史上已有记载，到今天已经经过近日点 32 次。公元前 391 年和前 315 年的两次回来，没有历史的记载〔关于哈雷彗星在中国历史上的记载，据朱文鑫考证（见《天文考古录》），自秦始皇七年（前 240 年）至清末宣统二年（1910 年）计有 29 次，与计算的结果比较，均相符合。——译者注〕。在法国历史上最早一次有记载的是在 837 年，正值柔懦的路易一世在位的时候。当时一位绰号天文学家的人曾经有这样一段记载："在复活节的圣日里，一个时常是灾祸的预兆现象出现了。皇帝平常很留心这类现象，看见了那颗星，一下子便失去了安宁。他对我说'这是预兆皇朝易人和王子升天'。他召集大主教们并听取他们的意见，有人告诉他应该多祈祷上苍，建造礼拜堂和修道院。他依照这些劝告去做了，可是三年以后他还是死了。"

1066 年 4 月，正当威廉胜利入侵英国的时候，哈雷彗星出现了。历史学家都这样写道："诺尔曼人被一颗彗星领导着入侵英国。"威廉的妻子马蒂尔达把这颗彗星和她的臣民惊讶的情况，织在有名的巴约城的挂毯上面（图 481），今天还保存在博物馆里。英国国王在他们的冠冕上绣有彗星尾巴的花纹，据说是纪念黑斯廷斯战役失败的耻辱。

哈雷彗星最有名的一次出现在 1456 年，正是土耳其人占据君士坦丁堡 3 年以后。欧洲人处在下列可怕的消息所造成的惊恐里，传说圣苏菲教堂已经改为清真寺，所有的基督教徒都被绞死或者遭受奴役，大家正在为拯救基督教而担心。1456 年 5 月 27 日彗星出现了，据当时历史学家说，那颗彗星既大而又可怕，尾巴之长掩盖了黄道的两宫，换句话说即是 60°，它金光灿烂，具有摇荡的、火焰似的姿态。人们以为这是天神的怒气，它的出现增加了战争的恐怖。这时教皇加里斯都（Calixte）三世命令一切信奉基督教的王子群力共御，并叫信徒们虔诚地祈祷，在许多诏命中有一条规定正午鸣钟时人们必须重做晚祷礼拜。在 1318 年，约翰二十二世已规定晚祷。1456 年又有午祷。到了 1472 年路易十一便把这两次礼拜固定成为习俗。

哈雷彗星也和别的彗星一样，对人们的精神有一种威胁、惊骇的势力。火剑、血十字、燃烧的匕首、长枪、飞龙、血口这一类充满恐怖的形容词，在中世纪和文艺复兴时代是很流行的。像 1577 年出现的彗星，因为它形状奇特，好像很配这一类的称号。最严肃的作家也未能避免使用这一类恐怖的词句。有名的外科医生帕雷（Ambroise Paré）在他的《天空怪物》中的一章里，描写了 1528 年的彗星，极富恐怖的色彩，"这颗彗星是异常可怕的，在群众中造成极大的恐怖，有吓死的，有吓了得病的。它的尾巴异常之长，颜色红得像血一般，在这颗彗星的头上我们看出一只屈曲的臂，手里持着一柄长剑，好像要往下砍。在剑端有三颗星。在这颗彗星的光芒两旁有许多带着鲜血的刀、斧、剑、矛，其中还混杂许多可憎恶的、须发耸立的人头"。

图 482　1528 年的彗星（来自《天空怪物》一书中的插图）

我们特别把作者的附图转载在这里（图 482），作为这颗有名的彗星这一类的描写的示例。同时还有人在 1520 年的天空中看到天上的军队（图 483）。

由此可以明白想象力拥有特别的眼睛，可以看出特殊的情况。1528 年和 1577 年有几位有名的人士以为世界的末日到了，他们竟把他们的财产捐献给修道院。

可是在那个时期里占星术的看法也开始受到攻击。伽桑狄在路易十四开始的年代说道："是的，彗星诚然可怕，但显然是由于我们的愚昧无知。它是我们为自己造成的恐怖对象，我们感觉真实的灾祸不够多，还制造一些想象的灾祸。"

在这一世纪以前伊拉斯谟（Érasme）说过："但愿战争的原因只是君王们被彗星所激起的愤怒。请一位高明的医生给他们几剂大黄消消怒火，再为我们带来和平的欢乐！"

图483 16世纪的人们以为在天空中看到了这样的情况

1681年1月2日塞维尼（Séign）侯爵夫人给比西（Bussy）公爵的信中有这样一段话：

"我们这里看见一颗很大的彗星，尾巴是再漂亮没有了。所有的大人都吓倒了，他们以为老天在料理他们的后事，特别拿这颗彗星来通告他们。据说马萨林大主教已经染了不治之症，他的侍臣们为了阿谀这位大人物，故意对他说天上出现一颗大彗星，很使他们害怕。他还有精力转而去讥笑他们，他说这颗彗星太看得起他了。事实上我们也该像他那样说，人们的骄傲竟到了这样的地步，以为个人的死亡也会影响到天上的星象呢！"

可是路易十四宫廷里那些大人物却没有马萨林那样聪明。且看1680年《牛眼记事》里有这样一段记载："所有的望远镜都对准天空，一颗近来还从没有看见过的大彗星，使我们科学院的学者们日夜操心。城里的人很害怕，胆怯的人以为又是一次洪水的预兆，他们说因为水的预兆总是在火。我想这是合理的解释，只需卡西尼先生为我证明就成了。胆小的人看见世界的末日快到了，赶忙写下他们的遗嘱，把他们的财产送给僧侣，在宫廷里大家热烈地讨论着这颗飘荡的星究竟预兆哪位大人的死亡。他们说罗马的独裁者死亡以前，不是有一颗彗星出现过吗？昨天有几位大胆的人讥诮这种意见。路易十四的弟弟怕一下变成了恺撒，冷冷地叫道：'唉，先生们你们可以坦然地瞎讲，原来你们这些人不是王族呀！'"〔1680年的彗星给一切人以深刻的印象：天主教徒、基督教徒、土耳其人、犹太人都害怕。它甚至使母鸡也害怕！弗拉马里翁在巴黎国立图书馆找着那时所雕的一块木刻像，上面写着："大怪事，罗马的一只母鸡生了一只蛋，上面刻有彗星的像。"这张图上绘有这样的一只鸡蛋，并且下面有一句话说明这事实是"经教皇和瑞典女王证明无讹的"〕

　　科学家伯努利也未能避免偏见,他说这颗彗星的头部虽然不是上帝愤怒的表现,尾部却该是那样的。惠斯顿(Whiston)把这颗彗星当作是洪水的预兆,他说这是根据数学计算而得知的。事实上他的出发点就很玄虚而不可靠。

　　这位和牛顿同时代的神学家兼天文学家于 1696 年写了一本叫《地球的理论》的书,他在那里借彗星的作用解释地质的演变和《创世记》里的事迹。他的理论不但完全虚构而且也和任何彗星无关,可是当哈雷算出 1680 年这颗有名的彗星轨道是椭圆的,周期是 575 年〔恩克重新计算,求得这颗彗星的周期该是 8800 年〕的时候,惠斯顿便根据这个周期,考证这颗彗星在古代出现时的历史事迹,找着历史学家认为这彗星曾在洪水时期出现过,于是这位神学家兼天文学家便不再迟疑,肯定他的理论,并且把这颗彗星断定是过去用水、将来用火来消灭人类的灾星。

　　他说:"人犯了罪的时候,便有一颗小彗星在地球的附近斜斜地经过,给地球以一种自转的运动。上帝预知人要犯罪,而且恶贯满盈的时候,应该给予一种严厉的惩罚。所以他在创造天地的时候,就预备了一颗彗星来作他复仇的工具。这彗星便是 1680 年的那颗彗星。"这场灾祸是怎样造成的呢?

　　他又说:"或者在 2349 年 11 月 28 日星期五那天,或者在 2926 年 12 月 2 日,彗星穿过地球轨道,距离地球只有 3614 里〔里(lieue)是指法国的古里,约等于现在的 4444 米,本章所说的里都是法国古里。——译者注〕。彗星合日的现象发生在北京正午的时候,那里好像是洪水以前诺亚居住过的地方。现在这次相遇的效果是怎样的呢? 一种巨大的潮汐不但发生在海水上面,亦且发生在地壳下面。亚美尼亚山脉和戈尔迪安山因为在合日的时候距离彗星最近,受了动摇,便崩裂开了,'深渊里的源泉涌了出来'。灾祸还不只是这些。彗星的大气和尾巴接触到地球和其上的大气,便成了倾盆大雨,一直下了整整 40 天,这样'便把天河里的水都倾尽'了。"根据惠斯顿所说,洪水淹没地面深达 1 万米。

　　这颗彗星从前把人类淹死,下一次来的时候又会怎样用火来烧死我们呢? 惠斯顿一点也不觉困难地解释说:彗星从后面拖住地球,改变它的轨道。于是"地球更靠近太阳,受到极大的热力,使它燃烧起来。这以后天上的神灵统治地球 1000 年,地球经过火的改造之后,由于神的意志,又可以居住了。可是最后一颗彗星再来碰撞地球,它的轨道变得异常椭长,地球本身也成了彗星,便不会再有人类了"。

　　这样看来彗星的作怪真是不小啊!

　　18 世纪时一般人对于天文的现象还是很无知的,迷信的胡说只要有人说了,特别是刊印发表出来了,就会被人传说开来。1736 年不是有人说太阳逆行了吗? 1768 年不是又有人说土星和它的光环与卫星都失踪了吗？大家都相信,报纸也传播了这种奇怪的消息,有知识的人对于这些传说虽然怀疑,但也随声附和。这以后几年在巴黎传遍一个空前恐怖的消息,使政府不得不下令干涉。同时梅西耶〔在 1760 年至 1801 年间梅西耶发现了 16 颗彗星。他对于寻找彗星这个工作的热心,表现在这一件事上。另外一位姓蒙塔尼的天文学家发现一颗彗星,适逢梅西耶的妻子死了,他回答他朋友的吊唁说道:"我已经发现了 11 个,就让这蒙塔尼去发现第 12 个吧!"他随即明白这位朋友和他谈的不是彗星,而是他的妻子,他说:"啊! 是的,这是一位很善良的女人哪。"他又继续去悼念他的彗星了。这位有名的彗星发现者于 1808 年刊印了他于 1769 年所发现的彗星,书名是《拿破仑诞生时出现的大彗星》〕在他的望远镜里发现了不少彗星,才使人明白这种稀罕的灾星原是屡见不鲜的现象。

图 484　拉朗德

那时法国的一位著名天文学家拉朗德才写了一本书,名叫《彗星的研究》。他说他只谈了某些情形下可以接近地球的彗星,可是有人就以为他预言了一颗异常的彗星,会造成世界的末日。这恐怖的消息由上流社会传播到普通大众,大家都承认这颗灾星已在它的轨道上运行,就要来把我们的地球毁掉。这种普遍的惊慌愈闹愈大,使得皇帝诏令拉朗德再作一篇文章,把他的意思向民众解释明白。他费了很大的力才使胆怯的人安心,重新去完成他们已经放弃了的计划。

像这样的例子到今天还是容易找到的。对于彗星的恐惧是一个周期性的病症,只要有一颗彗星出现并被人叫得响亮,这个病就会复发的。1910 年哈雷彗星归来的时候,有些报纸故意夸大它的恐怖性,特别是它的尾巴扫过地球的期间,有些住在偏僻乡村的人感到异常惊慌,报纸上说在中欧和东欧甚至有人因此自杀。

19 世纪的时期,有一次彗星出现,人们的恐惧好像是合乎科学的,这是 1832 年比拉彗星归来的故事。达穆瓦索计算这颗彗星归来的情况,求得它应该在 1832 年 10 月 29 日半夜以前穿过地球的轨道平面,而且就在彗星最容易撞着地球的地方,彗星穿过平面的这一点是在地球轨道之内,距离地球只有它的半径的 $4\frac{2}{3}$ 倍。因为彗星头部的半径有 $5\frac{1}{3}$ 个半径那样长,所以 1832 年 10 月 29 日半夜以前,地球轨道的一部分必定被彗星所占据。

这些结果既由科学界的权威所论断,又经过报纸的宣传,在人们中所产生的影响之大是可想而知的。完了！末日到了！地球快被彗星碰撞、击碎、拆毁、消灭了！那时大家都这样讲，最坚强的人也动摇了。

但是有一个问题应该提出的，当时报纸上却没有提到。1832 年 10 月 29 日半夜以前，彗星穿过地球轨道平面的某一点时，地球究竟在它巨大的轨道平面上哪一点呢？计算一下很快就解决了这个问题。阿拉戈在 1832 年《经度局年册》里写了这样一段话："10 月 29 日半夜以前，彗星将经过地球轨道上的某一点，可是，地球要在 11 月 30 日早上，即在 1 个月以后才到达这相同的一点。我们应记住地球在轨道上的平均速度是每日 67.4 万里。

图 485　1811 年彗星的影响（**此图来自当时杂志上的插图**）
彗星具有很大的坏影响，如暴风和火山爆发等，但它对于植物特别是葡萄却有好的作用，因此有"彗星酒"这个美名。

只需要很简单地计算一下，便知道彗星穿过地球轨道的时候，距地球有 2 000 万里之远。"

事情如预言那样，地球终于平安无恙地运行着。

查理五世时，一位骗子宣布说，彗星将于 1857 年 6 月 13 日回来。那一天彗星要和地球相撞，演成世界的末日。外省的人沉浸在恐怖里，巴黎人也不断担心地谈论着那颗彗星。

又有人谈到根据日内瓦的普朗达木的主张，1872 年 8 月 12 日地球将被彗星撞毁。大家都害怕，可是照常地生活，大祸临头那一天仍是安然度过。

下面我们将不从传说的观点去谈世界的末日，只从科学的见解去研究彗星和地球碰撞会产生怎样的后果。

1800 多年以前罗马哲学家塞内克（Sénèque）对于这个问题比他的许多后代的人更先进。他说"彗星按照自然所规定的路径有规律地运行"，并且预言说，他后代的人，会对他们时代里那些不能认识很明显的真理的愚蠢人感到惊诧。

　　观天的人习惯了星球运动的规律性和天穹面貌的沉静与稳定性，一旦看见在天空某一区域里有一颗形状反常、拖着光亮的长尾、忽来忽去的天体，自然不能不引起他们的惊讶、恐惧。这种恐惧产生于惊讶和愚昧，是不足怪的，因为一切难以解释的事，我们容易把它当作是奇怪灾祸。

　　为了消除这种奇怪的看法，我们应该寻找彗星运动的规律，1680 年大彗星出现的时候牛顿便这样做了。根据万有引力定律，他查出彗星的运动应在一条很长的曲线上，他和他的朋友与合作者哈雷企图用数学来表示这颗新彗星的行动，后来完全获得成功。哈雷对于这个工作作了很大的努力，认出 1682 年的彗星绕日的运动和 1531 年与 1607 年所观测过的两颗彗星极其相似，他断定这三颗彗星，本是同一颗彗星的三次出现，因此它应当在 1758 年再来。

　　哈雷很艰辛地计算了行星对于这颗彗星的作用，这作用影响了它下次回来的日期，他预言它下次回来当在 1758 年年底或 1759 年年初。要确切算出回来的日期，须使用完善的数学公式。克莱罗权威地完成了这个问题的代数部分，可是要根据公式作数字的计算，还是一个艰巨的工作。于是拉朗德和勒波特夫人担负了这项计算的任务。这两位计算者将数字代入公式，进行整整 6 个月的推算。克来罗完成了计算，求得各大行星推迟这颗彗星回来的时间，土星是 100 天，木星是 518 天，总共 618 天，那就是说它的实际周期比上面所说的周期要长 1 年 8 个月，于是它过近日点当在 1759 年 4 月中，可能迟早 1 个月。

图 486　哈雷

　　在欧洲大陆上科学的预测没有比这一次更引起人们的好奇心了。这颗彗星果然再回来了，而且它在预定的星座之间经过！它于 1759 年 3 月 12 日过近日点，比预测的日期恰好提早 1 个月。拉朗德说："我们都看见了它，彗星像行星那样环绕太阳运行是没有丝毫可怀疑的了。"〔1759 年拉朗德又这样写道：

"今年宇宙里发生一件最令人满意的现象，是天文学从来没有向我们表现过的。这是空前的胜利，它把我们的猜测变成了真实，使我们的假设得到证明。虽然聪明的物理学家一向就希望彗星如期归来，虽然牛顿加以证明，哈雷确定了时间，请求后代人类为他作见证，可是他的情况和我们是两样的，他的幸运的猜测和我们亲眼看见的快乐，自然也是两样的！综合历史的事迹得出结论，这是哈雷最大的成就。在50多年以后看见他的结论得到完全的证实，这快乐是我们的享受，也是自古以来的哲学家所羡慕的。克来罗先生为了维护理论，要求彗星的归期有1个月的迟早。彗星恰好差1个月出现，比前次迟了186日，比预定期早了32日，但是在150年间人们只观测了它的轨道的1/200，其余的部分我们完全没有看见，这32日之差算得了什么呢？"哈雷彗星按天文学家的预测回来了，这实在给彗星天文学开辟了一个新纪元。

这预测实在值得称赞。如果你想象土星的轨道便是太阳系的边界，而这颗彗星能够运行得那样远（图487）又会重新归来，这不能不算是一种大胆的设想。

至于1835年哈雷彗星的归来，罗森伯惹（Rosenberger）预言它过近日点期在11月11日，达穆瓦索预测在11月4日，蓬特库朗（Pontécoulant）预测在11月13日。事实上哈雷彗星于11月16日过近日点，比蓬特库朗所预测的只迟了3天。哈雷彗星的轨道现在已完全测定。自1759年至1835年它走了一周。它连续两次过近日点，中间所经历的日数，自1682年至1759年是27 937日，自1759年至1835年是28 006日，因木星的作用推迟了135日，因土星、天王星和地球的作用推进了66日，总共推迟了69日。

1910年哈雷彗星又转来一次。考维尔（Cowell）

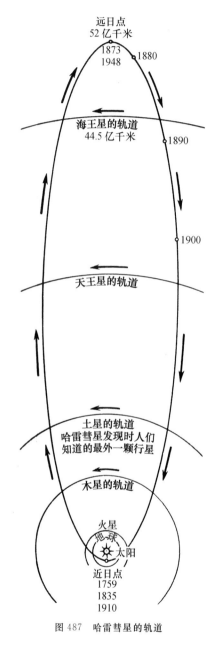

图 487　哈雷彗星的轨道

和克朗林（Crommelin）计算它于 4 月 17 日过近日点，但实际是在 4 月 20 日，也迟了 3 天。其准确度并不比 1835 年蓬特库朗所预测的高。沃尔夫在 1909 年 9 月 11 日所拍的照片上，就在它被预测的位置上首先发现了这颗彗星。它在逐渐接近太阳和地球的期间，显得比 1835 年更美丽。弗拉马里翁在他的天文台里在大气良好的情况下观测了几个月。3 月 9 日至 4 月中它落在太阳光辉里不能看见。当它再出现的时候，真是好看极了。5 月 10 日彗核光明达 2 等，早上就可以看见，5 月 17 日长达 100°。第二天，即 18 日，彗核经过日轮，一点痕迹也看不见，只是在晚间彗星表现出一条正背着太阳的尾巴。5 月 19 日、20 日和 21 日很长的彗尾又在黎明前出现。彗星曾达空前的长度，至 140°，表现出显著的曲率，地球很可能是从它的尾部穿过去了。

图 488　珀耳帖（Peltier）彗星（1936 Ⅱ）

1936 年 7 月 25—26 日自 23 时 32 分至 0 时 34 分，有一条细长的直线光从彗头出来，彗头大而弥散，略偏向中心的右方。

图 489　德拉旺（Delavan）彗星（1914 V）

1914 年 9 月 24 日自 2 时 8 分至 4 时 6 分，这颗彗星放出两个不同类型的彗尾：长尾成流浪式的纤维结构，另一尾较大而短，很散漫。

第三十六章

彗星在空间的运动

我们刚才说过，彗星在空间的运行，根据数学的分析，有些像行星那样围绕太阳运动，但所走的轨道十分椭长。凡是距离相当近而可以用肉眼或者望远镜看见的，只限于它绕太阳运行的一段轨道，以后它就走到很远，甚至到无限远的空间里去了。

以明亮或者伟大的形态引起一般人注意的彗星是不多的。自 1801 年以至 1952 年，南、北两半球所看见的真正引人注意的大彗星只不过二十几颗。光亮未达 1 等，肉眼可以看见的，并不过于稀罕，平均每两三年就出现一颗。

我们将要叙述几颗著名的彗星。彗星的著名是由于它们在我们头脑里所造成的印象,这样就需要以下几个条件:当它们在最美丽的时候,适逢天气晴朗,而且它们是在夜晚出现,使人们的目光能注视到它们神秘的面貌。黎明以前出现的彗星,就很少有人去欣赏它们了。

彗星和行星的区别有四大特征:云雾式的面貌和相当长的尾巴;椭长的轨道和这个轨道占据很长的空间;轨道和黄道的交角不像行星那样接近黄道而成各样角度,甚至达到90°,使彗星能经过两极区的星座;运动的方向不像行星那样一致,有些是顺行的,有些是逆行的,好像缺乏统一性。稍微大一点的彗星总有相当明亮的一点,周围环绕着雾气,而朝着一定的方向拖出一个光亮的尾巴。这明亮的一点叫作彗核;核后发光的尾巴叫作彗尾;围绕着彗核的雾气叫作彗发;彗核和彗发并在一起叫作彗头。

并不是所有彗星的结构都如上所述。还有具有几个尾的彗星;也有只有核与发而无尾的彗星,在彗星和太阳的距离相当远的情形下观测时,便是这样的;也有没有发而像行星那样的彗星,使得观测的人把它们误认为行星。1781年发现的天王星,1801年发现的小行星和谷神星,有一个时期都被人误认为彗星。还有只是一团雾气,核不显著的彗星。这种彗星即使存在,因其外形微小,常不能被人看见。

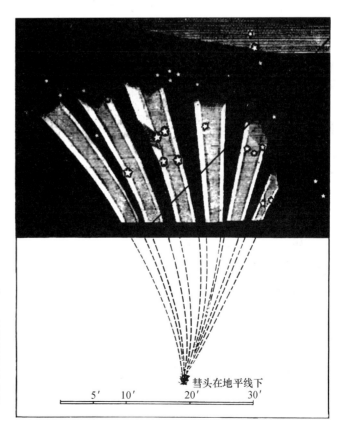

图 490　1744 年的六尾彗星,根据歇索(Chéseaux)的原始素描图而绘制

　　1744 年 3 月 7—8 日和 8—9 日两日早上可以观测到。图中黑线代表天赤道。当时的记录是这样写的:"我们在这图上标出主要的恒星,根据这些星定出彗尾的位置,为了使图画清晰,我们没有把字母标在星上。天文学家可以认出这些星座是海豚、小马、飞马、天鹰、摩羯星座的一部分与宝瓶的西部和银河的一角。观测的时间是早上 4 点。"

　　有些具有多尾的彗星,其尾可伸出达天空的 1/4、1/3 乃至一半那样长,例如 1680 年、1769 年、1843 年、1882 年、1910 年的彗星便是。1744 年出现的有名的歇索六尾彗星,有几个尾长达 30°至 40°,彗尾整整占了 44°的空间(图 490)！以上所说的都是特殊的情况,常见的情形,彗星可见的范围要小得多。

　　发光的尾巴的形状有时笔直或者稍微弯曲,有时像弓形那样弯曲。彗尾总是背着太阳的(图 491)。如果含彗尾的平面和视线所成的角度很小,人们所看见的彗星差不多是直线;如果这个角度大,人们看见它弯曲的更多,如像 1858 年多纳蒂(Donati)所发现的那颗彗星那样(图 503)。

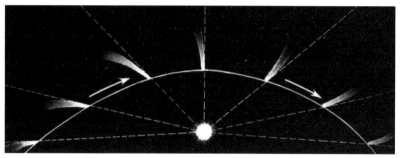

图 491　彗星在运行中,彗尾的位置常和太阳相背

图 492　斯克惹勒(Skjellerup)彗星(1927 Ⅸ)
用肉眼观测的情况,距离太阳约 1.5°。上图:1927 年 12 月 15 日 8 时 35 分;下图:2 时 10 分。

　　彗星只能在短暂的时间内被人们观测到。起初,人们看见它出现在天空中前几天还没有看见过它的某一个区域。再过一两天它重新出现,可是在恒星中间位置移动了许多。像这样,我们可以在天空中跟踪它几天、几月乃至一两年之久,光亮愈来愈暗,以至不能看见。有时因彗星靠近太阳,被日光掩蔽,不能被人看见,但是不久它从太阳的另外一边出来,就可以被人看到,再经过一些时期,才真的隐匿不见了。有少数彗星即使在中午太阳的近旁,也还可以看见,例如 1843 年、1882 年(在 9 月 17 日)、1927 年(在 12 月 15 日)的几颗彗星都是在白昼被人看见的,但这样的情形总是极其稀罕的(图 492)。

　　天文学家研究彗星在天空的行动,常常把它的位置拿来和它附近已知位置的恒星比较。如果他在望远镜里作直接的观测,他便用测微器去度量这些星和彗星之间的方位和距离。如果按一定条件拍照,他便用坐标仪在照片上去测量这些星的坐标。观测的目标不是彗头或彗星的任意一部,而是彗核里最亮的一区,那里是彗星集中的地方,也就是它里面的固体物质按开普勒定律描出轨道之点。

如果我们使用小型望远镜去研究彗核,我们就可找出那里面比较明亮的一点,天文学家就是去测定它那里的星等。使用较大的望远镜,光亮就变弱一些。我们看出的不是一点,而是一团差不多是圆形的雾气,直径约有几弧秒,它叫作雾核;在这中间有时找出一个星点,那是真核,便是我们需要测量的点。事实上用默东天文台 83 厘米口径的大望远镜去观测这种星点核,倒是很难看见的,因为在观测超过彗星与地球的一般距离时,这星点是太小了。只有特殊彗星和地球相当接近的时候,才看得见。巴耳代还多次证明星点核并不常常恰在气体核的中心,有时离开核心几弧秒。所以使用分解力低的小型望远镜测量彗核,有时可以发生几弧秒的误差,这样就足够影响轨道的性质。以下还要谈到这一点的重要性。

一切大小行星都沿椭圆轨道运行,绝大多数彗星基本上走的是抛物线的路径。以前我们谈过椭圆的画法(图 44)。假设椭圆上的一个焦点 F 和 F 挨近的一个顶点 A(图 493)都不动,只将另外一个焦点 F′沿着长轴的延长线向右移动,我们便可绘出一系列的椭圆,一个包含一个,愈来愈长,向右愈伸愈远。假想这第二个焦点移到无穷远处去,于是我们的椭圆便只有一个焦点,两支张开不再闭合,就不是椭圆,而变成抛物线(图 493)了。

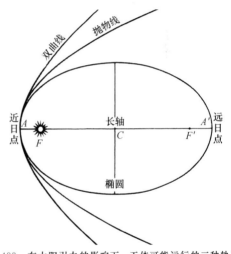

图 493 在太阳引力的影响下,天体可能运行的三种轨道

所以抛物线是只有一个焦点的曲线,它的两支无限地张开。沿抛物线轨道运行的彗星在其绕日的途径中只有一次经过轨道上的每一点,之后便飞向无限远去,不再回头。我们说过所谓椭圆的偏心率便是焦点和中心的距离 CF 与长轴半径 CA 之比。这数字常小于 1。对于圆来说,我们可以把它看作是两个焦点重在一起的椭圆,偏心率为零。水星轨道的偏心率是 0.206。小行星轨道的偏心率常要大些。哈雷彗星的偏心率是 0.967。抛物线的偏心率等于 1。彗星的轨道是比抛物线还要张开的曲线,名叫双曲线,它的偏心率大于 1。在具有相同近日距 FA 的轨道中,只有一条抛物线,而有无限多的椭圆和无限多的愈来愈张得开的双曲线。所以抛物线是彗星所能运行的一切轨道中的一种极限情形。当我们谈到抛物线轨道的时候,我们应该想到,

在观测到的精确的界限内,我们也可用和它很接近的椭圆或者双曲线来代表的。

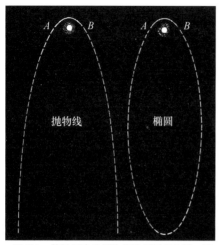

图494 彗星所走的抛物线和椭圆的轨道,观测过的部分以 A 至 B 的实线表示,因距离远,人不能见的部分,以虚线表示。 由图可见这两段弧 AB 是很相似的

图 494 表示抛物线和椭圆的两个轨道。实线 AB 的部分代表可见的区域,其余的虚线部分都是不可见的区域。我们看这两幅图上 AB 部分是怎样的相似。我们所以要提出这些问题,在以后谈到彗星的起源的时候,便知它的重要性了。

星绕吸引它的焦点所作的曲线,随着它所具有的速度而有差异。所谓圆周速度便是星绕焦点作等速圆运动的速度。这速度愈增快,所走的轨道便愈椭长,运动也愈迅速。当圆周速度与 $\sqrt{2}$ ($=$ 1.414)相乘以后轨道便由椭圆成了抛物线。假使一颗星不具初速度从无限远沿抛物线轨道而来,那么它将仍然到无限远去。更快的速度就会使它走双曲线的轨道,这种情形下,在无限远或者说在离太阳很远处,初速度并不为零。

根据上面所说的道理,便得出以下的这些结论:不论在怎样大的椭圆轨道上运行的彗星,都是属于太阳系的;如果在大行星所造成的摄动的区域之外,彗星所走的轨道是双曲线的,它们便是从邻近的恒星来的,因具有过快的速度,它们可能是离开别的恒星而来的。

一颗彗星在望远镜里可以被人看见的时候,它的外貌很像天穹上的星云。只有把它拿来和固定的星云图比较,再研究它相对于恒星的运动,才会认识出它具有彗星的性质。

假想有一个能够发出气体的核心,在空间里太阳引力所能达的极限和在离我们最近恒星的中间位置,这团物质受太阳的引力,于是向太阳而来。假使太阳周围没有行星,这颗新彗星继续增加速度,稳步地围绕中心的焦点沿抛物线轨道运行,它向太阳来时所获得的速度恰好把它沿着这条抛物线的另一支送到无限远去。但是因为有了行星,而且它们也在运动,彗星在它们附近经过,速度便发生改变。按情况的不同,它的速度因此可以减慢或者增快。这样它叫作受了摄动。如果一切行星所造成的加速度胜过减速度,彗星离开太阳系的时候,速度将大于抛物线速度,它将沿着双曲线的一支,永远离开太阳的势力范围,而进入另外一颗恒星的引力场中去。反之,如果阻挡的力量得胜,轨道就变成椭圆,而且其椭长的情况随这减速的多寡而定。木星的摄动作用最大。假使我们把它对于某一团物质的引力假设为 1 000,那么在相同的距离处太阳系里别的行星的引力可以表示如下:

太阳	1 047 350	海王星	54	金星	2.6
木星	1 000	天王星	46	火星	0.34
土星	299	地 球	3.2	水星	0.17

如果行星有卫星,这些数值里我们已经把卫星的质量也计算进去了。

在此可见,主要的摄动力是由木、土两星而来的,除非在特殊的情况下,彗星很接近某一颗行星的时候才不是这样。如果一颗彗星很接近木星,这彗星的轨道可能受木星的影响,被改变成一个短周期的椭圆,这叫作捕获(图 495)。

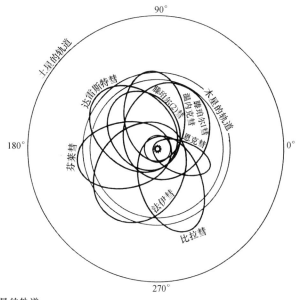

图 495　被木星捕获的几颗彗星的轨道

彗星从遥远的空间而来,在旅途中需行走几百万年,这种彗星不能预言其何时出现;至于公转周期很短的彗星,也难精确地预测其出现的日期。

古代民族的史籍,给我们记载了一些大彗星出现的情况。有些记载相当明确,使我们不会怀疑他们所观测到的天体不是彗星。例如"天空现焚梁"便是指有尾的彗星而言,但却不是经常这样的。有时新星出现的记载中词义非常含糊,不知其所指的究竟是什么天体。例如常见的"异星"两字,便不知道所指的对象是新星还是彗星或者流星。对于史籍记载的详细研究,有时可能考察出所观测物体的性质。关于古代彗星的记载最重要的一种资料,共有两大册,出版于 1783 年,作者是巴黎大学校长、皇家科学院院士兼大僧正潘格雷,书名为《彗星志》。作者曾博览很多古史、年鉴与专著(几乎全部是拉丁文的),抄录下历代的天象记载,逐条用批判的态度并和专家讨论后加以鉴定。中国古史关于彗星的记载曾经由毕奥(Biot)编纂在三篇论文中,于 1846 年发表在《法国天文年历》里面。1871年威廉士(Williams)在伦敦也发表同样的著作,题名为《公元前 611 年至 1640 年,从中国历史中摘出的彗星观测》。

这些文献大部分已经由比古当（Bigourdan）收集在 1927 年的《法国经度局年册》内。巴耳代又将那篇文章补充了新的资料，重印于 1950 年的年册中。至 1952 年年底为止的《彗星志》，计有从公元前 2316 年开始的彗星共 1 650 个记载，其中有 44 颗彗星，回到近日点时经人观测过 222 次，所以总共记载有不同的彗星 1 428 颗。不过这只是实际观测过的彗星的一个大约数字，因为在古代的记录里有一些是值得怀疑的。应该引起注意的是彗星出现的数目在古代很少，到了近代愈来愈多，这是因为近代天文台对于彗星作了系统的搜寻的缘故。现在的彗星发现数目，平均每年约有 6 颗，这里面包括预测其要回来的短周期彗星。每年的实际数字可以由 1 到 14，这些彗星当中，轨道经人确定的有 766 颗，因为刚才说过有些彗星再度回来，曾经被人观测过总共 222 次，经人算过轨道的真正不同的彗星只有 544 颗。巴耳代于 1952 年将其汇集在他的《彗星轨道总表》里面，经巴黎天文台刊印出版。

据巴耳代的研究，他断定关于彗星的记载最好的（除极少数的例外）当推中国的记载，而且上溯到公元前 24 个世纪之久。上面所说的异星出现，常见于这些东亚地区的记载，虽然意义含糊难定，但详细记载了它们在星座间的移动，是很宝贵的资料。同时期里西方就没有这样详细的记录，只有一些模糊奇特的叙述。可是自 15 世纪开始情形就改变了。随着科学的发展，大家对于彗星兴趣迅速增加，达到近代观测的完善境界。

后面有一张周期彗星表，已经观测过它们的回来，而且表中的轨道根数，便是按最近一次回来时的观测计算出来的。在看表以前，读者必须明了每一个根数和代表这些根数的符号的意义，这些数字是我们在研究上所需要的，因此值得了解它们（图 496）的意义。

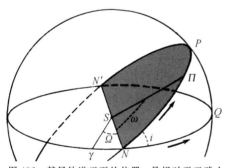

图 496　彗星轨道平面的位置，是相对于天球上的黄道位置而言的

　　S 为天球的中心，γQ 为黄道在天球上的交线，NP 为彗星的轨道平面在天球上的交线，N 为这两个大圆的交点或升交点，γ 为春分点，Π 为由 S 到近日点的方向和天球相交之点，Ω 为角 γSN 或升交点黄经，ω 为角 NSΠ 或近日点幅角，π 为 Ω＋ω 或 γN＋NΠ 或近日点黄经，i 为交角。

为了确定任何时刻彗星的位置，我们应该先明白它在空间里的行动，就是说该测定它所走的曲线的形态、它的大小和方位，总共需有下面 6 个数值：

第一个是偏心率 e。它决定轨道的形状。我们说过，它是两焦点间的距离和长轴之比。如果 e 小于 1，轨道是椭圆的，e 愈近于 1，轨道就愈是椭长；当 e 等于 1，轨道就是抛物线；如果 e 大于 1，轨道便是双曲线。

第二个是长轴 AA' 的长度。实际上我们取半长轴 $a=CA$，在椭圆的情况下 a 是正的；在双曲线的情况下 a 是负的；在抛物线的情形，我们用近点距 $q=FA$ 取代 a，因为 q 这个数完全决定了抛物线。

我们常用天文单位来表示 a 和 q 两个数值。读者想必还记得天文单位便是日地间的平均距离，约长 1.5 亿千米。有时需要了解远点距 $p=FA'$，这是等于长轴径 $2a$ 减去近点距 q。这段距离通常知道得不很准确，因为近于 1 的偏心率只需差一点就使长轴变化很大，于是便影响了远点距的计算。事实上只有对于已经观测过复归的彗星，它的椭圆轨道的大小才能确切地测定。

要确定代表轨道的曲线在空间里的位置，还需要另外三个根数。为说明起见，试将含彗星的轨道平面延展到天球上去，交线便是大圆 P，太阳 S 占据它的中心（图 496）。这大圆和黄道平面 Q 相交于作对径相反的两点 N 和 N'。彗星由黄道南边到北边所经过的一个交点 N 叫作升交点。符号 Ω 常代表角 γSN，叫作升交点黄经，在黄道平面上从春分点 γ 量起。Π 这一点是由 S 至近日点的连线（即长轴）的延长线和天球相交的一点。$NS\Pi$ 为角 ω，在彗星的轨道面上量度，叫作近日点幅角。还有 π 表示的近日点经度，等于 $\Omega+\omega$，是不在同一平面上的两个角之和。i 表示彗星的轨道平面 P 和黄道平面 Q 的交角，可以是从 $0°$ 到 $180°$ 中间的任何数值。如果这个角超过 $90°$，运动的方向就会和行星运动的方向相反，叫作逆行。

还有第六个根数，它帮助我们决定彗星在轨道上的位置。这是彗星过近日点的时刻 T，表示为世界时，或者取某一历元的彗星的位置表示。从这些根数我们可以推出别的根数，例如环绕太阳运行的公转周期 P，表示为若干恒星年和平均周日运动 μ，表示为若干弧秒或者弧度，即是假设彗星以等角速运动在 24 个小时（平时）内所走的角度。

抛物线的情形只需要五个根数，因为有一个根数，偏心率等于 1 是已经确定了的〔利用下列的简单公式，可以将一个根数改为另一个根数：$\log a=\dfrac{2}{3}\log P$，$\log(1-e)=\log q-\log a$，$\log P=3.550\,006\,6-\log\mu''$ 或 $P=\dfrac{3\,548''.187\,61}{\mu''}$ 或 $P=\dfrac{0°.985\,607\,669}{\mu°}$。以上的数值是经国际天文学联合会公认采用的〕。

表 I 是周期彗星（迄至 1952 年被人观测过再度回来的）的轨道根数，都是根据最近一次出现计算出来的。表内符号所代表的意义已如上述。ω、Ω 和 i 三个角都以弧度和它的小数表示，而不表示为度、分、秒三种单位。公转周期以恒星年为单位，过近日点的时刻以日为单位。近点距 q、远点距 p 均以天文单位表示。作为黄经度起点的春分点应确定其是某时期的春分点。最后两项是轨道计算者的姓名与发现人的姓名和发现时间。

表 I 周期彗星（它们的回来已经被观测过）的轨道根数表号

号数	名称		P 周期（年）	T 过近日点时刻（世界时）(*)	q 近点距（天文单位）	p 远点距（天文单位）	e 偏心率
1	Encke（恩克彗）	半确定(**)	3.298 45	1951 年 3 月 16.209 7 日	0.338 02	4.093 7	0.847 45
2	Grigg-Skjellerup	预推	4.904 55	1952 年 3 月 11.123 日	0.855 62	4.917 8	0.703 60
3	Tempel(2)	预推	5.304 98	1951 年 10 月 25.323 日	1.143 40	4.940 1	0.542 62
4	Neujmin(2)	确定	5.429 60	1927 年 1 月 16.233 6 日	1.338 17	4.840 2	0.566 82
5	Brorsen		5.463 03	1879 年 3 月 31.034 8 日	0.589 84	5.613 9	0.809 84
6	Tuttle-Giacobini-Kresak		5.493 21	1951 年 5 月 9.373 4 日	1.116 60	5.110 0	0.641 34
7	Tempel-L.Swift	预推	5.680 66	1908 年 10 月 1.375 9 日[1]	1.153 16	5.214 2	0.637 79
8	De Vico-E.Swift	确定	5.855 10	1894 年 10 月 12.701 0 日	1.391 75	5.105 4	0.571 58
9	Tempel(1)		5.982 24	1879 年 5 月 7.617 7 日	1.771 11	4.819 7	0.462 55
10	Pons-Winnecke	预推	6.124 75	1951 年 9 月 9.118 1 日	1.159 08	5.536 0	0.653 75
11	Kopff	预推	6.179 49	1951 年 10 月 20.424 2 日[2]	1.494 91	5.2400	0.556 07
12	Forbes	预推	6.421 32	1948 年 9 月 16.117 6 日	1.545 19	5.3644	0.552 74
13	Perrine(1)		6.454 31	1909 年 11 月 1.328 日	1.172 74	5.7604	0.661 70
14	Wolf(2)-Harrington[5]		6.510 42	1952 年 2 月 6.692 3 日	1.599 25	5.3740	0.541 32
15	Schwassmann-Wachmann(2)	预推	6.515 44	1942 年 2 月 13.760 8 日	2.143 81	4.833 0	0.385 45
16	Giacobini-Zinner		6.587 99	1946 年 9 月 18.487 1 日	0.995 65	6.032 9	0.716 68
17	Biéla（彗核1）（比拉彗）		6.620 79	1852 年 9 月 24.227 4 日	0.860 60	6.191 3	0.755 92
——	——（彗核2）		6.618 71	1852 年 9 月 23.556 7 日	0.860 62	6.189 8	0.755 87
18	D'Arrest	预推	6.699 29	1950 年 6 月 6.594 6 日[3]	1.377 87	5.729 6	0.612 28
19	Daniel	预推	6.662 83	1950 年 8 月 24.310 5 日[4]	1.464 96	5.616 7	0.586 27
20	Finlay	预推	6.844 4	1926 年 8 月 7.2 日[6]	1.058 07	6.151 7	0.706 49
21	Holmes		6.857 33	1906 年 3 月 14.612 6 日	2.122 08	5.096 7	0.412 07
22	Borrelly(1)	预推	6.874 83	1932 年 8 月 27.815 6 日	1.385 46	5.845 7	0.616 81
23	Brooks(2)		6.960 66	1946 年 8 月 25.970 日[7]	1.879 48	5.411 3	0.484 44
24	Faye		7.440 79	1947 年 9 月 28.400 1 日	1.663 27	5.9594	0.563 60
25	Whipple	预推	7.473 38	1941 年 1 月 22.69 日[8]	2.484 84	5.160 2	0.349 95
26	Reinmuth(1)	预推	7.687 03	1950 年 7 月 23.744 日[9]	2.037 30	5.752 7	0.476 94
27	Oterma		7.916 7	1950 年 7 月 15.652 2 日	3.405 51	4.538 8	0.142 66
28	Schaumasse		8.171 64	1952 年 2 月 10.651 2 日[10]	1.194 23	6.919 8	0.705 64
29	Wolf(1)	预推	8.416 41	1950 年 10 月 23.629 日[11]	2.497 55	5.777 7	0.396 38
30	Comas Sola	预推	8.553 77	1952 年 9 月 10.697 9 日	1.766 36	6.598 7	0.577 68
31	Väisälä	预推	10.525	1949 年 11 月 10.457 日[12]	1.752 05	7.853 0	0.635 18
32	Neujmin(3)	预推	10.950	1951 年 5 月 28.372 日[13]	2.031 6	7.830 4	0.587 99
33	Gale		10.992 14	1938 年 6 月 18.473 3 日	1.182 89	8.704 6	0.760 73
34	Tuttle	预推	13.606 0	1939 年 11 月 10.08 日[14]	1.022 25	10.374	0.820 63
35	Schwassmann-Wachmann(1)	确定	16.159 1	1941 年 6 月 9.423 7 日	5.522 84	7.254 2	0.135 51
36	Neujmin(1)		17.931 75	1948 年 12 月 15.794 2 日	1.547 30	12.155	0.774 15
37	Crommelin		27.912 7	1928 年 11 月 4.951 8 日	0.744 81	17.659	0.919 06
38	Coggia-Stephan		38.960 8	1942 年 12 月 19.196 7 日	1.595 86	21.389	0.861 14
39	Westphal		61.730 3	1913 年 11 月 26.7694 日	1.254 14	29.985	0.919 71
40	Brorsen-Metcalf		69.060 4	1919 年 10 月 17.381 6 日	0.484 92	33.180	0.971 19
41	Pons-Brooks		71.563 0	1884 年 1 月 26.217 4 日	0.775 73	33.698	0.955 00
42	Olbers	确定	72.405	1887 年 10 月 8.976 1 日	1.199 11	33.545	0.930 97
43	Halley（哈雷彗）		76.028 8	1910 年 4 月 20.1794 日	0.587 16	35.303	0.967 28
44	C.Herschel-Rigollet		156.044 6	1939 年 8 月 9.464 0 日	0.748 49	57.221	0.974 18

(*) 即以平子夜为0时起算的格林尼治平太阳时。(**) 预推指预测的根数，确定指确定的根数，半确定指半确定的根数。由观测得来：[1] 10 月 5.03 日；[2] 10 月 20.410 4 日；[3] 6 月 6.452 日；[4] 8 月 23.85 日；[5] Wolf(2)和 Harrington 两彗星尚未确认为是同一颗彗星；[6] 8 月 7.9 日；[7] 8 月 25.770 6 日；[8] 1 月 22.464 日；[9] 7 月 22.66 日；[10] 2 月 10.675 日；[11] 10 月 23.648 日；[12] 11 月 11.30 日；[13] 5 月 26.31 日；[14] 11 月 10.78 日。

续表

号数	ω 近日点幅角	Ω 升交点黄经	i 交角	春分点	计算者	发现者与发现时间
1	185°.203 2	334°.743 4	12°.381 5	1950.0	S.G.Makover	Mechain17-1-1786 Encke，1819
2	356°.366 9	215°.381 1	17°.626 4	1950.0	C.Dinwodie	Grigg23-7-1902 Skjellerup17-5-1922
3	190°.992 7	119°.382 0	12°.432 7	1950.0	T.A.Goodchild	Tempe13-7-1873
4	193°.731 5	328°.002 7	10°.632 5	1950.0	G.N.Neujmin	Neujmin24-2-1916
5	14°.917 8	101°.317 0	29°.386 1	1880.0	E.Lamp	Brorsen26-2-1846
6	37°.945 5	165°.641 1	13°.796 9	1951.0	L.Kresák	Tuttle2-5-1858 Giacobini1-6-1907 Kresák24-4-1951
7	113°.688 1	290°.311 1	5°.442 5	1910.0	E.Maubant	Tempe127-11-1869 L.Swift10-10-1880
8	296°.580 0	48°.806 4	2°.965 6	1900.0	F.H.Seares	De Vico22-8-1844 E.Swift20-11-1894
9	159°.493 1	78°.765 6	9°.767 5	1879.0	R.Gautier	Tempe13-4-1867
10	170°.400 3	94°.346 5	21°.690 2	1950.0	W.H.F.Calway 和 J.G.Porter	Pons12-6-1819 Winnecke8-3-1858
11	31°.711 8	253°.035 4	7°.221 8	1950.0	G.Merton	Kopff20-8-1906
12	259°.741 1	25°.445 0	4°.621 1	1950.0	F.R.Cripps	Forbesl-8-1929
13	166°.860 6	242°.294 2	15°.675 6	1909.0	H.Kobold	Perrine8-12-1896
14	186°.914 1	254°.280 8	18°.500 0	1951.0	A.Przylbylski	M.Wolf23-12-1924 Harrington4-10-1951
15	358°.008 4	126°.043 3	3°.725 3	1950.0	H.Q.Rasmusen	Schwassmann 和 Wachmann8-12-1928
16	171°.820 0	196°.231 9	30°.726 4	1946.0	L.E.Cunningham	Giacobini20-12-1900 Zinner23-10-1913
17	223°.280 8	245°.857 2	12°.554 4	1852.0	J.S.Hubbard	Montagne8-3-1772 Biéla27-2-1826
—	223°.280 0	245°.857 8	12°.555 3	1852.0	—	
18	174°.431 8	143°.613 7	18°.054 5	1950.0	A.W.Recht	D'Arrest27-6-1851
19	7°.243 0	69°.735 9	19°.712 1	1950.0	F.R.Cripps	Danie16-12-1909
20	320°.580 0	45°.300 0	3°.433 3	1926.0	S.Kanda 和 S.Hasumuma	Finlay26-9-1886
21	14°.305 8	331°.673 6	20°.817 5	1900.0	J.Polak	Holmes6-11-1892
22	352°.552 5	77°.061 9	30°.529 7	1932.0	A.Schaumasse	Borrelly28-12-1904
23	195°.584 0	177°.705 8	5°.539 5	1950.0	F.R.Cripps	Brooks6-7-1889
24	200°.523 0	206°.307 2	10°.533 3	1947.0	L.E.Cunningham	Faye22-11-1843
25	190°.468 0	188°.813 9	10°.223 1	1950.0	D.H.Sadler 和 F.M.McBain	Whipple15-10-1933
26	12°.876 0	123°.599 4	8°.389 6	1950.0	F.R.Cripps	Reinmuth22-2-1928
27	354°.653 4	155°.124 2	3°.988 9	1950.0	Mlle Oterma	Mlle Oterma3-4-1943
28	51°.825 7	86°.381 9	12°.032 0	1950.0	M.Sumner	Schaumasse30-11-1911
29	161°.145 6	203°.879 5	27°.316 3	1950.0	M.Kamienski	M.Wolf17-9-1884
30	39°.929 9	62°.937 2	13°.460 8	1950.0	H.Q.Rasmusen J.M.Vinter Hansen	Comas Sola5-11-1926
31	44°.332 2	135°.464 7	11°.280 4	1950.0	Mlle Oterma	Väisälä8-2-1939
32	144°.807	156°.197	3°.761	1950.0	W.H.Julian	Neujmin2-8-1929
33	209°.116 2	67°.253 7	11°.725 4	1950.0	F.R.Cripps	Gale7-6-1927
34	206°.961 1	269°.843 1	54°.654 2	1950.0	A.C.D.Crommelin	Méchain9-1-1790 Tuttle4-1-1858
35	356°.221 3	322°.004 1	9°.516 5	1950.0	P.Herget	Schwassmann 和 Wachmann 15-11-1927
36	346°.694 5	347°.148 5	10°.0019	1948.0	L.E.Cunningham	Neujmin3-9-1913
37	195°.875 0	250°.066 4	28°.897 2	1928.0	A.C.D.Crommelin	Pons23-2-1818 Crommelin，1928
38	358°.361 1	78°.494 6	17°.890 8	1943.0	A.D.Dubiago	Coggia22-1-1867
39	57°.062 8	346°.789 7	40°.867 8	1913.0	M.Viljew	Westpha124-7-1852
40	129°.516 1	310°.821 1	19°.193 1	1925.0	P.Duckert	Brorsen20-7-1847 Metcalf20-8-1919
41	199°.192 5	254°.095 0	74°.043 3	1880.0	L.Schulhof 和 J.Bossert	Pons12-7-1812 Brooksl-9-1883
42	65°.346 4	85°.368 6	44°.571 3	1950.0	H.Q.Rasmusen	Olbers6-3-1815
43	111°.704 4	57°.270 0	162°.211 7	1910.0	P.H.Cowell 和 A.C.D.Crommelin	公元前467年 Halley，1705
44	29°.298 9	355°.129 5	64°.199 4	1939.0	Maxwell 和 K.P. Kaster	Caroline Herschel 21-12-1788 Rigollet28-7-1939

表中有些轨道根数是根据前人上次测定的根数所预测的，如果将行星的一切摄动都计算进去，这些预测根数就和实际接近。但是仍需做观测去决定过近日点的确切时刻，表下的附注即记载这些观测的时刻。

如果轨道是根据所有的观测来决定，而且把摄动计算进去的，叫作确定的轨道。

表Ⅰ内的彗星既然在多次回来的时候被观测到，求得它们从发现至最近的一次出现以来每次过近日点的日期，是很重要的。表Ⅱ便记载这些过近日点的日期。当彗星因亮度太弱或者因在天空的位置不适宜观测而不能看到的时候，这些年代便放在括弧里面。

因为使用大型望远镜，我们今天可用拍照的方法，在过近日点以前很久就发现已经算出方位的周期彗星，那时这些彗星在照片上像很淡的圆形星云状的斑点，亮度有时还不到19或20等。

按照国际天文协定，彗星的命名是用一个人名再跟随一个年号。这个人名常是这颗彗星的发现者，或首先把他的发现通知哥本哈根天文台天文电信中心机构的人。发现人应该说明彗星在天上的方位、观测的时间，如有可能，最好说出它在24小时里的运动（以便别人容易找到它），再加上它的视星等和它形态的简短描绘。这些消息立刻就用电报和航空邮简传播给世界各国的天文台。同一颗彗星时常被几个人独立地在几小时或几天之内发现，但是一颗彗星的命名，至多只能用把他们的发现首先通知哥本哈根的三个人。有时一颗周期彗星起初并没有被人认识到它是周期的，或者它的周期没有算得足够精确，再一次回来的时候，又被人发现。既经证明在各时期所观测到的是同一颗彗星的时候，也将再度发现的人附加上去，但仍以三人为限。但是在某些特殊的情形下，彗星是用计算轨道者的姓氏命名的，这是因为他们计算的高明，足以使各时期出现的彗星确认为相同的一颗，例如哈雷彗星、恩克彗星和克朗林彗星都是这种情形。

发现人的姓氏加在彗星之上，后面还要附上发现的年代和一个小写字母，如 a 是表明哥本哈根天文台在那年所公布的第一号彗星。举一个例子来说：维塔南（Wirtanen）于1948年10月7日在里克天文台发现那年的第11颗彗星，它就叫作维塔南彗星 $1948k$，这种以字母代替发现次序的命名法是临时的。

几年以后，还有另外一种确定的命名法。由轨道的计算得出彗星过近日点的时期以后，更按这时期的先后并重新编排次序，于是在年代后面加上一个罗马数字。用上面的那个例子来说，维塔南彗星于1947年9月3日过近日点，它的确定的名称是维塔南彗星1947Ⅷ。

表 II 周期彗星回到近日点的年份

1	Encke. 1786 I ,(1789),(1792),1795,(1799),(1802),1805,(1809),(1812),(1815),1819 I ,1822 II ,1825 III ,1829,1832 I ,1835 II ,1838,1842 I ,1845 IV ,1848 II ,1852 I ,1855 III ,1858 VIII ,1862 I ,1865 II ,1868 III ,1871 V ,1875 II ,1878 II ,1881 VII ,1885 I ,1888 II ,1891 III ,1895 I ,1898 I ,1901 II ,1905 I ,1908 I ,1911 III ,1914 VI ,1918 I ,1921 IV ,1924 III ,1928 II ,1931 I ,1934 III ,1937 VI ,1941 V ,(1944),1947 XI ,1950e
2	Grigg-Skjellerup. 1902 II ,(1907),(1912),(1917),1922 I ,1927 V ,1932 II ,1937 III ,1942 V ,1947 I ,1952b
3	Tempel(2). 1873 II ,1878 III ,(1884),(1889),1894 III ,1899 IV ,1904 III ,(1910),1915 I ,1920 II ,1925 IV ,1930 VIII ,(1936),(1941),1946 III ,1951d
4	Neujmin(2). 1916 II ,1921 V ,1927 I
5	Brorsen. 1846 III ,(1851),1857 II ,1868 I ,1873 VI ,1879 I
6	Tuttle-Giacobini-Kresak. 1858 III ,…,1907 III ,…,1951f
7	Tempel-L. Swift. 1869 III ,(1874),1880 IV ,(1886),1591 V ,(1897),(1903),1908 II
8	De Vjco-E. Swift. 1678,…,1844 I ,…,1894 IV
9	Tempel(1). 1867 II ,1873 I ,1879 III
10	Pons-Winnecke. 1819 III .(1825),(1830),(1836),(1842),(1847),(1853),1858 II ,(1863),1869 I ,1875 I ,(1881),1886 VI ,1892 IV ,1898 II ,(1904),1909 II ,1915 III ,1921 III ,1927 VII ,1933 II ,1939 V ,1945 IV ,1951c
11	Kopff. 1906 IV ,(1912),1919 I ,1926 II ,1932 III ,1939 II ,1945 V ,1951e
12	Forbes. 1929 II ,(1935),1942 III ,1948e
13	Perrine(1).1896 VII ,(1902),1909 III
14	Wolf(2)-Harrington. 1924 IV ,(1931),(1938),(1944),1951k
15	Schwassmann-Wachmann(2). 1929 I ,1935 III ,1942 I ,1947 I
16	Giacobini-Zinner. 1900 III ,(1907),1913 V ,(1920),1926 VI ,1933 III ,1940 I ,1946 V
17	Biéla. 1772,(1779),(1785),(1792),(1798),1806 I ,(1812),(1819),1826 I ,1832 III ,(1839),1846 II ,1852 III .1846 年这颗星分裂为二,1852 年都被重新发现
18	D'Arrest. 1851 II ,1857 VIII ,(1864),1870 III ,1877 IV ,(1884),1890 V ,1897 II ,(1904),1910 IV ,(1917),1923 II ,(1930),(1937),1943 III ,1950a
19	Daniel. 1909 IV ,(1916),(1923),(1930),1937 I ,1943 IV ,1950d
20	Finlay. 1886 VII ,1893 III ,(1900),1906 V ,(1913),1919 II ,1926 V
21	Holmes. 1892 III ,1899 II ,1906 III
22	Borrellty(1). 1905 II ,1911 VIII ,1918 IV ,1925 VIII ,1932 IV
23	Brooks(2). 1889 V . 1896 VI ,1903 V ,1911 I ,(1918),1925 IX ,1932 VIII ,1939 VII ,1946 IV
24	Faye. 1843 III ,1851 I ,1858 V ,1866 II ,1873 III ,1881 I ,1888 IV ,1896 II ,(1903),1910 V ,(1918). 1925 V ,1932 IX ,1940 II ,1947 IX
25	Whipple. 1933 V ,1941 III ,1947g
26	Reinmuth(1). 1928 I ,1935 II ,(1942),1949f
27	Oterma. 1942 VII ,1950
28	Schaumasse. 1911 VII ,1919 IV ,1927 VIII ,(1935),1943 V ,1951 I
29	Wolf(1). 1884 III ,1891 II ,1898 IV ,(1905),1912 I ,1918 V ,1925 X ,1934 I ,1942 VI ,1950c
30	Comas Sola. 1927 III ,1935 IV ,1944 II ,1951b
31	Väisälä. 1939 IV ,1949b
32	Neujmin(3). 1929 III ,(1940),1951g
33	Gale. 1927 VI ,1938 I
34	Tuttle. 1790 II ,(1803),(1817),(1831),(1844),1858 I ,1871 III ,1885 IV ,1899 III ,1912 IV ,1926 IV ,1939 X
35	Schwassmann-Wachmann(1). 1925 II ,1941 VI
36	Neujmin(1). 1913 III ,1931 I ,1948f
37	Crommelin. 1457 I (?),…,1625(?)…,1818 I ,(1846),1873 VII ,(1901),1928 IV
38	Coggia-Stephan. 1867 I ,(1904). 1942 IX
39	Westphal. 1852 IV ,1913 VI
40	Brorsen-Metcalf. 1847 V . 1919 III
41	Pons-Brooks. 1812,1884 I ,1953c
42	Olbers. 1815,1887 V
43	Halley.-466,(-390),(-314),-239,-162(?),-86,-11(?),66,141,218,295,374,451,530,607,684,760,837,912,989,1066,1145,1222,1301,1378,1456,1531,1607,1682,1759 I ,1835 III ,1910 II
44	C. Herschel-Rigollet. 1788 II ,1939 VI

这个例子说明按彗星过近日点的时期的次序排列彗星是需要等待相当长的时间的(常是三四年),因为通常可能遇到一颗彗星过近日点的时刻远在它被发现的时刻以前。至于两颗彗星差不多同时过近日点的情形,更需要等待到确切的轨道算出以后才行。

如果几个周期彗星有同一的名称,后面便附上一个数字放在括弧里面,代表它们的轨道的椭圆特性以及被确定时的先后次序。

由表Ⅰ容易算出周期彗星以后再回来的时期。这只需在最近出现的日期上加上公转周期 P 一次或数次。但是公转周期有时受到摄动相当大的影响,这样算出的预测回归期,可能是很不可靠的,应当等待精密的计算公布出来以后才能确定。英国天文协会出版的天文学手册里,就有这一类很可贵的资料。

由表Ⅰ可见短周期彗星的远日点距离 p,如果不管轨道的交角,可以按距离大行星的轨道远近而分为不同类型。下面写出几颗大行星的近点距和远点距,以表现它们运行的范围:

木　星:4.9 至 5.5 天文单位　　　土　星:9.0 至 10.1 天文单位

海王星:29.9 至 30.4 天文单位　　天王星:18.3 至 20.1 天文单位

我们应该记住长轴在长时期里有一点移动,偏心率也在变化,因此每颗行星所扫过的区域比上面所举的要大一点。

再按周期也可将彗星分类,下表表示了大概的情况。

	周期	彗星的数目
木星类	小于 10 年	60(30)
土星类	10~20 年	8(6)
天王星类	20~40 年	3(2)
海王星类	40~100 年	9(5)
海王星以外	大于 100 年	123(1)

表内周期按10个整年为组距分类。第三列里的数字是指在那些周期内所有彗星的数目,至于括弧内的数字是指这些彗星当中它们的回来已经被人观测过的次数。

这样的分类不能当作是偶然的集合,它说明行星的引力在彗星轨道范围的大小上是有决定性作用的。就是由于这个原因,才产生了捕获理论。今天大家基本上认为可见的彗星原来是在很大的轨道上运行,需要几千乃至几百万年才能经行一周。如果这些轨道的偏心率有一些近于1,它们差不多将是抛物线的。如果它们的近点距相当短,彗星进入大行星所在的区域,假使它和某一颗大行星靠得相当近,它所接受的摄动便相当大,它的轨道将会大大地改变,它的长轴大大地变短,于是这颗彗星到了远日点处,也就和这颗施摄动的行星的轨道相距不远了。

提倡捕获理论的拉普拉斯以为彗星和流星都是从星际空间来的。这种理论后来经美国天文学家 H. A. 牛顿进一步研究,计算了一颗彗星被摄动力最大的木星所捕获的概率。根据他的计算,假使有 1 亿颗近似抛物线轨道的彗星,近点距短于 1 个天文单位,周期改变成为小于 1 000 年的彗星的数目如下:因木星作用的是 9 万,因土星作用的是 2 400,因天王星作用的是 14,因海王星作用的是 8。可见在 40 颗周期彗星中只有一颗是由于土星的作用而来的,天王星和海王星的作用更只是 1/4 000 了。最后这两颗大行星的作用很是微弱,罗素根据经验证明所谓海王星类的彗星实在并没有和海王星十分接近而受到它足够的影响,也许它们是被木星捕获的。

我们可以断言,短周期彗星差不多全部是被木星所捕获的。上面所说的彗星分类的方法不应该看作是按它们的周期长短而划分的,不过捕获理论也有很大的困难。在谈到彗星的来源时,我们还要讨论这些数据。

周期彗星也像许多别的彗星一样,一般是肉眼所看不见的。可是在它们当中有一颗很漂亮的,就是我们说过的哈雷彗星。还有一颗相当漂亮的,是庞斯-布鲁克斯彗星,于 1812 年 7 月 12 日被庞斯在马赛所发现。借舒耳霍夫(Schulhof)与博塞特(Bossert)所算的星历表,在 1883 年 9 月 1 日又被布鲁克斯在纽约州的费耳普斯(Phelps)再度发现。伊丽莎白·罗梅尔于 1953 年 6 月 20 日复在里克天文台第三次发现,其形状像很暗的 17 星等的弥漫星气,它应该在 1954 年 5 月 22 日过近日点,但它在天空中的位置是难于观测的。

这一颗彗星第一次回来的时候,从 1883 年 12 月至 1884 年 3 月,肉眼可以看得见。在最明亮时达 2 星等,彗星约长 8°,它的光亮和奇特的形态都有变化,这是 1812 年所没有的。1883 年 9 月美国的钱德勒(Chandler)和意大利的斯基帕雷利看见它,起初是星云状,继而变成一个星点,最终又是一团星气。1884 年 1 月 1 日,波茨坦的米勒(Müller)用目视法查出它在 $1\frac{3}{4}$ 小时内光亮变了 0.7 星等。从 1 月 13 日至 18 日,特里皮耶(Trépied)在阿尔及尔每天观测,但没有找出任何特殊的变化。但是在 1 月 19 日,彗头的中心部分完全改观。那里出现显然不同的三区,如像表现在特里皮耶所绘的略图上的那样,中心有一圆晕,两条方向相反的光芒从中心彗核处发出。这种特殊的情况是由于固体核心处发射气体的活动程度有所变化而引起的。

有几颗彗星具有有趣的历史。第一个著名的叫作恩克彗星,是 1818 年 11 月 26 日

(1818b＝1819Ⅰ)被马赛天文台看门工人庞斯所发现的。柏林的天文学家恩克(Encke)根据计算证明这颗彗星和1786年、1795年与1805年所看到的三颗是同一星体,周期是3年106日或者只有1218日,因行星的摄动作用这周期可以变化几日。自1818年以来这颗只能由望远镜看见的彗星,总是每次都归来的,只有1944年那一次没有被人看见。很奇特的是每次回归周期总变短一些,大约是1/10日或 2.5 小时。下面是恩克所发表的表,它说明已经消除了大行星的摄动的影响之后,它的运动还有一些加速现象。

年	周期(日数)	年	周期(日数)	年	周期(日数)
1786		(1812)	1212.00	1838	1211.11
(1789)	1212.79	(1815)	1211.89	1842	1210.98
(1792)	1212.67	1819	1211.78	1845	1210.88
1795	1212.55	1822	1211.66	1848	1210.77
(1799)	1212.44	1825	1211.55	1852	1210.65
(1802)	1212.33	1829	1211.44	1855	1210.55
1805	1212.22	1832	1211.32	1858	1210.44
(1809)	1212.10	1835	1211.22		

1868年前后所作的观测说明这加速度忽然减少了一半,这变化的真实性和永恒性从1885年以来算是已经被证明了的事实。

许久以前,人们想把这现象解释为由于存在阻力的缘故。但是这个假设和事实发生矛盾,因为大部分轨道大小类似的短周期彗星,并不表现出这样的加速度。根据惠普尔(Whipple)的假设,这是因为从旋转的彗核发射出的气体的作用影响了彗星的运动,今天的研究正在向这方面发展,以后我们还要谈到。从1868年以来,加速度的减少可以解释为彗核发射气体的方式发生了变化。

恩克彗星形似一团不大亮的星云气,有时后面有着一条短短的尾巴。它很少被肉眼看见,虽然当它接近太阳的时候,有些人把它的星等估计为5。那时彗星在近日点,距离太阳只有0.33天文单位,像水星一样,沉浸在地平附近的昏光里。这样它便被大气的吸光弄暗了,只有在望远镜里才能被人看见。我们时常看见从彗核射出的气体,它在太阳的方向上特别明亮。

恩克彗星已有51次返回近日点,由每次所作的亮度测量看来,没有发现它的绝对亮度有什么变化。这是值得注意的一件事实。

表Ⅰ中的第17号周期彗星还更奇怪。1826年2月27日奥地利的一位姓比拉的军官在约塞夫斯达发现了这颗彗星。十天以后冈巴尔(Gambart)在马赛又发现并且计算了它的轨道根数。他认出这颗彗星便是1772年3月8日蒙塔尼(Montagne)在利莫日所发现的,也是 1805 年 11 月 9 日庞斯在马赛所发现的。贝塞尔(Bessel)和别的计算者根据最后出现那一次的观测决定了它的轨道根数,怀疑这就是蒙塔尼所发现那一颗彗星。1812 年和 1819 年两次归来经人预先推算,但却缺少观测报告。

这颗彗星在 1826 年以后的归来曾经由桑提尼(Santini)、达穆瓦索和奥伯斯加以计算。桑提尼将地球、木星和土星的摄动计算进去以后,求得比拉彗星应该于 1832 年 11 月 27 日过近日点。达穆瓦索的研究结果基本上和桑提尼的相同。1828 年奥伯斯唤起人们注意比拉彗星最接近地球轨道的时候,虽然只有 3.2 万千米,但是地球要在一个月以后才过那一点。所以人们不必害怕,因为那时彗星距离地球已有 8 000 万千米了。可是一般群众的确产生了恐慌。

桑提尼的计算很成功,因为这颗彗星过近日点的时刻比计算只差了 12 小时。1839 年回来的时候,因它的视位置和太阳接近,没有被人观测到。桑提尼继续进行预报的计算,把过近日点的时刻定在 1846 年 2 月 16 日。德·维科(De Vico)于 1845 年 11 月 28 日在罗马找着了它,正在理论所指定的位置上。天文学家耐心地去追踪它,可是 1846 年 1 月 13 日没有料到的现象忽然发生:比拉彗星分裂成两颗了! 13 个月以前亨德在彗核上已经看出一个突出的部分,分裂出的部分起初又暗又小,不久就愈来愈光明了(图 497)。

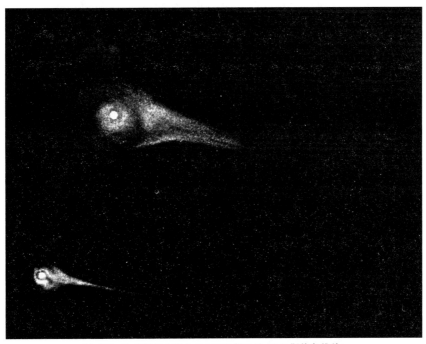

图 497　比拉彗星分裂为二(1846 年 2 月 19 日斯特鲁维绘)

这颗彗星的两体像孪生的姊妹一般，继续在空间运行，每一颗各自有它的核和发，慢慢地分离开来。到 2 月 10 日它们中间已有 24 万千米的距离。2 月底的时候，华盛顿的莫里（Maury）看见两彗星之间有一座明亮的桥梁，因为主彗星具有相距共 120°的三尾，其中一尾朝着副彗星的方向射去。

1852 年 9 月这一对姊妹彗星回来了。它们彼此距离更远，隔了 240 万千米（图 498）。

这颗奇特的彗星所表现的奇怪现象，还不只此一点。前面这种灾祸不过是它命运的预兆。

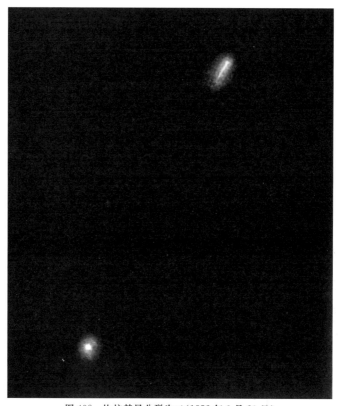

图 498　比拉彗星分裂为二（1852 年 9 月 20 日）

1859 年比拉彗星应该回来，但因和 1839 年相同的原因，没有被人看见。1865 年的一次归来，天文学家抱着浓厚的兴趣期待着，因为它将来到天空中便于观测的位置。虽然计算很精确，许多天文台的寻找也很活跃，可是比拉彗星总找不着。自那时以后这颗彗星就没有被人再找着过。想必是有一件严重的意外事故在这颗彗星上发生了。

这颗分裂为两颗以后而又失踪了的彗星，还为我们留下一件惊奇的事情。它的轨道经过地球轨道的那一点，地球于 11 月 27 日通过。我们已经忘记了这颗彗星，可是 1872 年 11 月 27 日的夜晚，天上落下一阵真正的流星雨，这绝不是夸大的形容词，真的像骤雨般那样落下,又像火焰那样飞过,这里是耀眼的火球,那里是无声的流弹,到处都像是在放射火焰……这样的流星雨从夜晚 19 时一直下到早上 1 时,极盛期在 21 时。罗曼大学天文台有人数了计 13 892 枚,蒙卡利里有人数了计 33 400 枚,英国一位观测者数了计 10 579 枚。有人估计总数在 16 万枚左右。这些流星都从天空中相同的一点,即是在仙女座明亮的 γ 星附近出来的。

这一阵流星雨是从哪里来的呢? 无疑这是由于地球碰着了沿比拉彗星的轨道运行的无数小颗粒而造成的现象。如果比拉彗星还存在的话,它该在 12 个星期以前早就经过那里了。严格说来,地球所碰着的并不是彗星本身,也许是它的彗核的一部分,自 1846 年解体以后彗核分离,其中的颗粒物质沿着它的轨道分布在彗头后面。这一群流星和比拉彗星的亲属关系是不能有丝毫怀疑的。1885 年 11 月 27 日同样的现象又发生了,整个欧洲都看见一阵很漂亮的流星雨,那正是地球经过比拉彗星的轨道的时候。至于比拉彗星本体却从来没有被人再看见了。回溯过去,我们得知仙女座的流星辐射点在 1798 年、1830 年和 1838 年已经被人观测过,那么,流星也存在于彗星前面大约 5 亿千米处。至于 1872 年出现的流星,便是在它后面 3 亿千米处的。所以这一群流星沿着彗星的轨道分布之广,至少有 8 亿千米。可见比拉彗星在崩解以前,在它的路途上已经分布有一长串颗粒的带子了。

这便是这颗奇特的彗星的简史。一颗彗星崩裂为两颗或许多颗虽然是很稀罕的,但在历史上这不是独一无二的事情。塞内克根据希腊历史学家埃福罗斯的记载说,公元前 372 年冬季有一颗美丽的彗星出现过,曾被西西里岛的狄奥多罗斯描写为"一束光明的、异常伟大的火炬",亚里士多德也把它叫作"奇特的星",这颗彗星在它快看不见的时候分裂成两颗,各走不同的道路。塞内克还怀疑埃福罗斯的记载不大可靠,可是德谟克利特也说过人们曾看见彗星崩裂后的"星星"。开普勒批评说这并非是不可能的事,1618 年的第二颗彗星便有这种现象。还可举出下面几个类似的例子。中国的天文学家还记载了于 896 年出现的三彗。在马端临的《文献通考》第 294 卷内有关于它们的描写。他说:"(唐)昭宗乾宁三年(896)有客星三,一大,二小,在虚危间,乍合乍离,相随东行,状如斗。经三日而二小星没,其大星后没。虚危齐分也。"1652 年出现的彗星,核部分解为密度比彗星别的部分稍微大一些的四五颗,1661 年和 1664 年所出现的彗星亦有类似的现象。1868 年 5 月 14 日布罗尔孙(Brorsen)周期彗星(表 I 中的第 5 号)出现有 4 颗彗星或者 4 个凝聚点。这颗彗星围绕太阳运行,周期是 5.4 年,自 1879 年后便没有人再看见过它。

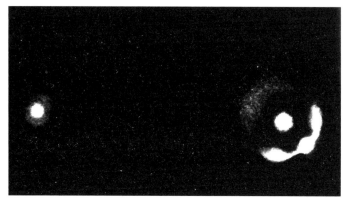

图 499　李耶双彗（1860 年 3 月 11 日）

　　1860 Ⅰ 彗星由法国天文学家李耶（Liais）于 2 月 26 日在巴西的奥林达（Olinda）发现。在 2 月 27 日他所绘的图上，表现了主彗星后面跟随有一个暗得多的星云状的气团。3 月 11 日，这个副气团并没有变化，可是主彗星已经不是一颗核，而出现"两颗比较小的中心，位置在最长的轴的方向上（图 499）。可是 3 月 11 日，彗头再分成两体，这样就造成了三个分彗星"。第二天，3 月 12 日，只剩下中央密集的部分。最后的观测到 3 月 13 日为止。因为这颗彗星的轨道是抛物线，以后的情况怎样自然不会知道了。1889 Ⅴ 那颗暗的周期彗星是 7 月 6 日布鲁克斯（Brooks）在日内瓦所发现的〔又名布鲁克斯彗（2）〕，它后面跟随有 5 团星气，曾由巴纳德在里克天文台观测过，它们的亮度有显著的变化。其中两个有短尾，主彗星的尾长达 30′，肉眼可以看见（图 500）。

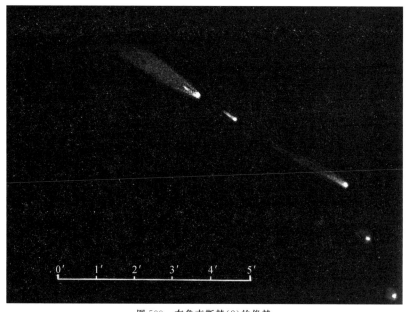

图 500　布鲁克斯彗（2）的伴彗
1889 年 8 月 4 日在里克天文台大赤道仪里的情景（巴纳德绘）。

总的说来,有些彗星分裂成几部分,甚至被毁成微小的碎片,进一步变成像雨点般的流星,已经是屡见不鲜的事了。

除了这些再度回来已经被证明的彗星之外,我们还可以加上另外一些彗星,它们的椭圆轨道虽然已经被人算出,但是它们的回来却没有被人看见〔巴耳代在每年的《经度局年册》和《弗拉马里翁年册》里,列出一张最近的、周期小于 200 年的彗星的根数表。1954 年的表里有 41 颗这样的彗星〕。这样的彗星比前一类的彗星更多,但是我们不能确定一颗正常的彗星会失踪或者消逝,更合理的解释恐怕是根据靠近太阳的一段小弧所决定的椭圆轨道,其周期是很不确定的。在这样的情况下,要去计算大行星所施的摄动就不可能。而且木星的引力还可以把和它太接近的彗星的轨道完全改变。例如周期为 5.5 年的布罗尔孙彗星所走的轨道,于 1760 年和 1842 年被木星大大地改变,1873 年又有新的和大的摄动加在它上面,不幸这颗彗星自 1879 年回来以后就失踪了。

计算彗星轨道的人时常喜欢在计算的结果上将代表根数的数字写上许多位小数。他们明明知道这样表面上的精确度远远超出观测的精确度。这些貌似多余的数字,在有新的观测出来的时候,用作改进轨道、计算改正项,却是需要的。如果轨道很椭长,计算出来的范围便很不确定。在长轴上,因而周期可能有很大的误差,可达数千年之巨,对于接近抛物线轨道的情形误差就更厉害了。直到 19 世纪末,在欧洲所观测到的彗星,最著名的有 1680、1682、1744、1811Ⅰ、1843Ⅰ、1858Ⅵ、1861Ⅱ、1862Ⅲ、1874Ⅲ、1880Ⅰ、1881Ⅲ、1882Ⅱ、1883c 和 1887Ⅰ 14 个。20 世纪前半世纪有 1901Ⅰ(南半球)、1910Ⅰ(南)、哈雷彗星 1910Ⅱ、1927Ⅸ(南)、1947n(南)和 1948Ⅰ(南)等 6 颗彗星〔1948 年、1957 年我国许多地方都看见过肉眼可以看到的彗星,其中以 1957 年 8 月看到的最亮。——校者注〕。

1680 年的大彗星是被基尔希(Kirch)发现的,我们说过它被惠斯顿弄出了名。他说这颗彗星从前有一次出现时,正是圣经上所载的洪水泛滥的时候。其实它之所以著名是由于牛顿的计算,而不是由于惠斯顿的胡说。这颗彗星给牛顿以数据上的依据,使他能以此建立他的彗星运动的理论。最奇特的是它掠过太阳而没有被焚毁,安然无恙地又从这洪炉里走了出来! 根据恩克的计算,这颗彗星的轨道很椭长($e = 0.999\,985$),几乎是抛物线了,周期为 8800 年。它的远日点,距离太阳为 850 天文单位,约合 1300 亿千米,它的近日点却距离太阳的中心为 0.006 22 天文单位,只有 93 万千米。因为太阳的半径是 69.5 万千米,所以这颗彗星距离太阳炽热的表面只有 23.5 万千米,以每秒 530 千米,或每小时 192 万千米的高速经过了日冕。因为彗核受热,至少它的表面上受热(因为它在中央焦点上的时间很短,热力没有时间达到彗星的深处),致使它的尾部延伸得很长,长达 2.4 亿千米，约等于太阳到火星轨道的距离。

第二颗没有那样好看，这便是 1682 年的彗星，也就是哈雷计算过轨道的彗星。由于许多天文学家，特别是考维尔和克朗林的研究，在历史上找出了它出现的时期。自公元前467 年它就被天文学家观测过。公元前 390 年和公元前 314 年的两次回来，在历史上没有记载，但是自公元前 239 年以后它的每次回来在各民族的历史上均有记载（见表Ⅱ周期彗星回到近日点的年代）。

1843 年的明亮彗星（1843Ⅰ）比 1680 年的彗星还要奇特。它的轨道根数被克罗茨（Kreutz）测定得相当精确。它的轨道很椭长（$e=0.999\,914$），周期约为 500 年，距离太阳在远日点是 130 天文单位或 200 亿千米，但在近日点只有 0.005 527 天文单位，或者距太阳中心为 82.5 万千米，距太阳表面为 13 万千米，这只相当于地球与月亮间的距离的 1/3。这颗彗星曾从日冕里经过，如果那时不是太阳活动极小时期，它可能从日珥里经过。这个奇特的过路客人这一次仍然是平安地出来，它的运动和面貌都没有丝毫改变。

这件事是在 1843 年 2 月 27 日 21 时 52 分发生的。因为它迅速地飞跃前进，这颗彗星只用了 2 小时（21 至 23 时）时间便绕过太阳的半个球面，而越过了它的近日点。它那时的速度超过每秒 550 千米。4 天以后，我们看见在它后面的背着太阳处伸出了一条长达 3.2亿千米的尾巴，这距离超过地球与太阳间的距离的 2 倍。2 月 28 日白天它出现在太阳的旁边。18 世纪的时候，1743 年的彗星也曾在白天出现，同样 1547 年、1500 年、1402 年、1106 年的彗星都曾在白天出现。有人于 2 月 19 日、23 日和 26 日在百慕大、费城和波多黎各看见这颗彗星。2 月 28 日在帕尔马、博洛涅、墨西哥和美国的波特兰等地看见它在太阳的东边 1°23′处出现，尾长 4°至 5°，消逝在大气的光辉里。3 月 1 日日落时，有人在南半球智利的科皮亚波（Copiapó）看见一颗明亮的彗星，尾长 30°，当然此尾是被黄昏弄短了不少。3 月 4 日在赤道上有一位船长测量彗尾，长达 69°。据拉蒙特（Lamont）说，这颗彗星的长度曾达 90°。据李特罗（Littrow）说，它的光亮远远超过银河的亮度。17 日，在巴黎的人们才第一次看见这颗彗星，18 日尾部经测量长为 43°、宽为 1°2′，根据阿拉戈的计算，实长 2.4亿千米，宽 580 万千米（图 501）。

图 501　1843 年 3 月 19 日的大彗星

　　当这颗彗星的核和太阳接近的时候,它的尾部起了什么变化呢? 没有观测结果可以来回答这个问题。根据过近日点以后一些日子的观测,可知彗尾是直线的。绘制彗星轨道的轨迹时,大家已经习惯画一个椭圆,把太阳放在一个焦点上,从彗头延长到彗尾总是恰好和太阳方向正相反的一条直线,好像从灯塔里放射出来的一线光辉那样。这假设是受了彗尾的光学理论影响的缘故,这个理论是米兰的医生卡尔当(Cardan)所提出的,于 1554 年发表在他的《维妙论》之中。书中的意义是很含糊的:"显然彗星是天空的球体,被日光照亮才能被人看见,日光穿过它造成像须或尾那样的幻影。"古代的哲学家巴内提斯(Panétius),以后的阿皮安(Apian)、第谷、日耳果恩(Gergonne)、塞杰(Saigey)都曾表示过相似的意见。彗尾只是日光的一种表现,经彗头的透明物质折射,如像透镜折光一般。那么,牛顿和格列高利(Gregory)批评说,日光就该受颗粒状物质的漫射了。自从人们作了彗星的光谱分析以后,已经完全放弃这种见解,由彗星的形状和运动以及星际空间的研究,已经获得不少有效的数据。

　　假使彗尾真的是直线的,位于像灯塔所射出的光线的方向,那么它的末端在空中扫过的速度将会大得难于想象。假设彗尾的长度等于地球与太阳的距离,它的末端在 2 小时内将会扫过地球轨道的一半,即 4.64 亿千米,那么速度将会是每秒 6.44 万千米了! 彗尾上的分子的速度便是不可想象大的双曲线速度,彗尾就会脱落,立刻弥散到空间里去。事实上从来没有这个现象:1680 年和 1843 年的彗星的尾巴是直线形的,但并没有破裂的痕迹。在过近日点的短暂时间里,彗尾缩短的时候好像会扩散。当它在几小时内由异常迅速的运动变缓的时候,它才能改变形态。事实上,2 月 27—28 日它扫过 292° 的一段弧,日光的斥力给予它的分子的速度也该很大,约超过每秒 1 000 千米的数量级。

图 502　1853 年的彗星(弗拉马里翁绘,时年 11 岁)

这颗彗星过近日点 3 个半月之后,即到了 1843 年 6 月的时候(我们说过那是黑子极少的一年),有人用肉眼在太阳表面上看出一颗异常大的黑子,直径长 11.9 万千米,有地球直径的 10 倍之长,能用肉眼看见这颗黑子的时间,达整整 1 星期之久。有人假想这颗黑子可能是伴随 1843 年彗星的一块大陨石坠落在太阳表面上所造成的。可是没有证据去验证这个假说。

有关这颗奇怪的 1843 Ⅰ 彗星,我们还可举出 1880 Ⅰ、1882 Ⅱ、1887 Ⅰ 和 1945 Ⅶ 四颗彗星,在轨道和外貌上都和它有奇特的相似。这四颗的近日距都很短,小于 0.01 天文单位。再加上 1668 年的一颗彗星,这六颗彗星形成一群,因为它们轨道的根数相似,我们可以假想它们走相同的轨道。下表内记载了这些根数。

彗星	ω	Ω	i	q	e	远日点	
						λ	β
1668	109°.8	358°.6	144°.3	0.066 6	1	65°	−33°
1843 Ⅰ	82°.6	1°.3	144°.3	0.005 5	0.999 91	100°	−35°
1880 Ⅰ	86°.2	5°.1	144°.7	0.005 5	1	101°	−35°
1882 Ⅱ	69°.6	346°.0	142°.0	0.007 8	0.999 91	101°	−35°
1887 Ⅰ	58°.4	324°.6	128°.5	0.009 7	1	99°	−42°
1945 Ⅶ	50°.9	321°.6	137°.0	0.006 3	1	100°	−32°

λ 和 β 代表远日点的黄经和黄纬。我们可以看见这六颗彗星差不多是从空间的同一方向而来的。我们不应该期待它们像在同一条铁道上运行的火车那样每次走过完全相同的轨道。假使有两颗彗星在某一时期内走相同的轨道,就要像比拉彗星的两部分那样,由于质量分离时速度的方向以及从彗核发出的气体的反作用等的差异,使这两颗彗星渐渐彼此离开。

天文学家对于这一群彗星和类似而没有这样著名的彗星群讨论得很多。波尔特曾经根据轨道根数的相似和远日点的接近,列出 20 多群彗星。是不是每一群都由一颗彗星崩裂成二、三、四、五、六部分且因为它们在空间里走了几千年才彼此分离开了呢？这是很可能的，但却难以证明事实真是这样的。可是这问题却值得仔细研究，因为我们说过有些彗星的轨道上有颗粒状陨星的洪流，在彗星的前后跟着，这种现象对于太阳系的构造和起源的研究是能给予重要线索的。

1811 年的大彗星是近代最著名的一颗彗星。它对战争中的民族精神有很大的影响，拿破仑以为这是他进攻俄罗斯会成功的预兆。可是事实却不是这样的。这颗彗星于 1811 年 3 月 26 日由弗洛日尔格（Flaugergues）在维维耶发现，一直观测到 1812 年 8 月 17 日，经过了大约 17 个月之久。彗头的直径达到 180 万千米。在 10 月内彗尾长 1.6 亿千米，宽达 2 300 万千米。它的近日距是 1.035 天文单位，这样大的一颗彗星，近日距竟超过日地间的距离，这是相当大的。因为它在 17 个月内都能被人观测到，它走了一段相当长的弧，于是天文学家可以精确地测定它的轨道，了解到它的周期是 3 100 年，远日距达 420 天文单位，即太阳与海王星的距离的 14 倍，或者 630 亿千米。威廉·赫歇尔在这颗彗星上看出一团行星状的气体核，直径是 690 千米。用低倍率的目镜看这颗彗核像是一颗星，用高倍率的目镜看，却像一个星云状的圆轮，表面的亮度不匀。今天我们已经知道这种现象是因为一团看不见的球状固体核内的气体发射，这叫作晕，这晕的直径随它的相当小的膨胀速度的增加而变大。

1811 年的彗星除了使战争中的欧洲人恐惧之外，它还因那年所出产的酒特别好而著名。在葡萄牙酿成的一种红酒，便以"彗星酒"驰名于世界。此后，凡是好酒，不管是否在 1811 年，或者任何没有大彗星之年所酿造的，都叫作彗星酒了！

19 世纪里还出现了一颗很漂亮的彗星，便是 1858 年 6 月 2 日被多纳蒂在佛罗伦萨所发现的，到了 9 月和 10 月，肉眼也能看见（图 503）。10 月 10 日在过近日点以后 11 日，尾长达 64°，实长 8 800 万千米。它的尾部缩短得很快，12 月 6 日就完全不见了。在 10 月 3 日时彗核出现一条射线，10 月 5 日便有两条。这些射线很细而不弯曲，差不多和彗头附近的主尾相切，两条射线差不多一样长。彗头里发生显著的变化。气体的包壳从彗核脱离，根据邦德的计算，速度很小，大约是每秒 13 米。这颗彗星的周期大约是 1950 年，远日距达 310 天文单位之远。1858 年 9 月 30 日过近日点，距离太阳只有 0.578 天文单位。

我们曾经看过彗星之长有超过 90° 的（如 1264、1618 Ⅱ、1680、1769、1861 Ⅱ 和哈雷彗星 1910 Ⅱ），因此它们的头部落在地平线以下的时候，彗星的末端还可高悬在天顶。

1861 Ⅱ 大彗星是被一位天文爱好者特布特（Tebbutt）在南威尔斯所发现的，时间是在 5 月 13 日，是它于 6 月 12 日过近日点之前的一个月，它的近日距是 0.822 天文单位。这

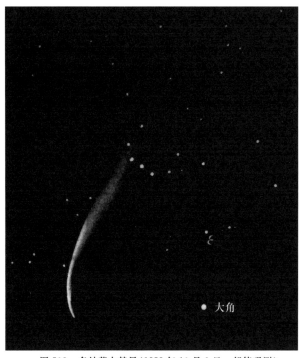

大角

图 503　多纳蒂大彗星（1858 年 10 月 9 日，邦德观测）

颗彗星于 6 月 30 日的一个星期天，从南半球到北半球，忽然间引起整个欧洲的注意，它出现在夕阳刚西沉后的地平线上面。约翰·赫歇尔（John Herschel）在他的科林伍德的家里看见了这颗彗星。它的亮度比他所看过的 1811 年和 1858 年的大彗星还要明亮，差不多和金星最亮的时候一样。彗星指着北极星，长 30°、宽 5°。威廉士于 6 月 30 日看见它的尾部呈扇子的形状，向旁边射出很远的光线。7 月 2 日，彗星变得很窄，它呈直线形，可以追踪到 72°那样长，在半夜观看，气象非常雄伟。用 15 厘米口径的反射镜加上 96 倍放大率的目镜观测，彗头中心凝聚的部分有一团云状的核，直径约有 4″至 5″或者大约 500 千米，看上去很不像是固体的结构，没有看出恒星状的核点。过了不久，尾长竟达 118°！那时这颗彗星很接近地球，它的尾巴不过只有 6 800 万千米。因为它在北半球的位置极便于欧洲国家的观测，因此有了不少研究的结果。克罗茨所算的椭圆轨道，周期为 409 年，远日距是 109 天文单位。

20 世纪上半期出现的 6 颗彗星中的 5 颗，我们说过都发现于南半球。只有其中 2 颗，极光亮的时候才在欧洲各国被人看见，即是 1910Ⅰ和哈雷彗星 1910Ⅱ。

第一颗（1910Ⅰ）于 1 月 2 日在南半球被南非的德兰士瓦省古星兰的钻石矿工在太阳附近发现，15 日的早晨日出前 20 分钟又被科普杰斯的三个铁路工人发现。它的位置于 1 月 17 日首先被约翰内斯堡天文台的英尼斯（Innes）和沃塞耳（Worsell）所测定，因此它有约翰内斯堡彗星的名称。它是在那天离太阳 4°处过子午圈的时候被观测到的，它的光亮超过金星，那时金星距太阳 30°，同时这颗彗星差不多过近日点，距离太阳 0.129 天文单位，或者 1 030 万千米。1 月 18 日、19 日和 20 日也有人用阿尔及尔的子午仪观测到它。那时彗星指向太阳运行，从太阳的另一面作为昏星出现。自 21 日以后巴黎地区可以看见它。那时塞恩河水高涨，淹没了巴黎和它近郊的低地，所以这颗彗星又叫作"洪水彗星"，有些人相信洪水是由彗星带来的。自 1 月 21 日以后弗拉马里翁和他的助手在他的天文台开始观测。它迅速地从黄昏的光辉里出来,1 月 29 日他们观测到这颗彗星至少达 45°,或者长 1 亿千米(图 504)。它的照相图上表现出一条弯曲的主尾,边沿上要亮一些,中间稍微模糊,好像一个中空的抛物面,另外有一条较小、较暗像鸟冠那样的尾,和主尾成一个相当大的角度,还有一团很奇特的暗淡的云状物质,在太阳的方向那面套在彗头上面〔因为彗星有自己的运动,要追随着它,照相的时候,需精密地瞄准彗头中心密集的一点,才可拍得清晰的照片。视场里的星因在底片上的相反方向移动,所以留下拖影,这在本书的照片上可以看到。这些拖影的长短,随着露光时间的长短、星的速度和照相镜的焦距而有变化〕。彗星很快地暗淡。许多巴黎人都没有看见它,因为彗头很低,虽然彗星离垂直线有一点倾斜,可是需要地平线上没有障碍物才可以看见它,而且 1 月份雾气弥漫,也使得观测困难。

根据默洛(Mello)算出的轨道,它是很长的椭圆,近日距只有 0.129 天文单位,远日距达 5 万天文单位,周期大约为 290 万年。

图 504　大彗星(1910 Ⅰ)

1910 年 1 月 29 日 18 时 19 分至 18 时 41 分,主要的彗尾形似空心圆锥,边沿特别明亮,包裹彗核。

有名的哈雷彗星于 1909 年 9 月 11 日被海德堡的沃尔夫寻得，只是 16 等的一团暗淡的星气。1910 年 5 月 18 日它靠近地球，相隔只有 2 400 万千米。同时它达到轨道的降交点，差不多从日轮的中心处经过日面。这重要的现象，被人精确地计算和热心地期待着。是不是有人可以看见彗核像一个黑点投影在光明的日轮上并与水星和金星凌日的情况一样呢？很多天文工作者都预备好去作这个观测，除了塔什干一地说曾模糊地看见了彗星之外，观测者虽然极其注意地从望远镜里去观察，但没有一个人看到彗核和它透明的外壳的丝毫痕迹。

人们也期待着地球经过彗尾。如果彗尾是直线的，在由太阳到彗星的向径线上，或者稍微弯曲一点，彗尾是会达到地球的，因为彗尾长 2 500 万至 3 000 万千米，长度是足够的。科学界以极大的好奇心期待着将发生的事情。天文学家、气象学家和地球物理学家都准备了记录这罕有的现象。在巴黎，5 月 18 日到 19 日的夜晚天气很坏，那夜出现一阵暴风雨，使一

图 505　哈雷彗星（1910 Ⅱ）
金星在右下方，1910 年 5 月 13 日拍摄。

切观测都不可能了。关于彗尾位置的研究,证明地球应于 5 月 20 日经过它的末端。19 日早上彗尾长达 145°,巴耳代于 19 日天亮以前的云隙里看见一线像从灯塔射出来的相当暗淡的光芒,既直且窄地出现在地平线上。彗头还没有升起,天一亮这景象便消逝了。核头呈现了复杂动荡的结构,且有晕光和鸟冠状的光芒,它曾被全球的天文学家仔细加以研究(图 505)。

1947n 即 1947Ⅻ彗星于 1947 年 12 月 9 日在南半球出现。因为发现它的人很多,所以没有给予专名。它的光亮约达 1 等,所以它的重要性仅次于哈雷彗星和 1910Ⅰ。它的尾长 25°(图 506)。它同时离开太阳和地球,光亮变弱得很迅速,当它达到北半球的时候,肉眼已经看不见它了。

一年以后又有一个大彗星出现在南半球。也像前面一颗那样,因被许多人看见,故无专名,只记为 1948Ⅰ,因为这是那年发现的第 12 颗彗星。这颗彗星于 11 月 6 日早上在澳大利亚首先被伍德(Wood)发现,6、7、8 三日里许多人都看见了它,亮度估计是 2 等。彗尾

图 506　南半球大彗星(1947Ⅻ)
1947 年 12 月 12 日蒙得维的亚天文台拍摄,露光 5 分。

至少有 20°,约长 5 000 万千米。

根据初期的观测计算出来的轨道根数,人们觉察到这便是 11 月 1 日日全食的时候所看见的那颗彗星。真的,在全食的 4 分钟里,有许多人曾经在太阳附近看见一颗拖着长尾的明亮彗星。格林尼治天文台在内罗毕(非洲肯尼亚的首都)的远征队有在全食带内 4 000 米高处的飞机上所拍的这颗彗星的照片。

在巴黎地区这颗彗星没有被人观测到。第一,因为它离地平线近,在 11 月里,地平线附近总是云雾弥漫;第二,它升起的时候已经快天亮了。到了 12 月初,因为它同时离开太阳与地球,已不能用肉眼看见了。在法国南方的两个天文台,因地位适宜,却拍下很美丽的照片。

把曾经发现的彗星数目按每个世纪列成一张表,然后去寻找一些结论,是一件有趣的事。下面的表Ⅲ是从《彗星志》和《彗星轨道总表》中摘录出来的。

表Ⅲ 已经出现的彗星的统计

观测时间		观测到的彗星	回来的周期彗星	其他的彗星	已经算过轨道的彗星
公元以前		137	6	131	6
1 世纪		26	1	25	1
2 世纪		39	1	38	1
3 世纪		43	2	41	2
4 世纪		30	1	29	1
5 世纪		33	1	32	1
6 世纪		47	1	46	3
7 世纪		42	2	40	2
8 世纪		25	1	24	2
9 世纪		52	1	51	2
10 世纪		42	2	40	3
11 世纪		61	1	60	3
12 世纪		52	1	51	2
13 世纪		47	1	46	5
14 世纪		53	3	50	6
15 世纪		64	2	62	10
16 世纪		76	2	74	13
17 世纪		38	4	34	22
18 世纪		77	7	70	62
19 世纪	1801—1850	102	27	75	92
	1851—1900	250	72	178	249
20 世纪	1901—1950	299	139	160	271
	1951—1973	229	118	111	199
总数		1 860	391	1 469	958

从这张表中可以看出有趣的几点：自公元开始以至 18 世纪，每 100 年所发现的彗星数目差不多是常数，不过只因明亮到引人注意的彗星有多寡不同，这数目才稍有出入而已。平均说来，在这 1800 年间，每世纪发现的彗星数目是 47，即每两年有一颗。但自 19 世纪开始，彗星发现的数目便增加了。这是因为有了近代的三种办法：使用望远镜作系统的寻觅；从 1892 年开始，使用照相的方法；精确地计算周期彗星的归来。可是从 19 世纪后半期以来，发现新彗星的数目好像又呈稳定的现象。从 1851 年至 1900 年是 191 颗，从 1901 年至 1950 年是 190 颗〔与表中数据不符是因为校者结合新的资料对表中数据作了调整。——校者注〕，平均每年 4 颗，比古代还没有使用望远镜和照相方法的时代约多 7 倍。这数字在不同的年内变化很大。例如 1938 年没有发现一颗新彗星，1947 年便有 10 颗之多。

这个一般的统计，引起我们提出下面的问题："天空里究竟有多少彗星呢？"

开普勒回答说："和海里的鱼一样多。"这句话也许有些夸大，事实上却也真不少。我们刚才说过，从 1851 年至 1950 年平均每年发现 4 颗，那么从公元开始计算就约有 8 000 颗了，但是，并不是在天空飘荡的彗星都已被我们发现。一般说来，我们所发现的只限于亮度达到 9 或 10 星等的。亮度愈暗的彗星被人发现的机会愈少，而且被发现的机会减少得很快。近日点愈远的彗星，亮度愈弱，我们愈难看见。所以我们所认识的彗星，近日点多在地球轨道的附近，近日距超过 2 个天文单位的就愈稀罕。离太阳最远的周期彗星只有施瓦斯曼-瓦赫曼（Schwassmann-Wachmann）（1）〔即 1925 Ⅱ〕，它的轨道差不多是圆形的，在木、土两行星之间，它的近日距是 5.55 天文单位。近日距在 4.0 和 4.99 天文单位之间的有 5 颗，在 3.0 和 3.99 天文单位之间的有 6 颗，在 2.0 和 2.99 天文单位之间的有 36 颗。还有 483 颗近日点在 0.005 和 1.999 天文单位之间。

我们如果采取克朗林于 1929 年所作的假设，把彗星的平均周期算作 4 万年，以每年有 4 颗彗星计算，总数便该是 16 万。这数字比实际一定还少得多，但这数字已经给我们说明彗星比小行星多很多。也许只有散布在太阳系里的流星粒子才比彗星多些，以后我们还要谈到估计彗星数目的近代方法。

图 507　布鲁克斯彗星（1911 V）
1911 年 10 月 28 日 4 时 15 分至 49 分，纤维式的光芒从彗核射出。

第三十七章

彗星的组织

　　我们刚才谈的关于彗星长期观测的历史，使我们对于彗星的运动和形态的认识，愈来愈完善。但直到 19 世纪分光学发展以后，才能着手研究彗星的化学组织。

　　可是很久以来，人们就明白除了彗核以外，彗星是气体和稀疏的粒子所组成的，而且是在极度稀薄的状态之下。所以彗星像是范围庞大、绝对透明的物体。我们曾经多次看见 5 等至 12 等的星被彗头掩蔽，却没有使星光暗淡或者屈折。这一点古代人已经观察到了。亚里士多德引用德谟克利特的观测说，塞内克在他的《自然界的问题》里曾经说过：

"我们透过彗星如像透过薄云那样,可以看见星星。"1828 年 11 月 27 日斯特鲁维(W. Struve)观测恩克彗星的时候,看见它经过一颗 11 等星,起初他把这颗星误认作彗核,这颗星的光亮并没有因此变暗。可是这颗彗头在中心部分就有 50 万千米之厚。巴比内(Babinet)根据这个观测,从亮度的观点,计算出彗头气体的密度,认为是空气密度的 2×10^{-17}。这是高度的超真空,地球上的仪器所绝对不能办到的,所以巴比内把彗星叫作"看得见的虚空"。在他那时代这数字好像是不可能的。今天我们却承认这个数量级是完全可以接受的。云状彗核能让恒星的光通过是不稀罕的事,如果用近代的方法去观测这个现象,我们可以测得星光透过彗头最密的部分,甚至透过它的中心,也不会因此而变暗。巴耳代曾经几次使用默东天文台的大望远镜证明了这一事实。只有一次当沃尔夫研究博雷利彗星(1903Ⅳ)的照片时,查出一颗星的轨迹,在彗星后面变得稍微暗淡一点,但是仔细研究了照片以后,他才证明这仅是由于照相感光不同的关系而已。

天文学家从来没有测量到星光透过彗星的大气时发生丝毫的屈折,当一颗彗星在一群星前面走过的时候,我们测量这群星彼此之间的距离。如果组成彗星的气体密到能够使星光偏折的程度,这些测量到的距离就该发生变化,可是许多观测都没有说明有这样的事实,由此可以想象组成彗星的气体是怎样的稀薄。

彗星的总质量,包括由固体组成的核在内,实在很小。当一颗大彗星从一颗行星旁掠过的时候,它没有给这颗行星或卫星的运动以任何的摄动。勒克塞耳彗星(1770Ⅰ)于 1767 年 5 月和 1779 年夏季接近木星,相隔只有 60 万千米。1770 年 7 月 1 日它接近地球,相隔只有 244 万千米。木星和它的卫星、地球和月亮都没有受到丝毫骚扰。拉普拉斯根据计算推出这颗彗星的质量至少比地球质量的 1/5 000 还小。假使这颗彗星有地球那样大的质量,我们的行星便会改变它的路径,它就会走稍长一点的轨道,一年也会增长 2 时 47 分。还有 1861 彗星于 6 月 30 日曾经距离地球 44 万千米,地球和月亮准确地在那天早上 6 时穿过了它的尾巴,可是地球和月亮都丝毫没有受到它的摄动。我们可以根据所有的观测总结说,形成彗星的伟大结构的物质是异常微薄的,但是它的密度足以漫射日光,使我们借分光的方法可以查出来。

对于彗星光的偏振,阿拉戈在 1819Ⅱ、1835 和哈雷彗星三大彗星上作过观测,结果说明它们所发的光只有一小部分是偏振化了的。在以后出现的许多彗星上,这种偏振情况被证实而且加以测量,还观测出偏振在一夜里多寡的变化。1927 年 6 月 20 日和 21 日丹戎研究蓬斯-温内克彗星(1927Ⅶ),它和地球最近,掠地球而过。在它的相角变化得很厉害时,他查出这颗彗星的光的偏振度没有改变,总是 11%。今天我们知道这个特性是由于下列事实,即彗星的偏振光主要是由于碳分子(C_2)所发出的斯万光带,这些光带常存在于彗星的光谱内,分子散射的作用很小,远不如从前的人想象的那样厉害。

我们现在谈到彗星的光谱分析,被棱镜分解而来的彗星光谱里有明亮的光带,上面重合有相当暗淡的连续光谱。这连续光谱上具有太阳光谱的吸收线,说明彗星光的来源是由于它的气体和颗粒对于日光的漫射,愈接近彗核的光,其强度愈大。

明亮的带状光谱存在于彗星光里,说明彗星的气体发射具有光的某些特征。对它们的研究非常烦琐而困难,我们现在只知道其中的主要成分。研究它的困难性在于彗星光线的暗弱,彗星最明亮的时候,又太接近太阳,我们只能在太阳在地平线以下的短时间的昏光里去观测它,那时它的光又受大气吸收的影响而暗弱了。

彗星的分光研究可以分为三个时期,各有其特殊的进展,第一期包括 1864 年至 1881 年的光谱观测,都是用目视法来进行的。1864 年 8 月 5 日多纳蒂开始用肉眼去看滕珀尔(Tempel)(2)彗星的光谱,第一次观测到一种没有意料到的现象:彗星的光经棱镜分解以后出现三条明亮的带状光谱,和金属所造成的明线相似,而不像反射的日光和白炽的固体粒子所发的连续光谱。对以后出现的彗星的观测,都证实了早期观测的正确性。1866 年 1 月 9 日哈金斯观测滕珀尔彗星(1866 I)时看见这种气体所发出的不连续光谱之外,还有一条暗淡的连续光谱,三条明亮的带状光谱,在以后所拍到的彗星光谱里都被人找到过,经哈金斯于 1868 年 6 月 23 日确认为斯万光谱,可以在许多含碳的火焰如蜡烛、碳弧等内以及在二氧化碳里放电找到。根据带状光谱的近代理论,这是两个碳原子组成的中性碳分子(C_2)所造成的。在彗星这样微薄的物质里有碳和碳氢化合物,实在是使人意料不到的事。这是一个惊人的发现。有些人还不同意,因为天文分光学那时还没有经过考验,可是不久终于得到科学界的一致公认。

第二期是彗星光谱的照相观测,自 1881 年 6 月 24 日开始。那时溴银乳胶的底片刚制造出来,哈金斯便用来记录 1881 III 大彗星的光谱。露光 1 小时,他拍摄到这颗彗星的一个良好的光谱,那里面有紫区和紫外区从来没有研究过的新的明亮光带。这些带状光谱属于另外的碳光谱,名叫氰光谱,在碳弧光里容易看见,今天我们已经知道它是由一个碳原子(C)和一个氮原子(N)所组成的中性 CN 分子所造成的。这些带状光谱之外,还有在紫色极端、波长 4 050 埃附近的一些辐射,没有被人确认出来。由目视观测所发现的暗淡的连续光谱,拍在照片上,表示它是从太阳的反射光而来的夫琅和费吸收谱线。因此,用照相的方法我们又证明彗星里有含碳的气体,而且还发现了氮。虽然这些星光透过的气体是极端稀薄的,可是它们漫射日光的分量,仍然是不可忽略的。

第二期开始时遇到五颗明亮的彗星：1881Ⅲ、1881Ⅳ、1882Ⅰ、1882Ⅱ和1884Ⅰ，其中第一颗彗星的光经过仔细的分析。前四颗彗星很接近太阳，它们的光谱里出现钠的两条黄色的漂亮谱线。这两条谱线与地球上的钠的相同谱线的位移，使我们能测定彗星的视向速度，结果与由轨道根数所算出的完全相合。这样便确切地证明钠蒸气是属于彗星的，而不是在空间里被彗星光经过而照亮的钠。

1882Ⅱ彗星过近日点的时候，有人在它的光谱里发现几条铁的谱线。既然彗核表面可能达到很高的温度，铁元素的出现自然是极有可能的。

第三期开始于1902年。普吕维内耳补充以上两种观测方法，开始使用短焦距很光亮的物端棱镜的方法。这是一种简化的、把装光缝的准直管取消后的摄谱仪，只有一个棱镜和照相的物镜。对着天空的时候，它就不会形成光缝的像去造出谱线，因为光缝已经没有了，而只有要研究的星的许多单色像。这仪器推进了对彗星组织的研究，它可以定出分子在彗星各区的部位，而且还可以记录那时还不明白的彗尾。第一张照片是在1902年10月24日拍摄的，对象是1902Ⅲ彗星。自1907年以后因有几颗大彗星，特别是莫尔豪斯彗星（1908Ⅲ）的出现，进展就加快了。观测是在弗拉马里翁天文台进行的，物端棱镜是由普吕维内耳和巴耳代装在赤道仪上的。

在6年间对于几颗彗星所拍摄的照片的比较，说明它们的光谱形态、明线光带的相对强度随彗星而不同，并且有时变化很大。当彗星愈接近太阳时，这情形也愈明显地表现出来。例如彗星快到近日点时，氰的光带（CN）比斯万光带（C_2）就更亮些。这种方法更使我们知道彗星不同的部分发出不同的辐射。彗头具有C_2和CN的分子，尾部就没有这些分子，而是被一氧化碳（CO^+）和氮（N_2^+）电离了的分子所组成的。在1947k彗星的尾巴上还确认了有二氧化碳（CO_2^+）的电离分子。

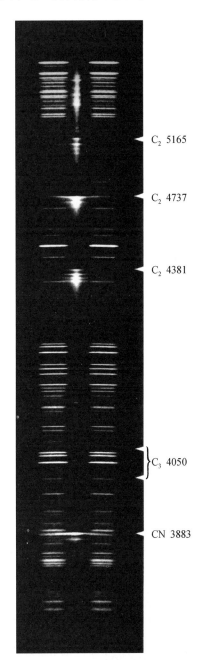

C_2 5165

C_2 4737

C_2 4381

C_3 4050

CN 3883

图508　本田-贝纳斯科尼彗星（1948g）

1948年6月6日法国南方天文台用有缝摄谱仪拍得的光谱。彗星的光谱，中间一条有C_2、CN等分子的谱带显然可见。两旁是铁弧和氖的光谱。

在固体核周围有几百千米厚的气体,含有 CH 分子,特征光带在 4 313 埃,还有形成在 4 050 埃附近的一组光带的另外一种分子。这一组光带的强度是有很大变化的,起初有人认为它们是由三个原子组成的 CH_2,最近的研究表明形成这些光带的分子并不含氢。赫兹伯格(Herzberg)说明它是三个碳原子(C_3)所组成的(图 508)。这些年来,人们很重视对这些复杂的结构和它们的形成的研究,在实验室里做了许多工作,因而对于彗星以及有这些光带的含碳星(光谱型是 N 的)的物理和化学问题做出了较大的贡献,同时也明了实验室里所观测到的一些反应。罗森(Rosen)于 1952 年在列日的讨论会上曾经说过:"对在 4 050 埃附近的一段彗星光谱的确切解释,将为天体物理学带来一些看法,表明物理和化学的变化过程的机制是怎样的复杂。"

使用石英和镀铝的反光镜作为光具组,使我们了解属于彗头的 OH 和 NH 分子的远紫外区域。

首先对但尼耳彗星(1907 Ⅳ)的光谱加以研究,这光谱很弱。次年莫尔豪斯(Morehouse)彗星(1908 Ⅲ)出现,它异常活跃的情况可于图 509、图 513～520 几幅图里看见,它的光谱无比的明晰和强浓。彗尾的单色像表现强弱相间的双重谱线(图 509),来源一向是不明的。英国物理学家福勒(Fowler)在实验室的照片上也寻找到同样的光谱,但也不明其来源。他系统地追索着,在含尽量微小的 CO 或 CO_2 的空管内放电,复制出这些光带来。这些光带既暗淡又混杂有别的光带,很难加以研究。巴耳代在默东天文台重做这个实验,用从白热的阴极出来的电子去轰击空管里极度稀薄的碳氧气,制出相当亮的、色散度相当大的双重谱线,这些谱线和在莫尔豪斯彗星所拍得的一样。以后物理学家根据理论证明这些双重谱线的来源实在是电离的一氧化碳(CO^+)。在其他 3 个彗星里,彗尾表现电离氮分子(N_2^+)的特征光带。

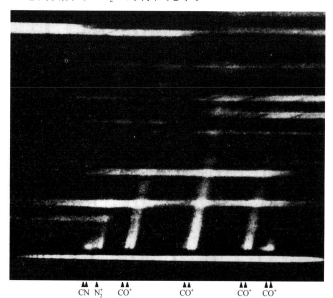

图 509　莫尔豪斯彗星(1908 Ⅲ)

　　1908 年 10 月 18 日 18 时 48 分至 23 时 21 分用物端棱镜拍摄。彗星的光谱表现 CO^+ 电离分子的双谱带和电离氮(N_2^+)的单谱带。中性氮,表现在氰分子里,只在彗头才可以看见,不在彗尾里。彗头的光谱暗淡。

CN　N_2^+　CO^+　　　　CO^+　　　CO^+　CO^+

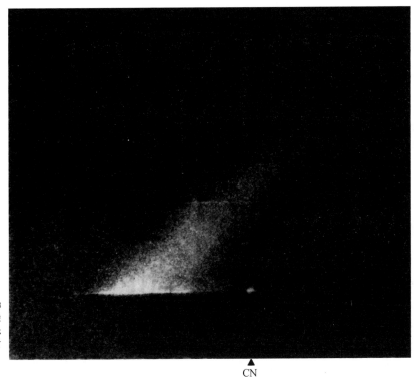

图 510　1910 I 大彗星
　　1910 年 1 月 29 日 18 时 19 分至 41 分，用物端棱镜拍摄的光谱。彗尾的光谱像是连续的（参看同时拍摄的图 504）。

CN

　　因此构成彗尾的是物质，因为组成彗尾的气体已经经过观测加以证认，没有可以怀疑的了。

　　奇怪的是，组成彗头的 CN 和 C_2，以及彗核周围的 CH 和 C_3，在彗尾里并没有找到，用物端棱镜所拍摄的彗尾光谱从来没有这些分子光谱的丝毫迹象。每次拍得的彗尾光谱，总是找到它的双重的 CO^+ 光带。我们已经说过，CN 和 C_2 光带的强度随着彗星与太阳的距离而有变化。当彗星接近焦点上的太阳时，它所接收的热和光按距离平方的比值反而增加。各系光带的强度（图 511、图 512）都发生变化，有时我们在彗核的光谱里发现钠的双重黄色 D 谱线。当哈雷彗星（1910 II）距离太阳只有 0.7 天文单位时，我们就发现了这两条谱线。愈和太阳接近的时候，黄色的辐射就愈逐渐侵占了整个彗头，随后整个彗尾以至尾端都有这种辐射，这在 1910 I 大彗星上是很明显的，因为彗星已经呈现出一种美丽的淡黄颜色。同时，CN 和 C_2 光带减弱很多。一个明亮的连续光谱的发展，好像不完全属于日光的漫射，一部分可能是由于钠的荧光作用。

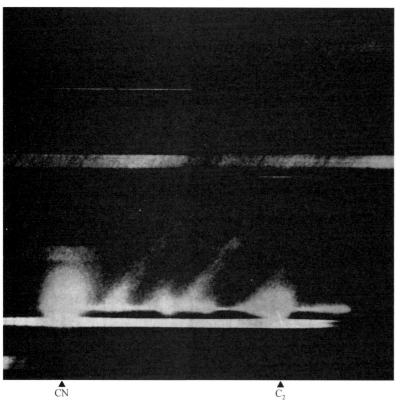

▲ CN   ▲ C_2

图 511　布鲁克斯彗星 (1911 V)

　　1911 年 9 月 27 日自 19 时 43 分至 21 时 54 分用物端棱镜拍得的光谱。那时彗星距离太阳 0.85 天文单位。彗头的光谱（C_2、CN 等）达到最大的发展,彗尾的光谱（CO^+）出现。

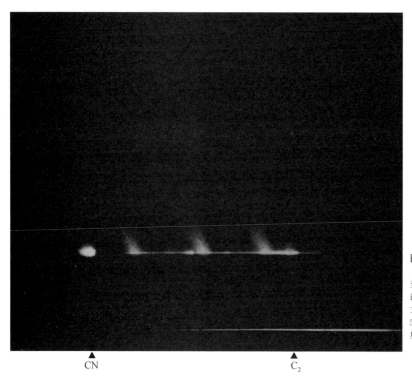

▲ CN   ▲ C_2

图 512　布鲁克斯彗星 (1911 V)

　　1911 年 11 月 1 日 4 时 37 分至 57 分用物端棱镜所拍得的光谱。那时彗星距离太阳 0.50 天文单位（过近日点后 4 天）。图 511、图 512 表示彗星的光谱随彗星与太阳的距离而变化。

当彗星远离太阳的时候，发射光带逐渐变弱，以至消逝，一般只剩下由日光漫射而来的连续光谱。施瓦斯曼-瓦赫曼彗星(1)(1925 Ⅱ)在木、土二行星之间沿近似圆圈的轨道运行，因此它的光谱没有发射光带而只有连续光谱，容易找出太阳光谱里的 G、H、K 等谱线。

在彗星的光谱里从来没有找到氢的谱线(如巴耳末系)，也没有找到气体星云、日冕或极光等的特征谱线。

总结一下，不再详述，我们在彗星里所发现的发射光谱是由以下这些分子所造成的：CN、C_2、CH、CH^+、NH、OH、C_3(组成 4 050 埃的一组谱带)、CO^+、N_2^+、CO_2^+、NH_2 或者还有 OH^+。在碳分子(C_2)的情形，还发现有同位素 $^{13}_6C$，这分子产生了三系光带：主要带(斯万光谱)是由寻常碳的双原子 $^{12}_6C$ $^{12}_6C$ 所构成(最丰富，占 98.9%)，另外两个光带很弱，是由 $^{12}_6C$ $^{13}_6C$ 和 $^{13}_6C$ $^{13}_6C$ 所构成的。在任何彗星里没有发现过 $^{13}_6C$ $^{14}_7N$ 分子，也没有重氢合成物的迹象。可见同位素在彗星里的作用并不很大。还有其他弱的辐射需待证认，无疑会表现出还不明白的光带系。所以组成彗星气体的原子，有碳、氢、氧、氮，更有钠、铁，也许还有铬、镍等金属，可是这些金属必须在彗星逼近太阳、彗核的温度升高的时候，始能察觉。

上面所举出的分子在化学上不尽稳定，而这些东西大部分在化学上都叫作基。由于日光的分解作用，将稳定的化学分子光解。这些分子不能直接观测到，因为它们是固体核的组成体，被彗核吸引住了。因此，彗星里可能有水(H_2O)、氨(NH_3)、甲烷(CH_4)、氰(C_2N_2)、氮(N_2)、一氧化碳(CO)、二氧化碳(CO_2)等。在和彗星有密切关联的陨星里曾经发现几种这样的化合物。彗星里所以有化学上不稳定的分子，那是因为它们的密度异常小的缘故。原来本是稳定的分子，既经日光分解为基以后，它就差不多没有机会同别的分子碰撞而再行组合，因为它的平均自由程是几千千米的数量级。

因日光中很远的紫外区(短于 900 埃的)的作用，有些分子(如 CO 和 N_2)可以电离。光分解和光电离的复杂机制也许分几个阶段进行，或许还有由太阳发出的电子碰撞而生的电离。

组成彗星气体发射光带的激发是由于荧光作用，已经被斯温兹(Swings)和马克拉尔(Mckellar)所证明了。这种现象是由分析组成光带的谱线的强度而阐明的。一个分子所吸收的日光，因光的共振作用，又立刻发出同波长的光线。但是因为太阳的连续光谱里有浓度深浅不同的吸收谱线，于是在这些谱线的地方激发减少，彗星光带内谱线的强度分布便和太阳光谱里假使没有吸收线的情形是两样的。彗星相对于太阳的视向速度，也使彗星谱线在波长上发生位移。由这些因素便造成相当复杂的情况,可是把这些因素都除去了以后,可以说彗星所发出的光辉纯粹是一种荧光现象。

我们说过,日光被彗星的气体漫射是不可忽略的。这种漫射也是由于混在这些气体内的细微的固体质点所造成的。但是这种假设也不是绝对必须的,物理学家证明气体的分子或原子也能漫射光线,天空的蔚蓝颜色的来源,就是由于空气对于日光的漫射。查理·法布里曾经计算过彗星的漫射程度,和观测的结果比较,很是符合。在正常压力下,只需 1 毫米厚的一层空气,放在一个天文单位那样远处被太阳照着,迎面望去,在黑夜的天空上,就差不多同银河一样的明亮。不过这层空气展开到几千千米,仍然保持一样的光明,因为它只靠这里面的分子数目,并不因所占空间的大小而有变化。可是彗星里有微尘的假说仍然成立,因为它们的连续光谱里亮度的分布像太阳光谱里的情况,而不像被气体漫射的光线的情况。有关这个问题的研究仍需继续进行。

彗星在它漫长的路途中,光亮和体积都大有变化,而且每颗彗星各有它的特性。当彗星距离太阳很远的时候,它中心的核或多或少地像一颗恒星,周围有一团模糊暗淡的星云气。接近太阳的时候,光亮增加,常在过近日点以后达到最亮的程度。在这期间彗尾出现,向反背太阳的方向发展。在它离开的过程里,这些现象又沿相反的方向发展。当彗星接近太阳的期间,彗头时常会变小。对于恩克彗星来说这种现象特别显著。

彗星亮度的测量方法很多,都以彗头为对象。彗核和彗发加在一起的亮度叫作总亮度。由于实际上的困难,彗尾的亮度从来没有被人测量过。除了大彗星以外,一般说来彗尾比彗头暗淡得多。彗核亮度的测量数值,随所用的望远镜而有不同。我们说过,望远镜愈大,彗核就显得愈小,有时甚至完全看不见了。所以代表这亮度的数字是很相对的。

用目视法测量的时候,常将彗星的焦外像和附近的恒星比较,因为直接把片光源和点光源拿来比较,会导致很大的误差。观测时必须改变望远镜的焦距,使恒星的点状像展成片状像,亮度合适到足以与要测量的彗星的亮度加以比较。用照相法测量也和这样的目视法相似,还有别的方法,我们就不再详细叙述了。近几年来有人用光电管测量,求得的数值颇有差异,这不但是由于仪器上的差异,而且是因接光器灵敏度有所不同,肉眼、照相底片和光电管针对不同颜色的光线的灵敏度也是有差别的。所以要将这些测量的数值归算到同一尺度之下,必须测定归算的常数。总之,这种精准度是不高的。观测误差可达到 1 星等,有时还要大一些。即使加以各种校正之后,一次目视观测的平均误差的数量级是 ±0.3 星等。

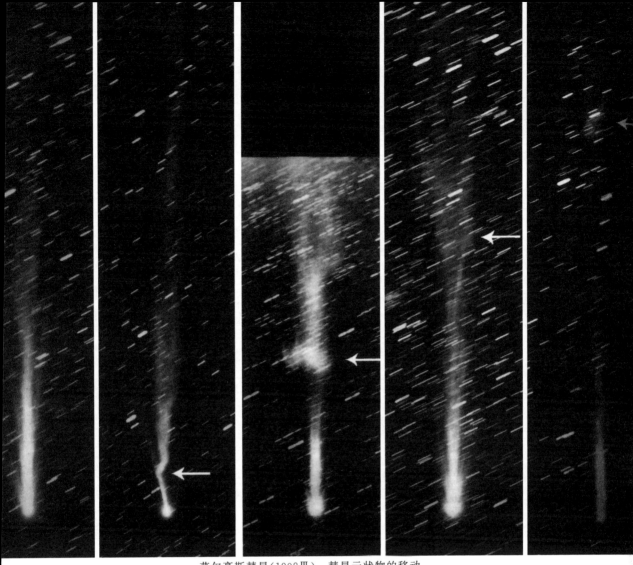

莫尔豪斯彗星(1908Ⅲ)　彗星云状物的移动

图513　10月14日19时　　图514　10月15日20时　　　图515　10月16日18时　　　图516　10月17日22时　　　图517　10月18日18时
25分至20时53分　　　　20分至21时31分　　　　40分至20时50分　　　　　2分至24时2分　　　　　48分至20时19分

即使彗星的大小不改变,它的光线纯粹是日光的漫射,它的亮度也会同它与地球的距离 Δ 和与太阳的距离 r 的平方成反比的〔$I = I_0/\Delta^2 r^2$,I_0 表示彗星距离太阳和地球都是 1 个天文单位($r = 1,\Delta = 1$)时所算出的亮度〕。但是它本身的亮度和它的大小都在改变。为了明了彗核的活动,了解亮度的变化是重要的。这种变化可以以一个经验公式来表示,即亮度与彗星、地球间的距离的平方成反比,但与彗星、太阳间的距离的 n 次方成反比〔$I = I_0/\Delta^2 r^n$〕,n 这数字差不多常大于 2,要根据观测而决定。它的平均值大约是 4,有时可达到 10,可是有时又会是负数。一切的运算都做了以后,彗星的亮度还表现出没预料到的、或多或少有周期性的起伏。除了这个经验公式之外,许多人企图找出一个具有物理意义的规律。例如苏联天文学家列文根据某些假设把彗核里气体的蒸发常数和彗星的亮度联系起来。由这一类规律所得的结果没有一个比经验公式更加精确的,所以在对现象的明了上,它们并没有多大的帮助。

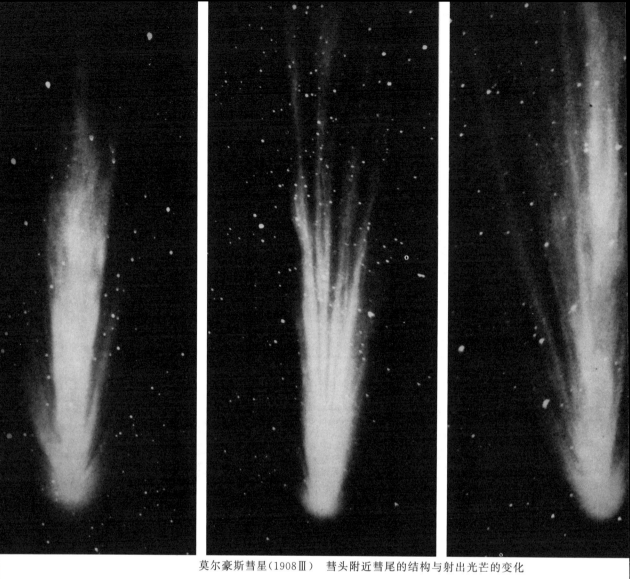

莫尔豪斯彗星(1908Ⅲ)　彗头附近彗尾的结构与射出光芒的变化

图 518　10 月 14 日 22 时露光 5 分　　　　　图 519　10 月 29 日 22 时 7 分露光 5 分　　　　　图 520　11月28日22时10分露光5分

　　目视观测的结果由珀肯斯天文台台长博布罗尼科夫(Bobrovnikoff)加以很好的讨论,得出以下几点结论:有些彗星亮度变化很大,即使它们和太阳的距离没有改变。例如施瓦斯曼-瓦赫曼(1)周期彗星在它的日心距没有显著变化的时期里,从 19 等变至 9 等,这表示亮度增加了 1 万倍。有时在两三小时内星等可增加 5,即亮度可增加 100 倍。德国天文学家里希特尔(Richter)说明这种近似爆发的现象好像是和引起地上电磁扰乱的日面爆发有关系。反之,另外一些彗星的活动又异常之微弱,发射出的气体的性质随彗星而大有不同。也许这和它们的年龄有关系吧？有些彗星自发现以来已经回到近日点多次,如像哈雷彗星和恩克彗星,发射气体的能力一点也没有衰退,在这时期里,它们表面上可以蒸发分解的组织成分应该早已失落在空间了。可是别的彗星,在它们的日心距没有显著改变的期间,气体的发射便停止了。

可是，一颗短周期的、常回到近日点来的彗星，例如恩克彗星，应当在某一段时间内完全失掉它所含的气体而消灭，这时间的长短虽然还不能够计算，但较之地质时期来说，应当是很短暂的，好像可能只有几千年。恩克小彗星自 1786 年被人发现以来，已经经过近日点 51 次，可是它的亮度还没有减弱。哈雷彗星自 451 年以来已经经过近日点 20 次，也有同样的情况。我们想要知道这些彗星的年龄和寿命，观测的时间还是太短，更何况对于亮度的初期估计又不可靠呢？

彗星在其行程里拖着有气体的长尾，这些气体飘散到空间去，而又不断地得到补充，背着太阳的方向那一边总是像火车头后面的一缕蒸汽，形态变化无常，有时可分成几个彗尾，这一切现象都足以引起人们的幻想。对于这些现象解说之多，不能在此列举，因为它们都只有历史上的意义罢了。

上面已经说过这样的彗星形成的光学理论：即彗头像透镜一般折射日光，照明了这些折射光所经过的空间，犹如灯塔射出的光线照明它所穿过的空气，这样便形成了彗尾的形态，事实上并无真正的彗尾。在积累的观测事实面前，这种假设站不住脚，在 19 世纪里人们既认识了行星际的空间，又对彗星作了光谱的分析，肯定地证明彗尾是气体，因而是由物质组成的物体。

将彗尾当作是物质的构造去说明它的形状的理论，叫作力学理论（相对于光学理论来说）。这种理论的创始人是牛顿，他在他的名著《自然哲学之数学原理》中讨论了这两种理论的优缺点。他说明光学理论在解释彗尾的曲率上有很大的困难，至于力学理论说明日光斥力的作用，使彗头流出物质，这一结论却能使人满意。牛顿以后，奥伯斯对于 1811 Ⅰ 彗星又提出斥力的问题。贝塞尔在他对于哈雷彗星（1835 Ⅲ）的有名研究里，更把这种理论推进了一步。贝塞尔假设彗尾的粒子先从彗头以某种指向太阳的速度逸出，演成严格的数学推论。粒子离开彗核以后，不再受它的影响而只受太阳的作用，太阳所给予这些粒子的，在引力之外还有一种斥力。这两种力皆随距离的平方成反比地减小，支配粒子运动的是这两种力的合力。斥力大于引力，因此粒子后退，在背着太阳的方向形成了彗尾。粒子在彗星轨道平面的附近各自按其轨道运行，粒子的整体形成所观测到的彗尾。根据彗星的曲率，我们可以算出太阳的斥力和粒子出发时所具有的速度和方向。

在贝塞尔之后有巴蒲（Pape）和温内克（Winnecke）的研究，他们将贝塞尔的方法应用于多纳蒂彗星（1858 Ⅵ），接着还有洛奇对于彗头的平衡形态的研究。

贝塞尔的方法经莫斯科天文台台长布列基兴（Brédichin）重新提出，加以发展并完成了它。布列基兴花了他一生中大部分的精力从事于彗尾的研究，搜集了很多资料，经亚格曼(Jaegermann)编纂发表在他的著作《彗星形态的力学研究》(圣彼得堡，1903)之中。我们略述书中主要的结果如下：

布列基兴根据他所研究过的五十几颗彗星，认为彗尾可以分为三个类型：直尾的属Ⅰ类，稍弯曲的属Ⅱ类，很弯曲的属Ⅲ类。

平均斥力 R，以同距离处太阳的引力为单位表示，那即是说斥力为引力的 R 倍。根据亚格曼的理论，这三类彗星的 R 值列表如下，表内的 g 代表粒子的初速度，单位是每秒若干千米。

	Ⅰ类	Ⅱ类	Ⅲ类
R	18	0.5～2.2	0～0.3
g	3～10	1～2	0.3～0.6

彗星必属于这三种类型里的一种，有时可以同时属于两类甚至三类，因为一颗彗星可能具有两三个曲率不同的彗尾。可见太阳的斥力不但随不同的彗星而变化，即使对于同一颗彗星也有变化。

布列基兴企图对各类型的彗尾找出物理的意义。他假设斥力的来源是具电性的，而且它的大小和组成彗尾的物质的分子量成反比。这些分子愈轻，彗尾也变得愈直。假设对于类型Ⅰ的彗尾，斥力是18，而且假设它的组成物的分子量最小(氢)，于是便可推出类型Ⅱ的彗尾的组成物是钠和碳氢结构，至于类型Ⅲ的彗尾，便是金属和较重的分子量的化合物所组成的了。

由光谱的观测证明彗尾里有电离的氧化碳。我们也看见在各类型的彗星里也有钠。于是布列基兴放弃三类彗尾各有不同分子量的物质的假设。对于愈直的彗尾，斥力的强度愈难测定。施与类型Ⅰ的彗尾的斥力是18，是根据1811年大彗星的彗尾求出的，他对于另一彗星，求得 R 为36。

第一类彗尾和其他两类容易区分，其他两类的区分却不易判断。

照片上表现出彗尾的结构，更使问题愈加复杂化了。总之，布列基兴的工作是有价值的，因为他证明贝塞尔的研究方法是有效果的，而且布列基兴在莫斯科天文台的继承人，如奥尔洛夫(M. S. Orlov)适当地利用这种理论作为基础去解释了许多重要的现象。

我们说过照相法表现许多别的现象，也和力学理论发生联系。例如云状物的形成，通常这些东西从彗核出来，在太阳的斥力下，进入彗尾，膨胀变形，有时可以扩散到彗尾的尖端(图513～517)。科夫(Kopff)对于几颗彗星所求得的 R 的数值如下：斯威夫特彗星(1892Ⅰ)内的几个云，R 为35、39或71；博雷里彗星(1903Ⅳ)，R 为90；莫尔豪斯彗星(1908Ⅲ),尾上同一云的几部分,R 为 62、72、88、162、151 或 156;哈雷彗星(1910Ⅱ),彗尾的同一云里,R 为 194 或 70。

博布罗尼科夫在他对于哈雷彗星的研究报告里所求得的斥力,变化之大,由 23 至 2 300。他对于 1907Ⅳ彗星的研究求得斥力逐日发生变化,前后相差至 19 倍之多。别的彗星也表现斥力有这样整倍的差异的情况,这在莫尔豪斯彗星(1908Ⅲ)上表现尤为显著,由 1908 年 10 月 15 日至 17 日的观测,得知其尾上一片大云的各部分所受斥力有 6 个不同的数值,已如上文所述。博布罗尼科夫说明这一片云的各部分以很不相同的加速度在移动。从彗星驱逐出来的物质,同时受太阳的斥力,像是具有不同的数值。巴耳代在弗拉马里翁天文台所拍得的光谱,说明这一片云完全是由 CO^+ 和 N^{+2} 混合在一起的物质所构成的。这片云的组成既然相同,所受的加速度又有那样大的差别,这就成了一个难于解决的问题。

近年来对彗星所拍得的大量照片以及对于古代大彗星的目视观测的修正,说明力学理论不足以解释一切现象,还必须有别的力量加进来。

博布罗尼科夫曾经指出以下几点〔见《天体物理学论文集》(Astrophysics,1951),彗星一章,327页〕:(1)观测到的彗核不单是彗星的活动区域,发射物质的活动中心常有几个。(2)凝团物质以及个别质点的运动不能仅根据最初情形来作解释,即不能仅根据质点被彗核射出的时间、速度相对于向径(太阳和彗核的连线)的方向和斥力 R 来作解释。运动中带电的质点所形成的云不能看作是不动的。事实上被人观测到的凝团物质的形态、光亮均有变化,而且常有射出的气流,在无结构的背景上常有凝聚物的形成等。(3)斥力可能达到同距离处的万有引力的 2 万倍,这样大的数值是由包壳和射线的结构以及凝聚物的运动求得的,而且很是相合。(4)斥力常发生骤变。彗尾内凝聚物的运动不是相当有规律的,不是可以被一个轨道所代表的。它好像是有几个轨道,每一个受到一种斥力。在这一点上,它好像日珥的运动,可是我们却没有观测到趋向彗核运动的凝聚物。(5)根据计算而得的彗核附近的喷射速度和观测到的速度是不相吻合的。由很大的斥力所算出的喷射速度达到每秒 70 千米,从光谱所求得的视向速度所推得的喷射速度只有每秒 1 千米的数量级。(6)关于形态、光亮和颜色都观测到有周期性的变化。彗尾的波形结构是常见现象,在一些情形里可以解释为发射气流的颤动。(7)彗核本体有时还要把上次核作用于已射出的物质,使得初始情形的计算更加复杂。事实上运动中的质点彼此间也起作用,由第Ⅰ类型的彗尾里射线的形态,表明那里的质点之间是有相互的斥力的(图 518~520)。由以上七点看来,这一切现象是多么复杂呀!

我们刚才谈到的、作用在彗尾上由太阳而来的斥力,究竟是怎样一种力量?这问题很早就有人提出,而且也有许多答案。但是只有等到理论物理进一步发展、日光施于物体的作用发现以后,才得到满意的解答。

我们现在大致说明一下辐射压这个现象,一束光线射在物体上面,它在入射方向上有一种压力。这压力按光的强度增加,也随这物体垂直于光的面积而成正比例。在许多情形下,这种辐射压实际上是薄弱到可以忽略的。一个完全反光的物体放在大气之外的日光里,在1平方米的面积上所受的压力才有0.001克的力,由此可以想象其渺小的程度。对于完全吸光的物体,这数字还要减小一半。所以太阳系里的一切物体从太阳受到两个相反的力量,都是和距离的平方成反比例的,这两种力量即是万有引力和日光的斥力。对于大一点的物体,斥力相对于引力常可忽略。但是如果物体的范围很小,辐射压终于可以胜过万有引力。事实上如果将一个物体缩小,体积按长度的立方、但面积却按长度的平方而变小,因此面积和体积之比例按长度的反比而变化。当物体在太阳的作用下时,我们可以想象它分为无数的小质点。小到使辐射压等于万有引力。可见将物体缩小,辐射压便胜过了引力。

根据计算,像水那样密的物体,只要它质点的直径等于1微米,这斥、引两力便得到平衡。如果质点还要小一些,辐射压便超过了万有引力,微小的质点便会受日光的推斥作用。如果将质点的体积再缩小,便发生衍射现象,使我们所讨论的现象又改变了。史瓦西计算了直径为0.2微米(密度为1克/厘米^3)的质点,最大的斥力可等于引力的18倍。可是如果质点再缩小,斥力便迅速地变小,在它还没有达到气体分子那样小的时候,斥力已经早变为零了。德拜(Debye)为了解释辐射在气体上的压力,于1909年又讨论了这个问题,将组成质点的带电常数和吸收系数通通计算进去,他说明在某些情形下,质点纵然很小,还会受光压作用的。巴德和泡利(Pauli)更进一步,为了应用于分子的实际情形并深入地讨论这个问题,引入选择吸收和一种辐射的再发射,求得辐射压等于气体内的引力的100倍。1927年翁索耳(Unsöld)将这数字缩小到它的1/4。可见由理论所推出的数字和由观测得来的数字是不大吻合的。还有人想引入另外一些力量,如核的斥力、电磁场、释放能量的分离现象。在彗尾里所观测的现象,如射线和我们测量的云,是不是运动中的物质,我们还不能确定。在彗尾里生成而移动着的一种光辉,如像地上高层大气里的极光那样,不是没有可能的。总之,彗尾内的现象还很神秘,要得到一种满意的解释还需先做许多工作(图521~533)。

彗星从哪里来的呢?它们的起源是怎样的?对于这些问题,我们还没有确定的答案。但是我们可以研究一下曾经提出来的假设,看它们和观测结果吻合到什么程度。

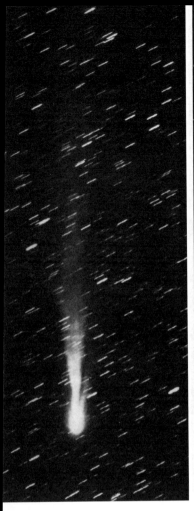

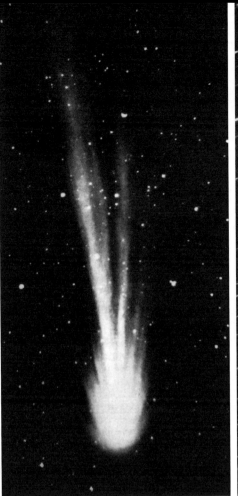

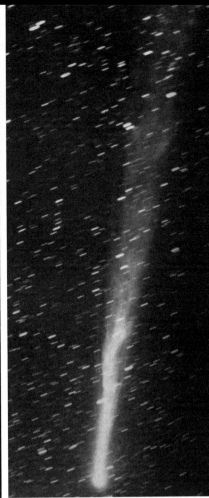

莫尔豪斯彗星(1908Ⅲ)

图 521　1908年10月13日18时59分至
□时11分。主要的彗尾距彗头不远,扩大成
□个分支。一个小尾在大尾的右边形成。

图 522　1908年10月23日22时20分,露
光5分。 这是从彗头分为许多彗尾的很美的典
型(默东天文台口径1米的望远镜拍摄)。

图 523　1908年10月31日18时12
分至19时46分。 彗尾最明亮的部分成
波浪形。

　　上面说过凡是走椭圆轨道的彗星属于太阳系,另外67颗走双曲线轨道的彗星,偏心
率都很近于1。如果将行星摄动的影响计算进去,我们就发现这些彗星在接近大行星以前
所走的轨道常是椭圆的。至于抛物线的轨道,我们应该把它们当作是很长的椭圆,其偏心
率测定为很近于1而已。因为没有显著地走双曲线的轨道的彗星,说明我们所算过轨道
的彗星都是属于太阳系的。拉普拉斯假设彗星是从星际空间来的,但是他那个时代太阳
在空间里的运动还不知道。正如斯特龙根所说的,他所得的结果,对于他那个世纪内(在
这期间彗星的轨道始被人精确地测定)的周期彗星,是相当准确的,但是不能确定它在100
万年以前的情况。可是有一点是确定的,即彗星都属于太阳系,所以彗星的来源应当在太
阳系里去寻找。

　　范·沃尔康(Van Woerkom)和奥尔特(Oort)最近的研究即建立在这种基础之上。
根据椭圆轨道的范围的统计,他们断定最初彗星距离太阳在5万到20万天文单位之间。可

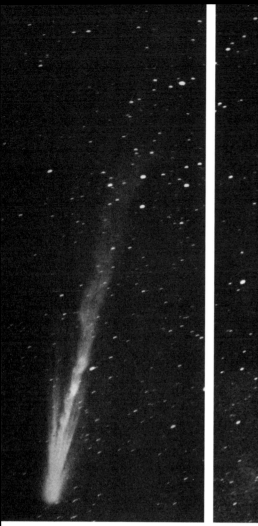

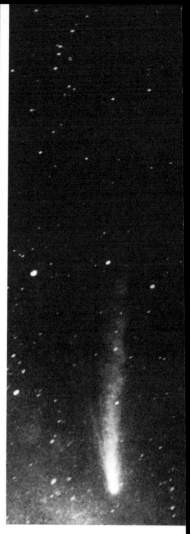

莫尔豪斯彗星(1908Ⅲ)

图 524　1908 年 11 月 27 日 17 时 42 分至 19 时 25 分。彗尾里形成许多星云气。

图 525　1908 年 11 月 28 日 17 时 50 分至 19 时 14 分。 从上一天起星云气离开彗头愈远，愈是弥散。

图 526　1908 年 11 月 29 日 17 时 42 分至 19 时 8 分。 以上两图里的星云气消逝。 彗尾弯曲，又出现一些新的云气。

是最近的恒星距离太阳却有 30 万天文单位。这些彗星所走的轨道差不多是圆形的，绝不会自动地接近太阳。奥尔特把它们叫作原始彗星。他用统计法计算了近邻恒星的摄动对于这些遥远彗星的影响，求得距离太阳在 10 万天文单位的彗星，于 30 亿年间，即自有太阳系以来，其中一半均已逃逸。至于距离太阳在 20 万天文单位的彗星则差不多全部都走光了。距离太阳 15 万到 20 万天文单位的彗星，现在还存在于太阳系里的为数很少。于是奥尔特假设太阳周围有一圈彗星聚集成的云，一直延展到距离太阳 15 万天文单位那样远处。这些彗星当中有少数可以来到我们的附近，其他的轨道并不椭长，绝不会来到地球的附近。大约只有十万分之一我们能够看见，根据一个世纪里所寻得的彗星的数目，奥尔特推出组成这一云圈的彗星的数量应当是 1 000 亿。可是它们的总质量还不及地球质量的 1/10。

彗星怎样形成是一个更难解决的问题，因为要解决这问题，必须对固体彗核的组成与结构以及从那里发出去的或多或少的气体，都得预先有一些认识。

布鲁克斯彗星(1911 V)

图 527　1911 年 9 月 25 日 19 时 56 分至 21 时 56 分，彗头几乎成圆形，彗尾是直线的。

图 528　1911 年 11 月 1 日 4 时 37 分至 57 分。　双尾有相同的化学结构：CO^+。

　　上面说过，在良好情况下，用大型望远镜观测，在彗核里只能看出一粒没有视径的星点，有时甚至这一点也看不见。

　　事实上有一种具有几颗核的彗星，有时可以像比拉彗星那样分裂为二，然后失踪演成美丽的流星雨的现象，这像是表明彗核是由大小不同的块状物所组成的，在某些情况下，它们可以分解，各走独立的轨道。

　　天文学家常假设彗核是由受牛顿引力联系在一起的粒子云所组成的，他们仔细地研究需建立起这样集团的稳定条件，表示为粒子的质量、它们相互间的平均距离和与太阳的距离三者之间的函数。彗核的这种模型，是便于数学的计算而想出的，由此可以了解在什么情况下，彗核可以发生崩溃。但是彗核周围所表现的现象，如喷射的光芒、膨胀的气体晕等，还牵涉另外的力量，如气体的压力、斥力的合力、电磁力等，我们还没有把电磁力计算

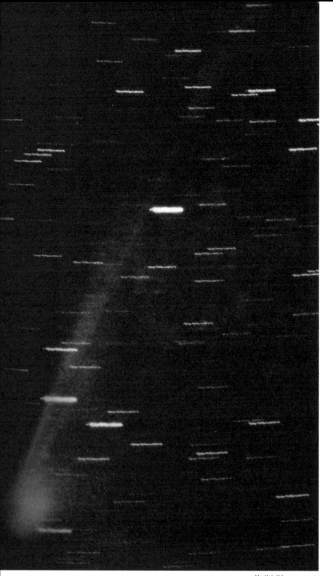

芬斯勒(Finsler)彗星(1937 Ⅴ)

进去，但是由于有些彗核的极端活跃性，这种力量可能是很重要的。

彗核的另一种模型，便是一颗主要的固体核心，伴有（或没有）粒子。这个简单的形式，从一个中心发出气体，自然很是稳定。天体物理学家赞成这一种模型，因为在照片上可见彗核是许多现象的中心。但是要用它来解释一些长时间的现象，如发出大量气体的可能性以及它实际的分裂和崩溃成为粒子等现象，实在是有困难的。

如果我们采取这一个假设，并且用光度法去测量彗核的大小，事实上当彗星接近地球的时候，这样测定的数值实在很小。蓬斯-温内克(Pons-Winnecke)周期彗星(1927 Ⅶ)于 1927 年 6 月 27 日距离地球 580 万千米，施瓦斯曼-瓦赫曼彗星(3)(1930 Ⅵ)于 1930 年 5 月 30 日距离地球 845 万千米。还有勒克塞耳(Lexell)彗星(1770 Ⅰ)于 1770 年 7 月 1 日距离地球近达 240 万千米。巴耳代用默东天文台 83 厘米口径的大望远镜观测前两颗彗星，每颗

芬斯勒彗星(1937Ⅴ)

图 531　1937 年 8 月 8 日 21 时
35 分至 23 时 5 分，显现多条直线式
的彗尾。

图 532　1937 年 8 月 10 日 22 时
0 分至 24 时 0 分，彗头向右伸长。

的核都像一个小光点，根据光度的结果，在这两个情形下，直径都约为 400 米。哈雷彗星于 1910 年 5 月 19 日过太阳表面，那时距离地球 2 400 万千米。没有彗核的丝毫痕迹出现于太阳表面上。如果有一个直径长 16 千米的核在日轮上便会显现成一个小小的黑点。这数值好像很小，但是有它两三倍大的东西，便可用肉眼看得见了。

　　1949 年哈佛天文台的惠普尔教授又提出另外一种彗核的模型。它是产生行星的星云物质。星际空间里最常见的分子如水（H_2O）、氨（NH_3）、甲烷（CH_4）、二氧化碳（CO_2）、一氧化碳（CO）、氰（C_2N_2）等将于长时间里汇聚在虽小而不可忽略的物质周围，在远离太阳的极度低温下产生凝固的气体。在这种过程中，陨星和宇宙尘埃将增加在这凝聚的核上，这样形成的历程很慢，而且只能发生在离太阳很远的空间里。彗星的绝大部分时间都在远处度过，这样的轨道距离太阳很远，周期的数量当以 100 万年计算，这是和奥尔特的假设相合之处。

图 533　惠普尔-费克彗星(1943 I)

1943 年 2 月 26 日 22 时 17 分至 23 时 17 分,从圆形的彗头伸出细的彗尾,然后分开成纤维形象。

彗星接近太阳的时候,彗核的表面生热,热量因传导逐渐达到下面的层次。表面的物质升华,造成形成彗发和彗尾的气体。光分解和电离的作用将原来本是稳定的分子变成中性的或电离的基〔化合物当中的一个单元,叫作基,也叫"根",主要指原子团,也包括单原子离子,如Ca^{++}、Cl^-等。——译者注〕。彗星愈是接近太阳,升华作用愈加迅速。彗头变大,彗尾变长,陨星和微尘逐渐分离,形成伴着彗核的一群流星。如果地球穿过这种彗星的轨道,我们就会碰着这一群流星,于是就看见一阵流星雨。像这样的短周期彗星时常到太阳的附近来,它的核因构造不均匀,可能破裂,甚至完全解体。彗星从此消灭,剩余的只是一群流星体,如像我们在比拉彗星所看见的那样。这一群流星体也会逐渐离散。有人还以为这些破片会产生黄道光,我们以后还要谈到这一点。

彗核好像也有绕着本体自转的运动,也像小行星那样,自转周期只有几小时。彗尾上的云和射线周期地发射光线,正说明这一事实。因彗核有自转和热量在彗核各层传导需要时间的缘故,这种发射是非对称的。如果发射有相当大的强度,在彗核上发放的气体起反作用(如像火箭那样),会给予彗核一个和它自转的方向相同或者相反的小速度。效果虽然很微小,但对于彗星在它轨道上的运动能产生一种加速度或者减速度。于是不需要假设阻力的环境,就可对恩克彗星的加速现象给出合理的说明,也可以同时说明达雷斯特彗星速度的减小。惠普尔计算的结果和观测是很符合的。

短周期彗星不能恢复它所失去的分子,因为它的距离是和太阳相当接近的。所以短周期彗星逐渐损失质量,而迟早归于无。在恩克彗星的情形,每一周期里(3.3 年)损失前一周期质量的 1/500。所以它还需公转 1500 周,光亮才会微弱一些。有人估计,它将存在到 21 世纪。

惠普尔的凝冻彗核模型虽然是假设的,但是对于彗星所表现出来的各种现象,却有一个简单合理的解释,可算是现在对于彗星一切假设当中最使人满意的一个。

我们不必详细解说彗星是从木星的火山喷射出来的理论。因为喷射的初速度便会达到至少每秒 600 千米,这是完全不可能的。又有人假想彗星是由流星体和小行星碰撞而产生的。这种碰撞是可能有的,但是它们不会有这么多的次数和达到这么强烈的程度,足以产生像现在太阳系里这样多的彗星。

奥尔特假想在小行星的区域里从前有一颗行星。不知什么原因这颗行星分裂成为无数的碎片,而产生彗星、流星体和小行星。木星的摄动把这些碎片的一部分推斥到远处而成彗星。这个假设使我们明白为什么距离太阳遥远处有流星体,在那上面会形成惠普尔所假设的凝冻物体。

一般人时常害怕彗星和地球碰撞。关于这个问题有许多怪诞的想象,如两极发生很大的移动,一直达到赤道,月亮被拖走,使地球远离太阳,掀起可怕的潮汐,全世界发生洪水等。但因彗星质量很微小，这一切灾祸的发生都是不可能的。

事实上这样的碰撞有迥然不同的两种，即地球穿过形成彗发和彗尾的极度稀薄的气体，以及与彗核相碰撞。对于第一种情形，我们完全不警觉地就过去了，可能有些含氰（CN）基和一氧化碳的分子进入我们的高层大气，但是比起我们大城市里炉灶、工厂和车辆每天所喷射出来的分量，更稀少到不足为害的程度。

毫无疑问，地球和彗核碰撞不能没有损害，因为地球的质量很大，自然不会是整个地球，只有碰撞着的小区域里才有损害。如果彗核是有间隔的小流星体的集团，则我们所遇见的将是一阵美丽的流星雨或者一群火流星。但是如果彗核是一团直径大约是 1 千米的刚体，那就会酿成相当严重的损害。如像 1908 年在西伯利亚坠落的陨星，虽然不及这样大，可是空气的压缩使坠落的陨星白热化，它落地时发生强烈的爆炸，造成一个巨大的坑穴，比美国亚利桑那的陨星坑还要大，大于 100 千米的范围里都遭到毁坏。幸而这样的碰撞对于整个地球来说，可能性是很小的，对于有人居住的地方来说，可能性更是小得多了。在几百万年里也许发生一次这样大的陨星坠落。所以我们可以安然地生活，不必为这样极其罕有的现象而担心！

图 534　流星的辐射点
1872 年 11 月 27 日仙女座流星群的辐射点,这一群流星是由比拉彗星分裂而来的。

第三十八章

流星与陨星

◀ 流　　星 ▶

　　在澄静明朗的夜里,一颗遥远的星好像离开了天空,沉默地在苍穹下流动,而后消逝。世间受尽折磨的人们,以为上天是管理人事的,一颗流星代表一个灵魂正由下界飞向另外一个世界;怀春的少女们望着流星,心中涌现了一片思念,并且祈祷上天早日成全她们的心愿;诗人看见流星,以为天庭里的花朵正在开放,灿烂的花瓣正被上界的风吹向无限的空间;唯有天文学家才明白这颗转眼消逝的星星,既不是星宿,也不是灵魂,而是宇宙里一粒尘埃,一粒小小的物质。如果它能告诉我们它从哪里来,在途中怎样和地球相遇,那就会给我们带来很多宇宙的消息了。

　　流星的出现是很寻常的事,没有一个读者不曾看见过几次。也许还有人看见过比流星更为罕见的另一种惊人的现象:一团冒烟的火球迅速地掠过上空,散播着火星般的光焰,拖曳着一条光明的长尾,有时像一颗爆竹那样爆炸,随着就有雷鸣炮击般隆隆震耳的声音，这就是一颗火流星陨灭的壮观。也许还有人更幸运地偶然拾得这火流星的一块碎片，人们把这碎片叫作陨星或者天上落下来的矿物。

流星、火流星、陨星、天落石等的意义都不确定，容易发生混淆，不同的作者甚至同一作者在不同的情况下，有时用来指天空一闪而过的光线，有时又指由这现象而来的物体。

我们采用了流星、陨星和流星体三个名词。所谓陨星就是从空间降落到地上的固体，重量的差异的范围可从极轻微的尘埃直到还不足以和小行星相比的那些沉重的石块。可是在这两者之间并无明确的界限，因为在最大的陨星和最小的小行星之间，还没有找到什么中间的物体。虽然由于观测上的困难，我们没有观测到这些中间物体，事实上这两种天体是有截然不同的区别的。流星体这个词是指在地球大气外的空间运行的物体。至于流星则指流星体在大气里经过时因摩擦而发光的现象。可是"流星"这名词其实并不很恰当，因为从空中掠过的这一线光明，却不是星。幸而在一般常用的意义下，并不产生什么困难。

研究流星的第一个问题便是测定它出现时候的高度。测量的方法是相隔约有三十几千米的两位观测者，注意同一颗流星在星座间的路径，把它的位置描绘在星图上面。因透视的缘故，这两条路径并不重合在一起。根据这两条目视的路径加以推算，便可求出流星的高度。就平均值说来，亮的流星出现在 140 千米高处，消逝在 50 千米高处，经过的路径超过 300 千米。暗的流星出现在 110 千米高处，消逝在 80 千米高处，路径约长 60 千米。但是每一颗流星的具体数值可和平均值相差很远，曾有出现在 500 千米高处的流星。流星愈大，消逝时的高度愈低。可是体积大得可以落到地面来的陨星，因受较密的低层大气的阻挡，它的速度减得很快，它的光线到几千米高处才会熄灭。甚至达到地面的时候，如果它有相当大的体积，因受空气骤然的压缩，可以发生爆炸的现象。

流星的发光期是很短暂的。最暗的不过几分之一秒，最亮的也不过是几秒（平均 3 秒至 5 秒）。很大的流星，我们可以用稍长一些的时间来追踪它。

流星出现的数目并不是每夜都相同的。有三种周期性的流星，即周年的、周月的与周日的，这是耐心的观测者的发现。初期有名的流星观测者在法国有库耳维耶-格腊维耶（Coulvier-Gravier），在英国有德宁（Denning）。美国的流星学会和陨星寻找学会是专门研究这一门学科的组织。

在 19 世纪，出现流星最多的日子是 8 月 10 日的夜晚和 11 月 14 日的早上，现在却推迟到 8 月 12 日和 11 月 15 日了。8 月的一次流星在 12 日前后经历几天之久，11 月的一次只在 15 日的早上。11 月这一次有时流星出现得很多，有人把它譬如天空落火。

人们发现许多流星的轨迹从天空的同一区域出发，这叫作辐射点（图 534）。所以这些流星的路径向后面延长，可相交在一个小小的区域里。至于另一种名叫偶发流星的，则没有一定的方向。我们容易明白流星的路径汇聚在一个辐射点，只是透视的效果。它们在空间里真正的轨道是平行的，所以看上去有从一点散开的现象，正如透过云层的夕阳光辉、夹道的两行树木、铁路的双轨、田里的畦径等，从远处看上去总有相合在一点的情况。辐射点实际上不是一点，而是天穹上的一个小小的区域。之所以不汇聚在一点上，是由于以下几件事实：一方面，这些形成流星现象的物质由于形状的差别，被地球的引力和大气的阻力改变了运动的方向；另一方面，产生更大的偏差的原因是观测上的误差。根据照相方法所测定的几个辐射点，比目视法所测定的辐射点区域就小得多。可是关于这个问题的资料，差不多全部都是从目视法得来的。用目视法测定流星的轨迹相交在 2°直径的范围内的，我们就把它们当作是具有同一辐射点的流星。至于用照相法观测的流星，只限于明亮的，它们的轨道相交的范围只有几弧分，这是说明在照相底片上测量的精确度只达到这种程度。

　　最重要的流星群以它们的辐射点所在的星座命名。如果同一星座里有几个流星群，我们可加上和它们最近一颗明星的希腊字母或者附上它在一年内出现次序的号数。例如天琴座流星群、英仙座流星群、狮子座流星群、宝瓶 η（或宝瓶Ⅰ）流星群、宝瓶 δ（或宝瓶Ⅱ）流星群、猎户座流星群等。流星群有几百个之多，绝大多数都用它们辐射点的赤经赤纬来表示。经过几天甚至几个星期，观测到辐射点在天上不是固定的，因地球和这些流星物质的综合运动，它们渐渐地改变位置。有少数辐射点好像是固定的，这还没有确定的解释，大部分可能是由于邻近的许多辐射点的持续出现的缘故。

　　很久以来人们便觉察到在同一夜里，夜愈深所见的流星愈多，平均说来早上 6 时比晚上 6 时所见的流星数目约多 1 倍。假设流星从各个方向而来，晚间地球只接收能够赶上它的，早上它可以碰见一切在它道路上的流星。还有，夜晚的流星比早晨的流星来得缓慢。假设一个质点具有每秒 42 千米的抛物线速度，在晚间碰着地球。因地球的速度是每秒 30 千米，所以合速度是 12 千米/秒，可是在早晨这合速度便是 72 千米/秒，如果将地球的引力计算在内，这两个数字还需有一些修改。

　　流星群和某些彗星是有关联的。1833 年美丽的狮子流星雨以后，奥姆斯特德（Olmsted）和特文宁（Twining）于 1834 年说明辐射点的存在，可以解释为流星质点像彗星一样有环绕太阳运行的一定轨道，地球恰在这轨道和黄道的交点上碰见它们。1861 年柯克伍德又说明这些质点便是古代彗星的碎片。1866 年斯基帕雷利证明 8 月里的英仙座流星群在 1862Ⅲ那颗美丽的彗星的轨道上运行。过后不久勒威耶公布了 11 月狮子座流星群的轨道，当奥波耳子研究了滕珀尔彗星（1866Ⅰ）轨道之后，这两个轨道的一致性便非常清楚了。加耳和韦斯（Weiss）证明 4 月 19 日的天琴座流星群走的是撒切尔（Thatcher）彗星（1861Ⅰ）的轨道。4 月 30 日的宝瓶 η 流星群在有名的哈雷彗星的轨道上，11 月 27 日的仙女座流星群来自比拉彗星(1852Ⅲ)，因此又有比拉流星群的称号。我们说过这颗彗星于1845年分裂为二，1852年出现以后便没有再被人看见过了。1933年10月9日天龙座内的美丽的流星雨，最近被人证明和雅科比尼-济内尔(Giacobini-Zinner)彗星(1933Ⅲ)有关系。

图535　1933年10月9日出现的属于雅科比尼流星群的流星雨，露光自20时3分至55分（世界时），视场范围为赤经15°、赤纬11°，中间的大星是织女

下面我们叙述几个最有名的流星群。

11月15日的狮子座流星群，辐射点在狮子座ζ星的附近，在19世纪于11月7日至20日出现，以13日至14日为最多（图536）。H. A. 牛顿于1864年证明历史学家记载的902年、931年、934年、1002年、1101年、1202年、1366年、1533年、1602年以及1698年10次明亮的流星雨都属于这一群。每年的出现日期自902年已经逐渐向后移动了33天，902年出现极多的时期是在10月12日，1202年是在10月19日，1366年是在10月22日，1799年是在11月11日到12日的晚上。1766年的流星雨使委内瑞拉的原住民大为惊慌，1799年洪堡(Humboldt)和博普朗德(Bonpland)也在委内瑞拉海边的库马纳看见"成千上万的流星和火球"持续落了4个小时之久。拉布拉多和格陵兰的爱斯基摩人也惊骇万分。最大的流星的直径看上去比月亮还大。1833年的流星雨还更惊人，奥姆斯特德在波士顿观测，把这阵流星雨比作像一阵大雪里空中所飞的雪片，而且计数了有24万颗流星之多。一个农人第二天好奇地去瞧了一下天空，看是不是所有的星都落光了！1866

年又有一次大的流星雨,虽不及以前两次那样丰富,可是在一个小时内有人就数了 6 000
颗流星之多。1834 年奥伯斯说明 1766 年、1799 年和 1833 年三次流星雨都相隔 33.5 年,
于是人们期待着于 1899 年或 1900 年可能再有一次大的流星雨。唐宁(Downing)和斯托

文(Stoven)由计算表明因木星、土星
和天王星三大行星的摄动,这流星群
的主要部分离开了地球 300 万千米。
于是 19 世纪末那一次流星雨便不会
再显著地出现,事实上果然如此。

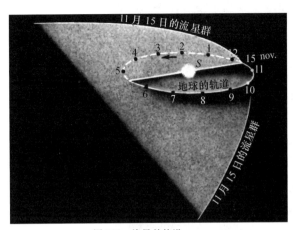

图 536　流星的轨道
这是 11 月 15 日出现的狮子座流星群和地球轨道平面相交的情况。

这一群流星的颜色一般是淡红
的。因为地球迎面地撞着它们,所以
它们运动得很快,它们背后常拖曳一
条绿色的尾,可持续几秒钟不灭。这
群流星在轨道上的分布很不均匀,我
们所看见的大流星雨是最密集的部
分所形成的现象。

我们说过狮子座流星群和只一度
出现的滕珀尔彗星(1866 Ⅰ)有关。这
颗彗星的远日距差不多等于天王星的
轨道的半径。在 1866 年周期是
33.18 年。勒威耶认为这颗彗星的轨
道原来本是抛物线的,因 126 年它非
常接近天王星,受了这颗行星的摄动,
成为太阳系中的一员(图 537)。

英仙座流星群于 8 月 10 日至 12
日形成的流星雨又名"圣洛朗的眼泪"
(因为 8 月 10 日是这位圣神的节日),
这一个流星群从 7 月 8 日出现,至 8
月 22 日离开地球(图 538)。这一次
流星雨的极大日期在 19 世纪一直到

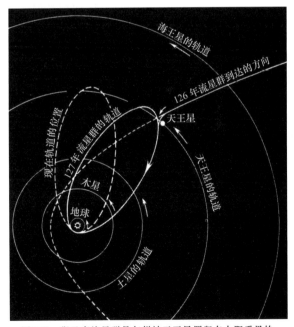

图 537　狮子座流星群是怎样被天王星羁留在太阳系里的

1885 年均发生于 8 月 10 日,现在改至同月 12 日去了。在出现的 6 个星期里,它的辐射点
因地球公转的缘故,由仙后座 o 星移至鹿豹座。在极大的时候,辐射点挨近英仙座有名

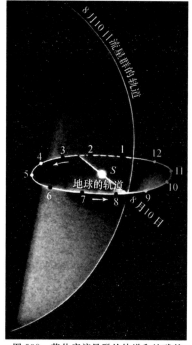

图 538　英仙座流星群的轨道和地球的轨道平面相交的情况

的大陵五变星。这一群 8 月里的流星雨比 11 月的一群更要稳定一些，曾于 1779 年、1834 年、1836 年和 1839 年 4 年内有显著的出现。英仙座流星群和它们的尾都是黄色的。它们的速度比狮子座流星小很多，因为它们是从旁边射向地球的。它们在轨道上的分布也比较均匀一些。英仙座流星群跟随着 1862Ⅲ 彗星运行，这颗彗星的周期是 120 年，远日距是 47 天文单位，比冥王星的平均距离（39 天文单位）还远许多。

仙女座流星群又名比拉流星群，出现于 11 月 27 日，辐射点在仙女座 γ 星附近，无规则地分布在一个广大的区域之内，曾于 1872 年和 1885 年出现了两次很美丽的流星雨（图 534）。第一次在 7 小时内落下 16 万颗流星，平均每小时有 2.3 万颗之多。1885 年那一次没有前一次那样明亮，但是每小时落下的数目也有 1.5 万颗。流星和它们的拖尾都带红色，因为它们从地球后面追来，所以视运动相当迟缓。它们并不形成一个连续的环。它们和著名的比拉彗星有关，这颗彗星的周期是 6.62 年，远日距稍微在木星轨道的外边。在比拉彗星崩溃以前，仙女座流星群已经于 1741 年、1798 年、1830 年、1838 年和 1847 年经人观测过。所以急于断定流星群是由一颗彗星崩溃而来的，也不十分合乎事实。狮子座、英仙座、天琴座三座流星群，在和它们相关的彗星发现以前几百年，就被人观测过。根据惠普尔凝冻彗核的假设，彗核缓慢地分解是可能的。但是，这是不是足以解释观测到的那么多的流星呢？这问题离解决的时期还很远呢。

现在仙女座流星群于 11 月 23 日而不是 27 日赶上地球，这是因为木星的摄动使流星改道，以致我们不会看见它们。

还有很多辐射点，我们现今知道的已经有 700 个以上，下面举出主要的几群。牧夫座流星群于 1 月 2 日和 3 日出现，辐射点在牧夫 β 星附近。天琴座流星群于 4 月 16 日至 22 日之间出现，从织女星附近射出，沿 1861Ⅰ 彗星的轨道运行（图 539）。宝瓶 η 流星群出现在 5 月 1 日至 13 日之间，与哈雷彗星有关，运动迅速，行径很长。宝瓶 δ 流星群出现于 7 月 25 日至 30 日之间。10 月 9 日出现的天龙座流星群和雅科比尼-济内尔彗星有关，我们说过在 1933 年它们造成一阵美丽的流星雨（图 535）。猎户座流星群辐射点在猎户 ν 星附近，于 10 月 16 日至 26 日可以看见。双子座流星群于 12 月 1 日至 12 日之间，从北河二

（双子座 α 星）附近射出。

流星在群内的分布之所以有或多或少的拉长而且弥散，那是因为组成群的粒子布满在广大的空间里。例如英仙座流星群经历了至少 12 日，在这期间地球已经走了 3 000 万千米。波特（Porter）计算它们的宽度超过 700 万千米。这些质点和太阳的距离不是相同的，所以按照开普勒第三定律，它们的周期也不相同。因此，这群流星遍布

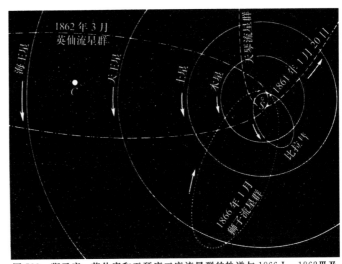

图 539　**狮子座、英仙座和天琴座三座流星群的轨道**与 1866 I 、1862 III 及 1861 I 三个彗星

在轨道上各处。因时间的积累，这群流星终于形成质点的环圈，最迅速的成员追上了最缓慢的成员，正如跑道上的赛跑人，起初是挤在一道，继而逐渐前后不齐，终于最先的赶过最后的一个整圈。这样我们便容易解释为什么一个流星群里的流星在彗星经过的前后均可出现。

每年同一个时期，当地球到了它的轨道和流星群的轨道相交的升交点和降交点之处，它就撞着流星。如果这群流星已经有很长的历史，它的成员有足够的时间散布在它的轨道上的各处，那么，每次我们都可看见像上面所说的狮子座流星群那样的流星雨。反之，如果这个流星群是新近的，它便是一个密集的群，只有地球和流星群相遇在某一点时才有流星雨，如果地球和流星群的两个周期不是可公约的，这种现象的重演，便需很长很长的时间。

流星群本身有或多或少的宽度，它们的轨道相对于黄道有或大或小的倾斜。地球经过这些轨道，需要几小时、几天以至几个星期（如白羊 ε 流星群的情形）不等。在这样的情形下，流星很稀疏，经过许多日子还不能寻出辐射点来。

流星群每年出现的日期有差异，还有一个原因。流星群遭受它所接近的行星的摄动，因此它的轨道和周期都有变化，交点在地球轨道上不常是相同之点，而且这种改变常相当大，以致地球所碰见的，有时是边沿上的很少的成员，有时甚至完全碰不见什么。所以这一年和那一年之间有相当大的差异，是不足怪的。有些辐射点在过去发出很多的流星，今天却只有少数几颗，甚至完全绝灭。另外一些辐射点，平常很少流星，没有预料到一下子又出现很大的流星雨。

将已知辐射点列成一张表是相当容易的，但是要写出一张确切的、可以预言流星雨出

现的日期表却不可能,特别是对于密度不均、逐年变化的流星群更是如此。

下面我们转载诺顿(Norton)星图中的重要辐射点的表。这些都是最活跃的、现今还很容易看见的流星群。这张表只能当作观测指南,而不可当作它出现的预报。

统计结果为平均每夜可以看到50个辐射点,这不等于说实际可以看到有这许多点发射流星。

在这些重要的流星群里有几群的活跃期可以上溯到很久以前。例如狮子座流星群自902年以来,英仙座流星群自865年以来,天琴座流星群自公元前5世纪以来都有记载。诺顿表内列出了目视辐射点,而赤经、赤纬是表明其出现期的平均方位。

重要的目视辐射点

号数	出现期	赤经	赤纬	流星群名称	附注
1	1月2—3日	230°	+53°	**象限仪流星群**	速度平常
2	1月17日	295°	+53°	天鹅 χ 流星群	缓慢,瞬息消逝
3	2月5—10日	75°	+41°	御夫 α 流星群	极慢,火流星
4	3月10—12日	218°	+12°	牧夫 ξ 流星群	快,延续颇久
5	4月20—22日	271°	+33°	**天琴座流星群**	快,延续颇久
6	5月6日	334°	−2°	宝瓶 η 流星群	很快,行径长
7	5月11—24日	247°	+28°	武仙 ζ 流星群	快,白色
8	5月30日	333°	+27°	飞马 η 流星群	很急,延续颇久
9	6月2—17日	253°	−22°	天蝎 α 流星群	极慢,火流星
10	6月27—30日	228°	+57°	天龙 ι 流星群	极慢
11	6—9月	269°	+48°	天龙 γ 流星群	慢,瞬息消逝
12	7月18—30日	304°	−12°	摩羯 α 流星群	很慢,明亮
13	7—8月	315°	+48°	天鹅 α 流星群	快,行径长
14	7月25日—8月4日	48°	+43°	英仙 α-β 流星群	很快,延续颇久
15	7月25—30日	339°	−11°	宝瓶 δ 流星群	慢,行径长
16	8月10—12日	45°	+57°	**英仙座流星群**	很快
17	8月12日—10月2日	74°	+42°	御夫 α 流星群	很快,延续颇久
18	8—9月	332°	+49°	**蝎虎座流星群**	速度平常,行径短
19	8月10—20日	290°	+54°	天鹅 χ 流星群	速度平常,明亮
20	8月21—23日	291°	+60°	天龙 ο 流星群	很慢,1879年极多
21	8月21—31日	263°	+62°	天龙 ζ 流星群	颇慢,明亮
22	9月7—15日	61°	+35°	英仙 ε 流星群	快,延续颇久
23	10月2日	230°	+52°	**象限仪流星群**	慢,1877年
24	10月9日	268°	+54°	雅科比尼流星群	速度平常,1933年
25	10月12—23日	42°	+21°	白羊 ε 流星群	很慢,火流星
26	10月18—20日	92°	+15°	**猎户座流星群**	快,延续颇久
27	10月30日—11月17日	64°	+22°	金牛 ε 流星群	慢,火流星
28	11月3—15日	55°	+13°	金牛 e 流星群	很慢,明亮
29	11月13—15日	150°	+22°	**狮子座流星群**	很快,周期33年
30	11月17—27日	25°	+43°	仙女座流星群	很慢
31	12月10—12日	112°	+33°	**双子座流星群**	速度平常,白色,多

注:"火流星"是指比金星和木星还亮的流星。黑体字为最重要的流星群。

1号与23号——象限仪星座今已废弃,拉朗德以这个星座命名这两个流星群,它的辐射点在今牧夫 β 星之北。

5号——有很多的流星在相当不规则的日期里出现。中国史籍在公元前687年已有记载〔即《春秋》中"(鲁庄公七年)四月辛卯……夜中,星陨如雨"的记载。——译者注〕。这个流星群和1861Ⅰ彗星(周期415年)有同一的轨道。

6号——在日出以前出现,有长的行踪,与哈雷彗星同轨道。

10号——与蓬斯-温内克彗星(1819Ⅲ=1939Ⅴ)相关。

12号——与唐宁彗星(1881Ⅴ)或有联系。

16号——英仙座流星群出现于7月和8月,极多在8月10日至12日。辐射点由 $2°$、$+41°$ 移到 $68°$、$+61°$。

24号——与雅科比尼-济内尔彗星(1933Ⅲ)有关,又名天龙 ξ 流星群。

29号——狮子座流星群的周期是33.3年,曾于1799年、1833年、1866年三次形成流星雨的现象,但因木星对于它们的轨道的摄动,1900年和1933年出现的流星很少。它们在1866Ⅰ彗星的轨道上运行。

30号——辐射区范围宽广而且无定。这群流星和分解了的比拉彗星有关,曾于1872年和1855年形成大流星雨的现象。

平常在敞亮的地方,一个人凭肉眼一小时内平均可以看见4～6颗偶发流星,出现时间很无规则,可能等待几十分钟还不见一颗。但遇到大流星群回来的时候,每小时可以看见10～16颗,对于特殊的流星雨,这个数目可以增加很多,如像我们在狮子座流星群所看见的那样。

在一年内地球遇见的目视偶发质点,每日当以2 000万计,彼此相隔平均约有260千米(根据波特的计算)。对于英仙座流星群的情形而言,这个距离缩短至120千米;对于1833年狮子座大流星雨的情形而言,每时平均达3.5万颗,质点相隔还有15～30千米的数量级,所以最密的流星群也不能和最密的彗核相比。

现今天文学上一些关键性的问题,如星际的吸光、高层大气的组织、太阳系的起源等,都将由流星数目的计算和质量的估计去寻求解决的线索。

流星的计数在原则上是不困难的,只需在一定的地方作实际的计数,再使用合理计算的方法,推出整个地球所该接收到的数字。我们现在推得的数字是根据许多观测者(几乎全是业余爱好者)对在许多地方经过许多年的观测结果的统计。

1884年 H. A. 牛顿计算出在24小时内整个地球上肉眼所能看见的流星总共是2 000

万颗。

　　怀利（Wylie）再根据许多观测，特别是根据美国陨星学会的报告，于 1935 年说明愈暗弱的流星数目愈多。他把一切大小的流星都计算进去，并将它们的总质量表示为亮度的函数，在坐标图上的点的分布，便是一条和概率曲线相类似的钟形曲线。他所用的观测不但是肉眼所见的流星，也有用望远镜才能看见的流星。这条曲线虽不完全（特别是用望远镜才可看见的流星这一部分），但是足以代表观测的数字，比单纯估计的办法进步了很多。我们现在把这位天文学家所得的结果略述如下：肉眼所能见的流星数目，根据许多测定，

图 540　一颗亮流星的行径

　　这颗流星的行径挨近北极，在英国于 1922 年 11 月 16 日 20 时 58 分至 23 时 12 分之间被洛基尔拍得。照相箱固定指向北极，在露光时间里拱极星留下以北极为中心的视轨迹。靠近中心的细线属北极星。流星向左下方去，它最亮时靠近极星，照片上明亮处的微晕是因照片底面的反光。

和 H. A. 牛顿过去所测得的数字是符合的。就全球每天所看见的、明亮至 4 星等的数目达 2 400 万，即全年达 87.6 亿之多。这是现今测定得比较好的数字。明亮到 0 等星，如像织女、五车二（御夫 α 星）那样的流星，每天出现的也有 30 万颗之多。

远镜流星也像目视流星那样愈暗弱的数目愈多。从上面所说的曲线推得星等至 15 而达极多，每 24 小时内地球可以碰见几十亿颗。

产生微暗流星的质点太渺小，在大气里很短的过程中便已挥发，不能落到地面上来。但有大的块状物叫作火流星的，在空中只挥发一部分，剩余的落到地面上来。流星要成为落地的陨星，它的重量在进入大气的时候，至少是 5 千克。这样的陨星，大部分的物质均在空中挥发，造成一团很明亮的火球，后面拖着一条带火星和气体的长尾，光线可能持续至一小时以上不散（图 541）。流星出现后几分钟常可听见从十几千米外而来的像雷一般的响声。在更巧遇的情况下，还可以在坠落处觅得重几十克的碎块。以法国这样的面积来说，像这样大的陨星每年平均都可以落 6 枚。

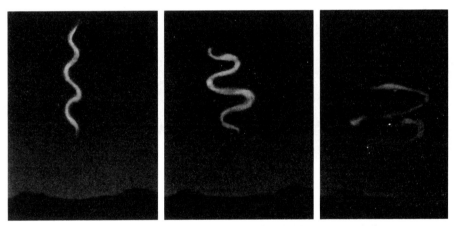

图 541　1935 年 3 月 24 日流星的余迹〔挪威的纳沙姆（Naesheim）绘〕
这余迹因大气流动的作用，在短时间里改变了形态。顶上的一端高出地面 100 余千米，下端约 80 千米。
三幅的时间分别为（从左到右）：19 时 0 分，19 时 10 分，19 时 20 分。

怀利的曲线更说明平均每 20 年有一块在空间里重 3 000 千克的陨星坠落在法国境内。这个数字好像是大了一些。像这样产生耀眼的火光、雷鸣的响声的大陨星，落到地面上最大的碎块常不会超过 500 千克。如果它是垂直地落下，它便陷入地下，一般是不会被人找到的。

根据这条曲线，在空间里重 5 万千克的陨星平均每 30 年落到地上一块，那么在法国的土地上便要 8 000 年才会落下这样重的一块了。它不但造成巨响，而且震撼房屋和土地，它的几千千克重的碎块可以落到地面。这些陨星如果是铁和镍，进入大气时的直径长约 2.25 米，如是石块，长约 3 米。

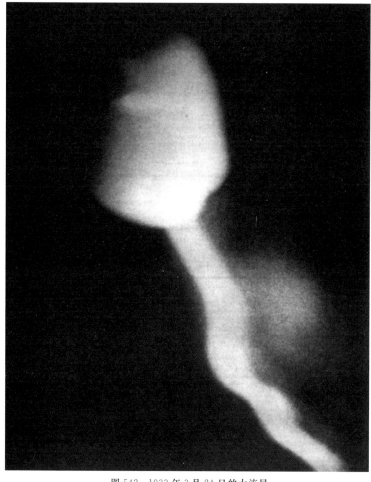

图 542　1933 年 3 月 24 日的大流星

1933 年 3 月 24 日早上 5 时，一颗耀眼的流星，随着一阵震耳的雷声，从东到西经过美国的南部。这张照片是新墨西哥州一位农民用小号手镜箱所拍到的。流星走了一条很蜿蜒的道路。据陨星学会秘书尼宁杰尔（Nininger）教授的研究，这颗流星破裂成两片，各有很亮的球状气团围绕着，直径约有 10 千米之长。这颗流星高出地面约有 40 余千米，因此所占的角范围约 15°，比月轮的直径约大 30 倍。在人们看见它的 700 千米之内，相对速度达 30 千米／秒。它所拖的尾长达 300 千米，宽 5 千米，在 1.5 小时内还是明亮的。在它的行程中有石片坠落。

根据陨星所造成的坑穴的遗迹来看，可能有更大的陨星。再根据那条曲线，平均说来，相对于全球每 200 年可能落下一块在空间里重 25 万千克的陨星，落在法国那样大的土地上便需要 5 万年了。因为空气的骤然压缩，这样的陨星必定爆炸，造成许多小坑穴，毁灭了周围的生命。在进入大气的时候如是陨铁，它的直径约为 4 米，如是陨石约为 5 米。

重 5000 万千克以上的陨星，在全球约 10 万年内可落一枚，在法国约 3000 万年内才有一枚。

现今地面上已经发现直径超过 30 米的陨星坑 10 余处。首先我们不应该把 1946 年查布（Chubb）在拉布拉多岛北端、离哈德逊湾不远所发现的那个大水坑当作是陨星坑。这个坑的地理位置是西经 73°40′、北纬 61°17′。它的直径长 3300 米，深度 100～190 米。周围是一个圆形的斜坡，高出附近的平原约有 130～140 米。仔细的钻探并没有在那里发现丝毫的陨星残余，地质学家研究的结果认为其成因可能是火山喷口。但是在美国亚利桑那州沙漠里的陨星坑的确是现今所知道的最大的陨星坑（图 178）。它的直径约有 1200 米，边沿高出周围的平原 40 米。内部笔直下降至 180 米深。它的来源不是火山，而是几千年以前一块大陨星的冲击所形成的。在这个坑穴外边以至 8 千米远的地方,人们曾经找到很多的陨星碎片,不少的碎片还嵌在坑穴的内壁上面。最大的那块陨星好像已经深深地埋在地下。坑底的岩石被陨星撞破,深入至 100 米以下。

另外一个像陨星击成的坑穴,直径 850 米,深 50 米,于 1947 年在澳大利亚之西沃尔夫溪被人发现,可是至今在它附近还没有觅得陨星。按大小的次序说,便该谈到澳大利亚中部的箱孔陨星坑,直径 170 米,深 15 米,还有美国得克萨斯陨星坑,直径 160 米,深 5 米,澳大利亚中部亨白里陨星坑,直径 108 米,深 18 米,阿拉伯的瓦巴尔陨星坑,直径 98 米,深 12 米,最后是阿根廷的天营陨星坑,直径 55 米,深 5 米。

1908 年 6 月 30 日,一颗大陨星落在西伯利亚中部、伊尔库茨克北边(东经 102°,北纬 60°)的通古斯荒凉的沼泽深林区里。有几个人看见了这个现象吓呆了。接着而来的是剧烈的爆炸声,在 1 000 千米以外还可听见,远至欧洲也记录了这种震撼。这颗陨星到低层大气时变成了碎块。直径 60 千米范围内的土地尽遭摧毁,杉树林净被掀倒焚烧(图 543)。被爆炸的风暴所刮倒的杉树,倒向与降落处相反的方向。在 3 千米直径的范围内分布有直径 1～50 米的坑穴 200 余处,现今都被水充满了。库里克(Kulik)教授于 1921 年和 1927 年曾两度去过那里仔细研究,据他估计,总共降落的质量约有 4 000 万千克之多。如果这样一块陨星落在大城市里,很可能完全将它毁掉。幸而这样的意外事件发生的机会是非常的稀罕。

图 543　1908 年 6 月 30 日坠落西伯利亚的大陨星
在陨星坠落处的树林被焚毁。

小陨星达到大气的高层区的时候,就受到它们所压缩的空气的抵抗,使它们具有白热的高温。它们就逐渐挥发,抛弃燃烧着的细小质点,形成拖曳的尾巴,常常可以看见,一会儿就消逝了。这些小陨星穿过高层大气时的速度是每秒几十千米。如果它们的质量小于5千克(这些宇宙里的射弹差不多全部都是这样的微小),根据怀利的计算,它们整个都会挥发殆尽。于是在我们的高层大气里留下的气体产物和固体灰尘,再慢慢地降落下来。大气里金属蒸气(特别是夜天光的光谱里所表现的钠原子)和显微灰尘之间有一定的比例。儒奥斯特(Jouaust)和瓦西(Wassy)分析了陨星渣滓,计算出在每秒钟里每平方厘米上有 2 500 个钠原子降落下来。至于固体质点作为显微镜下含铁的灰尘,不论在地球上什么地方,甚至两极和高山的雪里,也可以找到(图 544)。

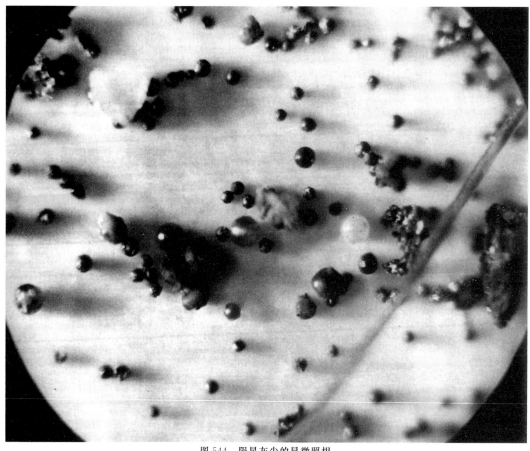

图 544　陨星灰尘的显微照相

1951—1952 年冬季汤姆孙(Thomsen)所搜集。图中的球团是由于陨星铁磁性的结合,这颗陨星熔化后磁性仍然保留。玻璃珠是混在铁质球内,用以作比较的。这些球都是从地球以外而来的。一条直径为 0.040 毫米的头发放在旁边,作为比例尺度。

流星的质点不落到地面上来,所以它的质量不能直接测定,而必须间接地用光度法去加以估计。法国物理学家法布里证明一颗明亮到 2 星等的流星,平均在 100 千米高处,光亮便有 5 000 支蜡烛的光那样强。假设这光亮完全是由这白热化的质点发出来的,它的温度便等于电弧的温度(3 000℃)。只需要一个直径为 5.7 毫米、密度为 4 克/厘米^3、重量为 0.3 克的小颗粒,便可以达到这样的亮度。法布里说只是白炽作用还不足以说明流星的白色和它所发出的明线光谱,流星和它的拖尾大部分的光线应该说都是它的气体所发出的光。这些见解完全得到事实的证明。1926 年马里斯(Maris)根据流星光谱的数据,计算出 2 星等的流星在 100 千米高处时质量只有 25 毫克。1933 年奥皮克(Öpik)还求得这种流星只有 12 毫克,还不及一枚针头那样大。缪拉乌尔(Muraour)对于爆炸的研究,说明这种高速度的天空射弹比枪弹还快 100 倍,应伴有一种很光亮的骇波〔骇波也叫激波或冲击波。这是由于物体的高速运动或爆炸,在媒质中所引起的压缩作用,它以超声速传播着。在骇波波前的两侧,媒质的温度、密度、压强等都有突变,因此可以利用骇波获得高温和高压。——译者注〕。

怀利根据流星的质量和数目的数据,说明地球每天接收宇宙中的物质大约有 5 000 千克,每年约 200 万千克。这样在地球上每平方千米内每年所落的渣滓不过 4 克而已。假设在过去 30 亿年里,地球每年总是接收这样多的分量,整个地面上的宇宙尘埃也仅只有半厘米那样厚。用这种方法测定的宇宙物质落地的分量,实际上不能影响地球自转的周期。可是汤姆孙从流星灰尘的沉淀的研究中,范・德・胡斯特(Van de Hulst)从黄道光的研究中,最近所得的数字约大 1 000 倍,我们在后面还要谈到。对流星速度的测量是一个基本的问题。上面对彗星所说的这一点亦可用于流星。凡是具有椭圆速度的都属于太阳系。但是在这些著名的流星群以外,还有很多从空间各方向而来的偶发流星。因为它们是各自独立的,它们的速度应当分别加以测量。这种测量相当困难,在实测以前,意大利天文学家斯基帕雷利建立了一种理论,根据每小时的计数,可以计算这些速度。他总结说最满意的解答是抛物线速度(击中地球的天体的速度是每秒 42 千米),所以这些流星亦如彗星走的是近似抛物线的轨道,因而是属于太阳系的。1920 年奥皮克再研究这个问题。他说斯基帕雷利的两个基本假设,一个是几何学的,没有什么可以指责,另外一个是物理学的,却并不正确。这种假设以为所有的流星穿过大气的时候都可发光而被人看见,这样便假定质量有一个下限,那便是不正确的。他说只按每小时所见的流星数目不能够解决这个问题,还须加入方向上的统计。他根据第一近似值总结说平均速度可能超过抛物线速度很多,而成双曲线速度,所以偶发流星不属于太阳系。

霍夫迈斯特(Hoffmeister)讨论他个人的观测并加入前人的观测,也得到同一的结论,即流星冲入地球的轨道时，平均速度达每秒 70 千米。

在星际里，也许在银河系里，也有陨星的存在。根据这些统计的初步研究，这似属可能，于是便产生了一个很重要的问题。辐射、恒星、星团以及星系所运行的空间，因有这些陨星体的存在，便影响这些天体间距离的测定。因此哈佛天文台曾派遣一队人到美国亚利桑那州的旗杆镇专门用目视方法去测定流星的速度。照相方法的缺点是它很少能照得比 0 星等更暗的流星，至于目视法则对于暗到 5 星等的数百颗流星都可看见。我们不详细叙述望远镜加上摆动反光镜的目视方法。在 366 个夜里有 2.2 万颗流星被观测到。根据这些观测所算出的轨道，愈暗的走双曲线形的轨道愈多。至于 8.5 等的流星，以每秒140 千米速度的为最多。

1930 年霍夫迈斯特旅行到大西洋热带去重新研究这个问题。为了了解纬度的效应，1933 年他同里希特尔再去，到了南纬 35°的地方。他根据在海洋地区大量的观测，断言在星际空间里有一质点系，从金牛座而来，指向与它对径相反的方向，在天平、天蝎两座间之一点。60 多年以前尼塞耳（Niessel）发现两个不是从彗星而来的流星系，一个从金牛座来的，出现于 10 月和 11 月，另一个从天蝎座而来，出现在夏季三个月内。这以后克诺夫（Knopf）又说明这些流星整年都可看见。因为尼塞耳、霍夫迈斯特两人所说的金牛流星系好像是相同的，于是霍夫迈斯特便以为银河系里的吸光云和这个星际物质系统应有亲属的联系。

这些结论引起了天文界很大的兴趣和辩论。我们就要谈到，由于最近的研究，这些结论都被放弃，认为不能成立。

用目视方法测定的速度包含很大的误差，例如角速度的估计就很不可靠。而且流星的高度真正被人测定的为数很少，因为一般的观测只限于在一个观测站上。我们就按统计的结果，取一个平均高度，去计算直线速度。这一切事实观测者自然是知道的，所以就想到别的更可靠、更精确的办法。自 1891 年以来，又有人采用照相的方法。埃尔金（Elkin）在耶鲁选择有相当距离间隔的三个观测站，去测定流星的高度。1899 年，在这个仪器的物镜前面装上一个旋转的扇片轮，在相等时间间隔如 1/20 秒内遮着光线。流星在底片上所留下的痕迹，便是一条黑白相间的点线，综合几个站的照片，便可很精密地测定流星的速度。不幸这个方法收效不大，因为它只可能记录亮的流星。这个仪器曾经系统地指向四个主要的流星群（英仙座、猎户座、狮子座和比拉）的辐射点。因为这些流星的速度都是椭圆式的，所以相当暗的具有双曲线速度的偶发流星的观测，还是需待解决的问题。这种方法最近在法国被里果勒（Rigollet）加以改进〔参看《天文学报》第 4 卷第 2 期（1956），265～272

页。——译者注〕（图 545）。

　　这个问题一直等到雷达发明以后，有了射电观测方法才得以解决。上面说过一粒陨星冲进我们大气的时候，因为它具有高速度的缘故，受到它所碰着的空气分子的勇猛撞击，它立刻变热，它的表面变成白炽状态而成气体蒸发。蒸发后的原子立刻和周围的空气分子碰撞，造成光和离子。1948 年赫洛弗森（Herlofson）对于这个现象做了理论上的研究，算出动能转化为热的是 1 万份，为光的是 100 份，起电离作用的只有 1 份。这样形成的流星背后的一根拖尾，可以比拟作一根电离的圆柱，长达 10 余千米，有时还更长些。它的组织迅速地弥散，在半秒至 2 秒或 3 秒的时间以后就消逝尽了。

　　这样电离的气体柱头，很能反射由雷达发射机而来的波长 4 米或 5 米的电磁波。制造很窄的一束电磁波，从这柱上反射，正如光从镜上反射回来一般，反射角等于入射角。当

图 545　英仙座流星群中一员的踪迹

1952 年 8 月 11 日 20 时 41 分，里果勒在法国南方天文台拍摄。镜箱前面装置有旋转扇片轮，每秒钟造成 10 次开关。露光各段愈向下愈长，表示在露光时间内，流星愈来愈近地面。

雷达发出的波和流星拖尾正交的时候，它返回发射站形成回波。因此可以测定流星的方向，如果它是属于某一群的，又可推出这一流星群的辐射点，方法是将一束波放在互相正交的两个方向上，两次射向那流星拖尾上去。虽然测量的技术很细致，返回的波很微弱，但却做得很成功。辐射点的坐标可以测定在 10°范围之内。

　　用电磁波的方法探测流星比目视的、光学的或照相的方法，都有很大的好处，因为这个方法在任何时候都可使用，而不论阴晴昼夜。这样在短时间里（一秒里有几百次）记录下脉冲电磁波的回波，自 1945 年和 1946 年以来发现了夏季昼间有许多重要的流星群闯

进地球的大气。1947年克勒格(Clegg)和他的同事在英国曼彻斯特大学焦德雷尔班克(Jodrell Bank)实验站以及后来在渥太华和斯坦弗尔所作的系统的观测,表明自5月开始宝瓶 η 流星群的辐射点之外,还有别的流星群辐射点在地平线上,也可以在白昼观测到。这些辐射点引人注意的地方,便是它们的活动直到6月中还不衰歇。后来活动慢慢减少,一直到8月恢复正常。这种研究在以后几年里继续进行,结果说明白昼的流星比黑夜的流星更多。在白昼发现的有四大流星群即鲸鱼、白羊、英仙 ζ、金牛 β 四座流星群,它们的周期都很短,远日点都在木星轨道之内,这是一个奇特的事实。除了一群以外,别的流星群的周期都太短,不能和已知的彗星发生联系。这例外的一群是金牛 β 群,它们的轨道和恩克彗星的轨道相合。因射电法所求得的流星速度(特别是对电离柱上所做的干涉条纹的记录),在这数千个速度的测定当中(包括目视和远镜的两种流星),没有一个超过每秒42千米的抛物线速度。最大多数只有比较小的椭圆速度。这些结果证明产生流星(不管是怎样暗的流星)的物质,都像彗星一样是属于太阳系的。

流星因转瞬间消逝,所以对它的光谱的研究是困难的,只能对最明亮的几颗加以研究,可是它们表现出很有趣味的结果,使我们可以讨论下列的三个问题:

(1) 使流星发光的原因的分析;

(2) 对于40~250千米之间的高层大气的组织的研究;

(3) 属于同群或异群的流星的组织的同异问题。

最早的分光观测是目视的,在双筒望远镜上配上棱镜的装置。1864年1月18日 A. S. 赫歇尔首先观测到一颗0等的流星光谱,随后有塞西、孔科里(Konkoly)、布朗宁(Browning)等精通恒星光谱和实验室光谱的天文学家继续研究。他们发现流星核和流星尾的光谱并不相同,流星核的光谱差不多常是连续的,有时很强,在某些区段里特别强。

流星拖尾的连续光谱很淡,有时甚至看不出来,在流星核的光谱特别强的地方出现明线,在3/4的情况下,都有那条属于钠的黄色谱线。一条像是属于镁的绿色的明亮谱线时常出现,造成流星的碧玉般的颜色。还有别的谱线出现于红、绿等区,还不能确认其属于何种元素。自1885年以后,目视的分光法便被人们放弃了。

12年以后大家开始使用照相的方法,仪器是很亮的物端棱镜。自1897年6月18日至1929年之末,只拍得8张光谱的照片。其中有许多发射谱线难于确认,特别显著的是电离钙的 H 和 K 两条谱线。1931年米耳曼(Millman)在美国哈佛天文台对这个问题开始了系统的研究。他在蓝丘气象站安装了各种物端棱镜,自1932年至1933年,一年间他拍得13张光谱照片,其中一张是−9等的明亮流星的光谱,迄至1935年又拍得14张光谱图。对这些资料的研究使他将流星的光谱分为两类，暂时命名为 Y 和 Z。在 Y 类光谱里电离钙的 H 和 K 两条谱线强；在 Z 类的光谱里就没有这两条谱线。这样的分类法后来感到不足，又经人加上 X 一类，这一类光谱在 3 830 埃处，镁的紫外谱线比 H 和 K 两条谱线还强。今天我们已经拍得 100 多张流星的光谱。它们都有很多的明线，但只有一部分得到确认。铁元素发出它的最低能级的多重谱线，这些谱线的强度比从电弧里所发出的要强一些。流星光谱里还有中性钙、镁、锰、铬、硅的谱线，在 3 945 埃和 3 957 埃处的谱线，以及紫外区开始处的铝的住留谱线。目视的黄色谱线确是属于钠的，明亮流星发出绿的色彩是由于镁的谱线的缘故。5 206 埃处的绿色谱线是铬的三重线。最引人注意的便是流星光谱里没有空气、氧和氮的任何谱线。除了电离钙的 H 和 K 两条谱线之外，各个确认了（如铁、镁、铬之类）的多重谱线达到的高能级的激发电位，都不超过 6 伏特。至于流星的视连续光谱，好像是由于光超现象的缘故。

这些研究证实了法布里对于流星光的来源的见解。这些光极大部分是由流星物质挥发所成的气体发射出来的。至于同时可能有的微量的连续光谱，可能是由骇波所产生的。有效的激发温度比较低（2 000～3 000℃），相当于电炉的温度，这是可以用铁的光谱来证明的。

上面所说的不同的光谱类型是从哪里来的呢？可能有两个主要的原因：流星组织的不同，蒸汽激发程度的差异。

陨石平均含钙量是 1.7％，而陨铁（铁和镍）中就没有钙。有人以为陨石造成 Y 型光谱，陨铁造成 Z 型光谱。但是事实上却没有那样简单。在偶发流星的 14 个光谱里，只有 9 个，即 64％属于 Z 型（铁）。可是在搜集到的 528 块陨星里，只有 28 块，即 5.4％是铁质的。而且，在 Z 型光谱里发现有锰、铬、硅或钠的谱线，那是在陨铁里从来没有找到的。

马耳采夫（Maltzev）在 1930 年根据尼塞耳与霍夫迈斯特于 1925 年所公布的流星表，在流星出现的高度和地心速度之间寻得一种关系：速度愈大的流星出现和消逝的地方也愈高。所以激发的情况可能和速度与高度有关。

流星所余下的长久不散的拖尾，发出一种光谱，1866 年以后曾经被人用目视法观测过，1897 年以来被人用照相法观测过，可是积累的资料很少。这种光谱里有明亮光带，1924 年特罗布里奇（Trow bridge）说明这样持久的光辉的来源与在很低压力下氮所产生的余晖现象的来源相似，这是由于在高层大气的稀薄环境里，原子或分子能长久地处在亚稳状态下的缘故。

◀ 陨 星 ▶

现在我们谈一谈陨星。这是相当大的物体，它迅速地穿过空间，向各个方向发出光辉，像一团火球，看上去有月亮那样大，有时还要大些（图542）。这个物体经常拖有一条长而发光的尾巴。这白热的物体经常会爆炸，分裂成或多或少的碎片，抛射到各个方向上去。有时人们可以听见一次或者多次的爆炸声音，这声音可能传送到很远的地方去。这声音的来源是复杂的，一部分可能由陨星所产生的骇波而来。

有时一块相当大的陨星闯入大气造成一种名叫火流星的现象，昼夜都可能出现，不过在白天这种流星的光辉被日光减弱，除非发展到相当强的程度，否则人们是不会觉察到的。

图546 从天上落下来的石头（16世纪的图画）

有时人们还可能在地上找到一块像石头的或像金属的固态物体，和它周围的土地像是没有丝毫相似之处。在久远的古代里，人们就知道这些物体的来源在地球以外，把它们当作从天上落下来的石头。2 000多年前希腊人就崇拜落在阿哥斯河里的有名的石头，我们在这里转载中世纪所绘的天落石的图画（图546）。有些博物学者把陨星叫作雷石，因为他们以为这是由雷霆里所抛掷出来的石头。人们容易把陨星误认为白垩地上的硫化铁（图547），或在高山峻岭上所发现的被电火熔融的岩石，可是确有从天而降的石或铁的碎块。从古代的传说和古代与中世纪的历史，以及一般人的信仰都可证明有从天上落下的石头，奇怪的是许多研究科学的人却不肯相信。他们不是根本否认这些事实，就是对它们作出另外的解释，把落在地面上的石头当作是从火山抛出来的，或者由龙卷风从地面卷上去的，或者是由大气里的物质所凝结成的。但是也必须承认，人们给科学家的许多标本，附以怪诞的说法，却是值得怀疑的。1794 年德国物理学家查拉尼(Chladni)在关于一些铁块特别是在西伯利亚被帕拉斯(Pallas)觅得的那一块的来源问题的研究里，叙述了他的意见，即认为这些铁块是从地球以外而来的。

这种怀疑的看法逐渐澄清，至 1803 年 4 月 26 日毕奥在法国科学院宣读关于在奥恩省累格勒地方降落大量石块的报告以后，大家才认清楚陨星的真正来源。毕奥到现场访问，仔细研究。据许多见证人说，一颗大流星从东南飞向东北，出现后几分钟，在阿朗松、卡昂和法莱斯三地听见一个可怕的爆炸声，跟着又是一串排炮般的声响，从很晴朗的天空中的一朵黑云发出。随后便有很多的陨石落到 12 千米范围内的地面上来，还有人拾到几颗正在冒烟的石块。最大一块的重量还不到 10 千克。自那次以后，又有几次陨星的坠落被人证实。每年总有几次陨星坠落被人察觉，拾到碰在岩石上粉碎了的陨星或者陷入

图 547　法国香槟地区的肾形白铁矿(不要误认为陨星)

地内深浅不一的石块。我们现在举出几次最显著的陨石坠落〔近年来我国境内经人亲眼看到陨星下落而且找到陨星的，已知有下列两处：(1) 1952 年 4 月 1 日下午 8 时陨星降落在江苏省如皋县东区万富乡民范村的麦田里，重约 5.5 千克，现保存在北京天文馆内。(2) 1954 年 4 月 12 日上午 4 时陨星降落在广东省阳江县十三区大泉乡店前村，重约 20 千克，现存华南师范大学。——校者注〕。法国蒙多邦城南边一个名叫奥尔盖尔(Orgueil)的小村里，于 1864 年 5 月 14 日 20 时，有一个比月亮还大、四周发射火花的流星出现。这颗流星差不多在整个法国都有人看见。它爆炸的时候，向各个方向发射炽热的碎片。几分钟之内还有一朵小小的白云留在空中。2～5 分钟以后，有人听见像雷霆般的响声。同时在那村子附近，石头像雨点般地落下。村里人去拾取的时候，它还是很热的，有一个人因此把手指都烧坏了。周围的草被热气烤焦变成了黄色。有人拾到二十几个因表面熔融像涂上黑漆般的石块。由化学分析得知这些石块里有含碳的物质、铁和镁的碳化物、磁性硫化铁、氢氯化铵等。

1872 年 7 月 23 日，一个美丽的夏天，在布卢瓦城附近的朗塞地方响起了爆炸的声音，

周围 80 千米的人都曾听见,跟着就有一块陨星落下,重达 47 千克,距离一位牧羊人才 15 米,使他很害怕。这块陨星陷入地下 1.6 米。第二年 4 月 31 日在罗马附近也发生巨大的爆炸声,人们以为是天塌下来了,这是一块陨星的爆炸声,发生在早晨 5 时 15 分。1879 年 1 月 31 日在安德尔省登·勒·波里耶地方落下一块陨星,把一位种田的人吓昏过去。1885 年 4 月 6 日在印度坚德布尔,一个类似雷电的现象使居民们都很吃惊,他们看见被火焰包裹着的东西从天空落下,跑过去看,发现这东西已经陷进地下去,周围一切都被焚毁。像这样的例子实在很多,不能一一叙述了。

再说一下 1935 年 3 月 12 日早上 1 时,在波兰华沙的沃维奇西南发生了同样的有声和光的现象。随后找到 58 块石头,共重 59 千克(最重的一块是 10 千克),分布在 9 平方千米的地面上。最后再提一下 1908 年 6 月 30 日西伯利亚的陨石,那是近代最大的一群,已经在前面叙述过了。

图 548　在非洲贝雷巴坠落的陨星
1924 年 6 月 27 日坠落,重 18 千克,表面熔化,有圆形孔穴。

有时我们看见陨石成群地在我们的大气里穿过。奥利弗在他的《陨星论》里(242 页)根据强特(Chant)和别的作者的记录,对于一次陨星群的坠落作了总结性的叙述。这是在 1913 年 2 月 9 日 9 时 5 分,一群流星,从萨斯喀彻温省的西方起,经过加拿大再进入大西洋,消逝在百慕大群岛的那一面。这一群流星只用了 7 分钟便越过了加拿大。据皮克林说这群陨星可能落在离他看见它们时所乘的船 1 100 千米以外的海洋里,这群陨星在空中飞越了 1 万千米。据推测这一群陨星里可能有 10 组,每组有 20～40 个成员。在加拿大某一个地方,这一群陨星前后花了 3.3 分钟才全部通过,相对于地心的速度是每秒 8～16 千米。据一位观测者的报告说,只是最前面的一块陨星爆炸了,别的都是整队而来,它们后面都拖有长尾。人们听见远方的轰轰雷声,有些地方的地面也发生了震动。最奇特的事便是那里面的成员都走相同的轨道,因而是成群结队的。这样云雾状的流星,是很少看见的。

在地上找到的陨星,总像涂有一层只有几毫米厚的黑漆或者灰漆,这是由于陨星表面的熔融而来的。大多数陨星表面有圆孔,这是由于难熔的物质熔化后,受压力所压成的,有点像拇指按过的情况那样。

地球上各处所坠落的陨星的年代常不容易考证。在这些陨星中相当大的,我们叙述几个如下:

(1) 1866 年在智利沙漠里所找到的一块陨铁,重 104 千克。

(2) 1858 年 12 月 24 日在西班牙穆尔西亚落下的陨石,重 114 千克。

(3) 1492 年 11 月 7 日在阿尔萨斯的昂西塞姆地方,在德国马克西米连一世(Maximilian I)的大军前坠落的陨石,重 158 千克。最初放在礼拜堂内,随后移置于维也纳矿物博物馆。

(4) 1866 年 6 月 9 日在匈牙利尼亚西尼亚地方,随着一阵雷鸣巨响,有数千块石头坠落,最大的一块重 295 千克,总共重量约 476 千克。

(5) 1864 年在阿尔及利亚沙漠里所找到的陨铁,重 510 千克,高 44 厘米(图 549)。

图 549　在撒哈拉地区的塔曼提特坠落的纯粹陨铁,重 510 千克,高 44 厘米

(6) 有一块陨铁,在不可考证的年代里就被当作卡伊(法国沿海阿尔卑斯省)礼拜堂门前的座凳,重 625 千克。

(7) 1788 年在阿根廷图库曼所寻得的陨铁,重 635 千克。

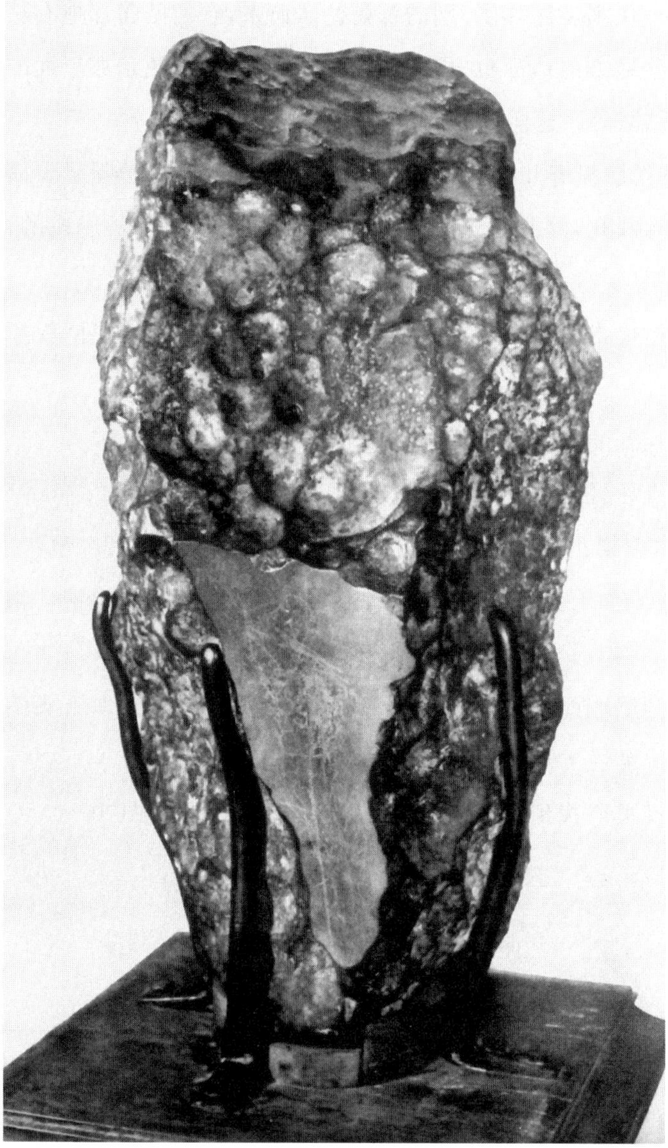

图 550　查尔卡斯陨星
1804 年在墨西哥寻到,重 780 千克,高 1 米(现藏巴黎自然历史博物馆)。

(8) 1749 年帕拉斯在西伯利亚找到一块陨铁,重 700 千克,被人取下几片,减轻到 519 千克。

(9) 1810 年在哥伦比亚圣罗莎所落下的陨石,重 750 千克。

(10) 墨西哥查尔卡斯(Charcas)礼拜堂里保存多年的陨石,重 780 千克,高 1 米(图 550)。

(11) 1869 年 12 月 25 日在姆尔祖克一群阿拉伯人附近落下的一块陨石,直径达 1 米。

(12) 1861 年在澳大利亚新金山所发现的陨石,两片共重 3 000 千克。

(13) 1816 年在巴西邦达果发现的陨石,重 5 360 千克,1886 年被人迁移到里约热内卢。

还有更大的,留在坠落的地方不能移动的陨星,例如在黄河发源地附近有一块重 1 万千克,高 15 米的陨石,当地人们把它叫作北方巨岩。据传说它是被一阵天火所送下来的〔在我国新疆北部(北纬 47 °,东经 88°)有一块很大的陨铁,重约 2 万千克,体积约为 2.42 米×1.58 米×1.65 米(共约 2.77 立方米)。文中所说的北方巨岩疑有误。——校者注〕。墨西哥厄尔莫利多的陨石重 1.1 万千克,阿根廷图库曼平原上的陨石重 1.5 万千克,俄勒冈州维拉默特的陨石重 1.6 万千克,墨西哥朱珀德洛斯的两块陨石共重 2.6 万千克,墨西哥巴库维里托的陨石重 2.7 万千克。最大的陨星是一群三块,发现于格陵兰的默耳维耳湾,重 3.4 万千克,于 1895 年被北极探险家皮里移置于纽约自然史博物馆〔现在已知的最大陨星是非洲南部的一块大陨铁,重量在 6 万千克以上,现仍在原地。——校者注〕。世界许多博物馆,如巴黎、伦敦、柏林、维也纳、芝加哥、纽约、华盛顿、莫斯科等大城市的博物馆,耶鲁、哈佛、阿德贝尔特、阿默斯特等大学博物馆,以及墨西哥、日本各地均保存有不少的大陨星。古代的陨石因大气和气候的影响差不多都消失了。所遗留下来的,多半是陨铁,因为它们既易保存,也容易确认。在沙漠里还留下许多碎块,如智利的阿塔卡马、墨西哥的山谷里以及非洲塞内加尔河附近。但大多数陨星或埋藏在土里,或被林木掩盖,或埋在沙漠下面,都看不见了。美国有些业余爱好者和探矿人合作,到处探寻陨星。

我们谈过陨星坑穴(月亮篇内图 178)。最大的一个当推美国亚利桑那州的陨星坑,这个大坑穴的来源是陨星所冲击成的,这是没有丝毫可以怀疑之处的,因为在它周围曾经寻找到成千上万的碎片,主要成分是铁,且含有 7.3% 的镍。最轻的不过几克,最重的达 4 000 千克。陨铁的总重量究竟是多少,颇难估计。人们设想这块陨铁陷进土里,曾用探矿的方法去测定它所在的位置。且有人组织一个开发公司想去取回这块大陨铁,据估计它的重量可能达 10 亿千克。钻探井深入到 214 米,因突然浸入大量的水,工作被迫停止。拾到的陨铁标本中含有在显微镜下才看得见的黑金刚石和微量的铱和铂。1930 年所采用的电磁法探矿,说明这一大块陨铁应该埋在地下 210 米深处。

我们说过陨星到达低层大气时,因大气骤然变密,受到很大的阻挡。莫兰(Maurain)为了知道陨星在大气里自由落下的极限速度,把一片寻常大小的陨星放在气体动力学院的风洞内去做实验。他求得几十克重的碎片的极限速度是每秒 70 米,对于像从飞机上扔下的炸弹那样长(1.8 米)的一块,这速度是每秒 420 米。但是对于以每秒几十千米的高速穿入大气,空气的压力使它的表面炽热的大块陨星,要估计它的极限速度却很困难。它的碎片和地球相撞形成的结果,常用作表示这种现象的剧烈程度。这些碎片陷入泥土内不深,通常不过是几十厘米。

陨星的组织是矿物学的一个专门问题,由化学分析知道它的成分和地壳内常见的元素相同,即铁、镍、钴、镁、硅、氧、铬、锰、钛、锡、铜、铝、钾、钠、钙、砷、磷、氮、硫、氯、碳、氢等。

陨星的密度为 3~8 克/厘米³,所以比地球的外壳更密。陨星按所含的铁的多少分类。根据在巴黎自然历史博物馆对许多标本做过研究的多布雷(Daubrée)的分类,只含铁和铁的合金的叫作纯粹陨铁,同时含有铁和造成石块物质的叫作混成陨铁,一般是铁浆里嵌有橄榄石一类的石块,形状像火山石(图 551)。还有一种是石浆内散布有金属的粉末,这种陨星到处都有,叫作普通陨石,其中含铁多的称为多铁陨星,含铁少的称为贫铁陨星。

图 551　在北非欣盖提坠落的陨铁，磨光面 16 厘米×9.15 厘米，重 4.5 千克

最后还有一种不含铁的特殊陨星，叫作无铁陨星。

　　如果在纯粹陨铁上截下一片加以磨光，将磨光表面用硝酸侵蚀，其中有些部分不受影响，于是表面上呈现灰色的带子，旁边镶上明亮的条痕，叫作维德曼花样（图 552）。硝酸只腐蚀了夹在陨铁里的磷化铁薄片。

图 552　塔曼提特陨铁
在图 549 那块陨铁上取下一片磨光，加以硝酸处理，表现出维德曼花纹。这是八面形大晶体的美丽结构，大小如图所示。

还有一些别的分类方法。加利福尼亚大学教授兼陨星专家伦纳德(Léonard)将陨星首先分为纯粹石的、铁石混合的与铁镍混合的三大类,随后再分为 7 种大类型和 32 种小类型。这些从天上落下来的矿物,都有它们特殊的名称,例如含 13% 的镍的铁合金叫作白沸石,铁镍混合的叫锥纹石,一种含有小颗粒的镍的硫化铁叫作硫铬陨石或橄榄石等。

在地球上到处可以找到的一种天然玻璃,名叫铁毛矾石,现在有人说这和陨星有关,所以又叫玻璃陨石(图 553、图 554、图 555)。其中一种玻璃片,名叫里扎耳石的是于 1926 年在菲律宾里扎耳省被发现的。这些天然玻璃形成的原因还不清楚。

图 553　印度的铁毛矾石,产在郎边,椭长形,图示大小与实物接近

图 554　科特迪瓦的玻璃陨石,图示尺寸比实物小

图 555　印度的玻璃陨石，产在郎边和汤海，图示尺寸比实物小

陨星里也能找到地球上熟知的矿物，如橄榄石、辉石、顽火石、长石、灰长石、铬铁矿、磁性黄铁矿、氧化铁矿、石墨等。陨星里最丰富的三种元素为铁、硅和氧，也是地球上最常见的元素，这倒是值得注意的一件事。

我们从来没有在陨星里找到像地球外壳那样的层积现象。石灰、砂土、贝壳、化石这一类的东西在陨星里从来没有丝毫的痕迹。一切硅酸盐类的物质是组成地壳直到相当深度的岩石，在陨星里就不存在。

从这些事实来看，一切陨星的碎片是从和我们地球演化绝对不同的天体破裂而来的。陨星的组成倒像我们脚下几千米处的矿物和岩石，这些是构成地球内层的致密物质，除非由火山喷出或者由压力从岩脉间挤上来，否则在地面是找不着的。陨星和地下的一些岩石真是非常相似，所以多布雷说："地层下面的熔岩和一种陨星很相似，橄榄岩又和另外一种陨星相同，在这些岩层下面总找到很像一般类型的陨星的天然陨铁，愈到深处愈多，像陨星所含的各种密度的铁质。"

陨星和地球的深层岩的相似，还可举出一件奇特的事实。在相隔很远的时期里所落下的陨星，结构都是相同的。不管地区和时代相隔有多么久远，陨星的标本总是一样，不能分别。那么我们只有总结说这些陨星，虽非全体但大部分都有一样的来源，这来源像初期没有海洋和沉积岩的地球，像没有水和空气的月球和小行星那样。

有时在同一次坠落的陨星里也有不同性质的石块。例如 1773 年 11 月 17 日在西班牙的西日纳，1856 年 11 月 12 日在意大利的特朗扎诺，同时落下的就有两种不同的石块，一种是 1852 年 12 月 2 日在印度巴斯提所落下的，另一种是 1857 年在印度巴马里所落下的。

多布雷以为陨星是在高温下所形成的一个或者几个天体的碎片，不止一位科学家想从理论角度去构成这些想象中的天体。这些落到地上的东西都很小，最大的很少超过 1 立方米，大多数都像一块可以放在手里的石头，或者像一个鸡蛋、核桃、榧子那样小的石子，可是它们的组成都是一样的，和构成地球的矿物相同，在这种情形下，我们是不是简直可以把陨星的来源说成是地球呢？根据计算，如果火山抛掷物质到空间里去，便应该使这些物质在空中具有每秒 8 000 米至 1 万米的高速度，那么它们才能沿椭圆的轨道运行。为了超过空气的阻力，这速度可能还要大些。但是如果这是事实，这些假想的火山能够把这些石块抛出，至今还保存得那样完好，而且数量又有如此之多，却是难以使人相信的事。有人也假想陨星是从月亮的火山、太阳或别的行星（木星）所抛出去的。这些假设本身的困难就很大，现在已经被人放弃了。至于认为陨星是从一个像有沉积岩以前的地球那样的行星中射出来的，那个假说虽有困难，却还能吸引人们的注意。

科学家曾经企图借陨星的放射性去测定它们的年龄。所有的陨星都含有很微量的天然放射物，即是由自发的衰变产生别的元素的物质。平均地说来，每克陨星含有 10^{-7} 克（即一千万分之一克）的铀 I（原子量为 238）。这种铀的原子的一半在 45 亿年发生衰变，先造成铀 X_1 和氦。衰变继续进行，最后的产品是稳定的铅。这些衰变的每一个过程都需要严格不变的时间，这是已经由实验确切测定了的，而且它们不受遥远年代的化学变化、温度、压力等因素的影响。所以在每块陨星内铀和它的衰变生成物之间有某一种放射性的平衡。衰变生成物和铀两者之间的分量总是保持一定的比例。在这一系列的衰变所产生的有某一种原子量重的惰性气体（名叫氡）的情形之下，我们可以定量地把它和陨星分开，由它在衰变时使气体电离的效应精确地测出它的分量，氡的半衰期是 3.8 日。最后铀 I 和镭的分量可以从和它们关联的氡求得。这便是所谓射气法的原理。这种方法的灵敏度很高，即使 10^{-8} 克的氡的分量，亦可测得。由各种标本分析的结果，求得陨星的年龄比地球上最底层的火成岩稍微年轻一点。

至于陨铁的年龄，我们根据它里面的从钍到氦的衰变去测定。因为氦难以抽出的缘故，所以测定的数字不大精确。事实上标本热至 1000℃，才可以获得 5% 的气体。做这样测定的巴内特（Paneth）教授，对于 23 个不同的标本，得出相差很大的年龄，它们可以从 1 亿年到 28 亿年。我们不敢说它们形成的时代真有这样大的差异。

这一位物理学家最近分析卡尔波陨铁中的氦含量，证明愈近陨铁中心，氦的含量愈少，而且这种元素有原子量为 4 与 3 的同位素。这样的情形下，氦可能是由宇宙线的作用而来的。所以要求得到更可靠的结果，还须做新的研究。

远古以来，人类便使用陨铁。陨铁虽然是铁镍合金，而且含有少量的钴，但它既坚硬而且容易制成钉锤。我们在古埃及和美索不达米亚地区的发掘中找到了这样的陨铁钉锤。从迦勒底地区所发现的一把匕首，据考证是公元前 3000 年的制成品，由化学分析得知它含有 10% 的镍的铁合金，来源是陨星。公元前几千年时，人们在未经开发的地区努力寻找陨铁,因为他们很想从此得到纯的金属去制造宝贵的武器。许多时代以来,人们以为陨铁具有特殊的品质。在阿拉伯、蒙古、格陵兰等地区,直至19世纪,人们还用陨铁来制造腰刀、匕首、箭头、斧子等武器。

假使地球上没有大气,地面便会像月球那样,受到高速而来的陨星的轰炸。由轰炸而来的灰尘将会盖满地面。现今有不少的人想设法乘火箭离开地球,到星际空间去旅行,至少也要到月亮上去一趟,可是不要忘记他们一旦脱离保护我们的大气,就会遭到陨星的攻击。这些物体之间的距离很大,它们的质量又很小,在宇宙飞船那样小的面积上会遭到危险的碰撞的可能性自然很小很小。但是总不敢保证是绝对安全的,特别是宇宙飞船穿过数以亿计的固体质点的流星群时,的确不敢保证。我们认识了穿过地球轨道的流星群,但是还有那些在地球轨道之外穿过黄道面的流星群,我们就一无所知了。对于它们的数目和大小,我们没有丝毫概念。也许有预料不到的结果,如像由雷达所表现的很密的白昼流星群那样。总之,流星群对于星际航行者是一种危险的暗礁。

美国海军研究所的伯赖特(Burnight)在 V$_2$ 型的火箭上装上光滑的金属片,降落后发现那上面有显微镜下才看得见的小坑。在这样装配的一个火箭上,达到40千米上空的时候,由声音的记录得知平均两秒钟有一次这样细微的陨星碰撞。这些小东西对于火箭不至于有害。可是就加利福尼亚大学伦纳德教授估计,每天落到地面上来的这样的小陨星有60万千克,这数字和汤姆孙与范·德·胡斯特所得的结果是符合的。

◂ 黄 道 光 ▸

天空的这个现象,是可以和陨星联系在一起来加以研究的。黄道光是一大片亮光,像透镜一样包围着太阳,横卧在黄道平面上,远远超过地球轨道之外。黄道光是一圈微光,沿着黄道从很暗淡的对日照起一直达到方向与之相反的太阳。

因为黄道光很微弱,所以要研究它的光谱是很困难的。代替的方法是用透过光谱中各色的滤光板去测量它的强度,这一切观测都得用很灵敏的仪器去照相。观测的结果说明这一条灰白色的微光,是由无数质点对日光的漫射而形成的,这些质点形成一个巨大的集团环绕着太阳,每一颗粒子受到它的吸引,并在受到或多或少的摄动的轨道上运行。

黄道光显然受到了偏振化,这就表明黄道光是从稀薄的气体分子上漫射而来的。但是这样的分子或者原子,应当在短时间里,被日光的压力所排斥,像彗星的尾巴一样。有人计算形成黄道光的物质,分量是很微小的。如果这种物质的粒子直径是1毫米及反射率等于月面上的物质那样,在每 8 千米的距离处,只需有 1 粒就够了。如果它的直径是 3 米,它们相隔的距离,平均可达 16 万千米。这些小物体应受太阳辐射的影响,1903 年坡印廷已经预料到这点,1937 年罗伯逊(Robertson)更加以证明。这些质点因在空间受太阳的热和光,它们和太阳的平均距离逐渐缩短的时候(粒子愈小,这距离缩短得愈快),它们所走的轨道,不是闭合曲线,而是螺旋线,渐渐接近太阳,终至坠落到太阳上面去。一粒半径 1 厘米的陨星从地球出发,需要 2 000 万年才能走完这螺旋线,从而达到太阳。因此自二三十亿年前以来,早已没有这样小的粒子,剩下的都是相当大的物体了。

但是,像惠普尔的看法那样,这一大群粒子经常有外来成分的补充,也一样是可能的。彗星因失掉它凝冻彗核里所放出的质点,而形成流星群,这假设我们已经谈过有它的优点。由于坡印廷-罗伯逊效应,这些粒子慢慢坠落到太阳表面,但是不断地得到彗星的补充。这样就在失与得之间造成了动态的平衡。据计算证明,如果粒子的直径是 1/10 毫米的数量级,这样的平衡是可能的。

上面概括叙述的黄道光的流星理论,还没有得到天文学家的一致公认。事实上黄道光的现象,在形态、范围、亮度上每天都有显著的变化,它的光线偏振化会增加很多。多怀利耶(Dauvillier)在日中峰天文台的晴朗天气里,研究了十几年黄道光,他却采取汉斯基(Hanski,1905)所倡导的、白克兰(Birkeland,1911)所阐明的电性的假设。他说黄道光是日冕的扩大,是自由电子气所组成的。电子也能漫射各种波长的辐射,并使其偏振化。因受太阳磁场的导向作用,黄道光形成扁平透镜的形状,随着太阳活动与日冕形态而发生强度上的变化。黄道光伸展到地球的轨道上,并且超越过去,以造成对日照,这种假设显然不排斥在相同的区域里有陨星存在的看法。

第六篇 | 恒星宇宙

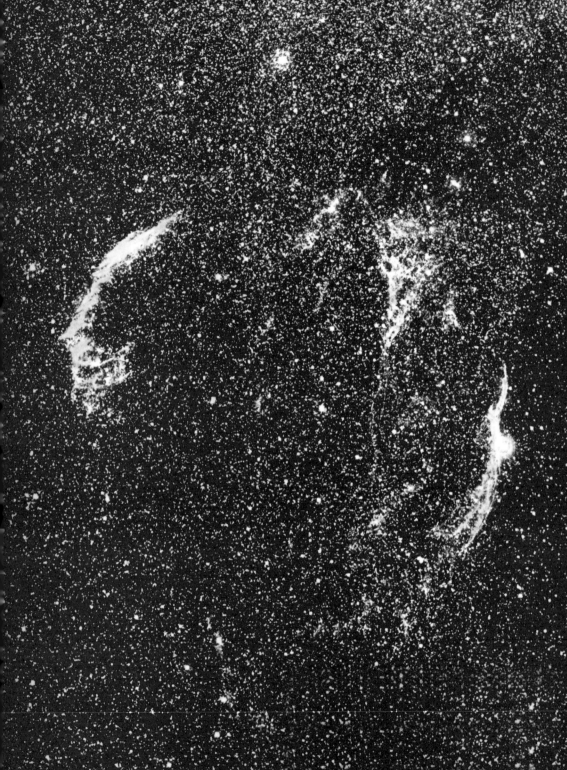

图556 天鹅座内的星云

图 557　白羊座

取自波得于 1801 年出版的《天文学》,图中有白羊座和现在已经取消了的苍蝇星座。

第三十九章

星　　座

　　自古以来,人们望着夜晚繁星密布的天空,没有不感到惊奇的。天空的情况随时间、季节而发生变化,但是,这种变化只是表面的现象。

　　星星在天球上占有固定的位置,由于地球在空间里运行,使我们感到好像整个天球在移动。我们的祖先以为星星的固定是它们的一种特性,因此稍微古老一点的文献里,都在

"星"字前冠上一个"恒"字，把星星叫作"恒星"。

现代的天文学证明这种恒定性不是绝对的，但在个人的一生里，甚至在人类有历史的时期里，都可以把星星当作是固定不动的。

在星星所组成的形态上，人们为了辨认它们，把它们组成的图形叫作星座。由星座的名称，我们联想到它们的形态。许多观天的人都很容易认识黄道星座内的天蝎、金牛与它的眼睛（毕宿五），而且不太需要想象的帮助。可是，大熊座很容易使人联想到一只长尾的狗或者一把长柄的斗。从前的画家们常用丰富的想象力去描绘星座所代表的神话人物，用来装饰天穹。

星座命名的历史是复杂的，在基督教的《圣经》里有了一些叙述，如《约伯记》里曾经谈到大熊、昴星团和猎户等几个星座。公元前 4 世纪，希腊天文学家欧多克索斯（Eudoxe）已经把北半球大多数的星座叙述过了；著名的喜帕恰斯还描绘了其他星座。至于南半球的星座，当然是只有在航海者看过了南天之后，才加以命名的。1603 年巴耶（Bayer）、1690 年赫维留、1752 年拉卡伊先后在两个世纪内为南天的星座命了名称。

天文学家常用希腊字母为星座里的星星命名。α 代表最明亮的一颗，β 代表次亮的，依次是 γ、δ、ε 等。有时，因为别的缘故，也并不是一定按这样的次序命名，例如大熊座里最亮的星是 ε，而不是 α。这样的命名法是不方便的，而且不能容纳很多的暗星，以后我们会说明什么才是星的最妥善的命名方法。

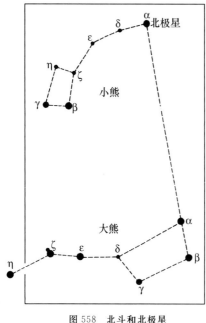

图 558　北斗和北极星

有一个星座是大家都认识的，为简便计，我们就从它出发，把它当作标志去寻找别的星座。这个星座就是大熊，又名车星〔我国把它叫作北斗。——译者注〕。

大熊座是很著名的。可是有少数读者也许还不认识它，在我们这样纬度〔这是指北纬 40°和 40°以上的地方说的。——译者注〕的地方，总是看得见它的，让我们来介绍一下：

你把身子面向北方，也就是和正午太阳相背的一方。不论在一年中的哪个季节，每月里的哪个日子，每个夜晚的任何时刻，你总是看得见这七颗亮星组成的巨大星座，其中四颗形成一个四边形，这七颗星的分布情况表现在图 558 里。

你们不是都曾看见过它吗？这个星座永远也不会下山去。不论昼夜，它总在北方的地平线以上缓缓地转动，在 24 小时里围绕着一颗星运行一周，这颗星我们下面就要谈到。如果认为它是大熊的形象，那么末端三颗星形成它的尾，另外四颗组成的四边形，是它身体的一部分。如果认为它是车的形象，那么四颗星形成四个车轮，三颗星形成一条系在辕木上的三匹马或三头牛。在这三颗星当中的一颗（ζ）附近，有一颗小星叫作辅星，它代表着一位赶车夫。这颗小星是不是可以看见，很可用来测验我们的眼力。标示这七颗星的希腊字母是这样的：α 和 β 代表方形一边的开始两颗，γ 和 δ 是对边的两颗，ε、ζ、η 顺次表示辕木上的三颗〔北斗七星的中文名字是天枢（α）、天璇（β）、天玑（γ）、天权（δ）、玉衡（ε）、开阳（ζ）和摇光（η）。——译者注〕。这些星都有阿拉伯的名字，除了第二匹马（ζ）名叫 Mizar（中文名为开阳）和它的伴星名叫 Alcor（中文名为辅星）以外，其余的因不常使用，我们就不说了。

拉丁文把耕牛叫作 triones。罗马人不把大熊座看做一车三牛，而把它叫作 septemtriones（七头牛）。于是转变成 septentrion（北方）这个词，现今我们写这个词的时候，无疑很少有人知道他们讲的是七头牛。

我们再回来看看上面所说的那个图形。如果把方形上 α 和 β 两颗星连成一条直线，向 α 那面延长到由 β 至 α 的距离的五倍远处，或者说，延长到由 α 到 η 那样长的距离，我们便可找到另外一颗稍微暗一点的星，它是在和大熊相似的图形的末端，这张图形比起大熊小一些，位置却和大熊相反，叫作小熊或者小车，也是由七颗星所组成的。我们刚才用连线的办法所找着的那颗星，在小熊的尾端，或者说在小车的辕梢的那颗星，叫作北极星。

北极星负有盛名，好像群星中的领袖一般，因为在黑夜繁星闪烁

图 559　天上的星星以极点为圆心走圆弧的轨迹
离极点愈远的星所走的弧线愈长。所有的星都走圆周上相同的一个分数。这张照片露光 1.5 小时，弧长 1/16 圆周。圆顶室内照明 1 秒钟，以增加照片的效果。

的天空里,只有这一颗星像是固定在天穹上。所有的星都环绕着它运行,每 24 小时运转一周,它就像是这巨大旋涡的中心。北极星固定在世界的极点上,作为海洋上船只、沙漠里旅客行动方向的指南。

眼睛望着天穹北方高空里的北极星,所有的星都围绕北极星,沿着逆时针的方向转动,我们要辨认这些星星,就要从它们之间的相互位置,而不应从它们和四方（东、南、西、北）的关系来确定。照相可以把这些运动记录在底片上。图 559 是在法国南方天文台用通常的照相机所拍摄的,露光大约有 1.5 小时之久,每颗星扫过了它周日运动圈的 1/16。在这幅图上我们可以看见北极星并不恰在极点上面,它绕着天上的真正极点描绘成一个小圈,这圈的半径是 1°,约等于月亮直径的两倍。

前面（第一篇第四章）我们说过,有一颗 11 等的星比北极星还要靠近极点。1930 年它离极点最近,只有 5′,以后它便离开了。

相对于大熊座,在北极星的那一边,我们可以立刻找到另外一个星座（图 560）。如果

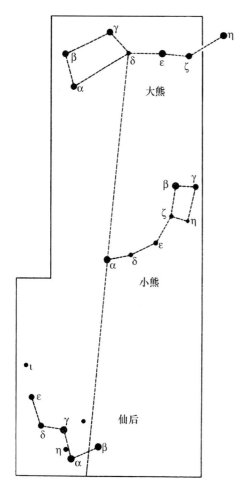

图 560　大熊、小熊和仙后

从大熊当中的一颗星（δ 即天权）出发,引一条线到北极星,再把这条线延长一倍,我们就到了仙后座,其中主要的五颗星,分布像一个 W 字母的形式。有时它也像是 M 字母。因为这一群星环绕着极点,会经历一切可能的位置,时常在大熊的对面,时而在上,时而在下,时而在左,时而在右,总不落下山去,容易被人认识。北极星便是这两个星座运转的枢纽。

如果我们从大熊的 α 和 δ 两星引两条线到极点,而且把它们延长到仙后座以外去,这两条线便到了正方形的飞马座,后者也拖着一条由三颗星形成的辕木,和大熊很相似（图 561）。这三颗星属于仙女座,顺着它们延长,便到了英仙座。

我们在图 561 里可以看见,飞马正方的最末一颗星是仙女 α,其余的便是飞马 γ、α 和 β。仙女 β 之北,在一颗小星附近,有一个椭长的星云,可用肉眼看见。将仙女座的主要三星 α、β

和 γ 连线延长,便到了英仙 α,它夹在两颗较暗的星的中间(图 562)。这几颗星的连线形成一条易认识的凹弧,又可以借此去找别的星座。把这条曲线从 δ 星那一方面延长,便碰见一颗很明亮的 1 等星,这就是御夫座的小羊〔中文名五车二。——译者注〕。和这段延长线正交的曲线向南面去,便到了昴星团。距离这里不远处便是有名的大陵五变星,它的光亮常在 2～4 等星之间变化,周期是 2 日又 21 小时。以后我们还要谈到这类奇特的变星。在这一星区里仙女 γ 是一颗最美的双星,在大望远镜里它以三联星的姿态出现。

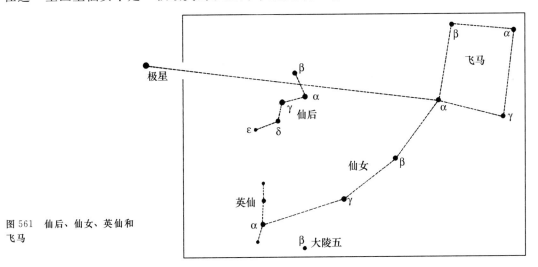

图 561　仙后、仙女、英仙和飞马

如果我们把在仙女座里所连的曲线延长到飞马的另一方去,我们便到了银河,在银河里便可看见像一个十字的天鹅星座;还有天琴座,其中的亮星是织女;以及天鹰座,其中的亮星是牵牛(河鼓二),在牵牛两旁还有两颗暗星(图 563)。

我们再回到大熊座去。按着大熊的尾巴的曲线延长,我们碰见一颗 1 等的亮星即大角或牧夫 α 星(图 564)。在牧夫座之左有一团星星所组成的圆圈,叫作北冕。1866 年 5 月间有一颗明星出现在这星座之内,只亮了 15 天就不见

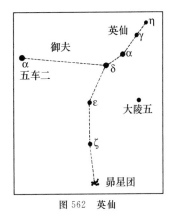

图 562　英仙

了;1946 年 2 月这颗客星又出现,这第二次的爆发曾使它变成 2 等星。牧夫是五角形的星座。这五角上的星除了大角是金黄色的 1 等星之外,其余四颗都是 3 等星。大角下面的 ε 星是双星,这就是说,这颗星在望远镜里被分析为两颗,一黄、一蓝。

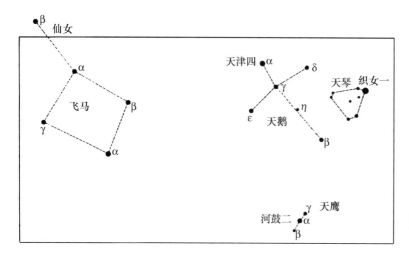

图 563　天鹅、天鹰、天琴和飞马

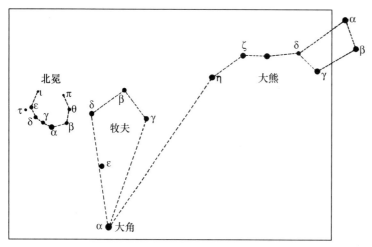

图 564　北冕、牧夫和大熊

上面从科学的角度去描写星座,好像是破坏了自然界的诗意,但是,这里所需要的是明白和确切。在一个繁星满天的晴朗之夜,我们抬头仰望,该想到我们所要认识的这些光点,每颗都是一个世界或者自成一个体系的世界!且看这等边三角形上的三颗亮星:天琴座的织女星,牧夫座的大角星以及北极星,它们都是三颗很重要的太阳。1.2 万年以后我们的子孙后代将看见织女星在北极,控制着一切天体的旋转。在北极附近以拱极星得名的星星都被描写在以上所说的星座里了。读者们最好利用几个美丽的晴夜练习认识天上这些星座。辨认的方法是利用引线的方法。

按着次序我们现在该谈到黄道带的十二个星座,黄道是沿天的一个大圈,和赤道相交大约成 23°的角,也是太阳在天球上运行的中线。黄道的西文是 Zodiaque,从希腊字 Zôov(兽)转化而来,直译为兽带,因为这一带上的星座,主要是动物的形象。这环天的大圈分为十二部分,叫作黄道十二象,因为太阳每月在其中的一象内,所以这十二个星座又叫作太阳的十二宫。拉丁诗人奥索尼乌斯(Ausonius)歌颂地球的周年运动,著有两联诗说明了太阳在这十二象里运行的次序。这两联拉丁诗句,现今的西方人还能背诵〔我们将黄道十二星座写成这样的诗句:白羊金牛道路开,双子巨蟹跟着来;狮子室女光灿烂,天秤天蝎共徘徊;人马摩羯弯弓射,宝瓶双鱼把头抬;春夏秋冬分四季,十二宫里巧安排〕。

这十二象便是:白羊、金牛、双子、巨蟹、狮子、室女、天秤、天蝎、人马、摩羯、宝瓶、双鱼。

如果我们能够辨认北天上重要的亮星和它们彼此间的关联,便不会把它们混淆,我们也就容易进一步去认识黄道星座。黄道带可以看作是南北两区的界限。

现在我们略谈一下黄道上的星座。白羊座在这一群动物的前面开道,这个星座里并无显著的亮星,最亮的一颗星在羊的一角根处,只是一颗 2 等星(图 557)。这个星座命名为羊是不很合适的。白羊座以后是金牛座。在冬季晴朗的夜里,我们可以欣赏这个星座附近闪烁的昴星团。这个星团附

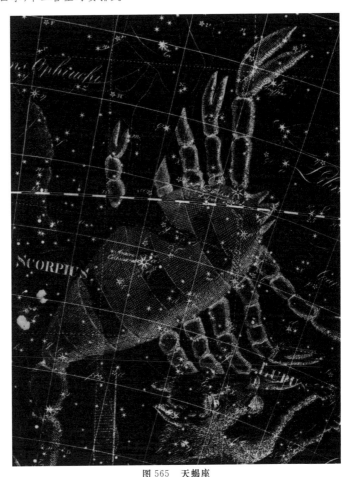

图 565　天蝎座

波得《天文学》中的木刻图。绘图的人想按星的次序描绘天蝎的尾,但这仅出于绘图人的幻想,星座的界限以点线表示,注意这些点线是弯曲的。

近有一颗耀眼的红星,它代表金牛座的一只眼睛,名叫毕宿五,是北天中一颗最美丽的 1 等星(读者可同时参看复制的图 566,黄道星座)。我们现在来谈双子座,双子座的头被两颗 2 等明星标出,位置在一颗名叫南河三或小犬 α 的 1 等星的上边一点。巨蟹座是一个很不显著的星座,分布在这个动物身躯上的星,最亮的也只是 4 等。狮子座是一个美丽的星座,有一颗 1 等星(轩辕十四)和几颗 2～3 等的星,分布成梯形。室女座有一颗最明亮

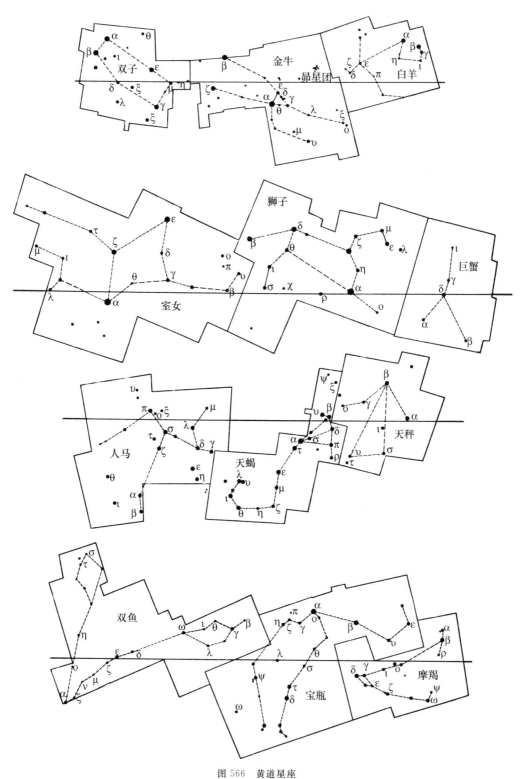

图 566 黄道星座

中心线代表黄道, 星座的界限是现在公认的。

的星（角宿一），它在大熊座尾巴的延长线上、大角星的附近。天秤座有两颗 2 等星，很像双子里的两颗星，只是中间的距离长了一些。天蝎座是一个引人注目的星座，在两颗 3 等星之间，一颗红色光亮的 1 等星（心宿二）标志出天蝎座的心，上面有三颗形成冠状的亮星。心宿二是我们所认识的一颗巨星，它甚至可以把火星的轨道都包含进去。人马座用三颗星所组成的箭，瞄准着天蝎座的尾巴。摩羯座是一个不大显著的星座，它有很接近的两颗 3 等星，形成这个动物的角根。宝瓶以三颗 3 等星形成的三角形为标志，最北的一颗正处在赤道上。双鱼座里无明亮的星，位置在我们说过的飞马座大正方形的南边。

我们刚才按日、月以及行星经过黄道的次序，即由西向东叙述了黄道星座。

黄道星座在许多古代民族的历史上，如历书的编制、节日的规定、时代的划分上，都起了很大的作用。

在黄道星座里，唯有金牛座在古代的神话里起过重要的作用，在这星座里闪烁发光的昴星团，曾被许多古代民族作为规定他们年岁和历法的依据。

如果读者按照我们的描绘去看星图，你们便会像认识北天星座一样去认识黄道星座。全天重要的星座我们已经都谈过了，但是还有一点需要加以补充和说明。一年里不论什么时候，我们抬头仰望，拱极星总是在地平线上面，只需我们面向北方，就可以看见这些星在北极星上面或下面，左面或右面，总是保持它们彼此间的关系，使我们很容易辨认它们。可是就这一点而论，黄道上的星就不相同，它们有时在地平线之上，有时在地平线之下。

所以，我们就应该知道什么时候它们可以被人看见。为此，我们只需说出每月 1 日晚上 9 点钟哪个星座在天空正中，即从天顶引向南鱼座的一条线上，我们以前曾经谈过这条线叫作子午圈。所有的星从东到西，就北半球来说观测者如面向南方，星就从左到右，每天经过子午圈一次。读者们可以根据下面的指示去看我们的天图。在 1 月初 21 时过子午圈的星座，在 2 月初便

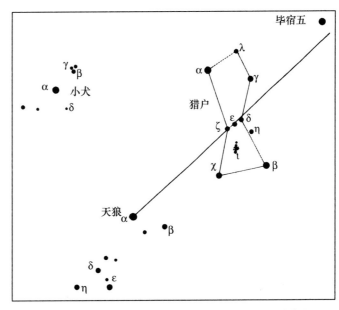

图 568　猎户座、大犬座和小犬座〔图 567 已删去。——译者注〕

在 19 时经过，每月提早两小时。

1月1日21时金牛座过子午圈，同时请注意看毕宿五和昂星团。2月1日双子座还在子午圈的左边一点。3月1日双子座的两颗亮星（北河二与北河三）过了子午圈，小犬 α 星（南河三）在南，巨蟹座的小星群在左。以后过子午圈的是：4月1日是狮子座和它的亮星（轩辕十四），5月1日是狮子 β 星（五帝座一）和后发座，6月1日是室女座的角宿一和大角星，7月1日是天秤座和天蝎座，8月1日是心宿二和蛇夫座，9月1日是人马座和天鹰座，10月1日是摩羯座和宝瓶座，11月1日是双鱼座和飞马座，12月1日是白羊座。

我们对于星空的总的描绘，必须在介绍了南天星座以后才算得上完全。我们试看一下冬夜的天空（图 568）：在金牛座和双子座的下面，在赤道之南，你可以看到那巨人猎户向着金牛座的额头方向高举起他的棍棒。猎户座有七颗亮星分外光明，其中的两颗 α 和 β 是 1 等星，其他的五颗是 2 等星。α 和 γ 代表双肩，χ 代表右膝，β 代表左膝，δ、ε、ζ 代表腰带。这条直线（腰带）下面有一团光亮的雾气，中间有很接近的三颗星，这是佩剑。用双筒镜可以看出，中间的一颗星沉浸在一团弥漫的星云气里，这就是猎户座里的大星云。在西边肩头和金牛座之间便是猎户座手持的盾，是一串小星所组成的。猎户座的头以一颗 4 等小星 λ 代表。

在冬季晴朗的夜里，你若面向南方，便可以立刻认出猎户座这个伟大的星座。α、γ、β、χ 四星在四边形的四角上，其他三颗星 δ、ε、ζ 斜放在四边形中，紧密连接成一条直线，有人把它们叫作三王。东北角的 α 星，中文名参宿四；西南角的 β 星，中文名参宿七（图 569）。

代表腰带的那条线向两端延长，在西北方经过我们已经认识的金牛座的眼睛毕宿五；在东南方经过天空上最亮的天狼星，关于这颗星，以后我们还要谈到它。

冬季晴朗的夜晚，天一黑，猎户星座便在我们的头上闪闪发光。别的季节都不像冬季那样，满天点缀着美丽的星辰。天上的奇景：从东方的金牛座、猎户座，直到西方的室女座、牧夫座。整个天空中计有 18 颗 1 等亮星，从 21 时到半夜，人们可以看见 12 颗之多。此外，还有一些 2 等亮星和引人注目的星云。猎户座里不但亮星很多，而且对于初学的人来说，还有着许多不是别的星座所能比拟的奇特现象。在猎户座的东南，在三王星连成的那条直线上，有一颗天空中最明亮的星，名叫天狼，即大犬座的 α 星。天狼星处在一个大四边形的东北角，这四边形的底边挨近巴黎的地平线。大犬座于1月初半夜过子午圈，所以它自 10 月至次年 4 月都可看见，起初出现于黎明的东方，最后沉落于黄昏的西方。大犬座在古代埃及人的天文学里,曾起了很大的作用,因为他们利用这个星座来规定历法。天狼出现于东方的曙光里,预兆着尼罗河泛滥时期将到,随它而来的是夏至、大暑以及寒热病的流行,这是有名的天狼期(即三伏期)。3 000 年来,岁差已经使天狼的出现期推后了一个半月,到了今天,天狼已经不能预兆什么了,对于过去的以及未来的埃及人不能表达任何意义了。但是以后我们会了解,这颗星将给我们揭示出恒星宇宙的伟大。

图 569　猎户座

照片和肉眼的印象不大相同(参看图 568)。照片记录下许多肉眼看不见的暗星。猎户座内最明亮的参宿四颜色浅红,在照片上不大显著。

我们在图 568 里已经认识了的小犬座,它在大犬座之上、双子座之下、猎户座之东。这一星座里只有小犬 α(南河三)才是 1 等星。

长蛇座是一个很长的星座,在巨蟹座、狮子座、室女座的下面占据了 1/4 的地平线。头是四颗 4 等星所构成的,在小犬 α 星之左,小犬 α 和参宿四的连线上。狮子座大梯形的西方一边指向一颗 2 等星 α,便是长蛇的心。长蛇座附近还有乌鸦座和巨爵座两个次要的小星座。

余下还需谈到的只有波江座、鲸鱼座、南鱼座和半人马座等四个星座。它们按着以上

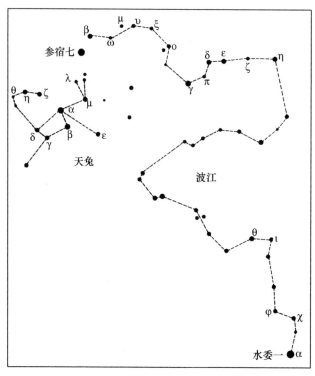

图 570　波江座

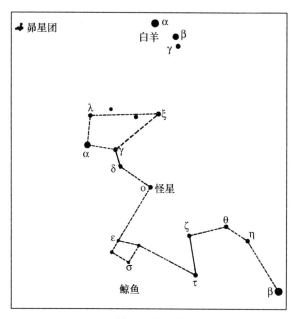

图 571　鲸鱼座

所说的次序，排列在猎户座的右方。波江座（图 570）是一串小星所组成的一条河流，从猎户座的左脚参宿七蜿蜒而下，消逝在地平线之下。经过几度蜿蜒曲折，最后在 1 等星水委一处告终。神话中说，太阳神阿波罗（Apollo）的儿子法厄同（Phaéton）驾着他父亲的銮驾掉入这条河里死去，为了安慰阿波罗丧子的悲痛，这条河才被升入天界。

要寻找鲸鱼座（图 571），可以先在白羊座下面寻出一颗 2 等星，它和白羊座与昴星团形成一个等边三角形，这便是鲸鱼 α 星〔中文名天钩五，即鲸鱼的腭骨。——译者注〕；α、λ、ξ 和 γ 星形成一个四边形，象征着鲸鱼的头。底边 α、γ 星延长到一颗 3 等星 o 星，形成鲸鱼的颈。最后的这颗 o 星是天上一颗最奇特的星，叫作鲸鱼怪星〔中文名芻蒿增二。——译者注〕。它是一颗特殊变星，有时亮到 2 等星，有时肉眼却完全看不见。自 16 世纪末，天文学家便观测它的变化，求出它的周期平均是 332 日。由对这一类怪星的研究，我们发现了许多有趣的现象。

半人马座（图 572）在室女角宿一的下面。2 等的 θ 星和 3 等的 ι 星形成了头和肩，只有这一部分才露出在巴黎的地平线上面。半人马座里有和我们最接近的星，它的 1 等星 α 距离我们 40 兆（40×10^12）千米，南十字座颗星的光线在途中旅行 4 年以上才到达地球。半人马座的后脚碰到了南十字座，南十字座是四颗 2 等星所形成的，常隐藏在我们的地平线下面〔我国南方边疆地区可以看到南十字座。——译者注〕。再南一些便是南天的极，那里并无显著的星作为标记。

　　星星按星座分群，是古人想象的遗产，对于认识明亮的星是有用的，可是对于暗星就不方便了，特别是从前天文学家对于星座的数目和界限的意见还不一致的时候。国际天文学联合会曾特别组织委员会重新研究这一问题，但是因为一些在此不必详谈的原因，这个问题的解决有着相当的困难。现今星座的界限是以天球上的圆弧（经圈和纬圈）确定的。后面表内所列举的是经天文学界公认的 88 个星座，图 574 表示出几个星座之间的分界情况。

　　我们把蛇夫座分在北天星座里，虽然它大部分在赤道之南，我们按照习惯作了这样的分类。星座的名称通常以拉丁文命名，规定缩写为三个字母表示。古代的南船座现分船尾、船帆和船底等三座。

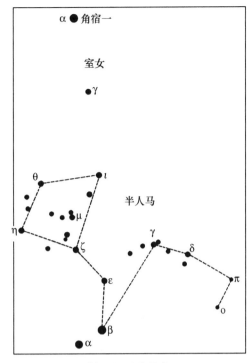

图 572　半人马座

图 573　南鱼座的中央部分（根据波得的星图）

　　巨蛇座已经切为蛇头和蛇尾两段，但仍当作一个星座，以 Ser 符号表示，那么，这样的分割便不合理了。星座的拉丁学名及三个字母的缩写，由国际天文学联合会规定，但仅用于科学刊物之中。

　　自从这个公约实行以后，星的记法便是这样：αTau 代表毕宿五，ζ U Ma 表示开阳，αC Ma 表示天狼，η Cr B 表示北冕 η 星〔中文名贯索增三。——译者注〕等。

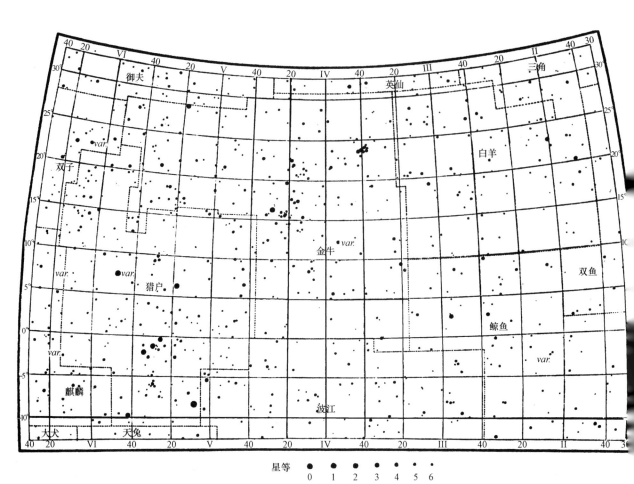

星等 ● ● ● ● ● ● ·
　　　0　1　2　3　4　5　6

图 574　德耳波特（Delporte）所绘星图的一部分，这图清楚地规定了星座的界限（金牛同它附近的星图）

北天星座

名称	缩写	拉丁学名	名称	缩写	拉丁学名
小熊	U Mi	Ursa Minor	御夫	Aur	Auriga
天龙	Dra	Draco	天猫	Lyn	Lynx
仙王	Cep	Cepheus	小狮	L Mi	Leo Minor
仙后	Cas	Cassiopeia	后发	Com	Coma Berenices
鹿豹	Cam	Camelopardalis	巨蛇	Ser	Serpens
大熊	U Ma	Ursa Major	蛇夫	Oph	Ophiuchus
猎犬	C Vn	Canes Venatici	盾牌	Sct	Scutum
牧夫	Boo	Bootes	天鹰	Aql	Aquila
北冕	Cr B	Corona Borealis	天箭	Sge	Sagitta
武仙	Her	Hercules	狐狸	Vul	Vulpecula
天琴	Lyr	Lyra	海豚	Del	Delphinus
天鹅	Cyg	Cygnus	小马	Equ	Equuleus
蝎虎	Lac	Lacerta	飞马	Peg	Pegasus
仙女	And	Andromeda	三角	Tri	Triangulum
英仙	Per	Perseus			

黄道星座

名称	缩写	拉丁学名	名称	缩写	拉丁学名
白羊	Ari	Aries	天秤	Lib	Libra
金牛	Tau	Taurus	天蝎	Sco	Scorpius
双子	Gem	Gemini	人马	Sgr	Sagittarius
巨蟹	Cnc	Cancer	摩羯	Cap	Capricornus
狮子	Leo	Leo	宝瓶	Aqr	Aquarius
室女	Vir	Virgo	双鱼	Psc	Pisces

南天星座

名称	缩写	拉丁学名	名称	缩写	拉丁学名
鲸鱼	Cet	Cetus	天坛	Ara	Ara
波江	Eri	Eridanus	望远镜	Tel	Telescopium
猎户	Ori	Orion	印第安	Ind	Indus
麒麟	Mon	Monoceros	天鹤	Gru	Grus
小犬	C Mi	Canis Minor	凤凰	Phe	Phoenix
长蛇	Hya	Hydra	时钟	Hor	Horologium
六分仪	Sex	Sextans	绘架	Pic	Pictor
巨爵	Crt	Crater	船帆	Vel	Vela
乌鸦	Crv	Corvus	南十字	Cru	Crux
豺狼	Lup	Lupus	圆规	Cir	Circinus
南冕	Cr A	Corona Australis	南三角	Tr A	Triangulum Australe
显微镜	Mic	Microscopium	孔雀	Pav	Pavo
南鱼	PsA	Piscis Austrinus	杜鹃	Tuc	Tucana
玉夫	Scl	Sculptor	网罟	Ret	Reticulum
天炉	For	Fornax	剑鱼	Dor	Dorado
雕具	Cae	Caelum	飞鱼	Vol	Volans
天鸽	Col	Columba	船底	Car	Carina
天兔	Lep	Lepus	苍蝇	Mus	Musca
大犬	C Ma	Canis Major	天燕	Aps	Apus
船尾	Pup	Puppis	六分仪	Oct	Octans
罗盘	Pyx	Pyxis	水蛇	Hyi	Hydrus
唧筒	Ant	Antlia	山案	Men	Mensa
半人马	Cen	Centaurus	蝘蜓	Cha	Chamæleon
矩尺	Nor	Norma			

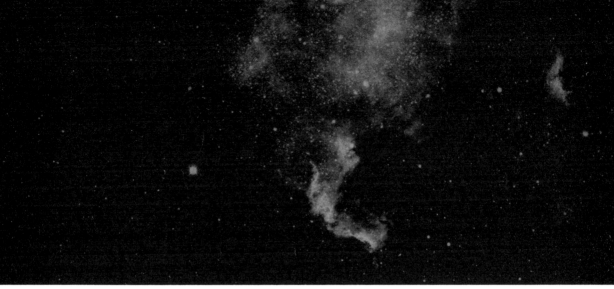

图 575　美洲星云（用红光拍摄）

第四十章

星的方位测量

　　人们给星以专有的名称，例如天狼、织女，以及用星座名称加上希腊字母（如猎户 β 星）来命名，这只是便于叙述的一种方法，不能推广到一切的星。事实上不能将所有的星都给上一个名字，因为在望远镜里能够看见的星以数百万计，至于用照相的方法更揭示出星有数千万颗之多。

　　记录星星在天上的方位，应该用数字来表示。地理学家给重要的地方以一个专有的名称，如巴黎、伦敦，但是对于一个不著名的地方，以及船只在海上的位置，便用经度和纬度来表示。图 576 表示地理学家和航行的人所用的坐标系统。通过地球两极描绘的一系列大圆圈叫作子午圈。经国际公认，以通过格林尼治天文台的子午圈为本初子午圈。

　　这一系列的大圆圈规定了每个地方的经度。例如巴黎的经度便是东 $2°20'$，因为巴黎的子午圈和本初子午圈中间所夹之角是 $2°20'$，而且巴黎在格林尼治之东。天文学家常用时刻，而不用弧度来作角的单位，他们将全圆周分为 24 小时，而不是 360°。一小时等于 15°。巴黎天文台是东经 9 分 20.93 秒。

再设想在子午圈上，从赤道到北极分为 0° 至 +90° 的等分，从赤道到南极分为 0° 至 −90° 的等分。这样的划分法规定了纬度。巴黎的纬度是 48°50′11″。同纬度的地方是在相同的纬度圈上，或者说是在平行于赤道的同一小圆圈上。

天文学家为了记录星的方位，就在天球上设想出一套类似的系统。类似子午圈的大圆叫作时圈，它经过地球自转轴和天球相交的两极。自然还须固定一个原点，这一点便是黄道和赤道的一个交点，叫作春分点（太阳于春分日通过这一点），本初时圈便是过春分点的时圈。这一套时圈系统规定了和地面经度相当的赤经（图 577），从西到东取作正的方向，虽以弧度量，但常常用时间的单位来表示。赤纬相当于地理纬度，从天赤道量起，以弧度表示，北半球的星为正，南半球的星为负。

在这样的坐标系里，1950 年织女星（即天琴 α 星）的方位是：赤经为 18 时 35 分 14.65 秒，赤纬为 +38°44′9″.59，这两个坐标可以很精确地用子午仪测定。

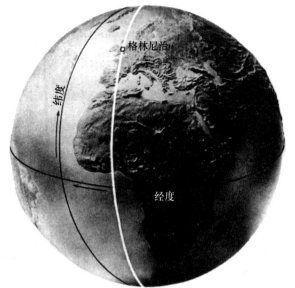

图 576　地球上的经度和纬度

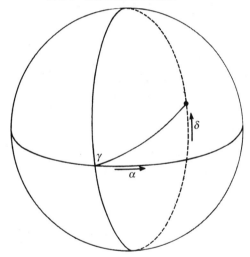

图 577　天球上的赤经和赤纬

◀ 子 午 仪 ▶

这是天文台的基本仪器。图 578 是巴黎天文台的子午仪的照片。这台仪器的主要部分是一架口径 19 厘米的折射望远镜，借两个转轴放在坚固的柱石上面。转轴是水平的，安装在真正的东西方向上,因此这架望远镜的轴只能在观测地的子午圈平面内运动。天文工作者只在星经过子午圈的平面时才进行观测。我们可以用这台仪器来测定星经过子午圈的时刻,所以这台仪器又叫作中星仪(图 579)。

图 578　巴黎天文台的子午仪

我们略谈一下测定星的赤经的原理。为决定春分点的位置，对太阳的观测是需要的。在夏至的时候，太阳达到它最大的赤纬 23°27′，在那几天内这赤纬变化很少，所以用子午仪能够很精确地去测量它。这个数值是黄道和赤道的交角。测定这个数值以后，那一年内任何时刻测量太阳的赤纬，便可完全确定太阳对于春分点的相对位置（即太阳的赤经）。

当春分点过子午圈的时候，按照定义恒星时是 0 时。一颗星或太阳经过子午圈的时候，或者说经过子午仪望远镜里十字蛛丝的时候，恒星时便等于这颗星的赤经或太阳的赤经。由太阳赤纬的观测可以计算出它的赤经。太阳经过子午圈的时候，恒星时便等于它的赤经。所以这种观测可以用来校核天文台恒星钟上的时刻。恒星钟既经这样校准以后，可于当天夜晚观测星经过子午圈的时刻而定出它的赤经。

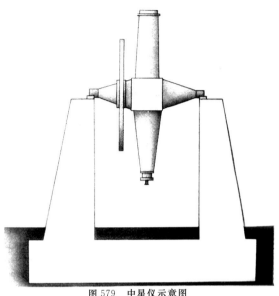

图 579　中星仪示意图

子午仪观测可以达到的精确度很高，高到难于想象。但是要达到这样高的精确度，仪器的构造必须近于理想的境界。它上面细微的误差，如转轴位置和形式上的误差、镜身构造上的缺陷（如镜身的弯曲），以及大气折光的影响等，均能由天文工作者进行测定。还有一种难于避免的误差，即是由观测者本人而来的误差，他可能将星过十字蛛丝的时刻估计得过早或者过迟，而且这误差是随人而异的。但是可以有方法使这种"人差"大大地减少，即是用一个马达带动一条压在星上的动丝，装动丝的小匣与定丝相接触时通电，将中天的时刻作自动的记录。

近代的中星仪装置有刻度环，可从那上面直接读出星的赤纬。放在观测室地上的水银盘可以用来校准这刻度环的原点。

子午仪曾用来编制初期的精确的星表。但在子午仪发明以前已早有星表。遗留到今天的最早的星表已经有 2 000 年了。这是喜帕恰斯在希腊罗得岛（Rhodes）于公元前 127 年所编制的，表内收集了 1 025 颗星。史学家普林尼认为，这是最早的一个星表，编制星表这一工作是由一个罕见的、在当时被看作是稀罕的现象，即一颗新星出现而产生的好奇心所引起的。这星表内的星至今还保存在托勒密的天文集内，这些星于 1 000 年以后，即在

960 年,复经波斯天文学家亚耳·苏菲(al Sûfi)重测;又过了 5 个世纪,约在 1430 年间,又经帖木儿的孙儿兀鲁伯(Ulugh Beg)在撒马尔罕〔在中亚细亚,现属乌兹别克斯坦。——译者注〕作第三度的观测。这些星的第四度观测是在 1590 年间经第谷在丹麦赫芬岛的观天堡中所进行的。1676 年英国天文学家哈雷在圣海伦娜岛测定了一个南天星表,是以前天文工作者居处的纬度所看不见的。1712 年格林尼治首任天文台台长弗拉姆斯蒂德(Flamsteed)公布他在伦敦观测的具有 2 866 颗星的星表。1742 年拉卡伊编制了含 9 766 颗星的南半球的星表。这一类工作中享盛名的还有布拉德雷星表(1760)和皮亚齐星表(1800)。拉朗德星表记载他于 1789—1800 年间在巴黎陆军学校天文台所观测的 47 390 颗星,分星号、星等和方位几项。

阿格兰德和他的学生所编制的星表,取得了空前伟大的成就。1859—1886 年间在波恩天文台所出版的四卷是以波恩星表(简称 B. D.)命名的,表内含有 457 848 颗星的方位与星等。这些星是用 12 厘米口径的折射望远镜观测的,星等是用目视法估计的。星表内列入至 9 等的星,另外也有一些较暗的星。表里所有的星都被描绘于星图上,很便于寻找。

这项工作在南天部分经科尔多瓦(Cordoba)星表(简称 C. D.)加以补充。这张星表里有星 578 802 颗,至 10 等为止,发表于 1892—1914 年间。

自然这些星的坐标不很精确。于是进行第二个很重要的工作:用子午仪观测 B. D. 内亮于 9 等的星。这项伟大的计划由德国天文学会负责进行,这个星表以 A. G. 两字命名。

观测工作在 12 个天文台进行,成果发表于 1890—1910 年间出版的、计有 15 分册之多的书中,共记载有 144 218 颗星的很精确的方位。这项工作的南天部分,在 $-2°$ 与 $-23°$ 之间的星 43 830 颗,发表于 1904—1924 年间出版的 5 分册之多的书中。

这项工作快完成的时候,人们已经决定再做重测工作,因为连续几个星表的比较研究,才会产生很大的效果。

这项艰巨的工作现在快完成了。它的方法是这样的:绝大多数的星都用照相的方法拍摄,但是它们坐标的测定是根据用子午仪观测的 1.2 万颗星的方位。这些星的绝对方位是和 1 535 颗研究得特别精密的星进行比较而确定的,这 1 535 颗组成的第三号基本星表(简称 FK3),是子午天文学的基础。另外一种有名的博斯星表(简称 G. C.),记有星 33 342 颗,包括整个天球上亮至 7 等的星。为了做这一星表,在 1907—1918 年间,在美国奥尔巴尼和阿根廷的圣路易作了 20 万次观测。

这个星表里星的方位是十分精确的。它们的内在符合度很高〔即每颗星的赤经或赤纬与其多个测量值之间的均方差很小。——译者注），在赤经和赤纬上均准确到 0″.1。

由于星的自行所产生的不可避免的误差，1950 年的方位坐标可能有 1/3 弧秒的误差。要想对于这个精确度有一个概念，我们可在用天体赤道仪所拍摄的照片上，取 6 微米那样小的距离，它便等于一颗星的方位可能有的误差。

子午仪的观测显然不能永远这样做下去。照相术发明以后，人们就想做全天的照相星表，有 10 多个天文台参加了这项工作。

用照相法拍摄全天的星象所需用的照片数目并不很大。这一工作所选用的仪器相当大（口径 32 厘米），是由亨利兄弟制造的，照片每边 16 厘米，只需拍摄 5000 多张便可包括全天。这些照片所摄取的资料有无比的价值。为了长期保存起见，人们把这些照片复制成铜版，再印刷发行。我们在图 580 复制出天图的一个小区域。方格每边长 5 毫米。在显影以前即将方格照上。这些方格对于测量有帮助，而且增加测量的精确度。拍摄时连续露光三次，因此每颗星的像是等边三角形的三个顶点。这样就不致把照片上的灰尘误认作星象（图 580）。

如果以为照相观测可以完全代替子午仪观测，那便错了。事实上，照片上星象方位的测定，是需要由子午仪观测的一些星的精确方位作为依据的，更何况子午仪的精确度是难以超过的。

制作天图照相星表是一项长期的工作，这项工作自 1887 年开始至

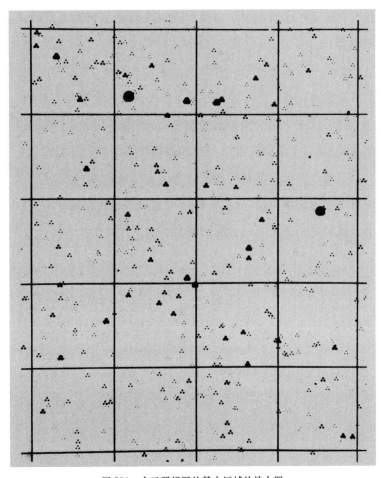

图 580　全天照相图的某小区域的放大图

每颗星拍有三个像，以免把底片上的灰尘误认为星的像。在原底片上方格每边长 5 毫米。

1950年还没有完成。这项工作被推迟的原因是由于一些天文台把精力放在新的研究上，忽略了星表的研究工作。

星的方位测量使喜帕恰斯发现了岁差。岁差现象已经在本书第一篇第四章里讨论过，它是地球复杂运动的一种表现。它之所以改变了星的方位，纯粹是因为坐标系（赤道和春分点）不是固定的，赤道旋转，春分点也在移动。这好像地理学家选了一个漂荡在海洋上的冰山作为他们地图的极点一般。幸而岁差的变化是有规则的，我们容易计算出赤经、赤纬因岁差而产生的变化。喜帕恰斯对发现这一现象有很大的功绩，他虽不能解释其中的缘由，但对现象的描述是正确的。

上面所举的织女星的坐标，我们特别标明是1950年的。因为到了2000年，这颗星的赤经将增加1分42秒，赤纬将增加$2'47''$。为什么天文学家还保留着这些不太方便的，而且常在运动的参照圆呢？这纯粹是因为由观测可以直接得出的这种坐标，有着相当高的精确度。

每个星表都选择某一时期的赤道和春分点的位置作为参照的标准。例如B. D.里的位置是针对1855.0而制定的。现今大多数的星表都归算到1900.0。

有时天文学家选择其他的参照圆，例如不用赤道而取黄道或者大约在银河里的大圆作为参照圆，于是就有黄道经纬和银道经纬两种坐标系。

很精确的或很丰富的星表对于天文学的进步，曾起了巨大的作用。我们由星表得知，星有个别的微小运动，我们也能借助于星表精密测定岁差、章动以及太阳系在空间里的运动。星表也是恒星统计研究的基础。

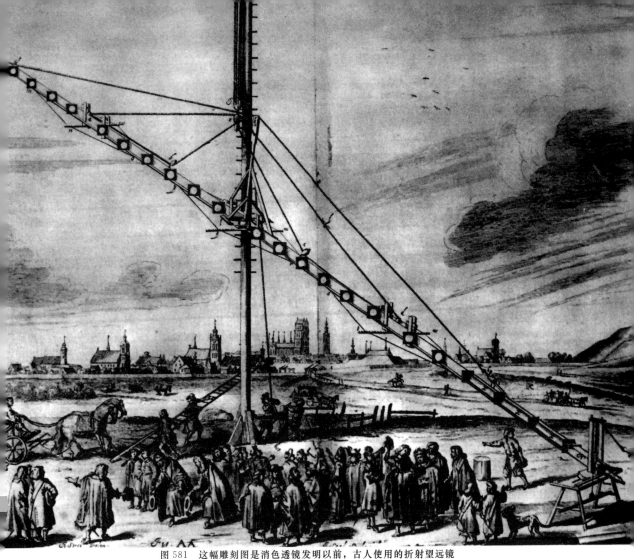

图 581　这幅雕刻图是消色透镜发明以前，古人使用的折射望远镜

焦距长的原因是为了减弱透镜的缺陷。但是，人们使用这样的仪器需要特殊的技能和技术员的协助。镜管是空架结构，但有许多光阑，以消除寄生光线。

第四十一章

❖

星的光亮与星的数目

肉眼观测向我们表明：星的光亮是有差异的，有些星如天狼、织女，特别明亮，而有的星却暗到难以辨认。古人按星的明暗而分等，最亮的叫作 1 等，暗到肉眼恰可以看见的，叫作 6 等。这种古代的分类方法在原则上被保留了下来,但现在经过精密化,而且推广到望远镜或照相术所能看见的暗星上去。

据公认,一颗星比另外一颗星暗 100 倍,其星等便加五个单位。例如英仙座内 57 号小星的亮度比毕宿五恰少 100 倍。毕宿五是 1 等星,英仙 57 便是 6 等星了。

星等和亮度之间的关系如下:

星等	0	5	10	15	20
亮度	1	1/100	1/10 000	1/1 000 000	1/100 000 000

当然,在这两个数学上叫作算术级数和几何级数的比值里,可以作内插的计算。下面记载 0 至 5 星等之间的内插结果:

星等	0	1	2	2.5	3	4	5
亮度	1	1/2.52	1/6.32	1/10	1/15.85	1/39.81	1/100

这种常用的星等尺度颇不方便,主要的缺点是,光亮愈暗弱的星,其星等数字愈大。我们在图 582 里复制一个星等尺度。这是将各星等的象照在一张底片上而做成的。底片上星象黑点的直径,表示这些黑点所代表的星的星等。

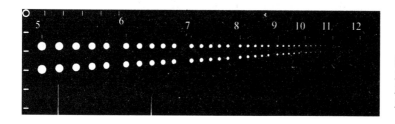

图 582 为迅速比较恒星的光度,我们使用像上面这样的标尺,以星等分级,但是这样的标尺必须经过定标的手续

在良好的情况下,肉眼可以看到 6 等星,即是比 1 等星暗 100 倍的星。这是在黑夜瞳孔完全张开的时候,肉眼所能感光的极限,在此情况下瞳孔的直径约 8 毫米。

如果肉眼的瞳孔直径增加 10 倍,即它的面积增加 100 倍,于是它可能接收的光增加 100 倍,肉眼的感光极限便可达 100 倍暗的星,那么我们所能看见的星便是 6 等再加上 5 等,即 11 等星了。天文望远镜虽是一种仪器,却可比拟为一个扩大了瞳孔的眼睛。

望远镜的主要部分是大口径的物镜和目镜。物镜汇聚星光成像于它的焦面上,目镜是一种放大镜,我们用它去观测所成的星象。

物镜是用两种不同玻璃的两个透镜所组成的:一片是很能聚光的冕牌玻璃透镜,另一片是稍微散光的火石玻璃透镜。要有这样的装置才能形成清晰的像(参看图 808)。从前大家不知道怎样消除像上的颜色,但是这一点天文学家是明白的,即焦距愈长的透镜,颜色的效果愈不显著(图 581)。这也说明,在卡西尼的时代巴黎的望远镜为什么有那样奇特的装置(图 354)。顺便叙述一下,消色望远镜发明以前的有关争论是有趣的。牛顿对于这个问题感兴趣,而且做过实验。他的结论是不可能制造出一个消色的物镜。稍后欧拉认为肉眼是消色的。根据那个时代的思想,人们认为造物主所造的东西都是完善的,既然眼睛是消色的,物镜也应该能够是消色的。今天我们知道,眼睛绝不是消色的,庆幸欧拉的观点是错误的。

英国光学家约翰·多朗德(John Dollond)本来赞同牛顿的意见,认为消色透镜不可能磨制,和欧拉争辩得很激烈。奇怪的是多朗德后来竟和自己的主张相反,于 1758 年宣布了消色物镜的原则,这个功绩不知道该归功于欧拉还是牛顿。其实这功绩应属于业余光学家霍尔(Chester Moor Hall)于 1729 年所做的实验。由于消色透镜这一项大的发明,折射望远镜才成为良好可用的仪器。

由此可见,经过精细计算而磨制的物镜是一件宝贵的光学仪器。至于目镜,它只是一种廉价的小型配件,每个天文台都有几十个。目镜是两个小透镜所合成的,每座望远镜上面都有一套容易掉换的目镜。

由大的目镜换小的目镜时,望远镜的倍率增加,与此同时,望远镜的视野(即同时看见天空的范围)也就缩小了。

物镜和目镜都具有一个特征数字,即它们的焦距。物镜的焦距常超过 1 米,目镜的焦距不过几厘米或几毫米。几何光学向我们证明,望远镜的倍率等于物镜的焦距和目镜的焦距之比。例如,有一座望远镜物镜的焦距是 4 米,目镜的焦距是 4 厘米,它的倍率便是 100。假设目镜的视野是 35°,望远镜的视野便是将此数以倍率除之,所以我们望远镜的视野是 $0°.35$ 或 $21'$。若对于相同的物镜换上焦距 4 毫米的目镜,倍率便变成 1 000,视野缩小为 $0°.035$ 或 $2'.1$ 了。

下表记载各种口径的物镜可能达到的极限星等,我们已经把望远镜的玻璃对于光线的吸收和反射计算进去。现今在物镜表面涂上一层避免反光的物质,可以减少这种误差,因此,可以看见稍暗的星。

	肉眼	折射镜			反射镜		
仪器口径		0.05 米	0.2 米	0.5 米	0.8 米	2 米	5 米
极限星等	6	10	13	15	16	18	20

照相的方法还可达到暗得多的星。照相的优点是可用长时间的露光,将光的作用累积在底片上。肉眼对于星象的感觉仅在几分之一秒钟里,照片可以露光达几小时之久。

天文工作者用来照相的仪器分为两种：一种是折光照相镜，它是几片特别设计的透镜所构成的；另外一种是抛物面或球面的反光镜。

这两种望远镜各有其优点和缺点：折射镜只用于星的方位的测定，折射镜的几何条件比反射镜的几何条件稳定得多，但口径达 40 厘米的折射镜便难以制造；至于反射镜的口径现在已达 5 米。现今我们将反射镜面放在真空里镀上一层铝，这层铝的反射光可由远的紫外区达到红外区，而从前镀银的反射镜，就不能反射紫外线。

大望远镜的视野常常是小的，一张照片只能拍得天空很小的一个区域。比如口径 2 米的抛物面反射镜，照片上清晰的视野只有 9 厘米×12 厘米的范围，相当于上弦月那样大。用这样的望远镜去拍摄全天，需要 16 万张照片之多。

1931 年德国天文学家施密特发明了大视野的照相望远镜。这个仪器的主要部分是一个球面反射镜和一片制作精巧的、放在反射镜的曲率中心上的改正透镜。视野清晰的范围比较大，而且视野范围达 8°或 10°直径的施密特望远镜并不难以制造。底片是用放在球面上的软片〔这种类型的望远镜现在叫作折反射望远镜。1965 年我国制成了第一台大型折反射望远镜（改正透镜口径为 43 厘米），达到国际先进水平，详见《天文爱好者》月刊 1966 年 1 月号。——校者注〕。这个仪器所成的像异常精细，可以拍得的星比大口径望远镜所能拍得的还要暗弱。施密特望远镜具有清晰的大视野和充足的光线两个优点，所以可用来拍摄天空的广大区域。

法国南方天文台有一小型的施密特望远镜，反射镜的口径是 40 厘米，改正透镜的口径是 32 厘米，圆形软片的直径长 8 厘米。这个仪器露光 10 分钟可以拍得 17 等的星。只需要 1 000 多张软片便可将全天拍完。

我们知道光线是由光子所组成的。这种光粒子非常微小。肉眼望着 6 等星，在 1/10 秒的时间内，便可接收 300 个光子。至于 21 等星，在 1 小时内送给肉眼的不过是 10 个光子。这样的星肉眼是绝对看不见的，但是大口径望远镜所能接收的光子数目就大得可观。例如，对于那颗暗至 21 等的星，口径 1.93 米的反射镜，1 秒钟可接收 300 个光子，因而在 1 小时内照片上所接收光子之数超过 100 万。

因为这种积累作用，照片上也能拍得暗至 21 等的星。帕洛马山 5 米口径的望远镜可以拍得 23 等的星。

照片上所拍得的星象可以互相比较，因而我们可用照相的方法测量星等。这样的比较可借显微镜或测微光度计测量星象的直径而得出。

这样求得的照相星等和由肉眼观测而得的目视星等是不同的。这种差异是因为星有各种的颜色。一颗蓝色星，如织女星，给我们的光是很富蓝色的辐射；至于一颗橙色的星，如毕宿五,所发出的光是极富橙色的而很少蓝色的辐射。在眼睛里看来是一样明亮的两颗星,但蓝色的一颗比橙色的一颗更能使底片感光,因为底片对于蓝色的辐射比橙色的辐射更为敏感。一颗星的照相亮度愈大,它的照相星等愈小。据公认,这两个星等尺度的关系是使像织女那样的蓝色星的目视星等和照相星等相同。对于一颗橙色的星,照相亮度小,照相星等便比目视星等大。

　　上面这些见解可以用数字表示。对于织女,两种星等差不多相同;毕宿五的照相星等是 2.54,目视星等是 1.06。这两个数字的差异代表星的颜色,所以叫作色指数。对于蓝色星的织女,色指数为 0;对于橙星毕宿五,色指数为 1.48。星的每种颜色有着相应的色指数。下表表示它们之间的关系:

星的颜色	紫	蓝	白	黄	橙	红
色指数	−0.3	0	+0.4	+0.7	+1.1	+1.6
举例	参宿七	织女	南河三	五车二	大角	心宿一
温度(℃)	21 000	11 000	7 000	5 400	4 100	3 200

　　表里我们列出这些星的温度,是因为颜色和温度之间有着密切的关系。所以,星的色指数的测量可以确定星的温度。

　　因为暗星的目视观测困难,天文学家另想方法用照片替代肉眼的观测,以取得目视星等的数值。天文学家用对黄色辐射感光的正色底片和黄色的滤光板,以取消紫蓝两色的辐射。这种底片的感光区域和肉眼的感光区域相同,这样测得的星等叫作仿视星等,即是用照相方法所测得的目视星等。

　　近年来因光电管的发明,对星等的测量大有进步。光电管的主要部分是一层对光敏感的物质,经光线照射后发出电子。很遗憾,这样放出的电子很少,光电管所造成的电流太小,难以测量。另外一种富有技巧的装置便是使这样放出的电子再射到另外一层物质上去,使一个射入的电子打出两三个电子。我们可以将这倍加的方法重复许多次,这样的光电管叫作光电倍增管,可以反复增加至 19 次。在初级感光层发出的一个电子,可以产生几百万个电子,汇聚在需测量的电流之中。在望远镜的目镜处放上光电倍增管,由光电倍增管所生的电流得以直接量出星的亮度。使用滤光板可以随意得到蓝色(照相的)或黄色(目视的)星等。这种测量既精确又迅速,比单用照相的方法优越很多,所以现今精密的测量均使用这种光电的方法。光电倍增管的灵敏度很高,现今装在望远镜上可以测得肉眼在目镜里所不能看见的星。但用这种方法去寻找星是有困难的,所以还须在照片上确定需要测量的星的方位。

技术的进步扩大了感觉的范围,使用镀铝的反射镜可以拍摄到大气能透过的紫外的极限区域(3 200 埃)。新的感光照片更能将照片的感光范围延展到红外的区域。现在有一种硫化铅的光电管,它的电阻随光线的强弱而变化。这种光电管特别对红外辐射敏感,可以将我们认识的范围扩大到远的红外区(4 微米)去。

我们已经说明,由目视法所得的星等和由照相法所得的结果是不相同的,这是由于不同的接收器对于颜色有不同的灵敏区域。我们可以将星等的定义推广,例如用硫化铅的光电管可以测定的红外星等,和通常的星等很有差别。根据公约,光谱型 A$_0$ 的蓝色星(织女),目视和照相星等相同,都是 0.1。但是一颗红星,如心宿二,红外星等是 −1.6,比天狼星还要明亮。这种情形对于所有冷星都相同,所以冷星很富红外辐射。小而暗的变星,如天鹅 R,视星等是 11,也和织女星一样明亮。以红外辐射的观点看去,天空和它上面的星座与肉眼所见的情况大不相同(图 583)。

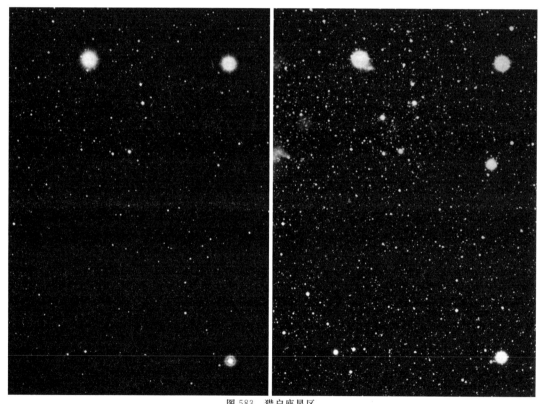

图 583　猎户座星区

　　法国南方天文台的施密特望远镜拍摄。左图是用对蓝色感光的普通底片拍摄,露光 10 分钟;右图用全色底片透过红色滤光板拍摄,露光时间控制在使两颗蓝色亮星在两张照片上一样明亮的时间范围内。右图的星象特别多,原因是这个区域内红色的星特别多。其中一颗星红光特别明亮,这是长周期变星猎户 CI 星。右图上有气体星云气,这是氢气,它发出强烈的红光,猎户 CI 星也被氢的气壳包围。我们容易定出星的颜色。读者可在这两张照片上找出红色的星。

20 颗最明亮的星

星名	视星等	光谱	视向速度（千米/秒）	视差	距离（秒差距）	绝对星等
大犬 α(天狼)……双星	$\begin{cases} -1.6 \\ 7.1 \end{cases}$	A0 A5	变数	0″.375	2.7	+1.3 +10.0
船底 α(老人)………	−0.9	F0	20	0″.018	55	−4.6
半人马 α……三联星	$\begin{cases} 0.3 \\ 1.7 \\ 11 \end{cases}$	G0 K5 M	变数	0″.760	1.3	+4.7 +6.1 +15.4
天琴 α(织女)………	0.1	A0	−14	0″.123	8.1	+0.5
御夫 α(五车二)……三联星	$\begin{cases} 0.2 \\ 10.0 \\ 13.7 \end{cases}$	G0 M1 M5	变数	0″.073	14	−0.5 +9.3 +13.0
牧夫 α(大角)………	0.2	K0	−4	0″.090	11	0.0
猎户 β(参宿七)………	0.3	B8p	变数	0″.005	200	−6.2
小犬 α(南河三)……双星	$\begin{cases} 0.5 \\ 10.8 \end{cases}$	F5	变数	0″.288	3.5	+2.8 +13.1
波江 α(水委一)………	0.6	B5	19	0″.023	43	−2.6
半人马 β(马腹一)………	0.9	B1	变数	0″.016	62	−3.1
天鹰 α(河鼓二)………	0.9	A5	−27	0″.198	5.0	+2.4
猎户 α(参宿四)………	0.9	M2	变数	0″.005	200	−5.6
南十字 α………双星	$\begin{cases} 1.4 \\ 1.9 \end{cases}$	B1 B1	变数	0″.015	67	−2.7 −2.2
金牛 α(毕宿五)……双星	$\begin{cases} 1.1 \\ 13 \end{cases}$	K5 M2	54	0″.048	21	−0.5 +11.4
双子 β(北河三)………	1.2	K0	4	0″.093	11	+1.0
室女 α(角宿一)………	1.2	B2	变数	0″.021	48	−2.2
天蝎 α(心宿二)……双星	$\begin{cases} 1.2 \\ 5.2 \end{cases}$	M1 B4	变数	0″.019	53	−2.4 +1.6
南鱼 α(北落师门)………	1.3	A3	6	0″.144	6.9	+2.1
天鹅 α(天津四)………	1.3	A2p	变数	0″.006	167	−4.8
狮子 α(轩辕十四)……三联星	$\begin{cases} 1.3 \\ 7.6 \\ 13 \end{cases}$	B8 K2	3	0″.039	26	−0.7 +5.6 +11.0

〔1 秒差距等于 3.26 光年。——译者注〕

　　上表中只有 12 颗星比 1 等星更亮。肉眼可见的星有 6 000 颗。这个数字比我们所想象的少得多,可是这已经使古人产生星是无限的感觉了!

　　星愈暗,数目增加愈快。试计算用照相的方法所能拍得的星究竟有多少,全天只有 12 颗星亮于 1 等,3 000 颗星亮于 6 等,70 万颗星亮于 11 等,5 500 万颗星亮于 16 等。好奇心促使我们更留心地去研究这个级数。

亮于某一照相星等的星的数目

6	0.3 万	14	1 200 万
7	1.0 万	15	2 700 万
8	3.2 万	16	5 500 万
9	9.7 万	17	1.2 亿
10	27 万	18	2.4 亿
11	70 万	19	5.1 亿
12	180 万	20	9.45 亿
13	510 万	21	18.9 亿

表中最后的几个数字大得使人惊讶。为了便于想象，假设一个 80 毫米直径的软片使用上面所说的法国南方天文台的施密特望远镜，露光 20 分钟，便可照上 10 万颗星象；在有些多星的区域，还可照上 50 万颗星象。在照片上，星象是 20 微米的小圈。由计算容易算出，在星象最多的照片上，星象整体所占的面积只是软片面积的 1/30。

上面的表说明，星光愈暗，星数增加愈多。但如果我们的望远镜能够照到 23 乃至 25 等星的时候，这种增加率是不是照样保持下去呢？我们探查的工具愈有能力的时候，为什么我们所看得见的星愈来愈多呢？是不是我们看见了愈来愈多的暗星呢？或是看见了愈来愈远的星呢？当然，在照片上这两种效果都是有的，不过距离的效果看来是主要的。我们可以暂时把另外一个效果略去，而假设所有的星都是一般亮。

根据这种简单化的见解，所有亮于某一星等（例如 6 等）的星都在一定半径的球内，所有的 7 等星都在半径更大的一个球内。据计算表明，这两个球的体积之比约等于 4（确切些是 3.98）。

再假设所有的星是均匀分布的，因此，迄至 7 等的星的数目应该是迄至 6 等的星的数目的 4 倍。试把这些理论和表中星的真实分配情形比较一下。

7 等和 6 等星数目的比例不过是 3.3，而不是 3.98；对于 12 和 11 等星而言，这比例是 2.6；对于 21 和 20 等星而言，这比例只是 2.0。所以我们的结论是，星的数目的增加并不如星在宇宙里均匀分布的假设的情形下那样迅速，宇宙里星的密度随距离的增加而减少。这些结果表示我们附近的星组成一个有限的云，这个星云叫作我们的银河星系，后面还要详细谈到。

另外一种理解也可以证明这种结论：因 21 等的星比 20 等的星暗 2.5 倍，假使 21 等比 20 等星的数目大 2.5 倍，那么所有 21 等星合成的光亮将大于 20 等星，这便是均匀分布的情形。照这样类推下去，所有 2 等星的光亮大于 1 等星，所有 3 等星更亮于 2 等星，照这样下去便可至无限，那么全天的亮度便是无限大。幸而事实上不是这样，否则我们便

图 584　英仙星区和双星团

这一区在银河附近,星很密集。有人估计这张照片上有星 15 万颗。底片对蓝色光灵敏,露光 20 分钟(法国南方天文台施密特望远镜拍摄)。

处在一个火炉当中了!

　　法国物理学家法布里希望从夜天光总量的测量中可以窥见宇宙的大小。但是这种测量表明,夜天光里只有 1/4 的光是从星光而来,剩余的量是变化的,是从地上的高层大气而来。

　　在上面的叙述里,我们故意不谈星在天球上不是均匀分布的这一个事实。用肉眼观察便知,全天到处都有明亮的星,但是它们的分布绝不是偶然的。暗星在银河里特别多。用双筒镜观测更易明白这种银面聚度。

　　天文学家对于银面聚度已经作过精密的测量:从天空中选取一平方度,在离银河远的区域,11 等星只有 6 颗;在银河附近,便有 16 颗。对于 16 等星而言,这两区域内的星数之

图 585、图 586　距离银河平面不同的两个星区

上图拍摄的是北极区，亮星是北极星。在每边 2 厘米相当于天上 1°的正方形内有星 400 枚。下图拍摄的是银河附近的半人马星区。虽然这两张照片的露光时间相等，拍摄到的星的数目却大有差异。在最密的区域里，每平方度有星 5 000 颗。下图是在银河里常见的发射星云和吸收星云。这两张照片的星数的比值，约为 12，这叫作银面聚度。

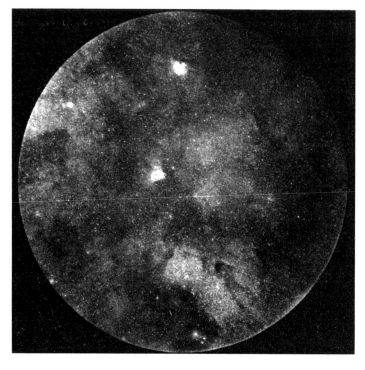

比是 250 比 1 600；对于 21 等星而言，这比例是 300 比 50 000。可见星愈暗，银面聚度增加得愈快。对于亮星而言，银面聚度很小；对于 21 等星而言，银面聚度便达 17。这种异常密集的事实说明银河为什么表现出它具有银白色的形态。

用望远镜观察到的银河的银色光辉，其实是个别星星光亮的组合。银河照片上的复杂结构，是由于空间有吸光的云，把某些银河区域里的星掩蔽了。迄今的照片表明，银河里的星沉没在由发光气体而来的星雾中，不过这个背景上的光亮比起星光来很是暗淡罢了。

银河的外貌是很容易解释的，只要假定我们所处的银河星系是很扁平的，而且在正交的方向上很薄。有些星显然是成群的。在 11 月或 12 月晴朗的夜里，谁不欣赏那一团亮星聚合而成的昴星团？它使我们联想到一棵由许多小蜡烛合成的圣诞树。这些星不是透视的、偶然的凑合，实际上彼此联系，组成一个系统。以后我们还要讨论到几个星团，对它们的研究为恒星天文学增添许多宝贵的知识。

图 587　南十字星座附近的银河照片

这表明愈近银河星数愈增。在有些区域里好像没有星，这是由于吸光物质掩蔽的缘故。红光比较容易透过这些吸光物质，所以用红光拍照，相片上的星增多（参看图 583）。照片中央的大黑斑叫作"煤袋"。

图 588　17世纪的测地学者们怎样借三角网测量地球的大小（取自皮卡德于1691年所出版的《地球的测量》一书中的雕刻图）

第四十二章

星 的 距 离

对星的距离的测量是一个很重要的问题，因为关于星的自身亮度和恒星宇宙的结构，都和对星的距离的认识分不开。

首先测定星的距离的人是贝塞尔，时间在1838年。所用的测量方法在原则上是简单的，但是由于星的距离很远，在实测上是很细致的。大地测量常用的方法，也就是天文学上测量距离的方法。

大地测量者先在地上测量一个基线。在这条基线两端瞄准一个标点（例如钟楼），这两条视线不是平行的，对于愈近的目标这两条视线汇聚得愈快。在汇聚点上所成之角叫作视差。基线愈长，视差愈大，也就愈容易测量。

恒星天文学上唯一可以使用的最长的基线是地球轨道的直径。在一年里，地球围绕太阳运动，在地上的观测者周期性地改变位置，因此他感到，天上的星围绕着它自己的平均位置好像走了一个小圆周。这小圆平行于地球的轨道，它在天球上的投射便是一个椭圆，其长轴所夹的角便是视差的两倍，因为一般把地球轨道的半径当作基线（图589）。

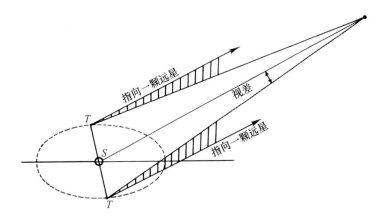

图 589　恒星视差的测量

我们说过,地球轨道的半径可以用地球半径的倍数来表示,所用的方法和刚才所说的方法很类似。这条基线是在地球上。例如两位观测者,一个在巴黎,一个在好望角。我们求得地球轨道的半径是地球半径的 2.35 万倍,即 1.5 亿千米。

恒星的视差很小,没有哪一颗星的视差是大于 1 弧秒的。1 弧秒是一个直径 1 厘米的小球放在 2000 米以外所夹的角度。对于大多数的恒星,视差是小到绝对不能测量。这些远星也是很暗的星,可以把它们用作标志点,借照相的方法去测量近星的视差。

我们必须了解,这种因视差而形成的位移所达到的微小程度。最近的星视差是 $0''.6$,因视差而来的椭圆最长的部分,在焦距 4 米的望远镜里也不过是 30 微米。这数量虽然微小到难于测量,但是还可以测准到它数值的 1%。也就是说,离我们最近的星在测量它的距离时,也可能差到 1%。可是比这颗星远 100 倍的星,误差就会大到 50%;对于再远一些的星,测量的数字就更不可靠了。这种几何学的方法叫作三角法,很快就不适用了。

我们常用的单位,如米,甚至千米,都太短了,我们必须另创一种长度的单位来表示星的距离。这个单位所表示的距离,相当于地球轨道半径所配的角度是 1 弧秒时的那段距离。假使有一颗星的视差是 1 弧秒,和这相应的距离的单位叫作秒差距。所以,如果另外一颗星视差是 1% 弧秒,它的距离便是 100 秒差距。用三角法,我们只能测到 100 秒差距。由几何学得知,1 秒差距相当于地球轨道半径的 206 265 倍,即约等于地球轨道直径的 10 万倍。

如果用千米来表示秒差距,我们必须在 30 后面加上 12 个零,或写成 $30×10^{12}$;更确切些,1 秒差距等于 $30.84×10^{12}$ 千米。

有时我们还用一种更容易了解的单位,叫作光年。这是每秒行 30 万千米的光线在一年内所走的距离。1 秒差距等于 3.26 光年。

下面是 10 颗近邻星的表:

近邻星

	施氏星表号数	星名	方位（1975）		视星等	光谱型	距离（秒差距）	绝对视星等	附注
			赤经	赤纬					
1	3278	半人马近邻星	14 时 27.9 分	−62°35′	11	M	1.31	15.4	
	3309	半人马 α 星	14 时 37.9 分	−60°45′	0.3	G0	1.33	4.7	目视双星
					1.7	K5		6.1	
2	4098	巴纳德星	17 时 56.5 分	+4°25′	9.5	M5	1.83	13.1	双星
3	2553	沃尔夫星表 359	10 时 55.5 分	+7°13′	13.5	M8	2.48	16.6	
4	2576	拉朗德星表 21185	11 时 2.1 分	+36°14′	7.5	M2	2.51	10.7	双星
5	1577	天狼星	6 时 44.0 分	−16°40′	−1.6	A0	2.76	1.3	目视双星
6	4338	罗斯星表 154	18 时 48.1 分	−23°52′	10.6	M6	2.85	13.7	
7	5736	罗斯星表 248	23 时 40.5 分	+44°5′	12.2	M6	3.16	14.7	
8	742	波江 ε	3 时 31.8 分	9°33′	3.8	K2	3.36	6.2	
9	2730		11 时 47.4 分	0°39′	11.0	M5	3.40	13.3	
10	5077	天鹅 61A	20 时 4.6 分	+38°27′	5.6	K5	3.42	8.0	目视双星
		B			6.3	K7		8.7	

〔这是施勒辛格尔（Schlesinger）的三角视差星表。——译者注〕

很久以来，天文学家就努力于测量星的距离。因距离很远，所要找到的视差效应很小，初期的失败是可以理解的。有两位天文学家因测量视差不成功，反而得到两个基本的发现，在这里叙述一下也是有趣的。1727年布拉德雷想测量天龙 γ 星的距离，这是一颗 2 等星，它大致经过伦敦的天顶。他用折射望远镜瞄准天顶，在一年内测定这颗星在天上的确切位置。这种仪器很类似今天用来精测纬度的天顶仪。布拉得雷本来企图测量因地上的观测者视向变化而引起的视差效应。

布拉得雷惊异地发现，天龙 γ 星果然不是固定的，但是它走了一个长轴为 40″ 的轨道。这却不是视差的效应，因为这颗星运动的方向与这个效应是不相应的，他所观测的方向和要找的方向相差了 90°。他所发现的光行差，可由光线传播不是瞬间的这一事实来说明。观测者被地球绕太阳的公转带着运动，在他接收从星发出来的光时，星和地的相对位置便与光从星发出来时的情况不相同了。由简单的几何推理可以证明，由光行差而来的偏角是常数，而且和星的距离无关。光行差的偏角以弧度表示，便是地球公转的速度和光的速度之比，即万分之一，或 20″。布拉得雷没有弄错，他没有把这个效应当作是他要找的视差效应。因为在他 50 年前罗默已经测得光的速度，所以布拉得雷才有他的合理解释。以后我们还要谈到威廉·赫歇尔也因求星的视差，而发现了双星的相互运动。

上面说过贝塞尔于 1838 年首先成功地测得视差。这位德国的大天文学家兼数学家选了天鹅座里一颗小星，这颗星在弗拉姆斯蒂德的表中是天鹅座里的 61 号星。他不是随意选定了这颗星的,而是因为它可能和我们很接近,因为它在天上动得很快。这表示它不是有很大的运动速度,就是和我们距离很近。贝塞尔测量了这颗星和周围的许多暗星之间的距离,证明了天鹅 61 号星因视差而来的运动,结果他寻得这颗星的视差是 1/3 弧秒。

这个惊人的成功引起亨德森(Henderson)重新整理他在好望角对半人马 α 星所作的观测,他求得这颗星比天鹅 61 号星约近 3 倍,半人马 α 是双星,它具有近星的一切特性:很亮、在天空中运行很快、伴星也有很迅速的运动。

贝塞尔所倡导的方法后来被采用在照相上,我们以后讨论到星的自行时,还要举一个例子来说明它。有几个天文台担任视差测量的工作。

美国天文学家施勒辛格尔将工作的方法改善,以至最高的境界。他的星表内有 6 000 个视差,约有 100 个大于 0″.11,即相当于 9 秒差距内的星。这个数目中约有一半的距离超过 50 秒差距(160 光年),当然定得不准确,因为误差和要测的距离是同数量级的。

这种困难使天文学家寻找别的测量很远距离的方法,但是没有一种方法能够使人完全满意。

下面再谈两个和三角法相似的方法。我们说过,太阳以每秒 20 千米的速度向武仙座里的一点运动,观测者被这种运动带着走了一条基线,在一年内已经走了地球轨道直径的两倍,而且这条基线随着时间在不断地增长。因此恒星由这种视差而产生的位移颇大,遗憾的是它和星的自行不能分开。为了避免这一困难,应该选择一群星为对象,就其平均的情况而言,这群星可以说是静止的。这种名叫长期视差的方法曾用于测定视星等超过 12 等的星的距离。

另外一种几何方法,曾用于测量移动星团。大熊座内大多数的星集体运动,具有相同的速度。将这群星中一些星的视运动和它们的视向速度(表示为每秒若干千米)加以比较,便可求出这个星团中所有的星的距离,这种方法可以达到很高的精确度。

在我们对于恒星宇宙进行测探时,我们还要谈到测量星的距离的方法,现在我们谈一下从三角法求得的视差有些什么结论。

我们说过,以星等表示的星的视亮度,和星的本身亮度与距离有关。对于距离已知的星,可以设想把所有的星都放在同一距离处。这个标准距离选定为 10 秒差距,即约等于地球轨道直径的 100 万倍。下面要说明怎样消掉因距离在星等上所产生的影响。

例如有一颗 7 等星,位置在 100 秒差距处。设想把这颗星放到 10 秒差距的标准距离处,我们将按照亮度随距离平方成反比的定律,增加它的明亮,它将会有 100 倍的明亮。

这比例相当于 5 个星等。可见，这颗视星等为 7 的星，由 100 秒差距移到 10 秒差距，星等便成了 2，因此为便于叙述计，我们说这颗星的绝对星等是 2。

图 590　《累奥波耳德（Leopold）公爵集》（16 世纪的天文学著作）的封面图

　　上一章的表中载有 20 颗最明亮的星，表中列入它们的距离和绝对星等。我们从表中可以看到，绝对星等从参宿七的－6.2 到半人马 α 的＋4.7 变化的范围已是相当大。所以这两颗星的绝对亮度很有差别，它们的绝对星等相差在 10 个单位以上。如果将距离的效应除掉，参宿七就会比半人马 α 亮 2.3 万倍。可是它们的视星等却很接近，这是因为参宿七比我们的近邻星半人马 α 要远 150 倍的缘故。当然，只根据这张表内亮星的绝对星等去了解一切星的自身亮度，那是得不到正确概念的。从这张表去了解星的特性，所犯的错误正如人种学家根据全城里最出色的 20 个居民去了解全城居民的身材一样。我们应当绝对避免这种抽样调查上的误差。由这张表可见双星的伴星常是很暗的，例如半人马 α 的第二颗伴星绝对星等是 15.4，比主星暗 1.9 万倍，比参宿七暗 4 亿倍。

如果我们研究所有的近邻星,标本就要好些。例如,根据 100 颗离我们最近的星的那张表,就是从绝对星等是 1.3 的天狼星到沃尔夫星表 359 号那颗视星等是 13.5 而绝对星等是 16.6 的星。这张表说明,绝对星等大的因而自身亮度小的星为最多。如果这张表包括所有的亮星,而只遗漏了一些暗星,以上这个结论当然是更正确了。

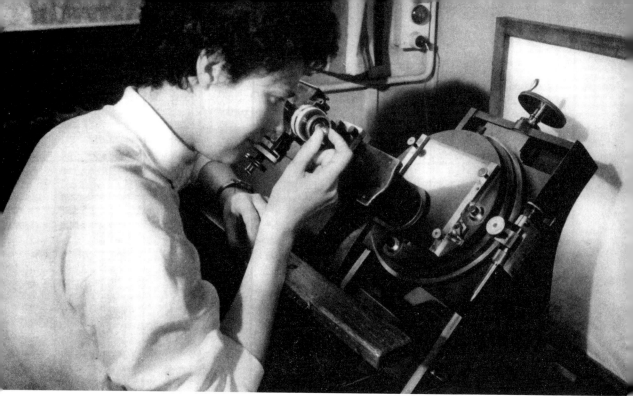

图 591　天图照片的测量

第四十三章

星 的 自 行

　　自从用大型子午仪观测到恒星的很准确的方位后,人们便觉察恒星的位置不是固定的。天文学家所测得的坐标都是相对于观测时的赤道和春分点的坐标,所以应当把他们的结果归算到一个固定的系统,例如相当于 1900 年开始的坐标系。如果将这样的校正加在不同时期的观测上,所得的结果仍然不相同;如果把这些位置绘在大尺度的坐标纸上,我们就会发现星按等速运动在改变它们的方位。

　　星在天球上的这种位移名叫自行,它的测定常表示为每一年内有若干弧秒。星移动的方向以位置角表示,从北方计算到星的位移的方向去。我们把半人马 α 星自行中的这些数据表示在图 592 之内,因为这是近星,所以自行特别显著。这幅图的尺度相当于绘制在以 2000 米为半径的球上的天图,如果绘出全天,便需要 5 000 万平方米的纸张。这个比喻使我们明白星的自行是怎样的渺小,古人把星叫作恒星,确是很接近于事实的。

如果我们再知道星的距离,我们便可算出相当于它的自行的直线速度。对于半人马 α 星而言,这个速度是 32 千米/秒,它和地球在公转轨道上运行的速度(30 千米/秒)是同数量级的。

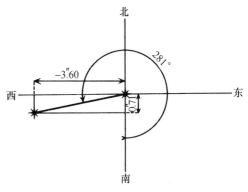

图 592　星的位置角的测量

后页表列入了 19 颗自行大的星。自行最大的是一颗被巴纳德所找到的 10 等星,每年位移 10″之多。观测这颗星只需几个星期,便可感觉到它的移动,因为子午仪的观测容易查出赤经上的 0″.1 的变化。范·德·康(Van de Kamp)所拍的这颗星的照片(图 593),表现了这颗星的自行大和视差效应的重合效应,使它离开了它的直线的轨迹。这样大的运动是特殊的,只有距离很近而空间速度又很快的星才有这样的现象。后面表内所有的星对于距离近和运动快这两个特征,必具其一,或是两者兼有。一般的星自行都很小,要去测量它们是很困难的。多年来的子午仪观测提供了一些基本星的自行,刊载于 FK3 星表之中,计有 1535 颗亮于 6 等的星。

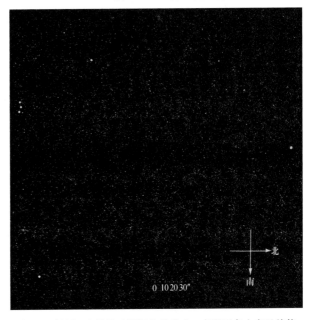

图 593　相隔 6 个月的三张照片的重合,表现了左上方巴纳德星的巨大改位。这种位移不是直线的,因为视差的效应加在自行里面。视差使星移向太阳所在的方向。第二次露光,太阳在东,其余两次太阳在西

另外还有 8 个星表包含 32 万多颗星的自行,它们都是和这 1535 颗基本星比较得来的。它们是用子午仪或用照相观测决定,各组观测中间经历的时间由 13 至 40 年不等。

现在用好望角天文台杰克逊(Jackson)的工作作一个例子,来说明借照相测量自行的方法。对于要研究的某一颗星每 6 个月拍摄一次,于是在照片上精确地测量这颗星相对于邻近的暗星在赤经上的改位。图 594 说明《总星表》里一颗星的实测结果:图上的点分布在一条直线的两旁,像正弦曲线的形式,其半变幅即是视差,和它对应的整体位移便是

赤经上的自行。这颗星的视差和自行的分量载于图中。

自行大的星

星名	星等	光谱型	方位（1975）		自行	空间速度 （千米/秒）
			赤经	赤纬		
科尔多瓦星表 32416	8.3	Ma	0 时 3.2 分	−37°29′	6″.11	134
万·玛伦星	12.34	F0	0 时 47.8 分	+5°19′	3″.01	
仙后 μ	5.26	G5	1 时 6.1 分	+54°50′	3″.76	168
波江 φ	4.30	G5	3 时 18.5 分	−43°11′	3″.16	128
波江 o	4.48	G5	4 时 14.3 分	−7°38′	4″.08	101
卡普坦星	8.8	M0	5 时 9.7 分	−49°53′	8″.76	287
沃尔夫星表 359	13.5	M6e	10 时 55.6 分	+7°13′	4″.48	
鹿豹 22H	7.60	M2	11 时 2.0 分	+36°14′	4″.78	105
BO 星表 7899	8.9	Ma	11 时 4.9 分	+43°38′	4″.52	136
英尼斯星	12.5		11 时 15.6 分	−57°27′	2″.69	
格鲁姆伯吉星表 1830	6.46	G5	11 时 51.0 分	+38°1′	7″.05	348
沃尔夫星表 489	13		13 时 35.6 分	+3°50′	3″.94	
半人马近邻星	10.5	M	14 时 27.9 分	−62°35′	3″.68	
半人马 α 星	0.06	G0-K5	14 时 37.9 分	−60°45′	3″.68	32
OAs 星表 14320	9.9	G5	15 时 8.3 分	+15°42′	3″.68	660
巴纳德星	9.67	M5	17 时 56.5 分	+4°25′	10″.30	149
天鹅 61	5.12	K6	21 时 5.2 分	+38°33′	5″.27	105
印第安 ε	4.74	G5	22 时 0.8 分	−56°51′	4″.70	89
科多瓦星表 31353	7.44	Ma	23 时 4.7 分	−36°0′	6″.90	122

让我们仔细研究一个星表，例如博斯在 1937 年所发表的《总星表》，其中有 33 342 颗亮于 10 等星的自行，这其中有 26 978 颗星的自行每年小于 1⁄% 弧秒，只有 100 多颗超过 1/10 弧秒。星愈暗，有自行大的星便愈稀少。任意在银河里选出 14 等和 15 等的星 2 000 颗，其中只有一颗星的自行超过 1/10 弧秒。

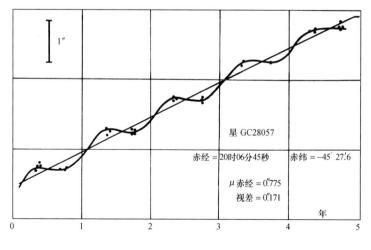

图 594 表明有一振幅为 0″.171 的摆动，那是视差的效应；还有一个是 0″.775 的周年位移，那是自行的结果

汉堡天文台发表《自行词典》（简称 E.B.L.），记载所有曾被测量过的恒星的自行。

空间里恒星的自行是怎样分布的呢？自行是完全无规律的呢，还是遵循某些规律呢？

以大熊座内主要的星为例来说明一下。我们在图 595 上绘出这几颗星，每一颗星都向附在它上面的箭头的方向移动，箭

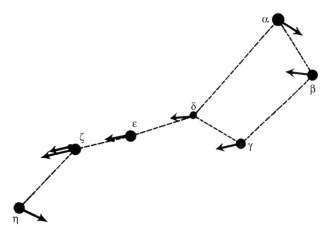

图 595　北斗七星的自行

头的长度代表每颗星在 10 万年内的位移。看图便知，除了 α 和 η 两颗星之外，其余的星的动向差不多是平行的，因此我们可以设想，这些星是作为一个整体在空间移动，它们形成一个星流。大熊座里这个星流共有 126 颗星，人们曾经仔细地研究过。

还有别的星参加别的星流。例如，猎户座里许多亮星组成一个星流。金牛座里的毕星团和昴星团形成两个不同的星流，这两个星流在天球上的接近，纯粹是透视的现象。

同一星流里星的速度都很接近，因此同一星流的星所组成的疏散星团，比通常星座在外貌上的变化要慢得多。

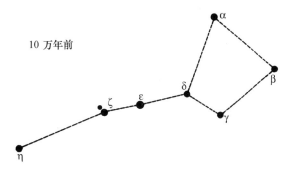

图 596 表示大熊座在 10 万年前和 10 万年后的形状。石器时代的人所看见的天空情况和我们所看见的并无多大差异，那时的星空虽然不围绕着现在的极星旋转，但是星座的形状却和今天的形状相差不远。我们曾经找到很古老的大熊星座图，一切细节，特别是开阳（ζ）和它的伴星，都表现得很明显。我们的祖先也注意到星的亮度，他们把伴星绘得比主星要小一些。这幅图可能是根据夜晚观测的记忆，在白天绘出的，那是更值得称赞了。

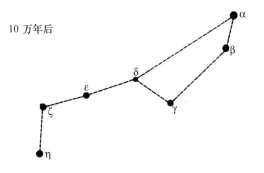

图 596　10 万年前后北斗的形状

我们想比较这些刻在石头或贝壳上的大熊座星图与现今情况的差别,去考证这些星图的年代。有一幅图就这样被估计为 3 万年前的作品,但结果却不可靠,这幅图没有确切绘出各星座的大小比例,而且有一颗多余的星。

图 597　昴星团内(昴宿五)周围的星云气

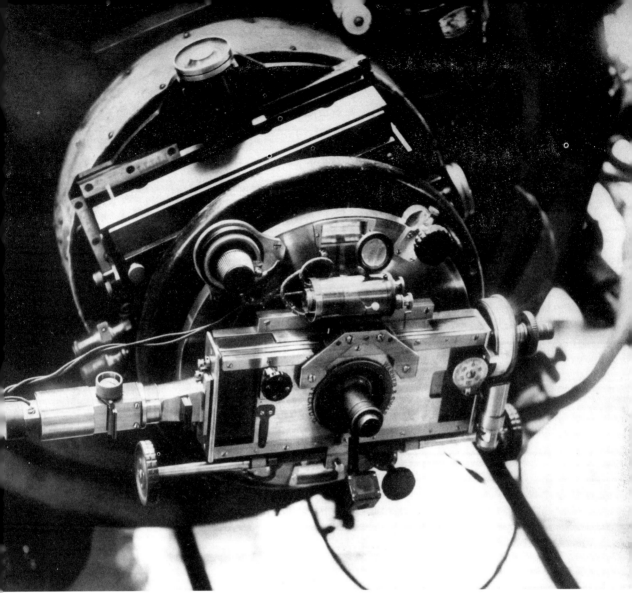

图 598　叶凯士天文台的大折射镜上的测微器

第四十四章

双　星

　　望远镜的观测表明,许多星是成双的,即由两颗异常接近的星所组成的一对,它们的
颜色和光亮常是不同的。用一个小型望远镜瞄准美丽的十字星座末尾的天鹅 β 星,我们

就可以看见，这颗 3 等星伴着另外一颗 8 倍暗的亮星，很是好看。这颗星真像是天空的宝石：黄色的主星下面悬着一颗蓝色的小星。天空中有许多对双星，它们的颜色和光亮引起观测者的注意。后页的表记载了 25 对最美丽的双星。

人们用小型望远镜很容易观测到这些双星。我们可先在星图上查一查，然后在天空中就容易寻找了。在北方高纬度的地方，如法国，就看不见美丽的双星南十字 α，可是可以看见两颗白星所组成的开阳（大熊 ζ）、一黄一蓝的天鹅 β 以及一黄一青的仙女 γ 这三对有名的双星。

还有所谓聚星的：仙女 γ 在小望远镜里是 3 等和 5 等的两颗星，相距约有 10″，但大型望远镜更将那颗 5 等星分为两颗非常接近的成员。巨蟹 ζ 星是三联星，它很容易用天文爱好者的小型望远镜观测到。这是由三颗差不多一样亮的星所组成的，星等 5.0 和 5.7 的两颗相距 1″，还有一颗星等 5.5 的相距 5″。织女附近的天琴 ε 是由四颗星所组成的，它具有两对差不多相同的星：第一对星等是 4.6 和 6.3，相隔 2″.9，第二对星等是 4.9 和 5.2，相隔 2″.3，两对星彼此相隔有 3°28′。

我们可以继续指出这些天空的奇景，以至无穷尽，因为天文学家用愈精密的望远镜研究天空，便愈多地发现这样相聚的星系。

猎户座大星云里的六联聚星是一个引人注目的星系，六颗蓝色的星沉浸在星云的淡绿色的光辉里面。

天文学家研究的工具愈增加，便愈能将单颗的星分析为双星。在讨论这个问题以前，我们需要解释一下仪器的光学性能。

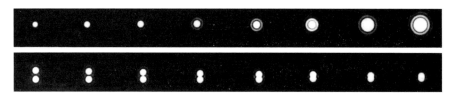

图 599　衍射环和中心斑

上图自左至右是露光时间递增的情况。露光短时，只有中心斑点；露光时间逐渐加长，就先出现一个，随后出现两个、三个衍射环，中心斑颜色变得浓厚一些，但直径不变。下图是一系列距离逐渐接近的人造双星的照片。自左至右两星由显然是分离的，而逐渐合拢，最右的图像上两星不能分辨，而成了一颗椭长的星。

在很晴朗的天气，如果我们用 12 厘米口径的望远镜去看星，透过小倍率的目镜，星象成点状，比肉眼所看见的要亮 400 倍。目镜的倍率逐渐增大，到了 100 至 200 倍的时候，星象便不是一点，而形成半径为 1 弧秒的小圆轮，周围有一个或几个光环，有如图 599 内所表现的那样。这种奇特的现象是由望远镜而不是由星而来，这是用观测可以证明的：这些圆轮和光环的直径对于所有的无论明暗的星均属相同，但是随仪器而大有变化。如果我们在物镜前面放上一个直径为 6 厘米的光圈，我们便立刻察觉不但星象的亮度减少，而且中心黑点和光环的直径都变长了，在这一例子里便是加了 1 倍；如果使用 24 厘米口径的折射或反射望远镜，星象更是清晰，它的直径恰恰是 1 弧秒；如果使用 120 厘米口径的望远镜，星象更是 10 倍的清晰，直径只有 0.2 弧秒。当然这些结果，都是假设在完全澄静的大气里获得的。

双星

| 星名 | 方位（1975） | | 星等 | 距离 | 颜色 |
	赤经	赤纬			
仙后 η	0 时 47.5 分	+57°42′	3.7～7.4	9″.6	黄与红
白羊 γ	1 时 52.1 分	+19°10′	4.2～4.4	8″.0	黄
双鱼 α	2 时 0.9 分	+2°39′	4.3～5.2	2″.2	白
仙女 γ	2 时 2.3 分	+42°12′	2.3～5.1	9″.8	黄与青
猎户 ζ	5 时 38.4 分	−1°58′	2.0～5.7	2″.1	白
双子 α	7 时 33.4 分	+31°56′	2.7～3.7	2″.7	白
狮子 γ	10 时 18.6 分	+19°59′	2.0～3.5	3″.9	金黄
大熊 ξ	11 时 16.8 分	+31°41′	4.4～4.9	1″.5	金黄
南十字 α	12 时 25.1 分	−62°58′	1.4～1.9	4″.7	白
室女 γ	12 时 40.3 分	−1°19′	3.7～3.7	5″.5	黄
猎犬 α	12 时 54.8 分	+38°27′	2.9～5.4	19″.8	白
大熊 ζ	13 时 22.9 分	+55°4′	2.1～4.2	14″.3	白
半人马 α	14 时 37.9 分	−60°45′	0.3～1.7	9″.9	金黄
牧夫 ε	14 时 44.0 分	+27°11′	3.0～6.3	2″.8	黄与青
巨蛇 δ	15 时 33′6 分	+10°37′	4.2～5.2	3″.7	淡蓝
天蝎 β	16 时 3.9 分	−19°44′	2.9～5.5	13″.3	白
天蝎 α	16 时 27.9 分	−26°23′	1.2～6.5	2″.9	橙与青
武仙 α	17 时 13.5 分	+14°24′	3.5～5.4	4″.7	橙与青
武仙 ρ	17 时 23.0 分	+37°10′	4.5～5.5	4″.0	白
蛇夫 70	18 时 4.2 分	+2°31′	4.1～6.1	6″.0	玫瑰色
巨蛇 θ	18 时 54.9 分	+4°10′	4.5～5.4	22″.2	白
天鹅 β	19 时 29.7 分	+27°55′	3.2～5.4	34″.5	黄与蓝
海豚 γ	20 时 45.5 分	+16°2′	4.5～5.5	10″.4	黄与青
宝瓶 ζ	22 时 27.6 分	−0°10′	4.4～4.6	2″.3	黄
仙王 δ	22 时 28.2 分	+58°16′	3.6 变至 4.3～5.3	41″.0	黄与蓝

我们将如何解释这种现象呢？光的波动理论使我们懂得星象的情况。物理学家和天文学家惠更斯于 17 世纪宣布一个原则，按照这个原则，望远镜的物镜上每一个微小的表面部分所起的作用，犹如一个向各方发射的光源。当这表面对光波波长而言为小的时候，如像一个针孔那样小，我们所看见的情况就是如此。如果表面相当大，则需复杂的计算才

可以求出目镜视野里每一点的亮度。这亮度在那些点可能是零，因为光是一种振动。两个相反的运动加在一起可以造成静止，两束光波加在一起可以造成黑暗。因此，我们可以计算望远镜的物镜所形成的衍射花样的情况。这花样的直径与物镜的直径成反比，与光的波长成正比。

这种衍射理论可以应用到电磁波的一切区域，从紫外线至可见波，以至射电波。我们将要叙述，对有些星，人们可以用射电望远镜接收它们所发出的 1 米长的电波。对于射电望远镜，衍射便起着很大的作用。

大口径的望远镜比小口径的聚光多，因而所成的像更有精细的结构。当然有一个必需的条件，那便是折射或反射望远镜的构造必须完美，而且在星光通过时，大气必须很澄静。

世界上有几座大型折射望远镜，它们的物镜完美到接近于理论的要求。物镜的表面是球形的，应当磨得精确到 0.01 毫米，玻璃不该有丝毫的缺点，折射率应该到处相同，总之，一切都需要达到很高的精确度。

口径最大的（102 厘米）折射物镜在叶凯士天文台，它是克拉克（Clark）磨制的，现今还没有谁能超过它。这座大型望远镜可以把近到 $0''.12$ 的双星分开。从事双星观测的天文工作者很愿意用折射望远镜而不用反射望远镜，因为反射镜不如折射镜成像清晰而稳定。反射镜成像的不稳定有两个原因：反射镜面哪怕有一点小弯曲，便使所成的像很坏；但折射镜面上如有同样的弯曲，对于所成的像却没有什么影响。另外，因热而生的变形也有同样的情况。对精密的测量和细节的研究，折射镜比反射镜优良得多。当然，反射镜也有别的优点，所以近代的大型望远镜都是反射的。

大气应该很澄静。纵然有优良的望远镜，如果透过扰动的大气去观测，结果也不会好的。大家都看过云彩被强风刮去后的蔚蓝天空，可是在法国南部北风吹动，星光闪烁，天顶的星好似在抖动，每秒钟里明暗可以改变几次，至于在地平线附近的星，颜色变化成多色的光辉。这种现象很容易得到解释：光线在扰动的大气里向各个方向摇摆不定。

这种摇摆不是因为空气的运动，而是由于温度不同的气层在互相掺和。当你的视线掠过被太阳晒热的屋顶，去看远处的一个东西，你就会看见细丝般的热空气扰动你的视线，很明显地表现出上面所说的那种效应。我们想对这个问题在下一段详细叙述一下，有望远镜的天文爱好者定能对此感兴趣，别的读者可以略去下面这一段。

设想在 3 千米或 4 千米高处有一不连续的大气层，那里波动的情况与海面大致一样。光线由凸处到凹处，它偏折向一面，跟着又由凹处到凸处，它又偏折向另一面。连续两个凸处的距离大约是 20～30 厘米，用眼睛可以看得出来。将 30～40 厘米口径的望远镜指向一颗亮星，去掉目镜，只用肉眼去看，在大气澄静的时候，物镜的各部分均匀地被照射着；如果大气在扰动，物镜前面有许多气流的波动经过，不用说，在这样情形下所观测的星象是不好的。

我们可以将星象的不稳定的程度表示为光线环绕它的平均位置的偏向度。这数量叫作湍流。我们可以将望远镜固定，拍一颗星的像，去测量湍流。星在赤纬圈上移动所成的像不是一条很有规则的曲线，而成了一条动荡的、锯齿形的曲线（图 600）。

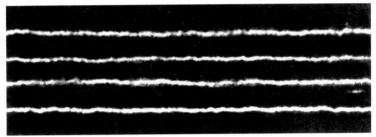

图 600　将折射镜固定，底片在焦面上的照相。　如果没有大气的扰乱，星象所留下的线是有规则的；因大气扰乱，造成许多钩状的像。　图中四条线显然有相当大的差异

湍流效应随物镜的口径很有变化，这是不难了解的：0″.1 的小湍流在 12 厘米口径的望远镜里是看不见的，因为它只能表现 1″ 的细节；但是在能分辨 0″.1 细节的 120 厘米口径的望远镜里，湍流效应就很显著。所以，这种大口径的望远镜需要完全澄静的大气，才能得到满意的效果。

这种理想的境界即使在选定的地点也难办到，但是小口径的望远镜常能达到它的满意的效果。

有一些天文爱好者就此认为，在这种情况下，小仪器是最好的，甚至有的人将大的物镜加上光阑。事实上绝不是这样，好物镜应当利用它整个的口径，如果加上光阑，星象也许澄静一点，扰动虽然被隐藏，可是同时也损失了星象的细节。

通常我们所用的规则是这样的：对于一定的物镜，如果湍流大于分辨力，星象则是模糊的。衍射环只在湍流小于分辨力的 1/2 的时候才可以看见；当湍流小于分辨力 1/4 时，星象便是优良的。

在一个没有湍流的晴朗的夜里，60 厘米口径的折射镜可以分辨出相距 0″.05 的两颗星，而且至少也需要口径有这样大的望远镜。如果湍流是 1″，便没有任何望远镜可以达到这样的分辨力。60 厘米口径的折射镜和 12 厘米口径的折射镜一样可以分辨相距 2″ 的两颗星，当然，使用 60 厘米口径的折射镜容易观测得多。

这种扰动对于双星的观测是很有妨碍的。除了这种高层大气所产生的干扰之外,时常还有一些局部的扰动,这种扰动过程较慢,但可以将视野里的星同时移动,这和两颗很接近的星象由于高层大气的波动而发生不一致的变化是不相同的。这些反常折射对于方位天文学特别有妨碍,因为它们改变了星的视位置。

◀ 双星的测量 ▶

现在回到这一章的主题,来谈谈双星。有两个数量可以表示双星的情况:即用弧秒来表示两星之间的距离以及两星的连线在天球上的方位。

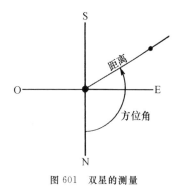

图 601　双星的测量

试从主星的中心至伴星引一直线,这直线和正北方向所成的角叫作方位角,角的正方向是北东南西(图 601)。

有几种测量双星的方法。最早的经典性的仪器是动丝测微器。它的原理是很简单的:在望远镜的焦面上装有两根固定而且垂直的丝。另外一根丝装置在具有测微螺旋的可动的度盘上。这根可动的丝和一根固定的丝平行,这两根丝组成测量用的双丝(图 602)。

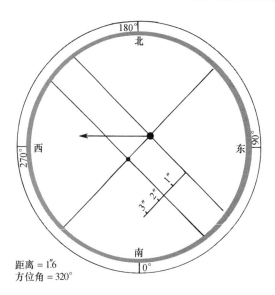

距离 = 1″6
方位角 = 320°

图 602、图 603　观测双星的测微器

中心是目镜,左边是照明丝的灯光设备,上面是测量丝之间距离的测微鼓。整个测微器绕望远镜的轴转动,方位角在下边略微偏右的度盘上读出。

测微器可以围绕望远镜的轴旋转,所以可以使可动的丝平行于连接双星的线。测微器旋转的角度可以在刻度盘上读出,于是可以求得方位角。将固定的丝压在主星上,可动的丝压在伴星上,于是使测量的丝恰好平分双星。通常还将这程序逆转,固定的丝压着伴星,可动的丝压着主星重测一遍。测微螺旋上两次读数之差便是这对双星距离的两倍,这种以毫米计的读数,因已知螺旋的周值,便容易改为弧秒。这种螺旋周值的求得,或利用物镜的已知焦距,或直接测量用子午仪已经测得很准的星的距离。昴星团里的星特别适宜于做这种测定标准的工作。

动丝测微器在有经验的观测者的手里是一种很精密的仪器,许多双星观测者只用这种仪器(图 603)。

人们还发明另外几种测微器,著名的一种是缪勒尔(Muller)测微器,那是根据双折射晶体的原理所制成的。这种晶体将双星分解成距离可以调节的两对星。我们可以把这四个星象的位置安放成一种几何图形,这样测量便可达到很高的精确度。使用这种仪器的优点是,不需将星压在线上,因为这样的校准需要长期的训练,而且因反常的大气折射,可能发生误差。另外一个优点便是,将一对星象相对于另外一对作某一已知量的变暗,这样便可测量主伴两星之间亮度的差异。

还有测量双星的第三种办法,在下面我们叙述怎样测量星的直径时还要谈到。这种方法是利用光的波动性质,特别用于很紧密的双星。

也可以使用照相的方法来测量双星。这种方法经赫兹普龙倡导,即是在物镜前面加上许多平行丝所做成的粗光栅,这样便在主星两旁造成许多假伴星,它们的位置容易由光栅的方位和平行丝的条数计算出来。这种方法对于远距双星的测量是优良的,可是对于近距双星,却不如目视的方法。

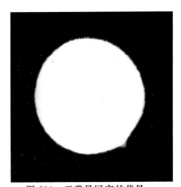

图 604　天狼星同它的伴星
主星比伴星亮 1 万倍,因底片的漫射光,主星扩大成一个圆盘。

最早被人确切发现为双星的是大熊 ζ 星(即开阳),那是 1650 年意大利天文学家里希奥利发现的。此外,胡克(Hooke)于 1664 年发现白羊 γ 星、卡西尼于 1678 年发现天蝎 β 和双子 α 都是双星。弗拉姆斯蒂德首先使用测微器。第一个双星星表于 1781 年刊载在 1784 年的《德国天文年历》内。这个由波得做的星表有 89 对双星,其中许多观测是迈耶尔(Mayer)做的。但是双星观测的历史却应该从威廉·赫歇尔的工作算起。赫歇尔有"业余爱好者王子"的称号,赫歇尔对双星的工作可以用作这样一个例子:一个不正确的假设可以导引一位天才的观察者得到一个伟大的发现。赫歇尔起初认为很接近的两颗星是透视的现象,他想把暗星当作背景,去测量因地球环绕太阳而生的视差位移。结果,赫歇尔没有找到视差,却发现两星互相围绕的运动,即在空间里很接近的两颗星形成有物理关系的系统。

赫歇尔于 1782 年、1783 年和 1804 年发表了三个星表,包括 846 对双星,大部分是他本人所发现的。1803 年他宣布了五对星的运转周期。赫歇尔的观测条件很差,因为他既没有赤道仪的装置,而且他的测微器又很不完善,所以他不能完成精密的测量。他所发表的五对星的周期,仅是一种数量级,只说明双星周期之长要以世纪计算,其中只有双子 α 星的周期(342 年)曾经被后人证实。

双星的观测者威廉·斯特鲁维(Wilhelm Struve,记号是 Σ)是值得称道的。他在多尔帕特(Dorpat)观测过 795 对双星之后,从 1824 年 11 月至 1827 年 2 月,为了系统地发现双星,他考察了 12 万颗星。他的星表发表于 1827 年,表内包括 3 112 对双星。他被沙皇尼古拉一世任命为普尔科沃天文台台长以后,仍然继续他双星观测的工作。

这两位天文学家的继承者都是他们的儿子,约翰·赫歇尔和奥特·斯特鲁维(Otto Struve)。后者于 1853 年所发表的星表(OΣ)是有价值的,表内包含有许多迄今还在观测的双星。约翰·赫歇尔的工作却不能和他父亲的工作相比拟。

在近代,还有许多职业的和业余的天文学家坚持不懈地从事双星的观测,因为正如我们在下面将要叙述到的,即从双星的研究里可以

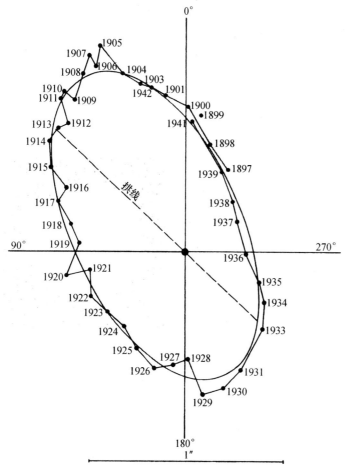

图 605　北冕 η 双星,周期为 42 年

伴星的运动很有规则,图中曲折形状是由观测的误差而来,这样的双星很密集,最大的距离是 1 弧秒(这是丹戎计算的轨道)。

获得伟大的发现,所以人们对于双星观测的兴趣从来没有减少。我们还可以提到伯纳姆(Burnham)于 1906 年发表的星表,包括有 13 665 对双星。艾特肯(Aitken)于 1932 年发表的星表,包括有 17 180 对双星。在现今还存在的天文观测者当中,我们应该举出美国的范·比斯布洛克(Van Biesbroeck)和法国的容克西尔(R. Jonckheere)。在前人已经收获不少以后,容克西尔还发现 3 300 对新双星,这是值得称道的。

天文学家常以星表的制作者姓氏的头一个字母和星表中的号数作为双星的命名。例如大熊 ξ 星是威廉·斯特鲁维发现的,在他星表里的号数是 1523,于是这颗双星便记为 Σ1523。这颗星在艾特肯星表里的号数是 8119,所以它又叫作 ADS8119。

我们说过,赫歇尔因欲测量视差而发现有互相旋绕运动的双星,这种双星叫作物理双星。现在,我们试研究一下有好多对因透视的效果而挨近在一起的双星。由下面所作的简单的讲解,我们可以对这种光学双星有一个大略的了解。在整个天球上有 6 000 颗亮于 6 等的星。设想在每颗星的周围绘一个半径为 10″ 的圆,所有这些圆圈整个的面积只占全天面积的二十五万分之一。如果我们在天空中放上一颗星,那么要把它放在离已知的星相距 10″ 的范围以内的机会也只有二十五万分之一。如果把这种设想推广到肉眼可见的 6 000 颗星上去,要使有一对双星是由于偶然的凑合而形成的概率就只有 1/80,换句话说,即是要使亮于 6 等的两颗星接近到可以形成一对光学双星的机会也只有那样少。可是像这样的双星我们却已找着几十对,也就是说,这些双星形成的概率比只因透视的偶然结合要大几千倍,所以这样看来,有些双星在空间里实际上是彼此接近的,我们把这样的双星叫作物理双星。

当然,随着星的数目的增加,光学双星的数目也增加。暗于 10 等、相距超过 6″ 的双星,大部分都是光学双星。艾特肯主张不要把这样的光学双星列入双星星表内,可是这样做的话,也就会丢掉一些紧密的物理双星。

当我们测量出一颗星在某一轨道上围绕着另一颗星运转的时候,它们的物理联系便得到证实。但因双星的测量有相当的困难,在方位角的测量上,特别是在距离的测量上,常有大的误差,所以,当把测量到的数字绘在图上去求轨道的时候,点子在轨道周围的分布有着相当大的弥散。因此,要精确定出运行的轨道,需等待绕过轨道全周或至少大半周的时候进行。

事实上主星并非完全静止的,它也在运动(图

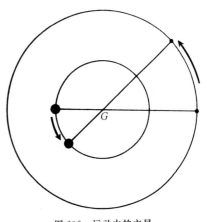

图 606　运动中的主星

606）。双星绕它们的公共重心各自在一个轨道上运动，力学的定律表明，这两个星的椭圆轨道长轴之比等于它们质量的反比。它们的相对轨道仍然还是一个椭圆，不过比每颗星绕公共重心所作的椭圆要大一些。

当然，这并不是说双星整体不会具有自行的移动。公共重心的运动是等速的，每颗星的运动便是这种等速运动和各自的轨道运动所合成的复杂运动。我们将要谈到的天狼星的运动，便是一个明显的例子。如果我们能够研究出双星相对于它们附近的星的运动，我们便能算出双星的质量之比，但是因为相对运动是最容易测量的，因此，我们就只讨论后一种情形。

伴星绕主星走一个椭圆的轨道，但是主星不在这个椭圆的焦点上，这与太阳恰在地球轨道焦点上的情况不同。但是，这并不奇怪。几何学原理告诉我们，椭圆的投影仍是椭圆，只是它们的焦点并不相对应而已（图 607）。从表面上看，双星的运动并不遵循开普勒第一定律，但是这种不符合的情况不是真的。我们可以计算出一个在空间中遵循开普勒定律的椭圆轨道。

开普勒第二定律对于双星是有效的。这个定律表明，连接双星的直线所扫过的面积与时间成正比例。图 608 表明了这一情况：两个灰色区域的面积相等，而且是在等时间内所扫过的。如果我们把这个椭圆投影到天球上去，这个定律仍然是适用的，因为面积经投影后仍然维持相同的比例。力学原理向我们表明，如果两点之间有相对运动遵循面积定律，则在两点之间存在着一种引力或者斥力。这里，这种力是指引力，而且大小是和距离的平方成反比，因为只有这样的力才能说明运动是遵循开普勒第一定律的。因此，牛顿从太阳系里所发现的引力定律，是一个普遍的定律，可以有效地应用于恒星世界。但是，我们不要夸张以上对牛顿定律验证的精确性，因为代表观测的点分布得很弥散，观测也不够精确，所以对这一定律的验证，不能像对行星所要求的那样，即得到天文学平常所要求的高精确度。因此，这并不能使我们怀疑牛顿万

图 607　真轨道与视轨道的关系

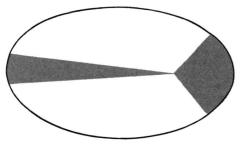

图 608　开普勒第二定律示意图

有引力定律的普遍性。我们有充分的信心应用开普勒第三定律去计算恒星的质量。如果我们以天文学上的单位去表示以下的数量,即以恒星年作时间单位,日地距作距离单位,太阳的质量作质量单位,于是,这定律将表示为:半长轴的立方与周期的平方之比,等于双星系的总质量。周期可据观测直接求得,半长轴的值需要加以计算。观测的对象只是投影的轨道,应该将这种轨道转移到空间里的真实轨道上去,这样,才可以求得半长轴。这样求得的数值只是一个角度,需要知道了星的距离后才能把它转换为长度。几何学原理说明,半长轴的弧秒数需要与视差的弧秒数相除,这样便求得半长轴的长度,单位是天文单位。

举一个例子来说明我们是怎样计算这个的。对于大熊ξ或Σ1523,半长轴是$2''.53$,视差是$0''.120$,以 $2.53 \div 0.120$ 得 21.1 天文单位,这便是半长轴的长度。这颗星的周期是59.8 年,应用第三定律,以 $21.1^3 \div 59.8^2$,即 $9\,394 \div 3598$,得 2.6,此值就是这对双星的总质量,是以太阳的质量为单位的。下表中记载了十几对双星,它们的质量是以太阳的质量为单位来表示的。

13 对目视双星的轨道

ADS	星名	星等和光谱型	周期(年)	半长轴	偏心率	视差	总质量
3841	五车二 (御夫 α)	0.89～10.4 G0	0.284 8	$0''.053\,6$	0.008 6	$0''.071$	5.3
5423	天狼 (大犬 α)	−1.37～8.65 A0 A	49.975	$7''.623$	0.575 4	$0''.373$	3.4
6175	北河二 (双子 α)	1.96～2.89 A0	341.2	$5''.601$	0.392 3	$0''.073$	3.9
6251	南河三 (小犬 α)	0.48～10.8 F5	40.23	$4''.26$	0.310	$0''.291$	1.9
8035	天枢 (大熊 α)	2.02～4.96 K0	44.0	$0''.634$	0.23	$0''.022$	1.2
4956	库楼七 (半人马 γ)	3.08～3.2 A0	84.5	$0''.930$	0.790		
8630	东上相 (室女 γ)	3.66～3.68 F0 F0	171.76	$3''.648$	0.877	$0''.089$	2.3
9617	贯索增三 (北冕 η)	5.67～5.96 G0	41.56	$0''.839$	0.276	$0''.067$	1.1
5483	半人马 α	0.33～1.70 G0 K5	80.089	$17''.665$	0.520 8	$0''.760$	2.0
10157	天纪二 (武仙 ζ)	3.09～5.77 G0	34.385	$1''.369$	0.470	$0''.110$	1.6
10374	宋(天市) (蛇夫 η)	3.16～3.7 A2	80.0	$1''.05$	0.90	$0''.049$	1.5
11950	斗宿六 (人马 ζ)	3.37～3.6 A2	20.80	$0''.520$	0.23	$0''.022$	3.0
12880	天津 (天鹅 δ)	3.02～6.44 A0	321.0	$2''.12$	0.188	$0''.019$	1.4

太阳的质量可以表示为若干克,是由下面的一系列的比较而测定的:应用开普勒的第三定律于月亮,可以将太阳的质量和地球的质量加以比较,再由卡文迪什有名的实验,将地球的质量和一块铅球的质量加以比较。在这个实验里,一个小球被一个大的铅球所吸引,小球向大球的位移度可用异常纤细的水晶丝的扭曲求得。由以上这一系列的比较作为媒介,双星的观测者可以将双星的质量表示为若干克。这些称量星球的人应当很有耐心,因为这样的称量既困难而且需要很长的时间,有时需要等待 50 年或 100 年,天文学的研究是不能着急的。

计算星球的质量必须先求得双星的视差,这样便限制了我们对于星球质量的计算。现在知道质量的只有 150 颗,而且其中只有 1/3 是精准的,其余的 2/3 因视差求得不精确,便使得由视差推出的质量不可靠了。

在一般的情况下,我们只知道双星的总质量,但是如果我们知道双星绕公共重心的运动,我们就可以求得每一颗星的质量。现在我们知道它们的绝对轨道的双星只有 30 多对。对于其余的双星,因为下面将要谈到的原因,我们对于双星两个成员的质量的比例只有一个概念。了解星球质量对于认识宇宙是很重要的。自从人们发现和研究了另外一种双星,名叫分光双星以后,这方面的认识才得到很大的进步。

在求得双星的质量以后,天文学家可以用开普勒的公式去求双星的距离。由这个公式可以计算出为若干天文单位的半长轴,将这个量与视半长轴的弧秒数相除,最后便得出双星的距离。在此要说明,如果我们知道星的颜色或者光谱,我们就可以对星的质量有一个大略的估计。

我们举一个例子来说明这个计算。大熊 φ 是双星,编号是 OΣ208。丹戎于 1938 年测定了它的轨道,周期是 108.9 年。这一对星的光谱型都是 A2。我们知道,凡有这种光谱型的星,质量大约是太阳质量的 2.3 倍,因此,这对双星的总质量是 4.6。将此值乘以周期的平方,我们便得半长轴的立方,即为 54 600,于是求得半长轴为 37.9 天文单位。根据丹戎的计算,这基线在我们这里所夹的角度是 0″.324。因此,这对双星的视差是 0″.324÷37.9=0″.008 5。这是一颗远星,它的视差根据直接测量是不可靠的。根据动力学的定律证明,以上所求得的视差数值,比直接测量而得的 0″.007,更为可靠一些。根据这些计算,大熊 φ 星的距离是 117 秒差距。

下面我们叙述几对特别有趣的双星。

◀ 半人马α星 ▶

这颗星不单是距离太阳最近的星,而且也是一颗很有趣的双星,它自 1752 年由拉卡伊观测以来,便成了一颗有名的双星(图 609)。

它是由两颗亮星所组成的。一颗是黄色的,视星等为 0.3,光谱型为 G0,很像我们的太阳;另外一颗是橙色的,大约比前一颗暗两倍,星等为 1.7,光谱型为 K5。1900 年,它们相距最远,约为 22″;这以后它们慢慢地接近,到了 1935 年,相距只有 4″;再以后又渐渐离开,到了 1950 年,相距是 10″;这距离到了 1956 年达到极短,只有 2″。这种迅速变化的情况可由以下的原因来说明。主要的原因是:第一,周期短,只有 80 年多一点(80.089 年);第二,轨道相对于天球的切平面的倾斜角大(约为 79°);第三,椭圆轨

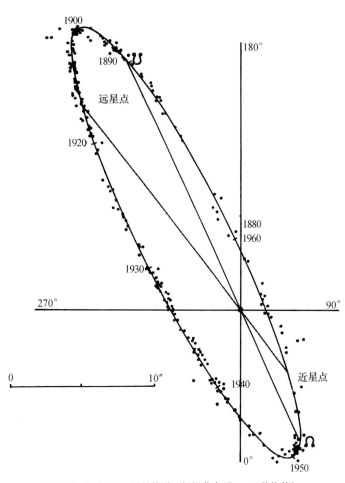

图 609　半人马 α 星的轨道〔根据芬森(Finsen)的推算〕

道的偏心率大($e=0.52$)。这颗双星的轨道测得很精确,半长轴测得的值是 17″.67。因为这颗星距离太阳最近,它的视差在 100 年前就已测得为 0″.760,因而距离是 1.32 秒差距。于是,依据开普勒第三定律人们容易算出这颗双星的总质量是 1.99。

博斯和奥尔登(Alden)研究了这两颗星相对于它们附近的恒星的运动,于是定出它们的公共重心的位置。这两个成员的质量分别是:G0 型的一颗是 1.07,K5 型的另外一颗是 0.92,都是很正常的。1915 年,英尼斯在距离这双星 2°13′ 处发现一颗星等是 11 的小伴

星,于是人们对于这颗双星的兴趣高涨。这位天文学家研究了半人马 α 星附近的区域,由于这颗小星具有和半人马 α 相近的大自行而发现了它。以后的观测证明,这两颗星的确都有每年约为 4″ 的自行和相同的视差 0″.760。可见,半人马 α 是一个三联聚星系。小伴星是绕双星主体运转,可是周期很长,由开普勒第三定律所求得的数值是 80 万年。虽然周期这样长,可是在几年的观测里,可以发现这颗小星在轨道上的运动。这颗伴星（又叫作半人马近邻星）的星等和主星的星等有很大差别,如果它的星等值测得是正确的话,那么这颗伴星的质量应该很大。它的光谱型是 M,很暗,绝对星等是 15.4,属于矮星或亚矮星。这颗伴星还有两个奇特的现象。萨克雷（Thackeray）发现这颗星有几次骤然增加了亮度,所以半人马近邻星可以当作是一颗变星。在 1925—1949 年之间,经沙普利查得有 52 次爆发。萨克雷拍得这颗星的光谱确是 M 型,但是有时有氢和钠的发射谱线。

◄ 室女 γ 星 Σ1671 ►

这一对美丽的双星是由差不多相同的两颗星所组成的,星等是 3.7,白色,光谱型 F0（图 610）。此星经人发现为双星已有 200 年的历史,自发现以后,它在轨道上的运行已经不止一周。它的周期是 171.8 年。轨道是很椭长的,偏心率等于 0.88,因此两星之间的距离变化很大。

这颗星距离我们是 12 秒差距,视半长轴是 3″.67,相当于 44 个天文单位。两星间的距离由 5.3 天文单位变至 83 天文单位。由开普勒第三定律求得,两星的质量各为太阳质量的 1.4 倍。

图 610 是斯特兰德（Strand）所计算得的轨道,包括到 1938 年为止的一切目视的和照相的观测。由图可见,在 1950 年两星之间的距离是 5″.45,方位角是

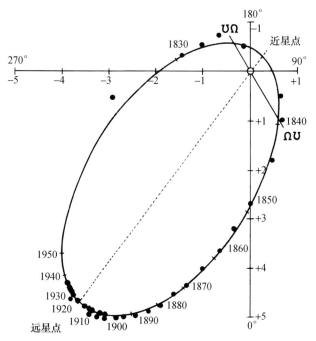

图 610　室女 γ 星的轨道（根据斯特兰德的推算,尺度单位是弧秒）

312°.3。距离和方位角同时减少。近星点的距离大约相当于极小的视距离,要到 2006 年伴星才过那一点,那时主伴两星间的距离仅有 0″.3,只有大型望远镜才能把它们分开。

这颗星和别的许多亮双星一样,有两个暗的伴星。第一颗的星等是 14.5,距离为 53″;第二颗的星等是 11,显然亮些,可是距离主星远得多,在 125″ 之外。

◀ 天狼星(大犬 α) ▶

贝塞尔发现天狼星〔有兴趣的读者可参看斯马尔特所著的《几颗著名的星》一书,开明书店,1953 年出版。——校者注〕的伴星是 19 世纪天文学上的一个大发现。1834 年贝塞尔察觉,天狼星的自行并不是一种等速的运动,它在众星之间以一种蜿蜒式的曲线运行。图 611 表示了这一现象的最近观测。贝塞尔给这现象以一个完满的解释。他说,天狼星是一颗双星,伴星虽然看不见,但是因为它产生引力,从而使主星绕着公共重心走一个曲线的轨道,这表明了它的存在。

1862 年 1 月 31 日克拉克在试验他父亲新磨制的 46 厘米口径的折射望远镜时,果然发现了这颗伴星,距离主星是 10″.07,方位角是 84°.6,周期是 49.32 年。自克拉克发现这颗伴星以来,它已经在轨道上运行了两周以上。使用大望远镜,除了在近星点(过近星点发生于 1894 年、1943 年)附近,天狼 β 是容易观测到的。现在两星间的距离正在增长中,天狼 β 是可以看见的。

我们还要谈到这颗密度特别大的伴星,它是我们所发现的第一颗白矮星。

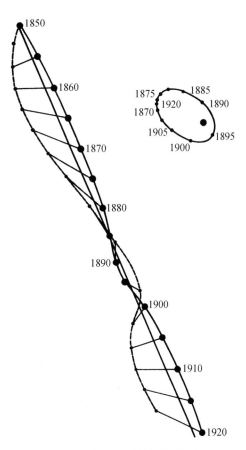

图 611　天狼和它的伴星的绝对运动
这幅图表示天狼的弯曲路径。伴星的摆动更是显著,但是它们的重心却走一条直线。右上方的图是假设主星固定时,伴星的相对位置。

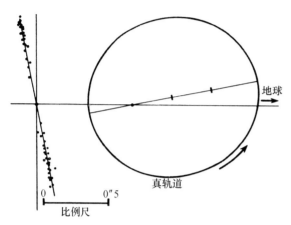

我们再谈一个很奇特的视轨道，即后发座 42 号星或 Σ1728 的轨道，它恰好和我们的视线相合。这颗星好像是在离开主星 0″.6 距离的一直线上来回运动，周期是 25.87 年(图 612)。

最后我们再举一个例子来说明光学双星的视运动。比如 Σ2877，每颗星各自走一条互不相干的直线(图 613)。它们的接近是表面的，它们各自和太阳的距离是很不同的。我们所绘的图是 9 等伴星和 6 等主星的相对位置。这幅图显然说明了它们是一对光学双星。可是对于有些情形，因观测不够精确，很难将光学双星和物理双星区分开。

图 612　后发座 42 号的轨道〔根据西氏(See)的推算〕

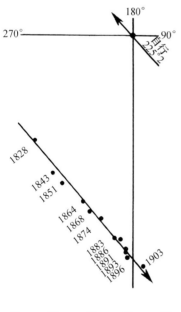

图 613　一对光学双星 Σ2877

图 614　法国南方天文台的赤道台
中间是导星镜，下面是施密特望远镜，上面是物端棱镜。

图 615　物端棱镜所拍摄的天鹅星区

这是原照片一部分的放大图。其中几颗星的光谱型,用字母标出。有一颗星的光谱有很强的发射明线,那是沃尔夫-拉叶星。

第四十五章

星 的 光 谱

　　我们在研究太阳的时候,曾经谈到过摄谱仪。摄谱仪在太阳物理上所取得的巨大成就,可以进一步推广到恒星上去。

　　在原则上说来,恒星光谱学和它的仪器应该与太阳光谱学并无区别,但是实际上所用的技术却有很大的差异,这理由是容易使人理解的,因为即使是最亮的恒星——天狼星——给我们的光亮也只有太阳光亮的一百亿分之一。

　　恒星光谱学所常遇到的困难就是光亮太少。为了弥补这一缺陷,天文学家使用了近代的一切新技术。人们把摄谱仪放在愈来愈大的望远镜后面,为了要聚合大量的光线,所以他们才把望远镜造得愈来愈大。人们期待着帕洛马山 5 米口径的望远镜将取得重要的成果,即在光谱学方面的成果。当然,在这些仪器中应该尽量避免光线的损失。近年来的各种改进,如用铝作反光面,制成了精密的光学玻璃,涂上避免反光的药膜以及新式光栅的发明等,都使人们得以研究极暗的恒星。摄谱仪的物镜有了新的结构,受光部分亦经改进,为天文学家制造的特种照相底片,可以取得在长时间露光里聚集光线的效果。为了揭开星球的秘密,天文学家常将一张底片连续露光几夜,而 25～50 小时的露光是常有的事。

光电管现已被采用在光谱学的研究上,人们可以预料,这将获得新的成效。恒星光谱学今天究竟进展到怎样的程度呢?

我们现在已经能够拍摄到暗至 16 等星的光谱,即是比天狼星暗 1 000 万倍的星的光谱。但是这些光谱很短,短到只有 2.5 毫米,在那上面我们只看得出最显著的特点。对于亮星,我们可以拍摄到几米长的光谱,在那上面我们可以作类似于太阳光谱的测量和研究。

我们曾经谈过摄谱仪。在此,我们还要重述一下,因为光谱的研究实际上引起了天文学的革命,所以我们反复地加以阐说,想来读者是能谅解的。

当一线白光,或者宁肯说是一小束平行的白光,射到一个棱镜上时,这束光就向棱镜的底边偏转,我们就可以看出,这束白光分解为紫、蓝、青、绿、黄、橙、红等各种颜色的光(图616)。

紫色偏转最大,红色最小。太阳光经过云块内水滴的折射所造成的彩虹,便具有这些颜色。

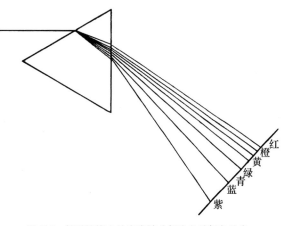

图 616 射到棱镜上的白光被分解为各种颜色的光

现今的分光仪器仍然是重复使用开普勒和牛顿的古老的分光实验中的仪器,不过在技术上大有改进罢了。摄谱仪的主要部分是:一个放在准直管透镜的焦点上的光缝,一个分光的棱镜以及一个将分解后的光(即光谱)固定在感光片上的照相镜。

在实验室里做以下的一个实验,便可以使我们明了这种仪器的功用。将食盐撒在气体的火焰上,或者用电流通过含金属钠的空管,产生黄色的钠光,再将这黄色光照射在光缝上(图 617)。

这一束从光缝出来的散射光,透过准直管的物镜,变为平行光。然后,平行光通过棱镜,受到大约 45°的偏转。如果棱镜优良,这束光从棱镜出来后仍然是平行的,我们可以用

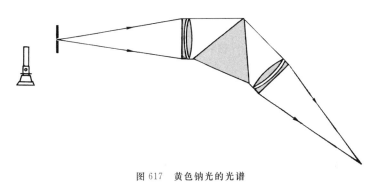

图 617　黄色钠光的光谱

放大镜去看或用照相机去拍摄这个光谱，即是将光缝的像放在眼睛的视网膜上或照相机的底片上。这确是光缝的像，因为光缝上细微的缺点，如灰尘或者缺陷，都会表现在底片上。

在这个实验里，我们在这个小仪器上只看见一条这样形成的像，或者说，这样形成的一条谱线。我们说，钠的黄色光是单色的。事实上，它是两条很接近的辐射所构成的，这两条线便是钠元素的特征谱线（图 618）。

这是物理学上一个最成功的实验。关于它的重要性，我们要在下面详谈一下。

照亮光缝的光可以有无穷多种。我们可以不用钠焰，而用汞的弧光照亮光缝，那么我们便会看见，在紫、蓝和绿三色里各有一条谱线出现，在黄色里出现两条。这两条比钠的两条分开得更大，而且也不在相同的位置上。

铁的弧光表现出几千条谱线，特别是在蓝、紫两色区里（图 618）。

图 618　钠、铁、汞三元素的光谱。　紫色在左，红色在右。　上边钠有两条细线在红色区，中间是铁弧火焰的光谱，自紫端至红端有很多条谱线。　在黄色区有一些谱带和铁的光谱重合，那是从空气而来的。　下边是汞的光谱，有紫线一条、绿线一条、黄线两条

一切物体被火焰或电流激发，都会发射出一些谱线，这些谱线的位置是绝对固定的，它们表现了发出这些谱线的元素的特征。没有任何实验能否定这个位置固定的特性。

在火焰里或在通电管内，每颗原子的作用像一架无线电发射机，这不是一个比如，而是物理上的一个事实。钠原子是一个射电发射站，正如巴黎的无线电台一般。这电台的频率是 107 万周。它的天线发射出一种变化的电磁场，频率每秒有 107 万个振荡。无线电学家曾努力使这频率固定不变，自从有了压电水晶的发现，它使频率得以稳定，才解决了射电上的一个重要难题。

我们常用波长而不用频率来表示无线电台所发射的电磁波的特性。这两个量之间的关系是简单的。所有的电磁波在真空里传播的速度相同,即等于光的速度,每秒为299 776 千米。波长即是连续发出的波的两个振荡中间所隔的距离。因此,波长的求得是以频率除光的速度。巴黎电台的波长是 280 米。

钠原子所构成的小射电站,在效果上和无线电台没有两样,只是频率的高低和波长的长短不同罢了。光线的频率比无线电的平均频率高得多,大约要高 10 亿倍,波长不用几百米计,而用微米的分数计,1 微米就是 1/1 000 毫米。

一个无线电站只发出一个频率,一个原子通常发出很多频率。例如,钠有两条明亮谱线,铁、钛等元素有几千条之多。

我们可以把某些单色辐射的波长和标准米尺加以比较。例如,镉的红色谱线波长是0.643 847 微米。一方面是由于这条谱线波长的恒定性,另一方面是因为对测量的要求高度精确,于是,比较之下,标准米尺的测量就显得不够精确。因此,物理学家建议,应该以镉的这条红色谱线的波长作为长度的标准。这个实验曾在巴黎标准米尺储藏处最初由麦克尔逊而后由法布里和比松(Buisson)做过,这是 20 世纪初物理学上的重要成就。物理学家将许多别的元素的谱线的波长加以测定。重要谱线的波长被列成表格,次要的谱线的波长则散见于一些书内。下面给出氢原子谱线的波长及其常用的名称。

名称	波长(埃)	波数	分数式
H_α	6 564.60	15 233	$\dfrac{1}{4}-\dfrac{1}{9}=\dfrac{5}{36}$
H_β	4 862.69	20 565	$\dfrac{1}{4}-\dfrac{1}{16}=\dfrac{3}{16}$
H_γ	4 341.69	23 032	$\dfrac{1}{4}-\dfrac{1}{25}=\dfrac{21}{100}$
H_δ	4 102.91	24 373	$\dfrac{1}{4}-\dfrac{1}{36}=\dfrac{2}{9}$
……			
系限	3 647.02	27 420	$\dfrac{1}{4}$

表中波长是归算到真空中的数字,单位为埃。埃是微米的万分之一,而微米又是毫米的千分之一。波数是以波长除 10^8 而求得的。

巴耳末（Balmer）首先分析了这个光谱。他证明，各条谱线波长的倒数，即 1 厘米内所有的波数，是和表中所列的简单分数式成比例的。这些分数式是从 1/2 的平方，即 1/4 里顺次减去 1/3，1/4，1/5 等的平方。根据这个定律，谱线当是愈来愈密，到了波数等于 27 420 时，便是巴耳末系的极限。由于玻尔和普朗克的工作，这惊人的发现——巴耳末定律——得到了物理学上的解释。

我们很简略地叙述一下关于氢原子的这种解释。氢原子具有一个带正电荷（+1）的核，核周围有一个带负电荷（−1）的电子。这两个质点按照引力与距离平方成反比的定律彼此吸引，因而它们的运动是遵循开普勒定律的。在太阳系里，我们可以假想一切轨道都是可能的，可是在氢原子里，只有几个轨道才是可能的（图 619）。这些可能的轨道与某一些能量相对应。根据计算，这些能量彼此间的比例正如连续整数的平方倒数之比：1，$1/4$，$1/9$，$1/16$，…，$1/n^2$。

要把最靠近氢原子核的轨道上的电子拉出，应当供给它能量，假设此能量是 1，那么，第 2 轨道上的电子被拉出所需的能量便是 1/4，依次便是 1/9，1/16，…巴耳末谱线是与从第 2 能级（能量是 1/4）起的一切可能的跃迁相对应的。因此，所释放的能量如表中所列的分数式那样。爱因斯坦进一步证明，这些能量将表现在发射线或吸收线里，其频率与能量成正比，这样便说明了巴耳末根据经验而得的定律。

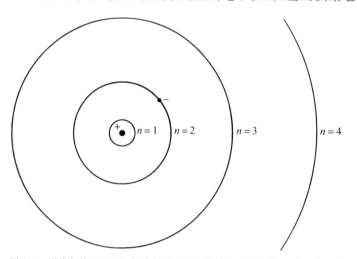

图 619　围绕氢核（质子）运行的电子可能有的四个圆周轨道。　最近核的轨道（$n=1$）相当于稳定的情形。　图中电子在第二轨道（$n=2$）上面，要把它从这轨道拉出去，必须供给能量。　例如使它到轨道 3，所需的能量恰等于红色谱线 H_α 的能量，由 2 至 4 轨道，相当于 H_β 谱线的能量，等等

对于结构更复杂的别的元素，计算异常繁重，很难得出结果。可是，在普朗克量子论原则的基础上发展起来的德布罗意的波动力学，却可应用于这些复杂的结构。

现在我们再回到实验室来做实验。用一盏白炽灯的光照着光缝，我们便可得到一个没有明线的连续光谱。在这盏灯所发出的灯光里有着从紫色至红色的一切辐射。一切白炽的物体都会发出这样的连续光谱，物体愈热，短波辐射（紫和蓝）就愈加丰富。这样的发射也可由量子理论得到解释。

再谈一谈我们要说的第三个实验,这是 1859 年基尔霍夫所做的有名实验,它使我们了解恒星光谱的形成。在前面所说的实验里,在从白炽灯而来的白光中间,放上一个撒有食盐的黄色气体火焰,当然,在这火焰里含有钠的原子(图 620)。我们可以看见,在原来那两条钠的明线的位置处,却显现出两条黑线在明亮背景上。我们把明线叫作发射线,黑线叫作吸收线(图 621)。

图 620　基尔霍夫的实验

这种现象的解释是这样的:火焰里的钠原子不但能发射,而且能吸收相同的辐射,随灯或火焰两者之间温度的差别而显现出明线或暗线。我们已经说过,钠的吸收线存在于太阳光谱里其他的黑线之中。

我们对于光谱学得到了上述这些概念以后,便可以进一步了解它们在天文学上的应用。

天文摄谱仪是由物理摄谱仪改装而成的。这种仪器装置在大望远镜后面,如图 622、图 623 所表示的那样。而且,我们把它校准到刚好使星象形成在光缝上面。在光缝前再放上两个小的遮蔽装置,只使星光照亮光缝的中部,两旁的部分另用比较光源照明。因天文摄谱仪需随望远镜而运动,它将会受到不同程度的弯曲,所以摄谱仪的构造需加以特别的设计。这种仪器还需放在一个恒温箱内。为了简化天文摄谱仪的构造,我们还可以在望远镜南端柱头的延长线上建造一间实验室。利用一套反光镜,可以使光线穿过望远镜的轴,汇聚到肘形装置的焦点上。这样装置的摄谱仪是固

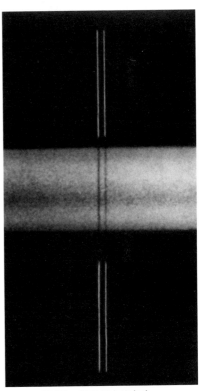

图 621　基尔霍夫的实验

图的上下两部分都是直接观测得的钠元素的谱线,图的中间部分是白炽灯光透过含钠元素的火焰光谱。

定的,既可以避免弯曲,又可以得到好的恒温环境。在露光时间里,天文工作者应仔细校准望远镜的运动,把星象严格地维持在光缝上面。另外,在露光时间里,我们时常将光缝的上下两端照明,以便同时拍摄地上的比较光谱。

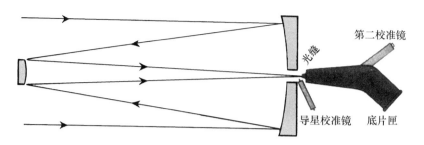

图 622　装置在卡塞格林式望远镜焦点上的摄谱仪。　星象在光缝上形成，用导星镜把像维持在光缝上。　摄谱仪稳固地装置在望远镜上面，犹如实验室里的摄谱仪一样

图 623　小型摄谱仪。　装在 120 厘米的牛顿式望远镜的焦点上。这个摄谱仪可以照得很好的光谱，可以研究 11 等星。　本书内一些光谱就是用这种仪器拍得的

　　棱镜不是唯一的散光仪器，另外还有光栅。与棱镜相比，光栅虽有许多优点，但因由光栅而来的光微弱，它一直不能用于恒星天文学的研究上。但是，一种特殊的构造完全改变了这种情况。在天文学的研究上，光栅有取代棱镜地位的趋势。

　　光栅是一种高度精密的仪器，需要有高超的技术才能制成。试举构造上的几点要求，以使读者大致了解这个问题。光栅是由玻璃上（或者玻璃面上镀铝）用金刚钻刻的很多根平行的条纹所制成的。困难在于，所需要的条纹的数目之多和刻画所要求的精确度之高，一个好的光栅在一毫米内有 400～900 条线。每条线有 10～15 厘米长，而且是刻在宽 10～20 厘米的面上。总共的线数常在 10 万以上。刻画上稍微有一点点差错或不合规格，便使光栅不能用于精密的观测。最早的大型光栅是 1880 年由罗兰所刻成的。

　　如果我们用单色光照射在这样的光栅上，我们就可以发现，反射光栅能使入射线分解成许多条光线，如图 624 所表现的那样。不管光的波长怎样，中央光线的方向没有变化，

可是对于其他的光线,波愈长,光线离开中心线的偏向则愈大。经过这样反射后的每条光线,我们特别把它们叫作衍射的光线,它们形成一个光谱。但是很遗憾,因光线分布在中心线及各级光谱之中,所以每一级光谱里的光亮微弱。以前的光栅,中心线就占入射光线的80%,所以光栅所形成的最亮的光谱,仅占入射光线的百分之几。

美国和瑞典的实验室已经做到使光的分布情况完全改变。使用特别磨成的金刚钻所刻成的条纹的轮廓有着一定的形态,于是使得由这样的光栅衍射出来的最亮的一级光谱具有入射光的70%,而中心像和别的光谱都很暗淡(图624)。

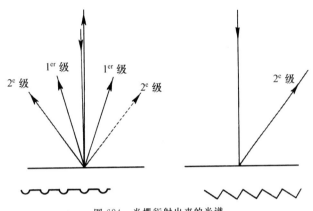

图 624　光栅衍射出来的光谱

使用这样类型的光栅所制成的摄谱仪比棱镜摄谱仪还要明亮,同时它还具有别的优点。对于棱镜摄谱仪,光谱的红色区异常短窄,这是由于玻璃和别的物质对于这种辐射(红色辐射)色散度小而造成的。但是光栅摄谱仪就弥补了这一缺点,而且好的光栅可以研究到紫外和红外两个区域,那是棱镜所办不到的。

在叙述光谱学在天文上的应用以前,让我们再叙述一种在某些工作上特别有用的摄谱仪,叫作物端棱镜摄谱仪(图625)。因为星光是平行光束,所以摄谱仪并不一定需要准直管,于是我们可以直接将棱镜放在物镜前去拍

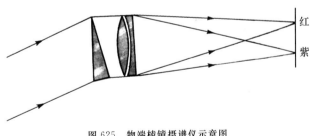

图 625　物端棱镜摄谱仪示意图

摄星象。因为星光经过棱镜后已被发解,因此,我们便如图625那样,在底片上可以拍得一条光谱。当然,附近的每一颗星都留下一条光谱。为了使这些光谱容易被人识别,我们采用使仪器略微摆动或者使底片和色散的方向正交的方法,把这些光谱放大(图625)。

物端棱镜是一种使光线损失很少的仪器。取消了光缝和准直管,便减少了光的损失。使用20厘米口径的物端棱镜可以拍得的暗星和使用有缝摄谱仪装在80厘米口径的望远镜上所拍得的一样。可是,物端棱镜在这一切的优点上不幸有一个很大的缺点,就是不能

使拍得的光谱和一个比较光谱重合，因而无法得到校订的标准。

◀ 恒星光谱的解释 ▶

用物端棱镜或大望远镜所拍得的恒星光谱，在表面上看来好像很有差别，但在事实上，我们很容易把恒星的光谱分成几个类型。

试考察一个恒星的光谱，例如天津四（天鹅 α）的光谱（图 626 正像）。在照相底片上黑色的部分，叫作连续背景的，是由天津四所发出的光形成的。这背景上有若干条透明的线，这是表示没有光的地方——吸收线。我们利用铁的谱线形成的标准光谱，根据精密的测量，可以计算出这些吸收线的波长。这些测量的结果是很简单的。另外有一群模糊、看上去似很紧密的线，这便是巴耳末研究过的氢的谱线，那里我们可以找到 H_α、H_β 等谱线。在这两条强线附近，还有两条很细微、很清晰的谱线，它们差不多和氢的谱线混合在一起，波长是 3 933 埃和 3 968 埃，容易被人确认为钙的谱线。若将电火花放射在含钙的大气里，便会发出这样的谱线。这是失掉一个负电子的钙原子发出的谱线，它是带正电荷的，它的符号是 Ca^+。

图 626　天鹅 α 星的光谱（紫色区）。　恒星的光谱是中间的一带，白色背景上分布着一些黑线。　两旁的明线光谱是铁弧光谱。　愈向左端愈密集的许多条黑线是氢的谱线。　最右端双线中的一条和第二条谱线是钙的谱线。　其他谱线大多数是铁的，有一些是电离钛的

图 627　双子 β 星的光谱（蓝色区）。　这颗星比天鹅 α 要冷一些。　这样就使金属谱线的强度增加。　左端两条强的吸收线是钙线，在天鹅 α 里很弱。　注意在实验室里所拍得的铁线和恒星光谱的吸收线在一条延长线上，这样说明双子 β 星的大气里有铁光谱的分类

在很好的光谱上，我们还可看见细微得多的谱线，并且可以说明，它们是和钛与铁的原子有关联的。但是这些谱线在色散度不够大的光谱里就看不见。我们将怎样解释这样的光谱呢？星的连续光谱使我们立刻联想到钨丝或白炽的炉子内部所发的连续光谱，并且我们可用数量来说明这个类比，来测量这炉内的温度。炉内的发射光谱和天津四的连

续光谱是相同的,这温度高达 11 000℃。如果实验室里能够达到这样的温度,那么,这炉子的内部将会像天津四那样,发出淡蓝色的光。很久以来,人们便假设星球内部有一层物质,它像炉子内部那样,发出辐射,物理学家把这炉子的内部叫作黑体。星球内发出连续辐射的一层叫作光球,周围包着比较稀薄的大气,叫作色球,在色球内有发生吸收作用的各种原子。我们可以将光球比拟作基尔霍夫实验里的白炽灯,色球比拟作含钠的黄色气体火焰。现在我们知道,这样的比拟需要修改。星球的内外层之间并无不连续之处,星球的物质从外部密度几乎为零的形态,变到中心几十亿大气压的异常紧密的形态。与此同时,温度由外向内逐渐增高,到中心可达数百万摄氏度。可见星

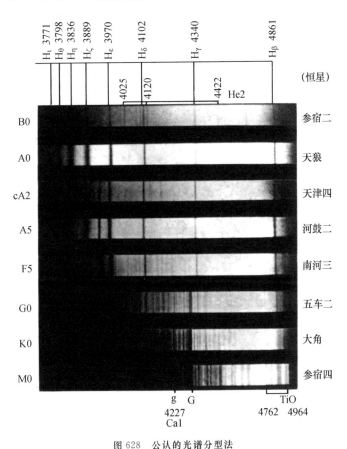

图 628   公认的光谱分型法

我们说过氢的谱线在由 O 至 F5 型的星内部很显著,随后才慢慢消逝。O 与 B 两型星有氦的谱线。注意自上而下电离钙的谱线 K 与 H 逐渐加强。这两条谱线在冷星不显著,那是因为冷星发出的紫外线不够多。光谱向蓝端加强,而且出现许多谱线,这是冷星的特征。在 M0 型星里有氧化钛 TiO 的带状光谱出现。

球内到处都发出辐射,到处也在吸收辐射,以致形成一种平衡。我们可以证明,星球中心所发出的辐射,因星球物质的不透明性,不能传到外壳来。星球所发出的光基本上来自表层,99% 的能量都从厚度为半径的 1/1 000 的表面层而来。这一层可以比拟作光球,它的外面才是色球。

大多数恒星的光谱与天津四的光谱相像,只是每个光谱的吸收线有多寡的不同罢了。图 628 表示现今常用的恒星光谱的分类。这种分类的方法先经塞奇和洛基尔试行,再经皮克林和弗莱明(Fleming)用物端棱镜法加以改进和奠定基础,最后终于在哈佛大学的天文工作者的手中完成了。这项工作成果发表在有名的亨利·德雷伯星表(简称 HD 星表)之中,计有 22.5 万颗亮于 9 等星的光谱型。哈佛分类法已经被大家采用,这种分类的根据是温度。早型星较热,晚型星较冷。将星球和已知温度的炉子比较,从而测定星的温

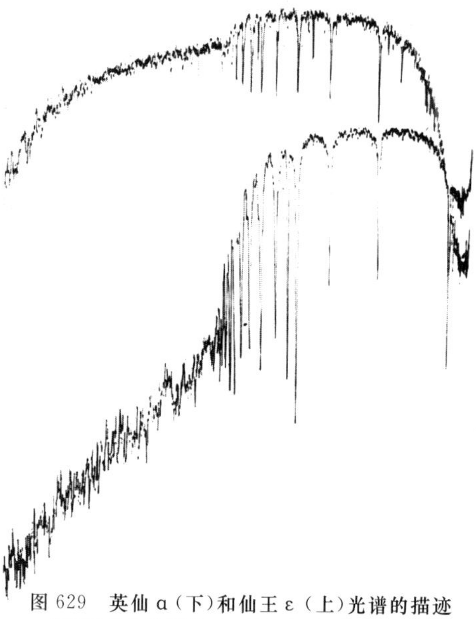

图 629　英仙 α（下）和仙王 ε（上）光谱的描迹

光谱从远的紫外区（左）至红色区（右）。从右边开始，描迹图上有一条锯齿线，这相当于底片上的一条黑线；底片上愈黑的线锯齿愈尖锐，这些代表吸收谱线。重要的吸收谱线属于氢元素，这些谱线在图的中部特别密集，因为到了巴耳末系的结束处。极左端的锯齿代表大气里臭氧的吸收。

度，在法国有夏龙日（Chalonge）和他的学生做过这样的研究。

夏龙日的测量所根据的原则是容易被人理解的。在同一张照相底片上拍上所要研究的恒星的光谱和已知温度的地上热源的光谱，我们设法使这两个光谱在蓝色区有一样的黑化度。如果地上的热源和星有着一样高的温度，那么在红色区它们的光谱还是一样的黑。但一般的情况不是这样，如果星比热源冷些，星就有着更多的红色的光，与它相应的那部分的光谱也就会黑一些。

我们不难了解由这种比较的方法可以测定星的温度。实验的结果可用一种图解法表示，星和热源的温度差可表示为一条倾斜的直线，这条线的斜度便代表着所要寻求的温度差。

我们还要说明，这样建立温度的标尺是经光谱线的吸收理论所证明的（图 628、图 630）。

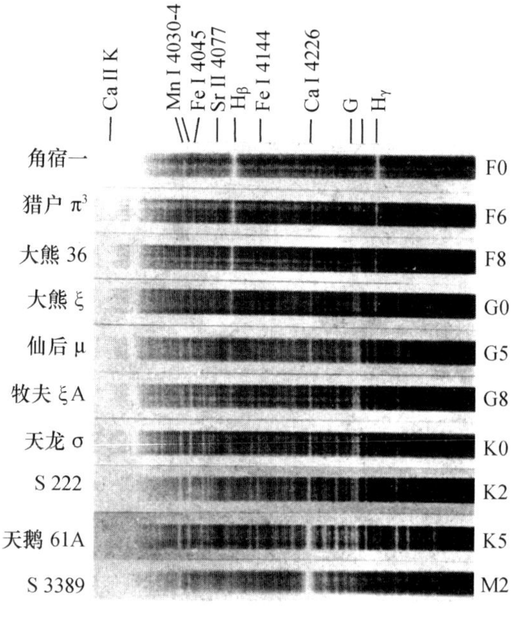

图 630　主星序里由 F0 至 M 型的星。首先金属谱线的数目增加得特别多。氢的谱线 H_β 与 H_γ 逐渐变弱。CH 分子的谱带 G 由 F0 至 G8 逐渐增强，以后又逐渐变弱。中性钙的谱线 4226 逐渐增强（负像）

O 型　温度为 3 万摄氏度。这是很热的星，有着特别多的电离氦和高度电离的金属谱线。代表星是猎户 λ。

B 型　温度为 2 万摄氏度。仍是热星，有着中性氦、电离金属和氢的谱线。代表星是猎户 ε（参宿二）。

A 型　温度为 1 万摄氏度。相当热的星，有着氢和电离钙的谱线。代表星是天琴 α（织女）。

F 型　温度为 0.75 万摄氏度。仍有很强的氢谱线，电离钙的谱线达到极大的强度，出现了电离的铁和钛的很强的谱线。代表星是英仙 α(天船三)。

G 型　温度为 0.56 万摄氏度。这是中性金属(铁和钛)和中性钙的星,氢和电离钙的谱线仍然可以看见,出现了一些分子(如 CH、C_2)的光带。代表星是太阳和双子 ε(井宿五)。

K 型　温度为 0.4 万摄氏度。K 型和 G 型有相同的特征,只是分子光带加强,并且出现了氧化钛(TiO)的谱带。代表星是金牛 α(毕宿五)。

M 型　温度为 0.3 万摄氏度。这是具有氧化钛的冷星,虽然有铁、钙和中性钛的谱线,但是这些红色的特征当是它们极强的谱带。代表星是天蝎 α(心宿二)。

以上的分类法可将大多数星都归纳进去,但还有极少数的具有强谱带的红星,还需分为平行的两类。

R 和 N 两种类型代表含碳的星,不久后可能归并成同一种类型 C。这些星是冷星,温度和 K 与 M 两种类型的星相类似,但是和后者不同之处是,在它们的光谱中有 C_2 和 CN 的分子谱带(图 632)。虽然经过仔细的搜寻,但这两种类型的星被我们找着的只有 1 000 颗,代表星是天兔 R。

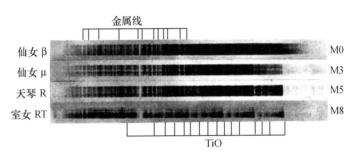

图 631　几颗 M 型超巨星的光谱(负像)
氧化钛(TiO)的带状光谱逐渐加强,这是 M 型星的显著特征。

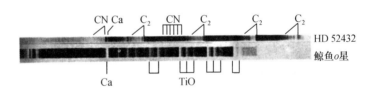

图 632　两颗冷星:HD 52 432(碳气星)与鲸鱼 o 星(氧化钛星)。 注意两个光谱(负像)里谱带的结构大不相同:前一星具有含碳的分子 C_2 与 CN,后一星有氧化钛的分子

别的更少的冷星则列为一类特殊的 S 型。在它们的光谱里有相当强的氧化锆的谱线,有时有氧化钛的谱线。我们只发现有 50 多颗这一类型星。代表是双子 R。

M、N 和 S 三型的冷星,其中有许多的星光亮度是有变化的,关于这些我们以后还要谈到。

这种光谱的分类不是迥然不同的,而是彼此连续的,因此可以将每一型更细分为十个分型。例如,A 型便包括有 A0、A1、A2 等直至 A9 十个分型。其次便是 F0。这样,A9 型和 F0 型的两颗星区别很少,比 A0 和 A5 两分型之间的差异还少得多。

有时再在这些符号旁边加上小字母以表示光谱的特性。如果光谱在连续的背景上有明亮的发射线，我们便加上 e 字母；如果有别的特性，便加上 p 字母。

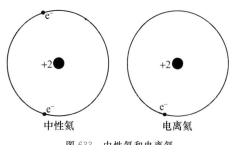

图 633　中性氦和电离氦

以后我们还要说明，星按它们的直径分为三大类，这是从它们光谱的特性来断定的。谱型符号前面冠上 d 字母的表示矮星，g 字母的表示巨星，c 字母的表示超巨星。

在我们说过按温度进行光谱分类后，我们现在解说一下，温度的变化怎样影响光谱的变化。试用氦原子的谱线作为例子来研究一下。

氦原子有一个质量为 4、电荷为 +2 的核，围着这个核有两个负电子在轨道上运行。如果氦原子确实是具有这样完备的结构，那么，正负电荷彼此抵消，原子是中性的。中性氦原子是几条吸收谱线（例如在 4 260 埃和 4 009 埃的两条）的来源，但只有受了激发的中性氦原子才吸收这些谱线。我们有各种方法使原子得到激发。例如，和别的原子进行碰撞就是方法之一。这样的碰撞必须是相当的猛烈，因此温度必须超过大约 1.2 万摄氏度的临界值。不达到这个温度的中性氦原子是不受激发，也不吸收辐射的。因此，这就说明比 A0 冷的星的光谱里没有氦的谱线，唯有 B 型星里才有这些谱线。

如果温度再高，中性氦原子就失掉一个电子，变得电离化，具有电荷 +1。这样电离了的原子和中性氦的原子，无论是发射光谱或吸收光谱都大不相同，可是和只有一个电子的中性氢的光谱倒有些相似。电离氦原子谱线的波长是 4 686 埃和 4 200 埃。

形成这样电离氦所需温度的数量级是 2 万摄氏度。比 B 型星更热的是 O 型星，在它的光谱中出现了电离氦 He^+ 的光谱。如果温度再增高，氦原子再度电离，可是 He^{++} 的光谱是观测不到的，因为发射光谱的成因在于电子，氦经过两度电离，失掉所有的电子，便不能再发射光谱线了。

我们可以把这个理解推广到星球大气里的一切原子上去。例如，在 0.5 万摄氏度附近钙受第一度电离。不达到这个温度，我们只能获得中性钙的谱线；超过这个温度，便可得到电离钙的谱线。当然，还有逐渐变化的中间过程，因为在大范围的温度里，中性的和电离的两种原子是同时存在的。在 1.2 万摄氏度附近，钙发生第二次电离，超过这温度，便出现有双电离钙的发射线，这些谱线所在的区域不是用我们地上的仪器所能看见的。但是，在 B5 星里电离钙的谱线 K 和 H 就绝迹了。

根据计算，恒星大气里的压力对于光谱的特性亦有影响，但影响的程度远远不如温度。我们还可以证明,在低温下有几类星可以存在,即常见的、与太阳的直径差不多相等的矮星,以及直径超过太阳 10 倍或 100 倍的巨星或超巨星。一般说来,如果在相同的温度之下,这三类星有着相同的光谱。可是,有些谱线对一类星是强的,对于另一类星反而是弱的,这样就暴露了它们是属于不同类的星。在谈到星的构造的时候,我们还要讨论这个问题。

从亨利·德雷伯星表中我们得知星按光谱的分配。各谱型的百分比是:B 为 3％,A 为 27％,F 为 10％,G 为 16％,K 为 37％,M 为 7％。

这些数字表现出某些混乱的情况。就 F 和 G 两种类型而言,F 型的星特别少,这是由于我们分类法里的一个缺点,即为 F 型所定的判别标准比 A 和 G 两型所定的标准太严格了一些而造成的。O 和 B 两型的星特别少,实际上这些星也确实很少。至于 M 型星相当稀少,这却是表面的现象,这是由于这些星的本身亮度很小的缘故。亨利·德雷伯星表内的星至 9 等为止,所以表内只有我们邻近的 M 型星。至于亮星,虽然很远,但我们也能拍摄下它们的光谱。

太阳附近每边 1 000 秒差距的立方体内星的数目

光谱型	数目	光谱型	矮星数目	巨星数目
B0～B5	40	F	3 500	30
B6～B9	400	G	6 000	80
A0～A9	400	K	9 000	500
		M	25 000	20

上面的统计说明了十个光谱型的星数的比例。对于晚型星,我们进一步分为矮星和巨星两种。从表中看到,红色的矮星是最多的,甚至使我们产生疑问,即比 M 型更冷的星可能还要多呢,只不过这些星因光度太弱,使我们不能看见它们罢了。这样看来,宇宙里岂不是充满了冷星吗? 由于对太阳近邻星的研究,我们对于星的光谱型的数目已经有了一个相当正确的概念。

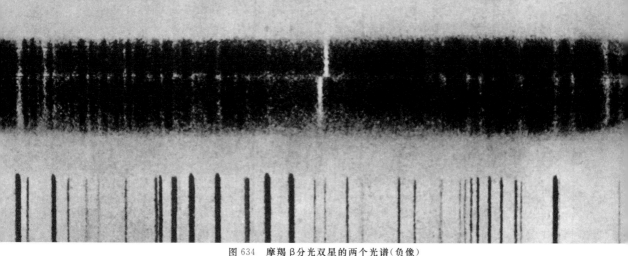

图 634　摩羯 β 分光双星的两个光谱（负像）

1935 年 9 月 8 日和 10 日所拍得的光谱,这两个光谱的位置是使其中 A 型星的固定谱线重合。钙的强线显然受了多普勒效应的改位。

第四十六章

视向速度与分光双星

当我们把恒星谱线的波长和地上光源的波长加以比较的时候,我们时常觉察到,这些波长之间有着系统的差异,不是都太短,便是都太长。这效应的原因于 1842 年经多普勒、1848 年经费索(Fizeau)加以说明。费索将多普勒在声音上发现的效应应用于光谱上,所以有人把这种效应叫作多普勒-费索效应。

这种效应是一种很普遍的现象,它说明运动中波源的视频率的变化。大家都知道下面这个常见的事实:火车从我们旁边驶过的时候,它所发出的哨声由尖锐而变为低沉。我们所听见的声音,火车来时,频率变高,去时变低。为使读者明白这个现象,我们再作一个比喻:设想有一架静止的机器,每秒钟发出 10 万颗弹丸,一个静止的观测者当然每秒钟也只能接收得 10 万颗弹丸。如果这位观测者向弹丸的发射处跑去,因为他去迎接弹丸,显然在每秒钟里他会多接收几颗弹丸。用术语表达,即来源的视频率变高。我们再用数字来说明,以便更清楚一些。假使弹丸的速度等于光的速度,即每秒为 30 万千米,每秒钟机器所发出的 10 万颗弹丸将分布在 30 万千米的路程上，于是每 3 千米内有一弹丸。如果观测者的速度是每秒 30 千米，他就会多接收一些分布在这 30 千米上的弹丸，即多接收 10 颗弹丸。于是，视频率将是 $100\,000+10$，频率的相对增高率是万分之一，这也是每秒 30 千米的速度和光的速度（30 万千米/秒）之比。我们所关心的速度是相对速度，所以不必分辨波源和观测者究竟各有多大的速度。我们把这效应只当作是一种实验的结果，其实在相对论里有它的理论解释。

多普勒-费索效应（或叫作原则）可以这样叙述：当光源和观测者有相对运动的时候，频率所产生的相对增高量等于观测者接近光源的速度与光线的速度之比。

我们把这种在光的传播方向上的速度叫作视向速度，以观测者离开光源的方向为正方向。

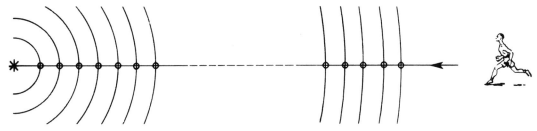

图 635 光的视向速度

视向速度的测定是不容易的。因为星的速度与光的速度相比是很小的，很少超过光速的万分之一。在照片上要测量的位移是很小的（图 636），数量级是 10 微米，因此，测定的结果就不会很精确。对于暗星而言，光谱很短，因谱线的重叠，更增加了测量上的困难。我们举一个测定视向速度的实际例子：这是猎户 λ 星附近的一颗 7 等星，在 HD 星表内的号数是 37 171。

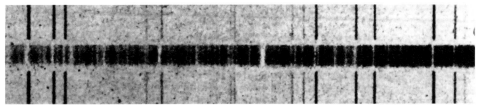

图 636 负像的光谱表明 HD37171 号星的光谱的中心部分有一颗 7 等星，光谱型是 K5。吸收谱线是白色，背景是黑色。两旁是实验室里的铁谱线，它是黑色的谱线在白色的背景上。我们看见，铁的谱线每一条都有和恒星相当的谱线，但是恒星的谱线略向左端，即向紫端改位。这些改位很小，数量级是 0.03 毫米，相当的视向速度是 -85 千米／秒，计算的方法见文中下表

视向速度测定举例：HD37171 星

波长		差	视向速度
星的光谱	比较光谱		
4 004.10	4 005.20	−1.10	−82.8 千米/秒
4 070.48	4 071.74	−1.26	−92.3 千米/秒
4 270.34	4 271.74	−1.24	−87.7 千米/秒
4 324.51	4 325.63	−1.12	−77.6 千米/秒

平均值−85.1

地球的速度校正−18.9

相对于太阳的视向速度−104.0 千米/秒

上表内所测量的四条谱线都是铁原子的谱线,它们的波长在实验室里已被精密地加以测定。表内的结果表明,星的相应谱线的波长都约差 1.2 埃。根据计算,可以由这种位移求得视向速度。观测的时候,由于地球的周年运动,使它离开这颗星的速度是每秒 18.9 千米。应当在观测值里加以这数量的校正,由此得到这颗星相对于太阳的视向速度是−104.0 千米/秒。这速度很大,是星的一般速度的 4 倍或 5 倍。

我们将要说明从视向速度而得的资料是很重要的,有几个天文台都从事于视向速度的测量。所用的光谱是用大望远镜拍摄的,然后再在实验室里进行视向速度的测量。这工作虽然已经做了 50 多年,可是被我们测得视向速度的星不过是 1.5 万颗,而且所观测到的只限于亮星。

很久以来,天文学家便想利用物端棱镜所拍摄的光谱去测量视向速度,但是因为不能拍摄比较光谱,所以只能得到视向速度的近似值。因此,需要另外寻求一种新的技术。法国南方天文台用一种特制的物端棱镜以测视向速度。这种仪器上有一个复合棱镜,当星相对于观测者是静止的时候,它使 H_γ 谱线不发生偏向;如果星离去,这谱线便向红端稍微移动。如果再将棱镜逆转,我们便拍得和前一个光谱相反的光谱,于是,由相同谱线的位移的量便可测量视向速度(图 637)。这个方法虽然不及经典方法那样精确,但可用以测量别的方法不能测得的许多暗星的视向速度。因观测者是在运动的地球上,所以星的视向速度里包括地球运动的影响。但是,我们知道地球运动速度的大小(30 千米/秒)和方向,所以视向速度的实测值应该加以地球运动的校正量,以便使它成为相对于太阳的真实的结果(太阳可以当作是不动的)。

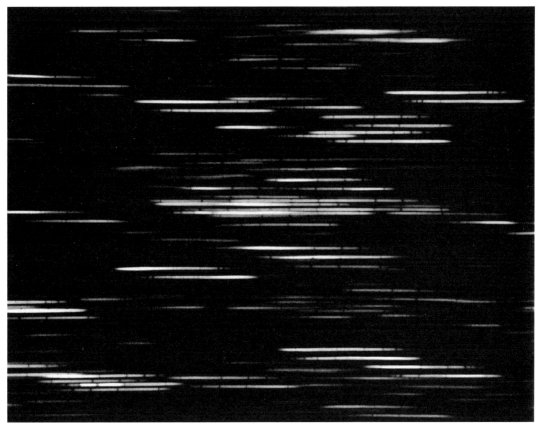

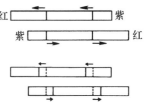

图 637、图 638　在这张图内有两个光谱是按照费伦巴赫的办法逆转镜头两次拍摄的。 这种方法的原则是：如果我们使星的视向速度改变，例如使其增加，则上面的光谱向左改位，下面的向右改位。 由这些光谱的相对位置便可以计算出视向速度

视向速度的星表：1932 年穆尔所发表的，有星 6 739 颗；1953 年威尔逊（R. E. Wilson）所发表的，有星 15 115 颗。

这些星表说明了有些星的视向速度是变化的。变化的原因有以下几种：因双星的相对运动而引起的变化，我们将详细讨论这种情形；还有一些单颗变星，特别是造父变星，因脉动作用，星球的直径呈周期性的变化，因而造成视向速度的变化。

先研究一下由星的不变的视向速度所引出的结果。星的视向速度一般是很小的：约有 50％的星，视向速度不及 18 千米/秒；约有 80％的星，视向速度不及 30 千米/秒。100 颗星中只有 4 颗的视向速度超过 60 千米/秒。为数很少的超过 63 千米/秒的星，叫作高速星；这些星具有特殊的性质，我们下面还要谈到。视向速度的两个极端的数值是－303

千米/秒和＋547 千米/秒。

如果我们研究天空某一小区域内所有的星的视向速度，我们将觉察到，它们彼此的差异很大。这说明，星在它所属的星系里，也有它自己固有的速度，正如气体的分子相对于它附近的分子有其固有的速度一般，可是这样并不妨碍分子整体的运动，星的情况也是如此。只需粗略地研究便知，在武仙和天琴星座内，星的视向速度平均值是＋20 千米/秒，至于和武仙座方向相反的天鸽、天兔和大犬星座里，星的视向速度平均值是－20 千米/秒。在这些星座中间距离的大圆上，视向速度的平均值为零。这种奇特的现象是不难解释的，只需假设太阳率领它的行星，以每秒 20 千米的速度，向武仙座内的一点而去。这一点叫作太阳运动的向点（第五章）。

用统计的方法计算出相当精确的向点的坐标和速度如下：赤经为 18 时，赤纬为 30°，速度为 20 千米/秒。

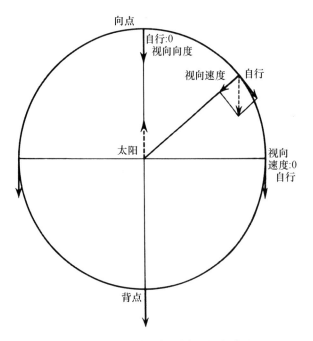

图 639　太阳向武仙座内移行的效应（向点）

在向点附近的星象是和太阳接近，在背点附近的星象是要离开太阳，但是这些运动只在分光镜里才可以测得。至于在这两点之间的星象是要和背点接近，在天球上的自行很小。

这一点很接近武仙ν星。但是，这 20 千米/秒究竟是怎样的一种速度？是相对于哪一个坐标系在运动呢？这是太阳相对于全体近星（它们的平均速度假设为零）的速度。很明显，如果把坐标系变换一下，这个数字也就变了。如果根据更大的体积内的星去测定太阳的速度，无疑这向点的坐标是会改变的。例如，以远的红色变星为定标星，向点就大不相同：赤经为 17 时 40 分，赤纬为 38°，速度为 35 千米/秒。

我们所能利用的最大的星系是球状星团组成的体系。我们可以假设，这巨大的集团相对于我们的银河系是静止的。梅奥尔（U. N. Mayall）

这样求出的向点是银河上的一点，坐标是：赤经为 21 时，赤纬为 47°，速度为 200 千米/秒。

这和第一个向点绝对没有关系。这新的向点是在和人马区银河中心正交的方向上。这向点相当于太阳围绕银河系中心的旋转运动。整个本星系都被这种运动所带动，太阳的 20 千米/秒的速度就是相对于这个本星系而说的。

　　由视向速度所表明的太阳的运动,也可从自行的研究中得到印证。自行也和视向速度一样,有个别的变化,但是就平均值来说,在向点和相反的背点处,自行都是零(图 639)。如图所示的那样,自行在这两点当中的大圆上为最大。但是,因太阳朝向点运动而生的自行随星离开太阳的距离而变化,对于一颗在 10 秒差距的星,自行是每年 0″.4;对于一颗 1 000 秒差距的星,自行是每年 0″.004。因自行是很微小的,所以人们对于从与距离无关的视向速度所得的数据,比对自行的数据更感兴趣。我们已经说过,怎样把这方法倒过来,由自行去求一群星的距离。

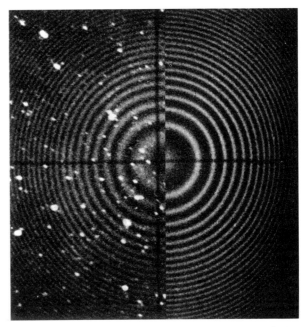

图 640　**我们可以用摄谱仪或者用干涉仪去测量星云的视向速度**

　　我们复制用法布里-珀罗的干涉仪所拍得的干涉环。右边是用实验室里氢的光源,左边是用美洲星云(图 575)的光所拍得的光环。两系列干涉环的直径的差异,表现了星云的视向速度的影响。

　　一些高速运动的星显然不属于我们本星系的集团,它们像过客那样,穿过我们这个集团。对于这些过客的研究,以后我们还要谈到。

◀ 分 光 双 星 ▶

　　我们说过,对双星的观测只限于它们之间距离相隔相当远的星。根据开普勒第三定律,它们便是周期长、轨道速度小的星。

　　对于很紧密的双星,肉眼就不能把它们分辨开。设想有两颗相距如像太阳和地球那样的星,这两颗星的总质量等于太阳的质量,它们的运转周期是一年,速度是 30 千米/秒,那么,这对双星即使离开我们只有 5 秒差距,我们用最大的望远镜也不能把它们分辨开的,因为它们在我们眼里相距不过是 0.2 弧秒。但是这颗星是可以用肉眼看见的,如果我们测量出它的视向速度是随时间呈周期性的变化,我们便可判断出它是双星。对于更紧密的双星,这种情况更明显。根据计算,相隔 10 个太阳半径的两颗总质量等于太阳的星,它们绕公共重心运转的周期是 2.5 日,速度是 100 千米/秒。在 2.5 日里,这颗星的速度相对于它的平均值的变化是由 +100 千米/秒至 -100 千米/秒。这样的速度变化是容易观测到的。但是,要想分辨出双星是绝不可能的,即使这对双星距离我们最近、其间的视距离只有 0″.05。人们不禁要问,是不是有这样类型的双星呢?观测表明,这样的双星是很多的。

1889 年皮克林研究视双星开阳(大熊 ζ)的主星时,他发现这颗星的光谱里谱线是成双的,而且这些谱线的位置在大约 20 日的周期里变化。这是一对分光双星,我们立即就要谈到上述这种变化。奇怪的是,这颗主星和另外一颗伴星(开阳 β)是我们很早发现的一对视双星。

我们复制 1945 年塞斯科(C. U. Cesco)在马克当纳天文台所拍得的这对分光双星的几个光谱(图 641)。现在先讨论 7 月 1 日所拍得那个光谱,那时双星的位置如图 642 所表示的那样。那时一颗星离观测者而去,它的谱线向红端移动;另一颗星向观测者而来,它的谱线向紫端移动。在 7 月 1 日所拍的光谱里,双谱线是很明显的(图 641),每条谱线分裂为两个成分,即是向红端(右)的一条和向紫端(左)的另一条。

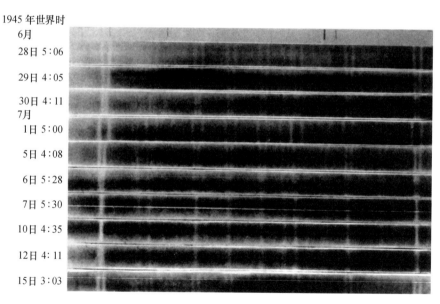

图 641　一系列光谱
负像,说明大熊 ζ 星光谱的双重性和双星在轨道上运行时光谱的变化。

这以后,双星在它们的轨道上继续运行,到了一定时刻,它们运动的方向恰好和视向的方向正交,两颗星的多普勒效应变成零,于是谱线都成了单的。对于开阳星,这种情况发生于 7 月 10 日。这以后,谱线又分开,但是两颗星的谱线位置和从前相反了。

在继续研究这个比较复杂的开阳分光双星之前，我们谈一谈五车二（御夫 α）的情况。这对分光双星的轨道差不多是圆的，与图 642 的情况很相近。五车二的变化周期是 104 日，变化很有规则，可以用正弦曲线代表（图 643）。主星的视向速度变化由 5 千米/秒至 55 千米/秒，伴星较暗，难于观测，速度的变化比较大，由此算出伴星的质量是主星质量的 3/4。

再回过头来讨论开阳的情形。它轨道的偏心率很大，长轴差不多指向地上的观测者。图 644 代表这双星的一个轨道。星在 A 点时，速度和视向正交，视向速度为零。随后，轨道上星的速度逐渐减少，但速度在视向上的分量开始增加，到了 B 点，该分量达到极大。由面积定律得知，这极大值很快就要达到。这以后，速度在

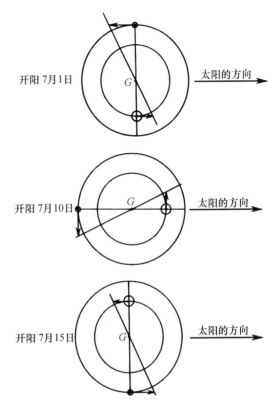

图 642　表示某些时期这对双星的相对位置

视向上的分量逐渐减少，到 C 点时又变为零。由 B 到 C 所经行的时间比由 A 到 B 所经行的时间要长得多，其余的变化和以前的半段是对称的。

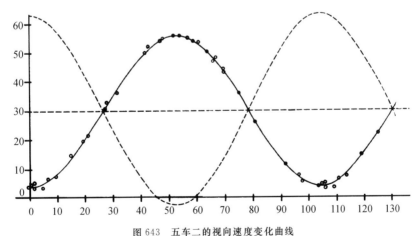

图 643　五车二的视向速度变化曲线

1901 年里斯（Reese）绘制。这条曲线上各点是由质量最大的 G 型星求得的。另一颗 F 型的伴星，因谱线宽，视向速度难于确定。图中曲线的变化很有规则而且对称，这说明轨道是圆形的。

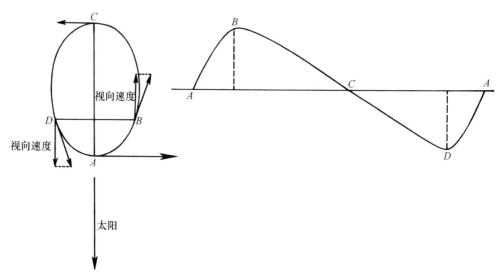

图 644　轨道长轴向太阳的星的轨道和与它相当的视向速度曲线（这与大熊ζ星的情形相近，参看图 645）

由这些例子，我们便可了解：如果视向速度的变化曲线绘成以后，我们就可以测定轨道根数。由此求得的数量有周期、偏心率、椭圆轨道的长轴和视向之间的交角。我们不能直接测量轨道的长轴，而只能得到它在视向上的射影，单位是若干千米。这里很难运用开普勒第三定律，因为我们知道的只是长轴的射影，因此我们不能像视双星那样得到它们的质量，我们所能得到的是一种打了折扣的质量，大约是真质量的 3/5。

在一些特殊的情况下，我们有方法对分光双星作目视的分离观测时，我们便可将分光和目视两项研究的结果合在一起，这样就会得到关于这颗星的一些很宝贵的资料。梅里尔（Merrill）使用干涉仪将五车二分离，这对双星距离最远的时候，也只有 1/20 弧秒。

这样定出的五车二的周期是 104.0 日；两星间的平均距离（确切些，便是两个长轴半径之和）是 1.26 亿千米，比起日地间的距离还要短些；偏心率小于 0.02；轨道和天球切面的交角是 41°；两星的质量是太阳的质量的 4.2 倍和 3.3 倍。除这些根数以外，将目视和分光观测加以比较，我们便很精确地求得双星距离太阳是 15.8 秒差距。

记载分光双星的轨道的表是穆尔和纽包尔（Neubauer）于 1936 年发表的，表内载有 524 个星的轨道。这个数字与视向速度有变化的星的数目相比，可算是很小。据估计，6 颗星之中当有 1 颗是分光双星，即使对于 HD 星表内的星而言，也该有 3.5 万颗分光双星，最保守的估计也有 2 万颗。我们从这张星表内取出 22 颗最亮而且有代表性的分光双星，列表如下。

22 颗明亮的分光双星的确定轨道

星名	星等	光谱型	周期	偏心率	轨道范围	估计的质量
仙女 α	2.15	A1	96.70 日	0.533	3 430	
凤凰 α	2.44	G5	3 849 日	0.33	29 000	
白羊 β	2.72	A3	107.0 日	0.892	2 503	
英仙 β	2.2～3.5	B3	2.867 日	0.033	173	
御夫 α	0.21	G1	104.0 日	0.016	{3 680 / 4 640	{1.19 / 0.94
猎户 τ	2.87	O8	29.136 日	0.742	3 056	
御夫 β	2.07～2.16	A0	3.960 日	0.00	{593 / 605	{2.21 / 2.17
大犬 α	−1.58	A2	50.04 年	0.594	47 700	
船舻 ι	2.83	G8	1 066.0 日	0.088	6 050	
双子 α₁	2.85	A8	2.938 日	0.002	128	
双子 α₂	1.99	A3	9.213 日	0.499	142	
小犬 α	0.48	F3	40.23 年	0.310	25 400	
船帆 χ	2.63	B3	116.65 日	0.19	7 320	
大熊 ζ	2.40	A2	20.54 日	0.541	{1 530 / 1 570	{1.42 / 1.39
室女 α	1.21	B2	4.014 日	0.10	{697 / 1 110	{8.97 / 5.63
牧夫 η	2.80	F7	495 日	0.232	5 310	
半人马 α	0.33～1.70	G5—K1	80.09 日	0.521		
北冕 α	2.31～2.42	A1	17.36 日	0.377	770	
天蝎 β	2.90	B1	6.828 日	0.262	{1 032 / 1 736	{14.24 / 8.46
孔雀 α	2.12	B3	11.75 日	0.01	117	
摩羯 δ	2.98	A7	1.023 日	0.019	92.6	
杜鹃 α	2.91	K5	4 197.7 日	0.385	38 510	

轨道范围便是半长轴在视向上的射影，单位是万千米。

估计的质量是真质量乘以交角的函数，交角常是未知量。

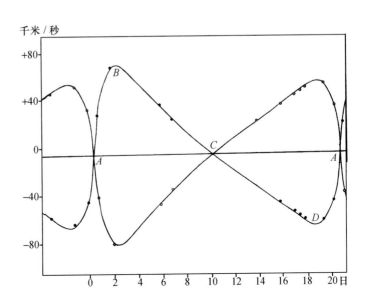

图 645　大熊 ζ 星的视向速度曲线（塞斯科所观测的结果）

将这曲线和图 644 加以比较。这两条曲线基本上是彼此对称的；这对双星的质量基本上是相等的，因此双星的轨道大小差不多是相等的。

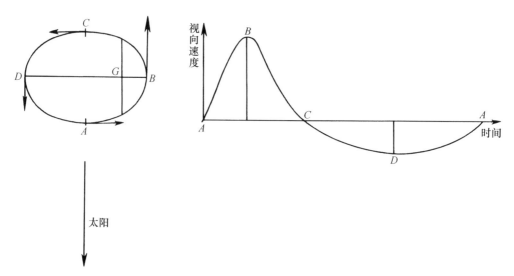

太阳

图 646　轨道长轴和太阳方向正交的星的轨道和与它相当的视向速度曲线

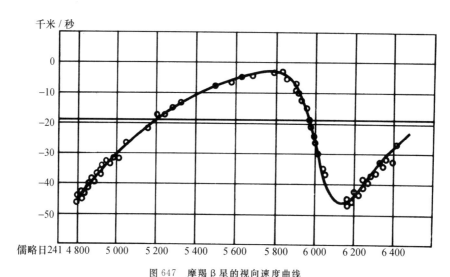

图 647　摩羯 β 星的视向速度曲线

一般情况和图 646 相似。这条曲线的上下方向与图 646 的上下方向相反，因为这颗星在轨道运行的方向和图 646 所表示的情形相反（坎贝尔的测量结果）。

　　牧夫 i 的 B 星周期最短，只有 6 小时，其轨道范围很小，只有 100 万千米的数量级。两星的质量之比是 1∶2。

　　以下我们列举出几个最大的数值：周期最长的是人马 ε 星，周期是 11 年，半长轴超过 26.6 亿千米；偏心率最大的（0.9）属于双鱼 σ 星；最大质量的星是一颗 7 等星，主星具有太阳的质量的 113 倍；速度变化最大的星是船尾 V 的伴星，它的速度由 −340 千米/秒变至 +360 千米/秒，周期是 1.5 日。

　　很久以来，天文学家有一个疑问：对于目视双星而言，分光双星是不是另外的一类？

今天我们已经能够回答这个问题：它们确是相同的一类。最紧密的双星和最远的需几千年才能公转一周的双星，都是同属于一类的。我们知道，最常见的双星相隔是 10 个天文单位（即日地间的距离的 10 倍），相距为 1 天文单位和 1 000 天文单位的，数目就减少了一半。目视双星和分光双星的区别，纯粹是仪器上的原因，只有很紧密的双星，才能用分光镜观测到速度的变化，至于用肉眼可分开的，只限于相隔很远的双星。以后我们还要讨论这个问题。

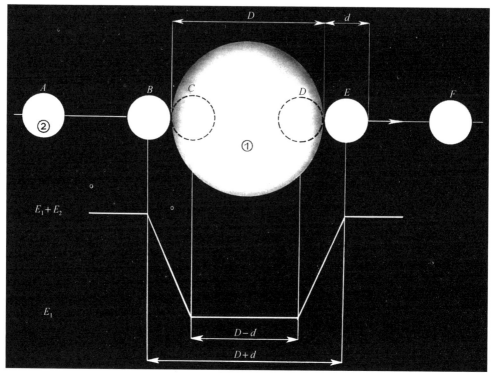

图 648 交食双星示意图
这是同时是全食和中心食的情形以及与其对应的光变曲线。

第四十七章

交 食 双 星

　　从前面的一张表可以看到,有些分光双星相隔的距离和它们的直径有相同的数量级。那么我们可以预料,这样的双星可以形成互相交食的现象。

　　我们知道许多像这样的双星。它们可以列入变星里去,但是我们把它们特别抽出来讨论,因为它们的光亮变化只是外表的,而本身的亮度像太阳一样,是不变的。

　　它们的光变曲线是很简单的,可以用图 648 的图形来表示。设想一个直径较小的伴星围绕一个直径较大的主星作相对运动,绘出伴星绕到主星圆轮后面的位置。在 A 处没有食的时候,我们看到的是两星的总亮度,恒常不变;可是当伴星到 B 点接触主星的时候,交食开始,伴星逐渐被掩蔽起来。星的总亮度渐减,一直等伴星到了 C 点的位置。这以后亮度不变,一直到 D 点处,这期间星的亮度只是主星的亮度。等待伴星到了 E 点处,交食便终了。光变曲线可按对称的形式完成,正如图 648 上所表现的那样。

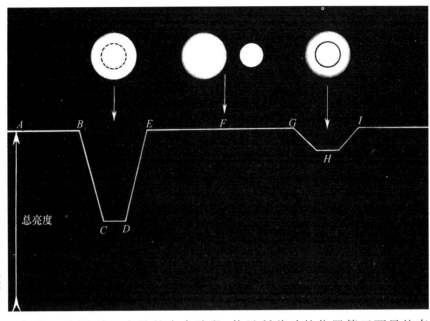

图 649　交食双星
（在 *GHI* 部分是环
食阶段）

由图 648 可见，在从 *B* 点处到 *E* 点处的全食阶段，伴星所移动的位置等于两星的直径之和；在不变的极小亮度阶段，伴星所移动的位置等于两星的直径之差。因此，我们可以得到一个测量两星的直径的方法。但在讨论这个问题以前，我们仍继续讨论伴星绕主星的运动（图 649）。当伴星快要完成轨道半周运动的时候，我们看到它到了 *G* 点处，又要形成另外一种交食。现在是伴星掩蔽主星的一部分而造成偏食。星光继续减少，一直到伴星完全在主星的圆轮前面，如同在 *H* 点处的情况，星光又恒定不变。然后，现象又对称地重新演变，一直到 *I* 点处的阶段。所以我们所求得的光变曲线，正如这里所描绘的，两次极小的相对值随双星的表面和它们的相对亮度而变化。如果伴星大而不亮，则主极小很深，次极小差不多不存在。这就是图 650 所表示的情形。

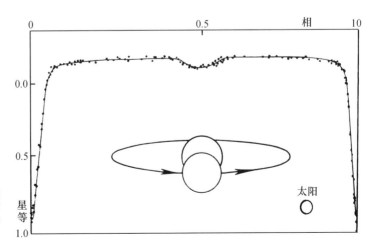

图 650　大陵五的光变曲线
这是 1928 年丹戎在斯特拉斯堡用他的猫眼光度计所求得的。下边的附图是在次极小的时候，即亮星偏食暗星的时候，双星系的情况。

在一般的情形下,我们的视线不可能恰好在轨道平面上,而是成或多或少的俯瞰形势,因此交食不会是全食的,而成了如像大陵五所表现的情况:两极小成了尖点的情况。图 650 代表大陵五的光变情况。我们察觉到,有些双星不在交食的时候,星光也有一些变化,这可以解释为黑暗的伴星被明亮的主星照亮而产生的变化。这种效应亦可解释为两星椭长的形态。由于潮汐的效应,两星在吸引力的方向上伸长,因为它们总是各以相同的一面互相对照着的。我们说过,月亮常以相同的一面对着地球,也就是这样的现象。两星在我们眼里所看到的部分是变化的,在连续两次交食的中间,伸长的两星以两个椭圆的面貌呈现在我们的眼前,我们所看到的表面是极大的。

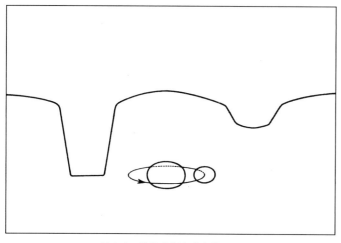

图 651 椭长形临边昏暗的双星

在全食的情况下,当小星在大星前面经过的时候,极小光度也不是恒定不变的。这是因为恒星和太阳一样,光亮不是到处都相同的,边沿比中心要黑暗一些。这样的交食,愈到中央光亮便愈减少,于是光变曲线便如图 651 所表示的形状。

这样简略的叙述表明,我们从星光变化的研究里可以得到多么丰富的知识。当然,只有在高度精密的测量里,结果才有价值。现在总结一下我们从交食变星的研究所得到的重要结论。

如果我们只知道光变曲线,我们就可以得到一些有趣的知识。首先我们知道了双星的直径,虽然它不是绝对准确的数值,只是和两星的轨道直径的比值。根据相当简单的计算,可利用这个数值去求得两星的密度。这样求得的密度比太阳的密度一般要小得多。

对于许多交食双星而言,所求得的周期是短暂的。因其短暂,便使得这些双星在轨道上运行的速度很大,所有的交食双星都可作为分光双星来观测。如果我们再知道视向速度变化曲线和视差,我们便可推知轨道的直线范围。这个数据意外地补足了由光变曲线得来的数据,于是我们便基本上获得了双星的一切根数,显著的有轨道的直径、以千米来表示的两星的半径以及两星的质量和太阳的质量之比。

在一些复杂的情形下,我们还可以决定双星的临边昏暗和椭度。这些都是在别的星上所不能获得的数据。

◀ 由双星的研究所得的知识 ▶

上面所说的三种双星——目视双星、分光双星和交食双星——的研究,为我们提供了一些有趣的数据,现在总结在下面。

双星和聚星数目之多是惊人的。艾特肯的星表里有近距目视双星 17 180 对,这样便使 18 颗星之中有一颗是双星。考虑到艾特肯已将远距双星和靠近至不能分辨的双星故意略去,那么这比例之高更是惊人。分光双星的数字更高,在我们所研究过的星当中,有 18% 都表现出视向速度是有变化的。

当然,不应该把这些变速度的星都当作是分光双星,可是我们把它们当作占总星数的 18% 是不算过分的,因为有些速度被认为是不变的星也有变化的嫌疑,从这里略掉的可以补偿那里计算太多了的。如果我们把上面的两个结果加在一起,我们便得到一个骇人的数字,即每三或四颗星之中便有一颗是双星系或聚星系,而且这样的比例是经过别的几种方法加以印证的。例如,在距离太阳 5 秒差距范围内的 39 颗星之中,便有 20 个组成双星系和 6 个组成聚星系。我们可以说,对于太阳附近的情况,我们的认识是相当完善的。这里 1/3 的比例足以证明上面所说的那个比例。

柯伊伯还研究了 11 秒差距内的星,其所得的结果更是使人惊奇。他说,所有的星当中 80% 的组成双星系或聚星系。丹戎和库德尔在最近的研究中表明,两颗星当中有一颗是双星或者聚星。这些结果都表明,单颗星是例外的,双星才是常见的情况。双星起源的假说必须说明这一事实:组成我们宇宙的成员,基本上不是单体的。

把双星分为三类,显然不是由于它们的本质的不同,而是由于我们的观测方法有差异。可是我们要追问,由于它们的形成和历史的差异,双星究竟可不可以分类? 这是不容易回答的问题。

首先,如果我们按照双星的属性,如周期、质量、光谱等分类,并没有发现任何的不连续性。

例如,我们知道,双星中有相距近到日地距离的 1/100,即和太阳的直径相等的,但也有远隔至日地距的 10 万倍的。这两极端之间的分布是连续的,可以用一根曲线表示,其中有一极大值,最常见的双星相隔约日地间的距离的 10 倍。在这两极限之间并无不连续之点。

我们在双星的周期和它们轨道的偏心率之间找出一些有趣的关系。近星的轨道基本上是圆的,远星的轨道常是十分椭长的。周期和光谱型之间有一个表面上的关系:热星如 A 和 B 型的,周期最短。

我们可以这样说,分光双星和交食双星常是偏心率小的热星;至于目视双星,则常是在椭长轨道上运行的比较寒冷的星。可是这两类双星之间并无不连续的表现,有些双星可以同时是目视双星和分光双星。例如,小马 δ 星和长蛇 ε 星就以它们有这两类的观测,而被人认识得很清楚。如果望远镜的分辨力增大 1 000 倍,如果我们对于视向速度的测量更加改善,而且可达到比较长的时间,所有的双星都可以同时是目视双星和分光双星。可是,交食双星好像可自成一类(它们可以以仙后 W 星为代表),它们是由周期短、自转快、由 F5 至 K 型的矮星所组成的。对于冷星来说,这些都是反常的星。

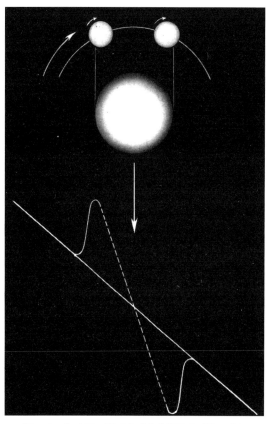

图 652　仙王 U 双星系当明亮伴星被食时的示意图

在食开始的时候,观测者看见亮星的左边沿,这边沿离开我们而去,这便表现为速度曲线上的一个尖点。在食结束的时候,向我们来的一边沿出现,这样造成了曲线的凹穴处。

有些光度和分光的特性是难于解释的,但是所提供的事实是非常有趣的。我们已经说过,近距双星应是很长的椭球,甚至像蛋的形状。这样的形状才可以解释光亮在极大期所起的变化。

临边昏暗可以解释大星被食时光度的变化。在这个阶段里,我们观测到一系列的现象,今天已是人所悉知的了。在食甚之前一瞬间,光亮从被食的星的边沿而来。如果这颗星在自转,我们所观测的就不是星的平均速度,而是这边沿上的自转速度,因为星的自转和星的公转的方向一般是相同的。这边沿离开我们,在交食开始的时候,视向速度骤然增加正方向上的数量(图 652)。在食甚之际,这种情况重新恢复,可是经过食甚以后,视向速度又逐渐变化到向我们转动的那一边沿的速度。这种奇特的情况有时显得很特殊,如像在仙王 U 星的情况(图 653)。

在这一阶级里,有时我们又发现另外的奇特情况。例如,发射谱线的出现,这说明主星周围包有一个气壳。

对于有些密近双星,我们必须想出很复杂的模型,去解释观测到的一切细节。

例如乔伊(Joy)为金牛 RW 交食双星所设想的模型(图 655)。伴星是一颗相当小却很明亮的 B 型星,主要是一颗大得多却暗得多的 K 型星。而且在那颗 B 型小星的周围有一圈像土星的光环那样的氢气环。图 656 表示这对双星交食的各个阶段。

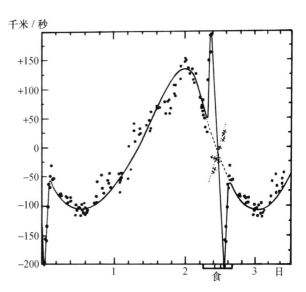

图 653　仙王 U 星的视向速度,根据斯特鲁维的观测

　　在食的时候,亮星的速度显然不能观测,而且我们只看得见巨星。图中的小十字代表对于巨星的观测。

图 654　1950 年 8 月御夫 ζ 星食时的光谱

　　在没有食的时候,B 型亮星的光谱很显著,加上 K 型冷星的暗淡的谱线。但是当 B 型星被食的时候,特别是全食的时候(8 月 9 日),只有冷星的光谱出现,自然须加长露光的时间。

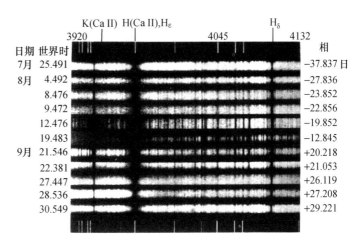

日期	世界时		相
7月	25.491		−37.837 日
8月	4.492		−27.836
	8.476		−23.852
	9.472		−22.856
	12.476		−19.852
	19.483		−12.845
9月	21.546		+20.218
	22.381		+21.053
	27.447		+26.119
	28.536		+27.208
	30.549		+29.221

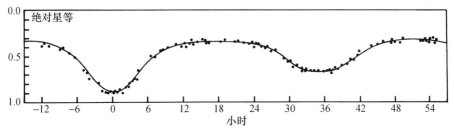

图 655　金牛 RW 星的光变曲线

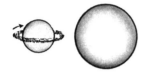 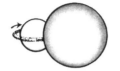

图 656　金牛 RW 星的模型（根据乔伊的研究）

再看一下天琴 β 星的模型。自 1784 年以来，人们便认为这颗星是一颗变星。它的周期是 13 日，极亮时星等是 3.5，主极小 4.1，次极小 3.8。主星是 B9 型，视向速度的变幅是 367 千米/秒。伴星的光谱型是 B2 至 B5，它的速度变化很小，这样便使莫里算得的伴星的质量很大。光变曲线近似于圆，潮汐的作用使得双星很椭长。

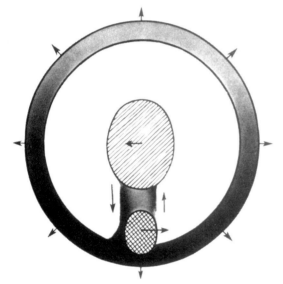

事实上，情况还更复杂得多。图 657 是斯特鲁维（O. Struve）为这颗星所拟定的模型。天琴 β 双星的结构是一颗光谱型 B5、直径很长的热星为主星，伴星是光谱型 F 的小星。双星整体被一团膨胀的星云所包围，两颗星球间有一种对流的气流，热气从 B 星流到 F 星，一部分气体扩散到星云里去，另一部分气体冷却后复流回到 F 星去。图 657 内气环里颜色深的地方，所含的物质也多一些。箭头表示移动的方向。

图 657　天琴 β 星的模型（根据斯特鲁维的研究）

斯特鲁维所拟定的这对双星的复杂模型，足以解释光谱和光亮的变化。柯伊伯认为，这气体环实际是螺旋形的，物质不断地由这里逃散到空间里去。

天琴 β 星是一颗很特殊的星。如果我们从它的轨道平面正交的方向去观测，它将不会是一颗变星，而只能观测到从周围的星云发射出来的一些发射谱线。在我们观测到的光谱里，天琴 β 星也有这些谱线。这是一对新近形成的、正在剧烈演变中的双星。据柯伊伯估计，逃逸出的物质并不算多，如果这颗星的质量是太阳的 100 倍，像这样的发射还可经历几百万年。可是在周期上，我们观测到了一些小的变化。我们认为，这对双星缓慢地逐渐彼此离开，在几百万年后，成为我们常见的经典形式。

双星形成的问题还没有得到解决，当前有三个对立的假说。捕获说假定银河系里两颗单星偶然接近，互相捕获，而成双星。但是对于这假说，有两个困难不能得到解决。首先,互相接近的双星,轨道应是抛物线的或双曲线的,犹如太阳所捕获的彗星那样,如要使轨道成为椭圆,除了太阳之外,还必须有像木星那样的第三者。其次,星的数目虽然很多,但是它们彼此间的距离相隔很远,若要它们彼此捕获形成这样多的双星,显然是困难的。也许在遥远的过去,我们的星云还很小、很密的时候,很多对双星可能在银河中心形成。

第二个假说假定星生成时便是双星系或聚星系。但是我们不禁要问,星际物质为什么总是凝聚为成双的核呢?

第三个假说假定双星是由一颗旋转很快的单星分裂而成的。虽然这种假说还可以解释在星云里质量大距离近的双星(如像天琴 β 星)的诞生,可是却很难解释它们怎样过渡到相隔很远的双星。因为两颗远距双星的动量或能量要大一些,那么什么机制给它们以这些附加的能量呢?这很难说明。

所以双星的形成仍然是一个谜。

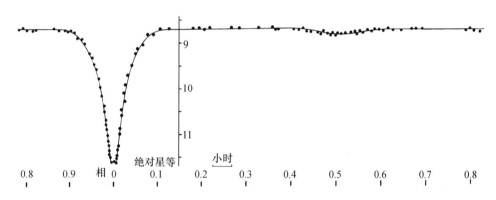

图 658　三角座 X 星的光变曲线

勒努韦耳(Lenouvel)在法国南方天文台用光电管求得,这颗食变星的周期是 23 时 20 分。

图 659　仙后 γ 星，周围有星云气

第四十八章

星的直径、质量与亮度

星的直径　我们说过有许多方法可以研究星的性质。我们在这一章把从这些方法出发所得的研究结果加以综合的叙述。对分光双星的交食变星的研究，可以算出星的直径，但是这必须是在这种特殊双星的情况下，而不能适用于一般的单颗星。还有另外两种方法可以测定星的直径。

假使星的直径大于望远镜的分辨极限值，我们便可直接观测星的圆轮，但是实验证明，因星光的波动而造成的衍射圈远远超过星的直径。1868 年，费索建议的一种方法使这种观测不但成为可能而且可靠。现在我们叙述一下这种方法所依据的原则。在大望远镜的物镜前面放上一个硬纸制的光阑，阑上有两个距离尽量远的圆孔（图 660），用这样的装置去观测星，则无光阑的望远镜所产生的固定的、差不多是一点的衍射星象，在此便成了一个比较大些的圆轮，上面有许多明暗相间的、很紧密的条纹。如果我们掩盖上一个圆孔，这种条纹便看不见了。这是由于光的波动性质而来的干涉现象，干涉条纹间的距离随物镜前面两个圆孔之间的距离成反比而变化。设想我们用这样的装置去观测一对双星，每一颗星都有一系列的干涉条纹，如果改变两个圆孔间的距离和位置，我们就可以使两个系列的条纹明暗互相重叠，彼此抵消，以致没有明暗之分。只需测量圆孔的距离和位置，便可计算出双星的方位角和距离。这种方法可用于没有光阑的望远镜所分不开的密近双

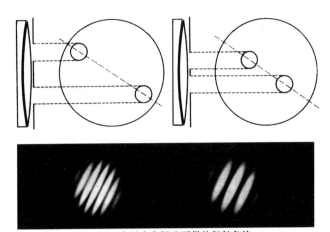

图 660　由两个光阑孔而得的衍射条纹

两颗星纠缠在一起的时候，一系列的白色条纹和另一系列的黑色条纹互相重合，于是衍射条纹消逝不见。

星，而且也别无其他方法能研究这类双星。为了争取更多的星光，实际上，我们不用圆孔而用垂直于圆孔中心的连接线的两个一样宽的光缝。这样的改变并不影响干涉现象的性质。图 660 表示两种光阑和相应的干涉条纹。如果一颗星有相当长的直径，它的两边沿的干涉条纹可以互相抵消而没有明暗的区别。斯忒藩（Stephan）于 1874 年用马赛天文台 80 厘米口径的望远镜去测星的直径，求得天狼星的直径应小于 $0''.16$。

　　麦克尔逊改良了这种干涉仪，他在威尔逊山的 2.50 米口径的望远镜上装上一条横梁，使两条光缝之间的距离可以相隔至 7 米之远（图 661）。由于使用这样的装置，他成功地测得几颗星的直径。最长的直径属于刍藁增二（即鲸鱼 o 星），是 $0''.047$，比斯忒藩所规定的下限还小得多。

　　下页表登载了麦克尔逊测量的结果，星的直径是以太阳的直径为单位来表示的。这些直径都很大，这是当然的，因为

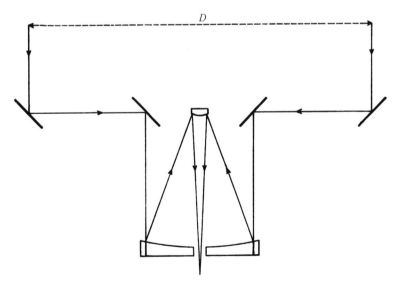

图 661　麦克尔逊用来测量恒星直径装置的示意图

只有对于这些很大的星，才能使用这个方法求得结果。这些星都是巨星或超巨星。参宿四（猎户 α）的直径是变化的。

星名	光谱	视直径	视差		真直径
			三角法	光谱法	
牧夫 α	K0	0″.020	0″.092±6	0″.120	23
金牛 α	K5	0″.020	0″.059±6	0″.074	36
猎户 α	cM0	0″.047 0″.034	0″.012±3	0″.012	420 300
飞马 β	M5	0″.021	0″.020±4	0″.025	110
武仙 α	cM8	0″.030	0″.004±4	0″.009	800
鲸鱼 o	cM7	0″.047	0″.013±5	—	390
天蝎 α	cM0	0″.040	0″.015±4	0″.010	280

对于一般的星，我们只能使用从辐射定律推得的一种很间接的方法。一个完全辐射体所发出的总能量和辐射的表面积与温度的四次方成正比。如果我们知道星的辐射量和温度，我们便可推出星的表面积，因而求得星的直径。为了要完成这一计算，我们应该知道相当于星的总辐射量的星等、距离与温度。有许多星的这些数据是知道的，这样计算的星球的直径，既多而又可靠。

由这种方法所求得的结果，和直接测量的结果，特别是与交食双星直接测量的结果，都很相合。

这样得来的结果是很有趣的，它可以说明，星可分为矮星、巨星和超巨星三大类。

主星序内的星叫作矮星，有着各种光谱型，其直径和太阳的直径同数量级。巨星的光谱是由 F 型到 M 型，比矮星体积显然大些，所发出的辐射也丰富得多。巨星的数目少得多。还有很少数的超巨星，更明亮，也具有各种光谱型。麦克尔逊所测量的星都是巨星（如金牛 α 和牧夫 α），特别是超巨星（上表中其余五颗）。超巨星的直径真是大得惊人，甚至火星的和小行星的轨道都可容纳在一颗超巨星（如

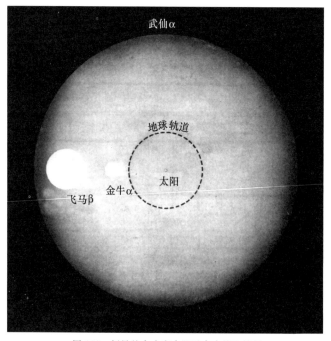

图 662　恒星的大小和太阳系大小的比较图

武仙 α）（图 662）的范围里。

星的直径（以太阳的直径为单位）

光谱型	主星序矮星	巨星	超巨星
B0	8		30
A0		2.27	
F0	1.40	4.2	50
G0	1.05	8.6	
K0	0.71	15	
M0	0.5	42	300

　　当我们知道同一光谱型内有各样的星（通常的星和特别明亮的星）时，我们就可以确定，星有矮星和巨星的区别。由此可见，这种亮度上的差异，是由于星的直径有大小的差异所造成的。

　　星的质量　我们所求得的星的质量的可靠的、唯一的资料来源，是有关双星的研究。星的质量虽各有不同，但差别却不很大。现在知道质量最大的星是一对暗星，在 HD 星表内的号数是 47129；它的两个成员的质量各超过太阳质量的 76 倍和 63 倍。质量最小的星是克鲁格（Krueger）60，仅有太阳质量的 1/5。至于特朗普勒（Trumpler）利用恒星谱线的红端位移，借爱因斯坦的理论所算出的很大的质量不很可靠，与上述的两对双星的质量均不相符。

　　在星的质量和亮度之间有一个很有趣的关系：亮度小的星质量小，亮度大的星质量大。这叫作质光关系。哈耳姆（Halm）于 1908 年首先找到这个关系。我们在这里复制柯伊伯针对这种关系所作的一幅图（图 663）。

　　这个定律有相当的精确性，只有三颗星是属于例外的。这三颗星质量过大而光度过小，它们组成一类很奇特的星，名叫白矮星，这在后面还要讨论到。在我们的图上，以小方块代表它们的位置。

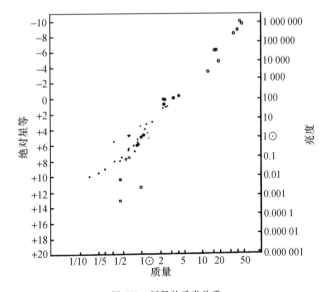

图 663　恒星的质光关系

质量小的星不亮，质量大的星很亮。有太阳质量的 1/10 的星，比太阳要暗 100 倍；有太阳质量的 50 倍的星，等于 100 万个太阳那样明亮。只有三颗白矮星（图中以小方块表示）不遵循这个规律。

这个由双星得来的关系也可用于单颗星，但必须加以解释。英国天体物理学家爱丁顿从单颗星的平衡情形的角度加以计算，根据理论满意地说明了这个关系。所以现在大家都承认，这个关系对于所有的星均属有效。可是现在的测量结果表明，有一些星，特别是近距双星，并不恰好在爱丁顿的曲线上。甚至太阳也不正好位于这条曲线上，相对于它的质量而言，太阳是太亮了一点。不过，在还没有更好的结果的时候，我们应该对这样的近似值感到满意。

星的密度和重力　既知星的半径和质量，使用简单的计算，便可求得星的平均密度和表面重力。而且由于交食双星的研究，也可直接求得星的密度。下表中的数字均以太阳为单位而计算的。

	平均密度			表面重力		
光谱	矮星	巨星	超巨星	矮星	巨星	超巨星
B0	0.03		0.001	0.22		0.028
A0	0.24	0.55		0.71	0.14	0.004
F0	0.52	0.035	0.000 08	0.71	0.14	0.004
G0	0.80	0.004		0.85	0.034	
K0	1.64	0.000 74		1.18	0.011	
M0	2.5	0.000 033	0.000 000 18	1.2	0.001 5	0.000 053

主星序内矮星的密度很接近于太阳的密度，太阳的密度比水的密度稍大一点，所以矮星的密度和水相近，在水的密度的 1/20（B 型星）到 4 倍（M 型星）之间。注意这里所指的是平均密度，发光的表面层的密度，当然是小得多。

巨星的密度比太阳小得多，这是不足为奇的，因为这些星的质量并不比太阳大，而体积却大 100 倍乃至 10 万倍。巨星的平均密度可和地球上气体的密度相比拟。

超巨星的密度还要小。例如，参宿四那样的星的密度只有水的密度的千万分之一，这等于一个器皿内抽空至 0.2 毫米汞柱压力时的密度。所以星的发光层的密度，可以和实验室所能抽得最好的真空管里的密度相比拟。

由上表中可见，星球表面的重力或重力加速度变化很大。只有在红矮星和白矮星的情形下，它才超过太阳表面的重力。对于超巨星而言，它比太阳的情形小得多。

在密度和重力这样不同的环境里所发射或者吸收的光线，显然是会带着它所生成的环境的标志的。矮星、巨星和超巨星光谱里的差异是很多的，这些差异都是由于在矮星的大气较密的环境里比在巨星和超巨星的稀薄大气里的粒子（如原子、离子和电子）要丰富得多。

事实上，这些差异并不如我们所预料的那样大。

（1）在相同的温度下，矮星的光谱型比巨星的光谱型更晚一些。但是这个特性不很显著,必须对温度加以精密地测量以后,才能表现出来。

(2)有些谱线的强度随大气的密度而变化。例如锶(Sr)的 4 215 埃那条谱线,在巨星比在矮星强得多;别的谱线表现得就正相反,例如中性钙的 4 454 埃那条谱线。图 664 表示相同光谱型的两颗星的光谱。根据氢的谱线、CH 分子的以及一些金属的谱线,这两个光谱同列为 G0。图内以一点标出的那条谱线在仙后 η 星比在 HR8752 星要强得多。这是铁的 4 325 埃谱线,它很容易受恒星大气里电子压力的影响。在像仙后 η 那样的矮星的光谱里,这条谱线很强;对于像 HR8752 那样的巨星,它就很弱。这个特性使我们可以测定星的绝对星等,因而可以求得星的距离。

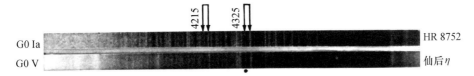

图 664　两颗光谱型相同、明亮度不同的星的光谱

一颗星是 HR8752,谱型 G0,光度型 Ia,属超巨星;另一颗是仙后 η 星,谱型 G0,光度型 V,属主星序。注意这两个光谱中有很大的差异,超巨星的谱线比较细,数目很多。谱线的强度的比例也很不同。用双联箭头所标出的两对谱线用以测定星的自身亮度(光谱是负像)。

(3)第三种特性更明显:主星序内的星的吸收谱线比巨星,特别是比超巨星的谱线宽得多。这效应的解释是这样的:在矮星的大气里有很多电子,造成一种很强的电场,影响了吸光的原子(斯塔克效应)。图 665 表示三颗星的光谱,这三颗星是超巨星天鹅 α(天津四)、主序星天琴 α(织女)和白矮星波江 40B。这三个光谱表现得很明显:当我们由很稀薄的超巨星到很密集的白矮星时,氢的谱线有显著的变宽。而且巴耳末系谱线的数目同时也减少了。很遗憾,不但是这个效应能使谱线变宽,有许多

图 665　紫外光谱表现出因星的亮度使光谱发生的重要变化

这三颗星是天鹅 α(超巨星),天琴 α(常态星),波江 40B(白矮星)。这些光谱表现三种效果:星的半径愈小,谱线变得愈宽;氢的谱线逐渐减少。在我们的图片上,天鹅 α 有 14 条或 15 条,天琴 α 有 11 条或 12 条,白矮星波江 40B 只有 6 条或 7 条。对于白矮星来说,光谱在紫外区最强。

巨星的谱线都很宽而且模糊,所以这种现象不能用作判别的标准。

星的自转　当一颗星绕着自身的轴旋转的时候,我们可以同时观测到,星向我们转的一边、星的中心以及星离开我们转的一边等三处所发出的谱线。多普勒效应使前一系谱线向紫端移动,后一系谱线向红端移动(图 666)。如果谱线本身是纤细的,我们便观测到,这些移动的谱线混在一起,成了一条宽线。自转的效应使星所有的谱线都一致变宽,但是

因电场而来的谱线变宽（斯塔克效应）仅属于一些特殊的谱线。因为在谱线变宽的现象上有这样的差别，所以我们可以分辨这两种不同的效应，而且可用它去测定星球自转的周期。我们说过，在交食双星上已经观测到这样的自转。恒星自转的速度随不同的星很有差别。自转最快的星是河鼓二（天鹰 α，即牵牛），速度为 260 千米/秒，谱线很宽。现在我们叙述恒星自转的几个特性：超巨星和巨星的自转速度很小；主星序里热星（O 至 F 型）一般旋转很快；晚型星（G 至 M 型）自转缓慢，甚至不转。

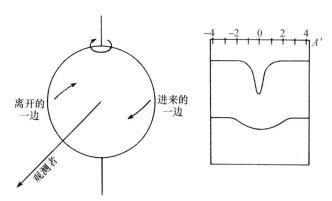

图 666　恒星自转使谱线变宽
　　向我们转来的一边，谱线向紫端移动；离我们而去的一边，谱线向红端移动；在中心处谱线不动。谱线轮廓在常态下如图中上曲线；但因恒星自转的缘故，整个星球的光使谱线变宽，如图中下曲线的形态。

我们知道，人们常用地球的自转去解释它的磁场。我们预料，自转快的星有强的磁场。对于太阳来说，普遍磁场一定很小，现今测得的数值还不可靠。星球的磁场可以由塞曼效应，即由谱线分解为数条的现象表现出来。

巴布科克（Babcock）在威尔逊山对一颗自转迅速的 A2p 型的星（室女 78）测得它有强的磁场，数值是 1500 高斯，比地球的磁场要强 2500 倍。但是自从巴布科克测得另外一颗 A0p 型星 BD—18°3789 的磁场以后，便对自转和磁场的关系产生了怀疑，因为这颗星的磁场可由 +7000 变至 −6000 高斯，中间经过零点（即没有磁性），周期为 9.295 日。也许太阳的磁场也有同样的变化，不过变幅很微，周期为 23 年。

白矮星　我们谈到天狼星的伴星时，曾经说过它是一颗很有趣的星。很久以来，人们都把它当作是一颗寻常的星。天狼 B 比天狼 A 星等多 10，因而是暗了 1 万倍。天狼 B 的质量和太阳的质量相近，如果它是一颗通常的星，它的直径也该和太阳的直径相近。在这些假设之下，它的弱小的亮度只好解释为它的温度很低，光谱是 M 型，颜色是红的。可是亚当斯于 1917 年拍摄了它的光谱，发现天狼伴星是 A7 型星，它的颜色是白的，而不是红的，为了解释这颗星暗弱的亮度，不能不说是它的直径很短。根据计算，天狼 B 的直径应等于太阳直径的 2%，或者仅有地球直径的 5 倍。

因此，天狼 B 的体积是异常的小，只有太阳体积的 8/1 000 000，可是它的质量和太阳相近,因而它的密度达到 1.7×10^5 克/厘米^3。天狼 B 每立方厘米的物质竟有 170 千克之多!

很久以来,天文学家对于这个数字总是怀疑,认为是观测或者计算上有误差。其实不是这样的。下面两件事实证明了这异常的密度:

(1) 天狼 B 星的谱线很模糊,正是很密的星应有的情况。

(2) 谱线遵循爱因斯坦效应向红端移位,而且位移的值证明了所假定的直径。

天狼 B 是最有名的但不是唯一的白矮星。我们已知 20 颗双星的伴星是白矮星,还有 80 个单颗星也是白矮星〔据 1961 年统计,经人发现的白矮星约有 500 多颗,其中 200 多颗是苏联比尤拉坎天文台发现的,而且其中的 100 多颗形成星团。——译者注〕。这些星的光谱都很模糊,视差都很大,这是我们能够观测到它们的必需条件。这些星的密度都可以测定。有些白矮星的密度达 1×10^6 克/厘米^3,即 1 立方厘米内有物质 1000 千克。只有近代物理的理论才能解释物质有这种特殊情况。

在通常的星体里,原子周围有几圈电子。如果我们将物质压缩,便会达到这样的一个境界,即使得原子互相接触在它们的电子层上,于是,密度不能再大,物质好像是成了不可压缩的固体。

每个原子的构造都是这样的:中心是一粒很小的核,周围有远离核心的电子圈。如果把原子核比拟成一粒小弹丸,在这样的尺度下,寻常原子的直径当有两千米之长。在白矮星的情形下,原子失掉了周围的电子圈,没有东西阻挡原子核互相接近。这便是白矮星里的情况。根据理论来说,如果使原子核互相接触,我们还可得到比白矮星的密度大几亿倍的密度。于是我们得到这样惊人的结论:以原子的

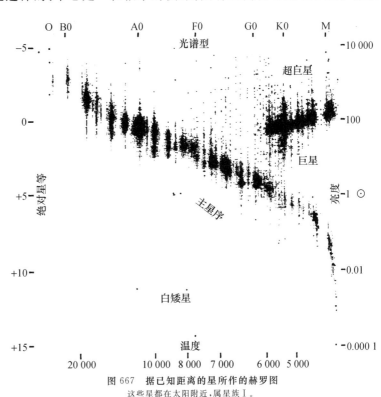

图 667　据已知距离的星所作的赫罗图

这些星都在太阳附近,属星族 I。

大小而论,白矮星的原子核还是相隔得很远,它们的行动还是像气体的分子一般。

赫罗图　我们还必须大致介绍一下表现恒星有各种类型的一张图。这张图是赫兹普龙和罗素首先绘出的。

在一页纸上,水平方向表示星的光谱型 O、B、A、F、G、K、M,垂直方向表示绝对星等。每颗星以它的光谱型和绝对星等在纸上就能有一个代表它的点。将所有已知这两个量的星都表示在这张纸上,我们就能得到如图 667 的图〔这是吉伦伯格（Gyllenberg）所绘的〕。我们看到,图中不是到处都有黑点,这些点只分布在两条直线附近,形成两群。第一条线在图的对角线上,其中的星是通常的矮星,数目很多。第二条线稍微高一些,其中的星只有 G5 到 M 型,它们的绝对星等都在零的附近,即这些星比太阳要亮 100 倍。这一支内也有不少的星,它们都是巨星。

还有少数的星,位置散布在图中很高的地方,这些很明亮的星叫作超巨星。最后,在图的左下方,还有几颗白矮星,形成一个数量少的集团。这图上的点弥散得相当厉害,特别是由于绝对星等测量上有误差。测定绝对星等必须测量距离,而距离的测量通常是不精确的,这就使这些点的位置在高度上不能确定。我们如果将一个银河星团内所有的星都描在赫罗图上,便可避免上面所说的那种误差,因为对于星团,我们可以用视星等来代表绝对星等。这样的图曾经由伯尔（Behr）对昴星团作出过（图 668）。

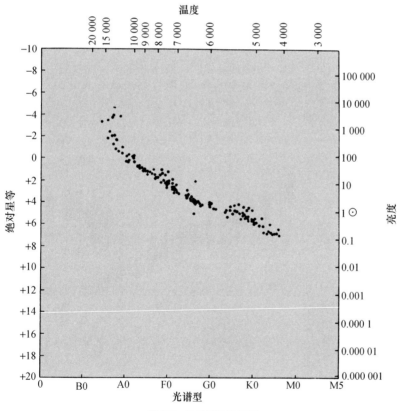

图 668　昴星团的赫罗图

将这幅图和图 667 比较。注意图中没有巨星和超巨星,图中的点弥散不大。对于一个星团而言,赫罗图表示一个确定的关系。

我们察觉,这里完全没有巨星,这是星团的一个特性。一般说来,巨星是相当稀少的。吉伦伯格的图是把所有已知两种数据的星都描绘进去了的。可是根据我们关于亮星的知识,在空间里巨星比矮星可见的范围要大得多。据估计,对于巨星所达到的范围比对于矮星所达到的远 1 000 倍,所以在吉伦伯格所绘的赫罗图里,只有把巨星的一支内的 1 000 个点当作矮星的一个点,才能表现巨星和矮星的数目的正确比例。

太阳的近邻星　研究太阳附近的星,应该在星的数目和各种类型的分配上得到一个良好的概念。

因为我们基本上知道一切亮星的视差,因此就很容易作出一张近距离而且明亮的星的表。暗星的探寻比较困难。15 等的星有几千万颗之多,我们怎样才能辨认出哪一颗是近而暗的,不是远而明的呢?我们对于近距离而不明亮的星,认识得还很不完全。

天文学家曾经作出几个近邻星表。柯伊伯于 1942 年所作的星表有星 256 颗,距离在 10.5 秒差距以内。范·德·康于 1945 年所作的星表只有 39 颗星,范围在 5 秒差距之内。这两张表发表以后又发现了几颗星,必须加进去。

研究柯伊伯以及丹戎和库德尔所搜集的资料,对于比太阳亮的星来说,那张近邻星表可以说是完全的;可是对于比太阳暗的星来说,那就很不完全,比绝对星等为 15 更暗的星,基本上还是知道得太少了。

所以我们很难明白各类型的星的分配。暂且先谈一谈已经确定的结果吧。在 10 秒差距内,只有一颗巨星——双子 β 星(北河三),但在太阳附近没有一颗超巨星。所有的星不是属于主星序,便是属于白矮星,其中以暗星为最多。20 世纪 30 年代,我们以为绝对星等为 7.5 的星最多,现在我们知道,这数字的界限当在 15 以下了。

为了比较全面地叙述,我们暂时只讨论 4 秒差距以内的星,总共有 39 颗,分布如下:

13 颗单星			13 星	
12 颗聚星	{10 双星		20 星	} 26 星
	{2 三联星		6 星	
25 组			39 星	

这些星的平均距离是 2 秒差距或 6.5 光年。聚星和单星的数目相等,即两颗星之中有一颗是聚星,聚星中星的数目是单颗星数目的两倍。这 39 颗星的质量可以估计为太阳的质量的 16 倍,其中亮星虽少,而所占的质量的分量却大。按照质光关系,这些亮星具有很大的质量。

把这些星的密度和由别的来源而得的星的密度加以比较,我们可以对所缺少的星有一个概念。

根据计算，16 个太阳的质量分布在这样的一个空间里，仅等于银河星系密度的 7/10。所缺少的 3/10，即 5 个太阳的质量，可能分配在星际物质和恒星上。我们现在还不很了解物质弥散在空间里的密度，但是，假如这似乎缺少了的 5 个太阳的质量全部属于恒星，我们对于星的数目总该产生一个上限的概念。假如所缺少的星，亮度是在 15～20 星等之间，那就该有 130 颗星。如果这质量是均匀地分布，一直到 30 星等为止，那么这数目便该是：15～20 等的有 45 颗星，20～25 等的有 135 颗星，25～30 等的有 490 颗星。

这当然是一个任意的向外推测。它只是在不与已知空间的密度发生矛盾的条件下，使我们对于暗星的数目，有一点概念罢了。

在 100 颗近邻星之中有 8 颗是白矮星。这比例已经算相当大了，可是比起实际情况还是很小，因为这些星是不容易发现的。它们全都有很多的物质，这些物质常在简并态〔简并，旧译退化。因恒星内部电离度虽很大，但气体仍然保持理想气体的性质，密度到 $(10^2～10^3)$ 克/厘米^3 还遵循玻意耳定律。当密度更大时，首先开始电子气的退化，然后〔密度大于 $(10^5～10^6)$ 克/厘米^3 时〕开始重质点的退化。在电子和重质点都退化的情况下，电子气的压力为重质点压力的 1840 倍。——译者注〕下，如同在白矮星里的状态一般。

图 669　盾牌座里巨大的银河恒星云

第四十九章

变　星

　　有些星的光亮不是恒定的,我们知道有许多星的星等,变化都相当大。

　　除了新星,我们最先知道的一颗变星是在鲸鱼座内,以"鲸鱼怪星"得名。1596 年,法布里休斯(Fabricius)发现这颗 3 等星是当时星图上所没有的。1603 年,巴耶不知道法布里休斯的观测,把这颗星叫作鲸鱼 o 星(蒭藁增二)。这以后约 40 年,即在 1638 年,霍耳瓦达(Holwarda)才认识到,这颗星光度的变化是有周期性的。以后我们还要研究这颗有趣的星。

第二颗变星是英仙 β（Algol，大陵五），它的光亮有变化，也许阿拉伯人早已知道了。原来 Al Guhl 这个词在阿拉伯文里的意思就是"变化的精灵"。和刍藁增二相反，大陵五的变化是很有规则的。我们已经说过，这是一颗交食双星。这不是一颗本身的亮度在变化的星，而是两颗在互相掩蔽的星形成的星系。我们已经研究过这类变星，在此就不重复了。当然，一切关于研究变星的方法，对于这类变星也是用得上的。

初期的发现以后，发现变星的数目逐渐增加，起初增加缓慢，以后便愈来愈快，如 1686年基尔希发现天鹅 χ 星以及 1704 年马拉迪发现长蛇 R 星等。

下表内的数字没有包括恒星云、星团和星云里的变星，如果把它们一并计算进去，已知变星的总数当在两万颗以上。

主要的变星表

年份	作者	变星数
1786	皮戈特（Pigott）	12
1844	阿格兰德（Argelander）	18
1866	舍费尔德（Schönfeld）	119
1896	钱德勒（Chandler）	393
1907	坎农（Cannon）	1 425
1920	缪勒尔与哈特维克（Muller et Hartwig）	2 054
1930	普腊格尔（Prager）	4 611
1936	普腊格尔	6 776
1941	舍内勒尔（Schneller）	8 445
1948	库卡金与巴联拉果（Kukarkin et Parenago）	10 912

要为这样多的星命名是困难的，最可靠的办法当然是用它们的坐标——赤经和赤纬——来标志它们，但是我们还保留一种传统的命名法。恒星经人发现为变星，而且不像英仙 β、天鹅 χ 之类已有名称的，便在其所属的星座名字前面加上一两个大写字母。天鹅座内第一颗变星叫 R Cyg（天鹅 R），第二颗 S，其次 T，一直用完所有的字母；Z 以后便是RR Cyg，RS⋯RZ，跟着有 SS⋯SZ。将这些双字母用完，也只排列了 334 颗星。再以后的变星便记为 V335Cyg。现在已经到了 V460。再将 χCyg（天鹅 χ）和几个新星加上，迄至1948 年，天鹅座内已有变星 464 颗。

我们说过，这种复杂的命名法促使天文学家去划清星座的界限。这种命名法，既不方便，又很奇怪，使人联想到城市里的房屋需附以街名和号数一样。

变星的寻找　照相术发现以前，变星的发现纯属偶然。现在整个天空都已经过拍照，我们所发现的变星很多。

最大的困难便是在照片上辨认出哪些星是变星。如果星光变得很快，一张多次露光的照片（如制天图星表所拍的照片），立刻便可辨认出变星来。如果光变缓慢，便应该将不同时期的照片拿来比较。帮助作这样比较的仪器叫作闪视镜（图 670）。由于一种机械的和光学的特殊装置，观测者在同一目镜里可以

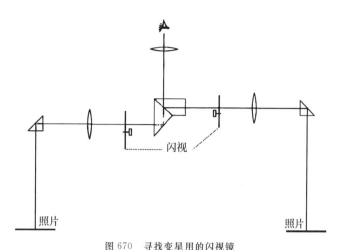

图 670　寻找变星用的闪视镜

借两个同步的旋转轮，观测者轮换地看同一星区的两张照片。如果一颗星的光度有变化，此星便在观测者眼里跳跃。

反复地看见两张照片。这种反复的观看，每秒钟应有几次。因为一颗变星在两张照片上直径不同，在这样情形之下，就显得时胀时缩，在肉眼里闪烁跳跃，但光亮恒定的星就不可能有这样的现象，从而引起观测者的注意。

国际天文学联合会经常发表包括所有变星的星表。这项工作现在委托给苏联办理，最新的变星星表有 528 页，包含有 20 448 颗变星的数据〔1958 年出版的变星星表，正文 700 页，包含 14 711 颗变星的数据。——译者注〕：计有极大和极小星等、变星型、周期、极大和极小时期、光谱型等。

变星的精密研究需要许多精密的光度测量，上面所说过的测量星等的方法，可以立刻使用到变星上去。一般是将变星的光度和它附近的星的光度加以比较。在这广大的研究领域里，特别是对大变幅和长周期的变星，天文爱好者是大有可为的。现在世界上有许多业余变星观测学会，例如在法国就有这样一个组织。这些学会所取得的成就是很大的。在此，我们特为天文爱好者叙述各种目视估计的方法。阿格兰德的方法是将要研究的星和两颗光亮相近、光度不变的星加以比较。变星观测学会发表的星图，使人容易在它上面找出变星和比较星。我们在这里复制出关于仙王 δ（图 671）和鲸鱼怪星（图 682）的两幅星图。

研究某些变星，如交食变星和造父变星，需要高度精密的测量，便需很精密的仪器，今天都用光电管和自动记录的设备来做记录。

按照光变的性质和原因，变星可以分为几类。下面是主要的类型和它们的百分比：

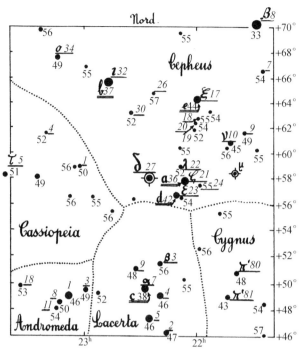

图 671　法国变星学会所制的变星图，表示仙王 δ 星在天上的位置以及它周围的比较星

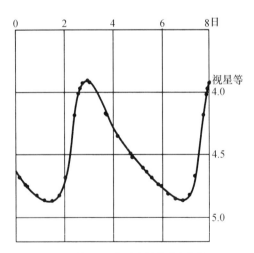

图 672　仙王 δ 星的光变曲线

这是古特尼克（Guthnick）使用光电光度计求得的。这条曲线很有规则，无限地重复出现。星等的尺度是使上边亮而下边暗。

1. 规则变星：

   A. 交食变星（已经研究）······ 22％

   B. 脉动变星（直径按周期变化）···23％

   C. 长周期变星 ·············· 44％

2. 不规则变星 ·············· 9％

3. 新星或超新星 ·········· 1.3％

其中的比例是按现象划分的。在这个统计里，亮星占了便宜，例如明亮的新星实际上没有 1％，别的亮度小的变星实际更要多些。

在天上某些特殊区域里，某种变星特别丰富，例如在银河中心或球状星团里，某类脉动变星特别多。

脉动星或造父变星　这类变星以仙王 δ 星（造父一）为典型而得名。这是一颗肉眼能够看见的亮星。图 671 表示它在天上的位置。

这颗星的变化自 18 世纪末便经人发现。古德里克（Goodricke）和皮古特于 1784—1785 年间便观测了这颗变星。这颗星的光变情形是这样的：极亮时星等达 3.78，随后慢慢变暗，约 4 日暗了一半，达 4.63 星等；这以后又变亮，但上升比下降时快得多，在 1 日零 8 小时后，便重新达到极大星等 3.78（图 672）。

这颗亮星的光变曲线曾经被许多观测者测定。我们在这里发表的是由光电观测所确定的最好的曲线。图中缓慢的下降和快速的上升是很明显的，曲线很有规则，有些观测者在这条曲线上看出一些起伏情况，但事实上并不存在。

光变周期的确数是 5.366 306 日，自有观测到今天，周期稍微变短了一点。这样的变短虽然是真实的，但自最初的观测到现在，才短了 13 秒钟。

极大星等没有变化。这是一颗远星，视差难于确定。它的距离的数量级是 200 秒差距。绝对星等显然是小于 0，也许是 -1.5，因此被列为超巨星。光谱随星等同时变化，由极大时 F1 型变至极小时 G3；同时温度也变化了 1 600℃，极亮时温度较高。

这两个现象使我们想到，光度的周期变化是由亮度的变化而来，但是事实上却更复杂，因为由观测表示视向速度是变化的，而且视向速度的变化曲线和光变曲线有奇特的相似。最大的接近速度（负的视向速度）和最大光度同时发生，最大的远离速度（正的视向速度）和最小光度也同时发生（图 673）。

这样的变化说明，这颗星可能是交食双星，但是交食的极小光度应发生在视向速度经过平均值的时候，然而刚才说过，事实上却不是这样的。纵然不管这个矛盾，我们把它作为分光双星去计算它的轨道，结果却很奇特：伴星的轨道的长半径比主星的半径还要短些。

解释这类变星的光变理论，最满意的当是脉动理论。仙王 δ 便是一颗半径在变化的星。它的平均半径是 4 500 万千米，是太阳半径的 60 倍，所以是巨星或超巨星。这半径变化很大，最大时比最小时长 1 000 万千米（图 674）。这些数字不难由视向速度曲线推得。

把这些观测到的结果表示为图形（图

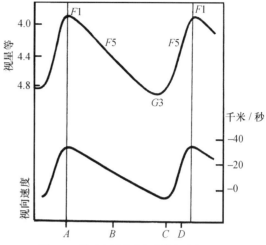

图 673　仙王 δ 星的光变曲线和速变曲线

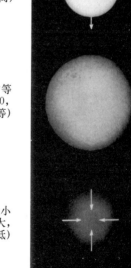

阶段 A　0 日　极大亮度（膨胀速度极大，半径中等，温度极高）

阶段 B　2 日　中等亮度（膨胀速度为 0，半径最大，温度中等）

阶段 C　4 日　极小亮度（收缩速度极大，半径中等，温度极低）

阶段 D　4.7 日　中等亮度（膨胀速度为 0，半径最小，温度中等）

图 674　造父变星各脉动阶段的示意图

674），可见，亮度的变化主要是由于温度的变化。星因收缩而变热，正如打火机内的空气因压缩而发热一般。但是因热的传播需要时间，最高温度不是发生在压缩终了，而是发生在膨胀开始以后的一会儿。这种大气团的热平衡，曾经被英国天体物理学家金斯（Jeans）加以理论的计算。结果和观测相当符合，可是这理论还没有达到完善的境界。

这是一种自己调节的振动，它的周期和星的物理常数、半径、质量等有关。我们说过，这些数据有相互的关系，所以只要有一个数据，例如亮度，便足以定出周期。造父变星的脉动周期和它的亮度有关，犹如摆的振动周期和摆长有关一样。1912 年，这关系经勒维特（Leavitt）研究小麦哲伦云内的 25 颗造父变星（图 675）而得到证明。这是我们近邻的河外星云，可能和我们的银河星系有些联系。勒维特证明，造父变星的周期和视星等有一个很显著的关系：愈明亮的星，周期愈长。这种重要的关系，以后还要由这星云内的另外 320 颗造父变星的研究得到进一步的证明。这星云的范围与它和我们之间的距离相比是很小的，所以它里面的星的绝对星等和视星等只差一个常数，因此周期和绝对星等是有关的（图 677）。

我们说过，已发现的造父变星很多，周期在 1 日和 50 日之间的有 500 颗。这些星的光变曲线都很有规则，而且对于其中的大多数，可以重复不断地测出同样的曲线。虽然在表面上看来，脉动星有这些共同性，可还是应该分为不同的几类。根据周期对造父变星加以统计，有两个显著的极大：周期在 0.4 日至 0.6 日之间的有 253 颗星，周期在 3 日至 60 日之间的有 87 颗星。后一群称为真正的造父变星，前一群属天琴 RR 型的变星，因为前者在球状星团里特别多，所以以前也被叫作星团变星。最近的研究表明，这两类造父变星实际上有很大的区别，不是像前人所想象的那样。

经典的造父变星是超巨星，光谱型由 F 至 G，在河外星云的外边区域到处都有，特别是在我们的银河星系里，在麦哲伦云里很多，而且有人曾对它做过很好的研究。

天琴 RR 型星的分布是很奇特的：

（1）在有些球状星团里很多。这种很特殊的星团是由很接近的几十万颗星构成的，以后我们还要谈到。只有它们的外部才容易进行研究，我们在那里找到 1215 颗变星，其中 1172 颗属天琴 RR 型变星。这些星专名是星团变星。猎犬座星团（M3）有 166 颗这样的变星，杜鹃星团内却一颗也没有，这倒是很有趣的事。

（2）银河系中心区域人马座里有很多这样的变星。经巴德统计，每平方度内有 300 颗。

（3）有一些天琴 RR 型星，分布在全天各处，远离银河平面的变星常有大视向速度的特性，好像这些星是从上面所说的那些星群里逃出来的一般。

图 675 小麦哲伦云
图中有两个球状星团,即 NGC104(大的一个)和 NGC362(左边一个),这两星团属于银河晕。

图 676　仙女座内的椭圆星云 NGC147
经巴德分解为恒星,其中的恒星完全属星族Ⅱ,大部分是红色的(帕洛马山,5 米口径反射镜拍照)。

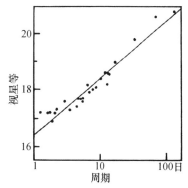

图 677　小麦哲伦云里的造父变星周期和视星等的关系(时间坐标用的是对数尺度)

这些变星的周期都很短,半人马内有一颗变星周期只有一小时半,宝瓶 CY 星的周期也差不多一样短。它们的光谱总是在 F 与 G 之间。现在,天文学家承认巴德的看法:在很密的区域,如球状星团和银河中心里,星和别的星不同,另成一类(图 676、图 678)。我们把这些星叫作星族Ⅱ。天琴 RR 型变星便是星族Ⅱ的代表,至于经典的造父变星则属于星族Ⅰ。

这是近来的一个重大发现,从这发现所推得的结论改变了我们对于宇宙的看法。

我们说过,在球状星团里有着一些周期是十日或几十日的、类似通常造父变星的变星。这些变星和经典的造父变星颇不相同,并不都在相同的周期亮度图上。这些变星肯定是属于星族Ⅱ的,正式的造父变星属于星族Ⅰ。我们下面还要讨论到这个重要问题。

图 678　双鱼座旋涡星云 NGC628 的外部

这是由星族 I 的星所构成的,只有核心才是星族 II 的星所构成(帕洛马山,5 米口径反射镜拍照)。

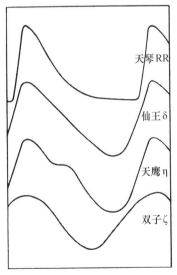

图 679　天琴 RR 星和几个造父变星的光变曲线

天鹰 η 星的光变曲线的突出部分是被证实了的。

在我们对于银河星系和旋涡星云的认识上,周期亮度关系起了重大的作用。由于这个关系,只需测定一颗造父变星的光变周期,便可知道它的绝对星等或者本身亮度。再将此结果和它的视星等加以比较,我们便容易而且精准地定出星的距离和包含变星的星团的距离。因为下面两个理由,这方法显得特别有效。一方面用帕洛马山的望远镜,借照相光度学的方法,可以测量到 22～23 等的星;另一方面,造父变星是异常明亮的星,比太阳要亮一万倍,所以即使它们很远,也能被我们观测到。这两个有利的因素合在一起,使天文学家得以测定很远的距离,例如测定仙女座大星云的距离。

固定勒维特曲线的绝对位置是很重要的一件事。由小麦哲伦云的测量只能固定曲线的形式,不能确定它在

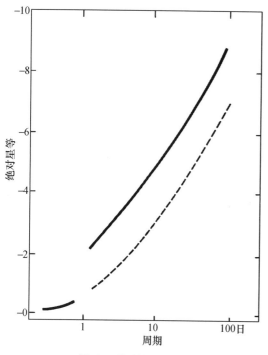

图 680　脉动星的周光曲线

左下方的一小段实线，属于星团变星（天琴 RR 型），周期比一天短，绝对光度差不多是常数。上方的曲线是星族 Ⅰ 的造父变星的周光关系（自 1952 年所采用的）。周期 100 日的造父变星，绝对星等是 −9，这些星比太阳明亮 40 万倍。在巴德研究以前，天文学家错将这一段曲线和天琴 RR 星的一支连在一起，现在以虚线画在实线的下面，这样就使造父变星暗淡 4 倍。

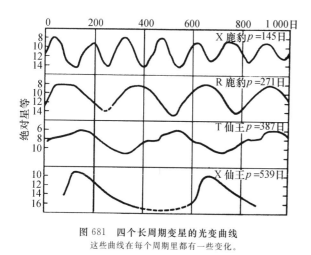

图 681　四个长周期变星的光变曲线

这些曲线在每个周期里都有一些变化。

绝对星等的尺度上的地位。沙普利曾用几颗已知距离的造父变星去固定曲线的地位。很遗憾，这些星都很远，因此这种定标的工作只能根据不很确定的统计，而且资料也仅限于距离比较明确的几颗短周期变星。这样的确定法不可能产生使人满意的结果。因为短周期变星属天琴 RR 型，而不是正规的造父变星（图 680）。这两类变星并不通用一种关系。因此早期定标的结论就陷于错误之中。当我们谈及宇宙的结构时，还要回到这个问题上来。根据下表内记载的最新的结果，我们才明白，造父变星实际上比从前所测定的要明亮四倍，于是从前所定的距离实际上近了一倍，造父变星较之从前所定的距离应该远一倍。因为造父变星是用以测量河外星云的距离的，所以这些距离均需加以修正。

周期（日）	目视绝对星等
100	−8.0
50	−6.9
10	−4.4
5	−3.3

长周期变星　长周期变星和造父变星在星光的变化上是有关系的，只是在周期上有长短的不同而已。与大多数造父变星不同的一点，便是各个周期的光变曲线并不是严格的相同，有时在极大光亮上出现或多或少的差别，有时周期是作有规则的变化或骤然的变化（图 681）。就数学的意义上来说，这些星的变化是不规则的，但是从曲线上看，光亮的变化却有相当的规律。

这一类变星都是红星,很冷,属于 K5—M,以及 R、N 和 S 型。在这类星中有许多颗星的光谱里有发射谱线。

鲸鱼怪星　鲸鱼 o 星又叫鲸鱼怪星,是长周期变星的一颗典型星。图 682 表明了这颗星在天空的位置。自 1596 年经法布里休斯发现它是一颗变星以来,它的光亮变化经人观测了几个世纪。

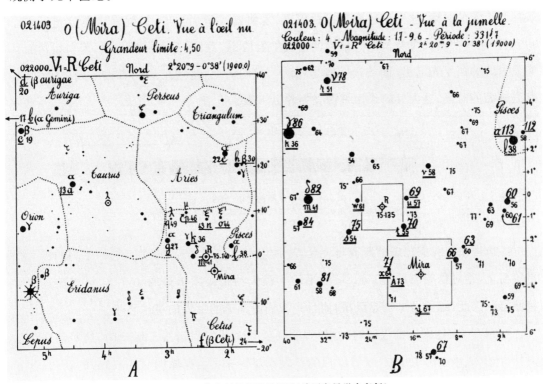

图 682　鲸鱼怪星周围的星图(法国变星学会印行)

这种变化是没有规则的。它的周期在平均值 331.6 日附近有或多或少的变化,极大光亮期可以早迟几天。极大和极小星等很有变化。我们观测到的极亮自 2.0 至 4.9,极暗自 8.6 至 10.1。未来的极大和极小星等很难预测。

图 683 表示这颗星在 1913—1914 年间的光变曲线。1913 年 10月,星光极暗,是 9 等,经过一个多月,变化很少;到了 12 月,有细微的增长;到了 1914 年 1 月,加速增长;2月变化很快,每 10 天增亮一个星等;到了 3 月 9 日,达到极亮,是 3.1 星

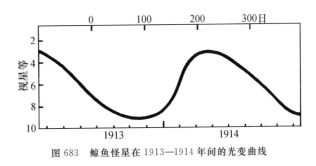

图 683　鲸鱼怪星在 1913—1914 年间的光变曲线

等；这以后星光立即变暗，持续有规则地下降，每月暗一个星等。上升速、下降缓和长期停在极小是鲸鱼怪星的特性。这特性在同型的变星里是常见的。

这颗星的光谱（图 684）在 M5e 和 M9 型之间变化。这是冷星的光谱，有氧化钛的强光带和中性金属（铁、钛、钙、锶）的谱线。在这些吸收光谱上还重合着一个发射光谱，主要是氢的谱线和较弱的铁、硅和镁的谱线。在极暗时，这发射光谱看不见，只在星的光亮增长达到 7 等的时候，这光谱才出现。这以后，发射谱线增加强度，最强发生在星光最亮以后。随后，这些谱线重新消逝。最强的谱线是氢的 H_δ 线，这是奇特的现象，因为在别的具有发射线的恒星光谱里，这条线一般是弱的。我们认为，这颗星周围有很广阔的大气，特别是极亮的时候，这大气的作用好像发射星云一般。

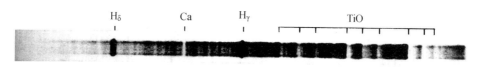

图 684　鲸鱼怪星的光谱（负像）

右端有氧化钛的带状特征光谱，很强，似露光过度的谱线属氢的明线。

鲸鱼怪星与我们地球的距离可能是 60 秒差距。在这样远处，对于它的平均的极大视星等而言，绝对星等当是 −0.4。星的平均半径大约是太阳半径的 400 倍，可以被我们直接测得。因此，鲸鱼怪星是超巨星，而且是我们所知道的最大的星球之一。

1923 年，在这颗星的极暗时，乔伊观测到氢和氦的发射谱线。他认为，这些谱线是从艾特肯 1923 年在离主星 $0''.9$ 所发现的一颗小星而来的。据库图（Couteau）的观测，这颗小星周绕主星在 30 年内仅运行 $6°$。根据这 1800 年的周期，算得视差为 $0''.005$，比一般所取的值小。这颗伴星是 10 等，也是变星。

鲸鱼怪星的光度变化在红外区比可见区或照相区要小得多。后面这两区域里的大变化可能是因氧化钛的吸收光带的强度而引起的。这些光带的加强就会取消掉大部分可见光和照相光，除了这一效应以外，还有辐射的普遍减弱。在红外区光带弱的原因，只是由于后面所说的这一事实所造成的。这颗星的光变原因是怎样的呢？我们可以把它当作是一颗周期特别长的造父变星来处理。这种处理好像是合理的，因为把它当作造父变星所算出的周期与这颗星的周期是符合的。

由视向速度的变化和用麦克尔逊方法所作的观测证明，这些超巨星的直径是变化的。可是现象更要复杂些，一些特殊情况使我们想到，在脉动时有云掩蔽了星的表面。德国天文学家福尔姆（Wurm）建立了一种理论：由吸光云里的气体分子间的作用去解释吸光云里发射谱线的来源。

不规则变星　我们可以将这些变星分为三个主要的类型,分别叙述如下:(1)围绕定不准的平均光度不断变化的星;(2)光度长期稳定,但有时突然或多或少变暗的星;(3)光度长期稳定,但有时突然增加光亮的星。

不断变化的星　我们时常把这些星分为两类。第一类的代表星是金牛 RV 星,图 685 表示了它的光度的变化。这一类星我们知道的有 40 颗。它们和长周期变星很相似,不同的只是变化不规则而已。这些星和鲸鱼怪星很接近,也许云掩星的现象在这里特别显著。

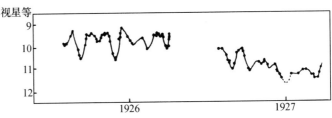

图 685　金牛 RV 星在 1926—1927 年间的光变曲线

类似仙王 μ 星的星,光度变化更不规则。一般光度变化颇小(图 686)。我们知道这类的星不少(150 多颗),有几颗很亮,例如参宿四(猎户 α)和帝座(武仙 α)。

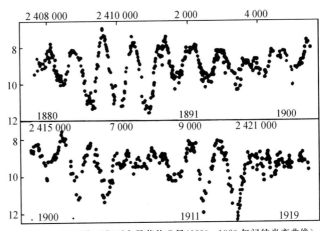

图 686　长周期不规则变星英仙 S星(1880—1920 年间的光变曲线)

这些星光变化的原因还不能确定,我们容易联想到与我们太阳上所发生的相类似的现象。设想这些星表面也有由于内部旋涡运动而来的黑子。如果黑子现象相当严重,当然可以演成星光的不断变化,这也同时可以说明,这类星有时有维持光度不变的另一种特性。

忽然变暗的星　这些星以北冕 R 为代表(图 687),它们的现象好像是有时被吸光的物质所掩蔽。北冕 R 星,通常的星等总是 5.8,经过很长的时间固定不变,忽然间光亮骤减,而且减少的情况是变化的,我们曾经观测到的极暗光度是 6～14 等的星。以后,光亮上升需要比下降更长的时期才达到原来的星等 5.8。在 1906 年与 1924 年之间曾经观测到许多次极小,显著的有 1909—1912 年、1915 年、1917—1918 年、1921 年、1923 年和 1924 年几次;以后经过 9 年半,光亮都没有变;这以后变化又开始进行。这类星中已知的 50 颗都是在银河附近,好像时常和吸光的云接近。它们的光谱型很不相同,从 B 到 M 和 R。这种现象使我们想象星从吸光的云后面走过。事实上,星应该在星云里经过,因为我们观测到光谱变化的时候有发射谱线出现,这只能解释为星和星云物质之间的相互关系。也有人设想,这些吸光物质是由星发出的,好像机车所发出的烟尘一般。

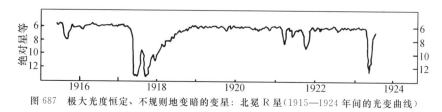

图 687　极大光度恒定、不规则地变暗的变星:北冕 R 星(1915—1924 年间的光变曲线)

忽然变亮的星　这一类型已经接近我们下面就要专辟一章来讨论的一类重要的星——新星。这一类里有几颗已经被人列为新星。例如,天鹅 P 星,又叫作 1600 年新星;1933 年蛇夫 RS 星骤然大放光明,经人列为 1933 年蛇夫新星。我们试谈一下这类变星的典型——双子 U 星(图 688)。这颗星在 30 日至 200 日内星光不变,总是 14 等,忽然在几个小时内,星急速变亮,可达 9 等,明亮了 100 倍之多。

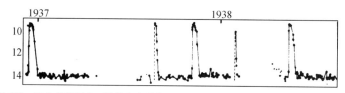

图 688　极小亮度恒定、骤然变亮的变星双子 U 星(1937—1938 年间的光变曲线)

天鹅 SS 星是另外一颗与双子 U 星变化颇为相似的星(图 689)。这颗星最暗时,星等是 12.1,变化很少。它总是骤然变亮,经过几天,再恢复原状。这样变亮的周期很不规则,中间相隔的天数从 20 日至 100 多日,平均大约是 50 日。星光一般变亮 40 倍,达到 8 等;有时它达到中间过程,即 10 星等,便停止上升。这颗星很热,它具有属于 O 和 B 型的氢与氦的谱线,且时常出现发射谱线。我们还知道许多这样的星,它们都很像我们将要研究的新星。

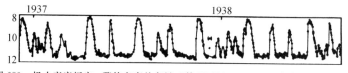

图 689　极小亮度恒定、骤然变亮的变星天鹅 SS 星(1937—1938 年间的光变曲线)

再谈一下近来所发现的另一类变星,即闪光星。这些星在一个短时间里特别明亮。这段时间是十几分钟或几小时,星光加倍,以后又恢复原状。这样的爆发时常出现。图 690 表示宝瓶 AE 星的变化,是法国南方天文台勒努韦耳(Lenouvel)由观测而得的记录。

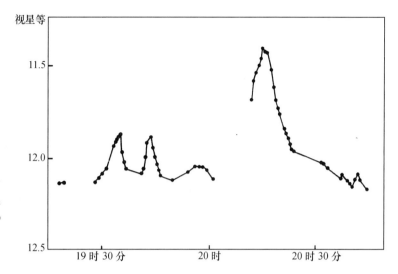

图 690　迅速变亮的变星宝瓶 AE 星

1952 年 10 月 17 日勒努韦耳所观测的结果。在 10 月 17 日 20 时 10 分所起的骤变,于 10 分钟以内光亮加倍。到了 20 时 40 分又恢复原状,但在 21 时再度爆发。

紫外区变亮特别厉害,这表明,不是这区段里有发射线出现,便是星的温度骤然间大大地增高。变化的原因还不明白,也许是和恒星大气的爆发现象有关。这些星是红矮星,它们与将要叙述的另外一类变星——金牛座 T 型变星——有一些相似之点。

金牛座 T 型变星　以金牛 T 为代表的这一类星,也是主星序里的矮星,就光谱型论(F 至 K),它比闪光星要热一些。它们总是在吸光云的里面或者附近。光亮的变化不规则而且相当小。这些星的光谱是很有趣的:除了正常的吸收线之外,还有氢、中性氦和电离氦的强烈的发射谱线,以及许多电离金属的谱线。

自从系统的搜索以来,这类星已被发现得很不少。因为它们自身的亮度小,这些星总是不很亮。乔伊在金牛座的一朵暗云里发现了 40 颗,最近又经几位天文学家在猎户大星云附近发现了几十颗。有人认为,这是在密的暗星云里面的爆发星,从星球射出的物质以高速度碰撞着星际质点,这样的碰撞造成发射谱线,增加星的光亮。麒麟 R 星是这种类型的变星,这颗星和光亮也在变化的星云 NGC2261 有联系。图 691 是这个星云的照片,它好像是受了光波的穿透,形状好像也在变化。

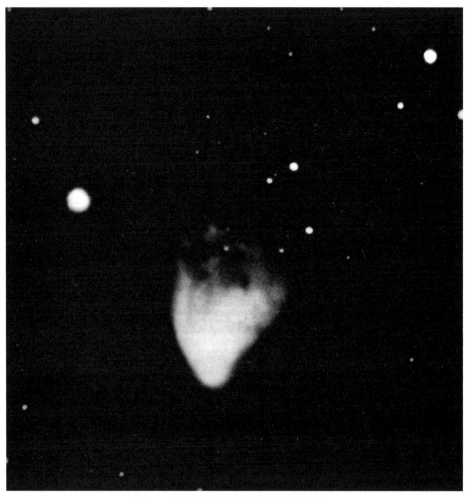

图 691　和麒麟 R 星相联系的星云 NGC2261
这是帕洛马山 5 米反射镜所拍摄的第一张相片。

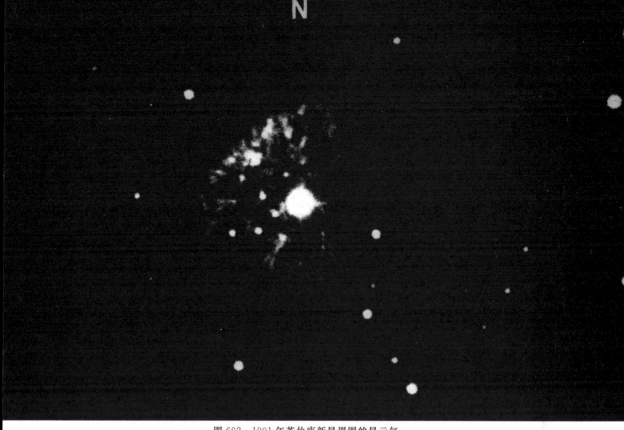

图 692　1901 年英仙座新星周围的星云气
将这张照片和蟹状星云的照片(图 762)比较,它们很相似(拍摄于 1952 年)。

第五十章

新　星

　　在任何时候,如果天空中忽然出现一颗亮星,都会引起人们的注意。公元前 3 世纪,喜帕恰斯就是因为看见一颗新星,才制成了有名的星表。古代的历史记载了不少类似这样的新星:1054 年金牛 ζ 星附近、1572 年仙后座里都有明亮的新星出现。后面这颗星经第谷描绘,说是比金星还亮,白昼也可以看见。虽然第谷曾精密地测定了它的坐标,可是现在却不知道是不是还可以看见,因为这个区域里有几颗暗星都在 1572 年所定的位置附近。人们曾经观测过这颗新星达 16 个月,那时还没有发明望远镜。1604 年开普勒观测到另外一颗新星,达到木星的亮度,这颗新星经过两年之后才看不见了。

新星的记法是在 N 字母后面跟上新星所在的星座和最大亮度的年代。例如，N Herculis 1934 代表 1934 年在武仙座内出现的新星。有些曾被人认为是变星的新星，仍以这些星的变星名称命名，例如 1866 年在北冕座内出现的新星，叫作北冕 T 星。

明亮新星的出现是一个引人遐想的现象。因为增添了这颗星，星座忽然改观，使我们不认识这个星座了（图 693）。这样说来，好像明亮的新星不会逃过人的眼睛，可是事实上并不是这样的，因为有些新星的最大亮度转眼消逝。专业的和业余的天文学家虽然经常注意天象，可是人数还不够多，因而有几颗新星在衰歇期里才被人发现。

图 693　1950 年蝎虎座新星
默东天文台贝尔托(Bertaud)发现的。左边一张照片是 1950 年 1 月 23 日发现后的次日所拍的。右边一张是同一区域在三年前所摄的，上面并没有那颗星的迹象。

1918 年天鹰座新星　这是一颗典型的新星，人们曾经仔细地研究过它。这颗星于 6 月 8 日首先经鲍尔(G. N. Bower)在马德拉斯(Madras)发现，那时是 1 等星。在他发现以后几小时内，许多观测者也都发现了它，前线的士兵们把它叫作"胜利星"。发现后 22 小时，这颗星达到极亮，星等是 −1.1，差不多和天狼星一样明亮（图 694）。在爆发以前，这颗星曾经被拍在许多照片上面。在 1888—1918 年间，哈佛天文台拍有 30 张照片，说明它是一颗稍微变化的暗星，星等在 10 和 11 之间。凑巧在 6 月 5 日拍的照片表明，这颗星的光亮是 10.5 星等，而 6 月 7 日 19 时的照片上星等是 6.6，所以在不到两天之内，它的光亮增加了 4 个星等。我们认为,它真正的爆发开始在这七天的某一天内。最后一张照片的拍摄与鲍尔的发现仅差 9 个小时,这颗星变了 5 个星等,它的光亮增加了 100 倍。

在这一爆发性的明亮以后,星光开始下降,平均每日降 0.27 星等,在 15 日后达到 3 等星。这样的下降一直继续到 6 月 24 日,现象改变成另外一种趋势:减光速度变慢,随后光亮重新增加,至 7 月 2 日达到一个次极大。但是随后又开始减光,成了振荡式的减少,而且振幅逐渐变小;到了 9 月 7 日,已经经过了 8 个极大与 7 个极小。那时星等是 5,肉眼差不多看不见了。它的减光缓慢地、均匀地继续下去,在 100 天内,星降低了 2/3 星等。1918 年 12 月 9 日,星等是 5.55;1921 年年底,光亮达 10 等;1926 年又回复到它原来的光亮——10.8 星等。

图 694 表示这颗典型新星的光变曲线。我们还认识了另外几颗新星,光度的变化也和这颗完全相同,只是各阶段上光变速度的快慢有一些差别而已。从极亮时开始,1918 年天鹰座新星在 10 日内,1910 年蝎虎座新星在 30 日内,1925 年绘架座新星在 200 日内,都减少了 3 个星等。最后这颗星的变化,使人联想到银幕上的减速放映。对于上面所述各阶段的情况,这类新星大多数都或多或少表现得相当明显,可是另外一些新星的光变曲线与这类新星却大不相同。下面叙述一颗明亮的新星,用来说明这种情况。

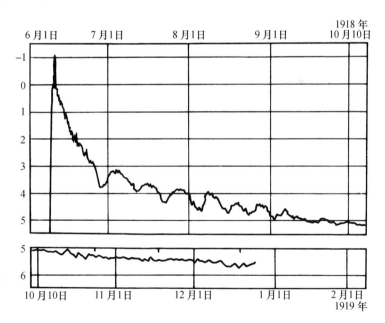

图 694　1918 年天鹰座新星的光变曲线(坎贝尔绘)

1934 年武仙座新星　爆发以前所拍摄的许多照片表明,这颗星是一颗小的变星,常比 12 等有时比 14.5 等还暗。1934 年 12 月 12 日,它略暗于 6 等星;12 月 13 日 4 时 30 分,它被英国天文爱好者普伦提斯(Prentice)发现,星等是 3.4,但还没有达到最大亮度;到了 12 月 22 日,星等变成 1.5,始达极亮。从此以后,它的光亮开始不规则地起伏,但逐渐减少,到 4 月 1 日,星光达到 5 等。这以后,下降得异常迅速,5 月 1 日星等达到 13,比 1 个月以前暗了 1000 倍。新星的历程好像是结束了,可是使人非常惊异的事又发生了:星光再度有规则地增长,到 6 月 2 日,达到 8.75 星等;7 月 3 日,达到 7.29 星等;9 月 2 日,达到次极大 6.7 星等。这以后,星光再度变暗,1937 年 2 月,达到 8 等;1938 年 12 月,达到 9 等;1940 年,达到 10 等;1949 年,达到 13.5 等。光变曲线表示出这种奇特的变化(图 695、图 696)。

图 695　1934 年武仙座新星在演变中的两个阶段
左图是 1935 年 1 月 31 日在极大后 40 天拍摄,右图是 8 月 22 日已在衰歇阶段拍摄。两张照片的露光时间相同,表现出光亮有很大的变化。左图的十字光芒是望远镜小反射镜的支架所造成的。

自从人们能够使用摄谱仪研究新星后,我们对于这类星的认识就大有进展。我们把这些星叫作"新星"是错误的,因为它们在爆发前已经有了,在爆发以后仍然存在,只是在爆发的时候它们的光亮变化特别大而已。在短暂的光明期里,它们的光谱变化很大。我们对于这些爆发前的新星所知甚少。它们总是很暗的星,虽然知道它们的星等,却不知道它们的光谱。有各种理由使我们估计这些星是 A 至 F 型的星。

星的增亮是很突然的,常在几小时内,很少在几天内,星光增亮到 5000 倍至 10 万倍。那时我们拍得的光谱,相当于巨星的 A 型,谱线向紫端改位很多,好像星的大气在膨胀中。

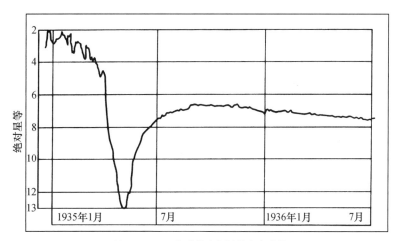

图 696　1934 年武仙座新星的光变曲线

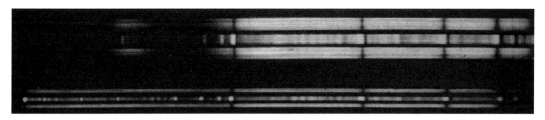

图 697　1934 年武仙座新星的两个光谱

　　新星的光谱两旁是织女星的光谱。和织女的氢谱线相当的有发射线（白色）和吸收线（黑色），都因多普勒效应向紫端移动。这移动是由于气壳膨胀，它是向我们而来的，速度是 200 千米/秒。在氢的谱线之外，还有铁、钙、钠等元素的谱线。下面一条是光谱的红色区域。

　　膨胀的速度很大，可以达到每秒几千千米，谱线常是双重或者多重的，每一条线代表一个特殊的速度。例如，对于 1950 年蝎虎座新星，我们观测到三层膨胀的气壳，速度分别为 860 千米/秒、1 230 千米/秒和 2 080 千米/秒。在极亮后的一些时候，光谱中有发射线的出现，而且增亮得很快（图 697 至图 699）。这些明线先有氢的巴耳末谱线系，随后有氧、氮和电离的或多或少的金属谱线。在减光阶段里，这种光谱特别显著。当星光明暗摆动开始时，一般出现星云的特征谱线，特别是那条过去以为是"氢"其实是氧的绿色谱线。

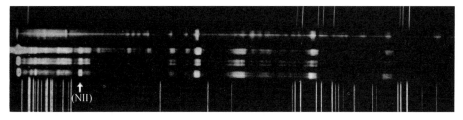

图 698　1952 年蝎虎座新星的 4 条光谱

　　由图可见在 4 个月的观测期间，光谱里发生了很大的变化。1 月 27 日的光谱里有电离铁和氢的明线。这些线的短波一边有吸收线，这说明有一氢层在膨胀中。这以后出现氮、氧和电离氢的原子的强谱线。有些谱线是由低压而来，例如很明亮的一条谱线 NII，从 3 月 8 日起就出现了。

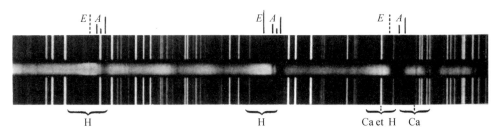

图 699　1952 年蝎虎座新星的光谱

拍于 1 月 27 日,图上表现了氢(E)和钙的发射谱线,每一谱线有三条吸收黑线(A)。这些线是由气壳的膨胀而来的。星际的钙谱线是很细的,突出在钙的发射线旁边。

这以后,连续光谱完全消逝,存在的只是沃尔夫-拉叶星的特征谱线,这些谱线常是由有星云气环绕的恒星所发射的。新星和这些特殊星不是偶尔相合,而是有亲属的关系。有些新星周围也有星云气,如环绕 1901 年英仙座新星的星云气特别有名。自 1901 年 8 月开始,有许多观测者发现有光亮的环圈以快速度向外传播。因为速度很快,这可能不是物质的气壳,而是星光在暗的星云上的反射。我们看见的是光波在星际物质上的照射。

这种星云气的发现是值得详细叙述的。1901 年 8 月 19 日,在弗拉马里翁和安东尼亚迪所拍摄的照片上,表现出新星周围有光环。他们认为,这不可能是仪器的漫射现象。这结果促使许多天文学家仔细地去观测这颗新星。海德堡的沃尔夫和叶凯士的李切(Ritchey)都发现了这团星云。在爆发后几个月,这团星云的视直径约有月亮视直径的一半,以后每年扩大 10′。卡普坦(Kapteyn)假设,这是星光在暗星云上的反射现象。这假设经珀赖因证实,这些光线的成分确实是新星爆发时的光线。卡普坦假设,光环膨胀的速度是光的速度,但由此假设推出星的距离显然是不符合事实的。1939 年,库德尔

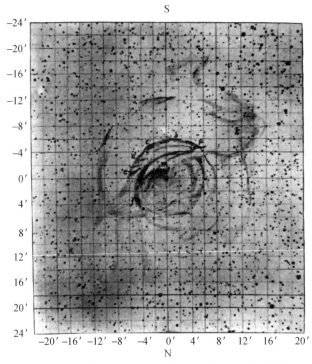

图 700　英仙座新星周围的星云气(1901 年 11 月李切描绘)

才将这不合理的地方加以解释，这表明，这种视速度可能超过光的速度。被照着的物质是处在新星和我们之间，这团星云是依次被照着的物质层所形成的。

1916 年，即在爆发以后的 15 年，巴纳德首先发现被新星抛出的物质变成了真正的星云（图 692、图 701）。1919 年，它的直径还只有 5″，膨胀率约为每年 0″.4。哈马逊（Humason）甚至已拍摄到这星云的光谱。谱线果然是星云的特征谱线，它们的特殊形态表明，这星云是处于膨胀中的。人们容易推算出，这膨胀率为每秒 1 200 千米。把这些观测综合在一起，便可推出新星的距离，因星云每年膨胀 0″.4——这是以每秒 1 200 千米的速度、物质运行一年的距离所具有的角度。于是算出，新星的距离是 530 秒差距或 1 700 光年。

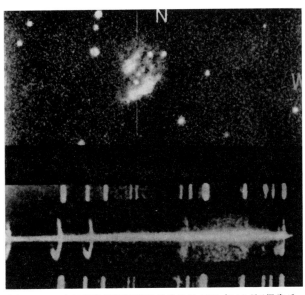

图 701　1901 年英仙座新星发射的物质于 1934 年 12 月（爆发后 33 年）被拍得的照片与光谱
这团星云气的直径只有 13″。在图 700 代表新星的小圆里，所有的星云气差不多消失了。哈马逊将摄谱仪的光缝放在前一张图所画的那条细线上。注意谱线有 J 字形的奇特构造。右边的部分来自向我们而来的物质，左边的钩状是来自离我们而去的物质，由这条谱线的结构算出膨胀速度是 1 200 千米/秒。

要使这样远的一颗星的视星等达到 0.2，它的自身亮度应该是很大的。根据计算，这颗新星的绝对星等是－8.4，也就是说，这颗星比太阳要亮 20 万倍。这颗新星在爆发前和爆发后视星等都是 13.5，相对应的绝对星等是 5，大约与我们的太阳相同。由此可以计算新星以光的形式所发出的能量，这只要在它经常的光亮里，再加上一切瞬时能量。这样，我们求得这颗星在新星阶段所发出的辐射，相当于我们的太阳在 6 000 年内所发出的能量。而且这些辐射的极大部分，只是在新星最亮时几天之内发出的。

新星发出的能量虽然很大，但是相对于星本身所能产生的能量，还是很小。在二十几天内新星所发的能量等于平常 6 000 年所发的，但是以平时的速度发放，储蓄的总量足供几千万年的消耗。据相当可靠的计算，新星期间所耗的能量仅是全量的 1/10 000 而已。爆发以后和爆发以前一样，因为它还具有 9 999/10 000 的能量，这颗星的光力仍然很强，而且它所损失的总能量也是一个微小的分数。谁敢说，这颗新星的后身不再爆发，再度变成新星呢？

新星的统计　迄至 1950 年，人们已经记录了 131 颗新星。在这 131 颗中需除掉几颗别种类型的变星和 3 颗在本章末要谈到的"超新星"，所以总共有 120 颗确定了的新星，其中 30 多颗是肉眼所能看见的。自从天文台经常使用照相观测以来，每年发现的新星数目增加不少。下面是各时期所发现的新星的数字：

自公元前 2679 年至 1847 年……15 颗或每 1 000 年 3 颗；

1848 年至 1899 年……22 颗或每 10 年 4 颗；

1900 年至 1937 年……60 颗或每 10 年 16 颗；

1938 年至 1950 年……26 颗或每 10 年 20 颗。

增加特别多的是暗新星，但由于一种偶合，这些年里新星特别多。这种偶合是因为这些远星的爆发期虽大有差异，但它们的光线却差不多同时达到地球。下表记载了最明亮的 15 颗新星：

名称	时期与星等		方位（1975）		类型
			赤经	赤纬	
金牛座新星	1054 年	−5	5 时 29 分	+21°57′	超新星
仙后座新星	1572 年	−5	0 时 19 分	+63°36′	超新星
天鹅座新星	1600 年	3	20 时 14 分	+20°47′	
蛇夫座新星	1604 年	−2.2	17 时 25 分	−21°24′	超新星
狐狸座新星	1670 年	3	19 时 44 分	+27°4′	慢
船底座新星	1843 年	−1.0	10 时 41 分	−59°	很慢
蛇夫座新星	1848 年	4.0	16 时 54 分	−12°44′	慢
北冕座新星	1866—1946 年	2	15 时 55 分	−26°12′	再发-快
英仙座新星	1901 年	0.2	3 时 24 分	+43°34′	快
天鹰座新星	1918 年	−1.1	18 时 44 分	+0°28′	快
天鹅座新星	1920 年	2.0	19 时 56 分	+53°21′	快
绘架座新星	1925 年	1.2	6 时 35 分	−62°33′	慢
武仙座新星	1934 年	1.5	18 时 5 分	+45°51′	慢
蝎虎座新星	1936 年	2.0	22 时 12 分	+55°7′	快
船尾座新星	1942 年	0.4	8 时 8 分	−35°3′	快

要发现在我们的旋涡星云里诞生的一切新星，当然还没有办法。根据比较可靠的估计，在我们的银河星系里，每年应有 2 颗比 6 等亮的新星以及 30 颗比 9 等亮的新星。据粗略的估计，每年新星出现的总数当有 100。这数字可从对与我们的星系类似的仙女座星云的观测中得到证实，系统的照相观测曾经在这个星云里发现 108 颗新星。在这远方星云里，几年之内所观测到的新星，与几千年内在我们星系里所观测到的数目差不多相等，这是容易了解的：因为我们所看见的仙女星云是它的整体，并不像我们看自己所处的星系，它的许多部分是被遮蔽着的；星云的整个面貌可以记录在一两张照片上面，而我们对于自己的星系就必须拍摄几千张之多。

图 702　仙女座星云的中心区域(图上标出有哈勃研究过的 50 多颗新星的位置)

在仙女座星云和别的旋涡星云里所观测到的新星和银河系里的新星,有着一样的表现:这些星系里最亮的星在最亮的时候超过最亮的造父变星6倍。根据50多颗新星的光变曲线和拍得的几个光谱,我们毫不怀疑这些河外星系里的新星与我们在银河星系内所发现的是完全相同的。

仙女座星云里新星出现的频率和对我们星系里所假定的数字是可以相比的。哈勃估计的数字是每年30颗。仙女座星云里的新星的分布是奇特的(图702):外边稀少,绝大多数都在中心附近。好像在中部的边沿上新星最多,这很可能只是由于观测上的困难所造成的,因为中部明亮,容易使照片模糊,使我们辨认不出新星。这种看法是有趣的:星在星云中央比在边沿来得多,混在繁星之间的新星,当然也会多些。但是另一方面,因为中央的星属于星族Ⅱ,新星可能是这个星族的一种特性,可是这还是一个尚待解决的问题。在一些旋涡星云里,我们虽然尽力搜寻,却没有发现新星。例如,大熊座内的旋涡星云NGC3031,既容易观测,也曾加以仔细的研究,但却没有发现新星。同时我们也知道,这个星系里很少有属星族Ⅱ的星。

我们再叙述一下新星在我们星系里的分布。绝大多数的新星出现在银河附近,而且常在银河的南边,其中有60％离银道面不过10°。这是自身亮度很大的星的一种特性,O型星的分布也是这样。

当我们愈接近人马座里银河中心的时候,银河里的新星便增加得愈多。图703表示新星在天空的分布,一眼就可以看出以上所说的那两个特性。

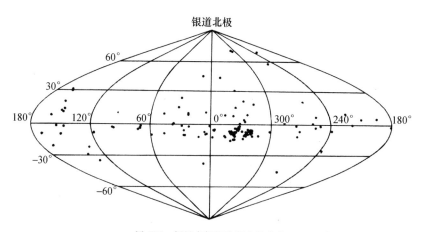

图703　新星在银河坐标上的分布

在银道面上的密集情况很是明显。在图中心稍微偏右之处最密集,这一点即是人马座内的银河系中心。

这种分布情况显然佐证了我们对仙女座星云里所作的直接观测,新星是密集在星云中央的。新星的距离因其遥远而很难确定。我们已经说过应用以测定 1901 年英仙座内新星距离的间接方法，那是不能直接测量到与 530 秒差距相当的 0″.002 的视差的，实际测量所得的数值与零相差不远，由此推出的距离是上述距离的 1/5。这一颗还是相当近的新星，对于别的新星，距离测量困难之大更是可以想象了，只有用间接的方法才有希望得到一点结果。

除了对光亮的气壳和气体星云的膨胀的研究之外，还有另外一个相当可靠的方法。星际空间不是空的，而是有各种各样的物质。这些物质给通过它们的光线打下烙印，显著的是几条钙线重合在恒星光谱上，借这些谱线的位置和强度，得以测量星光所经过的距离，因而可以求得新星的距离（参看图 746）。

只有 8 个新星的距离是这样测定的，我们便可计算这些新星在爆发前后和爆发期间的绝对星等。

新星	绝对星等		
	爆发前	爆发时	爆发后
英仙 1901	5.0	−8.5	4.8
双子 1912	1.4	−9.7	1
天鹰 1918	3.1	−9.5	2.1
天鹅 1920	2.5	−10.1	3.3
绘架 1925	2.3	−8.8	0
蛇夫 1933	2	−5.7	1.5
武仙 1934	(5.9)	−7.0	—
蝎虎 1936	(4.5)	−7.5	—
	—	—	—
平均	3.3 / 2.7	−8.3	2.1

由这张表可见，新星在爆发后仍然恢复原来的亮度，平均说来，它们比太阳约亮 10 倍。我们在表内所看到的不大的差异是无关紧要的，特别是爆发前后的星等是不大可靠的。因为我们不知道表内最后两颗新星最终阶段的情况，把它们排除掉以后，爆发前后的平均数字分别为 2.7 与 2.1。我们认为，这些新星属于 A5 至 F 型，所以表内所得的亮度是正常的。

在解释新星的生成以前，我们试问，这样的爆发是某些星所特有，还是所有的星都会害这样的高热病呢？根据统计，可以给予一些有趣的回答。

我们先将下面的两个估计作为计算的基础。我们星系每年出现 100 颗新星，我们的星系大约有 2000 亿颗星。假定每颗星只爆发一次，那么所有的星在 20 亿年内都经过一次新星的阶段。观测向我们表明,只是一部分光谱型 A 至 F、绝对星等 2 或 3 的星才会爆发。因为这样的星不多(只有全体的 1/10),它们在 2 亿年内都会达到爆发的阶段,所以应该假定,每颗星可能有几次爆发,这种可能性由事实推断当是必然的。因为我们星系所经历的时间远远超过 2 亿年,而且有种种理由可以相信,我们的星系自形成起就有新星,所以有些星爆发几次,有些星始终稳定。另一方面,我们敢断定,在最近 10 亿年里,我们的太阳未曾演变为新星,这是由地层里的生物化石自太古代开始至今未曾间断的这一事实而证实。

另外一种论证更有确切的意义:我们曾经发现有再发的新星。有名的例子便是北冕座新星,曾于 1866 年和 1946 年两度爆发,在 1866 年爆发时曾达到 2 星等,最后恢复到原来的 10 等。但是这颗星是一颗特殊的星,光亮有少许的变化,具有发射谱线,这些谱线也是变化的。这颗变星被列为北冕 T 星。第一次爆发后 80 年——1946 年 2 月,这颗星经过第二次爆发,仍然达到 2 星等。

无疑,这是同一颗新星经过两次爆发。一切现象,如光曲线、光谱,都是属于新星的,而且这颗星表现出一些有趣的特性。我们应该很谨慎地去推广由它所得到的结果。

在这颗星的衰歇期和极暗阶段里,光谱里出现氧化钛的吸收光带,这是 M 型星的特征。根据这颗星的现象,可把它解释为双星,成员中有一颗可能是爆发成新星的热星,另外一颗是光度变化典型的红巨星。维也纳天文台甚至宣布说,这对双星曾经被分离开了,但这种说法没有得到观测的证实。事实上,有一些叫作共生星的星,给我们带来一些奇特的问题:这类星的现象非常复杂,不是一颗热星和一颗冷星联合起来就能解释所观测到的一切细节。有些天文学家否认这种双星的见解。我们现在知道的 7 颗再发新星,其中有两颗曾经不只是两度爆发。两度爆发的相隔时间自 12 年至 142 年。根据库卡金和巴联拉果的研究,爆发相隔时期和光度变幅有关:大爆发相隔较远,小爆发相隔较近。罗盘座 T 星在 1890 年、1912 年、1920 年和 1944 年经过四次爆发,它的光度变化很小,它的亮度是原有亮度的 100 倍,而不像典型新星那样有 10 万倍。这颗新星的光谱很像典型新星的光谱,只是一切现象都不大显著,可以说是一种小型爆发的新星。如果这两位苏联天文学家所说的关系是正确的,那么典型的新星两次爆发的期间当是很长,这需要留待后代人去观测了。

新星爆发的机制 下面所总结的观测结果,是一切新星的理论应该都能够解释的:新星爆发的时候光亮骤然增加,达到平时的两万倍。爆发时喷出一大团气体物质,逃逸速度是每秒几百乃至几千千米。星仅损失它的能量和它的物质的万分之一,灾祸并不算太严重。我们有很多理由假定,同一颗星可能有几度爆发,中间相隔的时间长短不一。

我们已有的知识使我们足以抛弃星球整个爆炸的假说,如果是那样的话,释放出的能量将数千倍之大,一次灾祸便够了,因而是不会重演的。另有几种假说认为,新星爆发是由星球互撞或星球与星云冲突而引起的。米尔恩以星由亚矮星转变为白矮星的过程来解释新星的现象。由这种理论便该推得,新星爆发后应该比爆发前暗些,可是这样便和事实发生了矛盾:新星爆发后和爆发前一样明亮。而且根据计算,米尔恩所研究的能量的释放,远比我们所观测到的多得多。

现今的理论都认为,爆发只局限于星球的大气里。星的大气的平衡一般是被向心吸引的重力和向外排斥的辐射压力这两种相反的力量所维持的。这样的平衡在恒星大气里不是到处随时都可以维持的,但是常在骚乱里重新建立,犹如沸腾的锅里的水一般。由于种种难于确定的原因,这样的平衡可能遭到破坏,于是大气的外层被排斥出去。在短时期里我们所看见的是星球的内部,这便是极亮的阶段。从这热的内部而来的光线,经过膨胀的气壳,气壳吸收了这些我们所看见的向紫端移位的谱线。接着当膨胀继续进行的时候,气体物质愈来愈稀薄,终于变成星云,显现出它特有的光谱,但必须在爆发后一二十年,当星云距星相当远的时候,这种现象才能观测得到。

这气壳不一定是一团球状的气体,气体被驱逐出去的情况在某些方向上可能特别突出。这可以说明,有些新星(例如武仙座新星)被分解为两个或者多个成员。1935 年 7 月 3 日,柯伊伯观测这颗星,认为是近距双星,中间相距 $0''.2$,方位角 $130°$。以后有许多观测证实确有这样的分离,并说明这两星体每年离开 $0''.3$,但是没有轨道的运动。巴德根据照片和光谱说明,这并不是一对双星,而是一个正在膨胀的小星云。原先看见的两个成员只是星云的两极端在两个方向上的膨胀。与这两个相距 $90°$ 的方向上,还有另外两个成员。这种天体具有的星云性质是无可怀疑的,因为它的凝聚处的光谱确是星云气的光谱,其膨胀率是每年 $0''.3$,相当于它的膨胀速度。

沃龙佐夫-维略明诺夫(Vorontsov-Velyaminov)针对上述情况提出了下述理论。根据这位苏联天文学家的意见,一部分大气被抛出的时候,另外一部分被核心所吸收,核心的物质增加,变得很密,类似白矮星的情形。所以,每爆发一次,星便愈接近白矮星的阶段一些。可见,这位苏联天文学家的理论和米尔恩的理论接近,只是变化不是一次,而是连续分段地完成罢了。根据这位苏联天文学家的意见,起初几次相隔时期较远的爆发是重要的;以后周期变短,幅度也变小了;最后由基本上不重现的新星演化到天鹅 SS 型的变星。像 1942 年船尾座新星便是一颗幼年的新星,在它起始的几个爆发里,变幅达 18 星等至 20 星等；另外一颗，如罗盘座 T 星，将近它的最后阶段。但是上面所说的不过是一种尚待证实的理论，也可能被观测所否定。

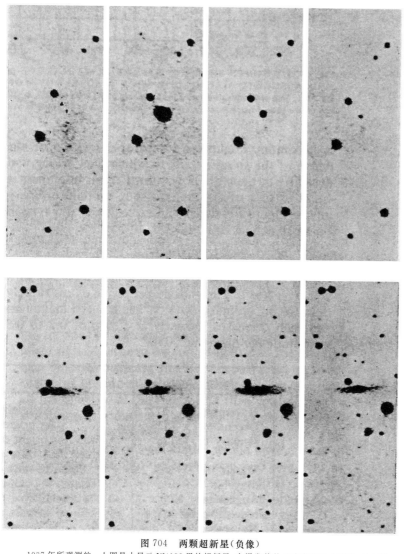

图 704　两颗超新星（负像）

　　1937 年所观测的。上图是小星云 IC4182 里的超新星，在爆发前甚至难在照片上看出，从左到右分别是在爆发前、极盛期和衰歇期所拍下的。下图中部是小旋涡星云 NGC1003 里的超新星，由左到右逐渐消失，以至不见了。

超新星　人们在旋涡星云里寻找新星，发现了一种比典型新星更为明亮的新星，它就是我们所要介绍的超新星。我们已经发现 50 多颗超新星，在极亮的时候，它们可以达到它们所属的旋涡星云整体那样明亮。它们的亮度等于两亿个太阳或 1 000 个新星那样明亮。图 704 表示一颗超新星在小的河外星云 NGC1003 内的爆发情况〔1963 年 9 月从用 5 米口径反射望远镜给河外星云 M82 拍摄的照片上发现这个星云中心产生了巨大的爆发，喷射的物质被抛射到 1 万光年以外，这些物质足够形成 500 多万个像太阳这样的恒星，这是至今已知的宇宙间最大的一次爆发。参看《天文爱好者》月刊 1964 年 1 月号。——校者注〕。

　　根据光变曲线，可将超新星分为两类。第 Ⅰ 类光变很规则：开始每天增亮 0.5 星等至 0.2 星等，不及一般新星快，经过一个相当突出的极大，随后又每天减亮 0.2 星等至 0.5 星等（图 705）。

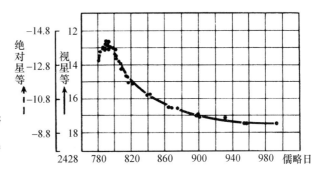

图 705　Ⅰ类超新星的视星等（m）和绝对星等（M）的变化曲线

　　这颗星于 1937 年出现在星云 NGC1003 之内，参看图 704 内的 4 幅图（M 内已加入巴德的改正数）。

　　第Ⅱ类超新星和第Ⅰ类不同之点，主要是减光缓慢，特别是在下降阶段里，光亮的起伏变化缓慢。这两类超新星的光谱很不相同。

　　现已拍得 5 颗第Ⅱ类超新星的光谱，基本上和新星的光谱没什么差别。这样的光谱像是连续的，在爆发时温度很高，接着温度降低，有非常宽的吸收和发射谱线出现。经相当可靠的确证，它们是属于氢和电离钙的谱线。膨胀速度（5 000 千米/秒）显然比新星大些。

　　我们已经有 9 颗第Ⅰ类超新星的光谱，对它们进行解释比较困难。光谱里有非常宽的发射光带，除了在 6 300 埃和 6 363 埃处的氧的"禁戒谱线"之外，其余的谱线都还没有得到确证。如果在第Ⅰ类超新星里所观测到的发射光谱，和在第Ⅱ类超新星以及新星里所观测到的有着同样的来源，那么这些大气膨胀的速度当是很大，约有 10 000 千米/秒。

　　第Ⅱ类超新星比第Ⅰ类大约明亮 10 倍。第Ⅱ类的亮度——绝对星等相当于 -16.0。超新星在 25 日内所发的辐射，等于太阳在 2 000 万年内所发射的能量。

　　超新星的现象无疑是一种灾祸式的现象，好像星的本身要被毁掉一般。至少有三颗银河新星是超新星，这便是：1054 年在金牛座出现、中国历史上有记载的新星〔按《宋史》记载："至和元年五月己丑(1054 年 6 月 10 日)（客星）出天关（金牛座 ζ 星）东南，可数寸，岁余稍没。"——译者注〕，1572 年第谷看见的新星，1604 年开普勒观测到的新星。

　　巴德曾经绘出 1572 年和 1604 年的两颗新星的光变曲线。1572 年在仙后座内出现的新星，第谷描绘得很精确，我们容易把他的观测结果表示为现在的星等。第谷于 1573 年所发表的结果载于他的《新星论》中。下表记载了这些结果和巴德的解释：

日期(儒略历)	第谷的观测记录	位相(日)	星等
1572年11月15日	和金星一样亮	0	−4.0
1572年12月15日	和木星一样亮	30	−2.4
1573年1月15日	较木星稍暗，比1等星明亮很多	61	−1.4
1573年3月2日	和1等星一般亮	107	0.3
1573年5月1日	和2等星一般亮	167	1.6
1573年8月1日	和仙后α、β、γ、δ一般亮	259	2.5
1573年11月1日	和4等星一般亮	351	4.0
1573年11月15日	和仙后χ一般亮	365	4.2
1574年1月1日	比5等星更亮	412	4.7
1574年2月15日	和5等星一般亮	457	5.3
1574年3月	不能见	485	—

　　图706表示这颗新星的光变曲线，并和开普勒新星以及1937年在星云IC4182(图704)里所观测到的新星的光变曲线进行了比较。三条曲线的平行情况很令人注目。这三颗星都属第Ⅰ类超新星。

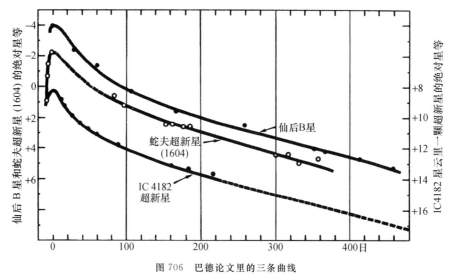

图706　巴德论文里的三条曲线

表示三颗新星的光变曲线的类似情况，这三颗新星是第谷于1572年在仙后座内所观测到的，开普勒于1604年在蛇夫座内所观测到的，以及1937年在星云IC4182(参看图704)里所观测到的超新星。

　　巴德曾寻找1572年超新星爆发所产生的星云气，但是没有找到。开普勒新星留有星云气，但很暗弱。人们对1054年新星区域的系统研究证明，气体星云NGC1952——以蟹状星云(图762)得名——事实上就是这颗新星所遗留的残余。巴德曾经测得它的膨胀率是每年0″.2。这个星云现在的范围是150″，于是算出，开始膨胀距今已有750年了。确切的计算说明，爆发期当在1090年。我们可以说，这和中国古代历史记载的1054年是相合的。事实上，对小型弥漫物膨胀的测量是困难的。天文学家曾经把这个直径上的膨胀拿来和视向速度(每秒为－1 120 千米)加以比较。使用求英仙新星的距离的方法,求得这颗超新星的距离是 1 200 秒差距。它达到惊人的亮度,约等于 2.5 亿个太阳(绝对星等为－16)。

超新星出现的频率是难于估计的,这是因为我们观测到的数目还很少。兹威基(Zwicky)估计,平均每 300 年内,每一星系里有一颗超新星爆发。但是这数字随星云而有差异,例如在我们的银河星系里,9 个世纪内观测到 3 颗,这与兹威基的估计是相合的;但是在另外两个星云里,50 年间我们却观测到两三颗,且有两颗是同时爆发的。在结构松散的旋涡星云里,频率似乎还要大些。

要想解释这种宇宙间最伟大的爆发现象,我们所知道的事实还太少。现在只介绍几位美国天体物理学家对此现象的见解。闵科夫斯基(Minkowski)根据钱德拉塞卡的意见,主张一颗质量过大的星是不稳定的,为了维持稳定,会把它多余的质量抛掷出去,剩下的便形成一颗坚实的核。在这种情况下所发出的能量便可达到超新星所需的数量级。兹威基的理论比上述理论还要彻底。他认为,超新星爆发时所演成的光明现象是由一颗寻常星崩溃成为一颗简并星所引起的。那里物质的原子核互相接触,星的全部物质密集到仅占直径 20 千米的体积内。这种新形态下的物质密度异常之大,一立方厘米有一千亿千克质量之多。在这种情形下,电子嵌在核内,造成中子,但这只不过是一种玄想,很难得到观测的验证。宇宙这个伟大的实验室,富有多么远大的前景啊!

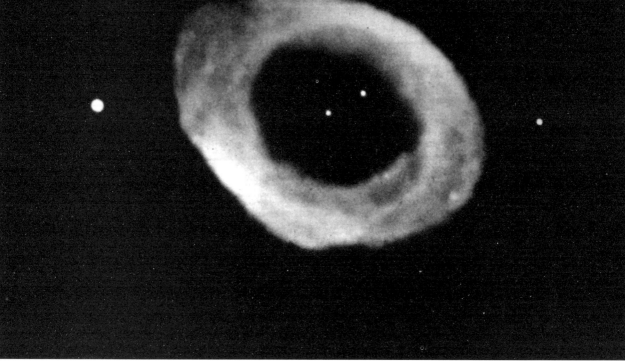

图 707　天琴座环状星云（NGC6720）

环状结构中心有一颗星是它的特征。这是热星在过去从中心所发放的气壳。其他几颗星与星云没有联系，也许和我们更接近一些。

第五十一章

行星状星云—沃尔夫–拉叶星

◀ 行星状星云 ▶

　　新星周围处于膨胀中的星云使我们联想到另外一种天体，即行星状星云，它的名称就说明了它的形态。这些深浅不同的、弥漫的蓝色小斑点，像是天王星、海王星那样的远方行星。但是在恒星间，它们是固定的，很久以来，人们便发现它们具有星云的性质。

　　现在叙述一个最有名的、同时也是最容易观测的行星状星云，那便是天琴座环状星云

（图 707）。星图上表示，它的位置是在银河的美丽区域里，在天琴 β 和 γ 两星之间。一架小的 8 厘米口径的望远镜便可看到这个微光的小环。它的形状像小孩玩的橡皮圈，又像从火车头喷出来的气环。一架比较大的望远镜可以看出，它是蓝色的，而且在中心处有一颗很暗的星。这颗星必须在最大的望远镜里才看得见，可是很容易拍摄在相片上，所以这是一颗很富有蓝光的因而是很热的星。

1946 年，闵科夫斯基根据光谱的特征系统地搜索了行星状星云，在这以前，我们只知道 100 多个这样的天体，可是现在表中已经列有 326 个行星状星云。我们相信还有很多这类星云没有被人发现，但是这些没有发现的星云一定是很暗的。根据苏联天文学家估计，在银河星系里有 6 000 至 10 000 个。下表是最有名的 15 个行星状星云。

NGC	方位（1975）		类型	直径	星等		光谱	范围（单位：1 000 天文单位）
---	赤经	赤纬			星云	星		
7293	22 时 28.4 分	−20°58′	IV	12′×15′	6.5	13.3	—	130×162
6853	19 时 58.5 分	+22°40′	Ⅲa	4′×8′	7.6	13.4	—	72×144
IC1470	23 时 4.2 分	+60°7′	V	45″×70″	8.1	11.9	O7	94×146
3132	10 时 5.9 分	−40°19′	IV	30″	8.2	10.6	—	12
2392	7 时 27.7 分	+20°58′	Ⅲb+IV	43″×47″	8.3	10.5	—	196×435
3918	11 时 49.0 分	−57°2′	—	10″	8.4	—	—	44
	15 时 49.3 分	−51°25′	IV	72″	8.4	13.6	—	—
7009	21 时 2.8 分	−11°29′	IV +	26″×44″	8.4	11.7	连续	11×13
246	0 时 45.7 分	−12°1′	Ⅲa	3′×4′	8.5	11.3	O7	104
7635	23 时 19.5 分	+61°2′	V	180″×205″	8.5	8.5	O7	94×107
6543	17 时 58.8 分	+66°38′	Ⅲa	16″×22″	8.8	11.1	OB	10
6826	19 时 44.1 分	+50°28′	Ⅲa	24″×27″	8.8	10.8	Ob+O5	13
7662	23 时 24.7 分	+42°23′	IV +	28″×32″	8.9	12.5	连续	16
3242	10 时 23.5 分	−18°30′	IV+Ⅲb	35″×40″	9.0	11.4	连续	20×23
1535	4 时 13.1 分	−12°47′	IV+IV	17″×20″	9.3	11.8	连续	24

这些星云的直径很有差别：最大的是宝瓶座内的耳轮星云，它的直径（12′×15′）达到月亮直径的一半；其次是哑铃星云，因为形似哑铃得名（图 708），位置在狐狸座内，范围是 4′×8′；枭鸟星云（图 709）在大熊座内。还有许多行星状星云因为太小，不能看见它们的圆轮，它们的性质只能从它们特有的光谱得知，闵科夫斯基所寻得的新星云便属于这一类。

我们将可以看见圆轮的行星状星云分为确定的几类，可是这样的分类法有着相当的困难，因为有些行星状星云的形状确是太奇特了。

第一类是环状星云，如像天琴座环状星云那样。这一类占有已知结构的星云的 29%。它们确是一团气泡，这团气泡外面是两个球状或椭长的层状物，中央有一颗星。这团气泡的

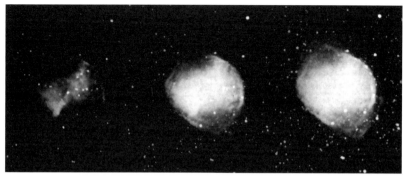

图 708　哑铃星云

这三幅照片的露光时间逐渐加长，表现出中心部分比边沿部分更明亮。

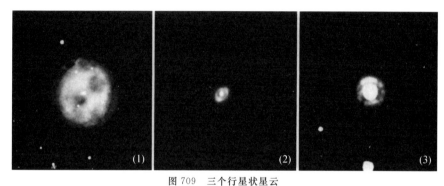

图 709　三个行星状星云

（1）NGC3587 在大熊座内，因与枭鸟形状相似，又叫枭鸟星云，中心星 14 等，范围宽广约占 200″；（2）NGC2392 在双子座内，中心星 10 等，环的外径达 45″；(3) NGC3242 在长蛇座内，中心星 11 等，暗淡的外晕的直径达 40″。

内层表面和星的距离有远近的不同。如果这里边的一面和星接触，我们便只能看见一个均匀的圆轮，行星状星云 23％属于这第二类。还有约 38％属圆轮结构复杂的一类，哑铃星云和夜鹰星云便属于这一类。形状特殊如容克西尔星表 320 和 NGC6210 便无法分类。

在解释行星状星云以前，我们试从摄谱仪里去研究它们的光的性质。图 710 代表一幅用无缝摄谱仪所拍摄的照片：光谱里并列着星云的几个像，每一个相当于某一波长的辐射。

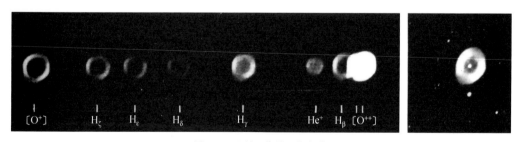

图 710　天琴环状星云的光谱

伯洛里兹基(Belorizky)用无缝摄谱仪拍摄。注意借电离氦 He^+ 的所拍摄的像特别小。右边照片是用同一望远镜去掉棱镜所拍得的照片。

如果我们用有缝摄谱仪,我们便得到一个典型的有许多谱线的发射光谱(图711)。对这些光谱的解释是天体物理学家的一个难题。这些谱线有几条很容易确认为氢的谱线(巴耳末系),还有另外一些无法确认的谱线,其中有几条是这光谱内最强的:例如,两条青色谱线

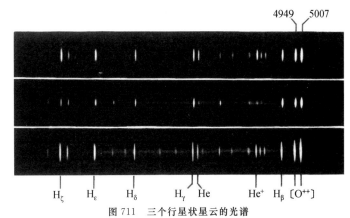

图711　三个行星状星云的光谱

自上至下分别为 NGC7662、NGC6543、NGC3242。NGC6543 的电离氦谱线远不如在其他两星云的光谱里那样显著。

4 959 埃和 5 007 埃,以及在 3 726 埃和 3 728 埃处的紫外双重谱线。50 年来,这几条谱线成了天文学上的疑谜。我们说过,太阳的几条谱线的确认和一种新的元素(氦)的确认吻合,使人在空气的稀有气体内发现了这种原子。科学家对于这些未知来源的星云谱线也作了类似的假定,可是"氢"这一元素却没有在地球上找到。

物理学家很快就了解元素周期表中已经没有适当的空位来安放这种假定的元素。虽然那时的周期表里还有几个空白,可是那些暂时缺席的元素的性质是可以预见的,没有一个能够发出像星云那样的谱线。直到 1925 年美国天体物理学家鲍恩(Bowen)才确认了这些谱线:N_1 和 N_2 两条青色谱线是双电离的氧原子 O^{++} 所发出的。人们之所以不能把它们和已知谱线对照而得到确认,以致等待了 50 年,那是因为这些青色谱线是不能在实验室里制造出来的。在通常的情况下,这些谱线叫作"禁戒谱线",只有在特殊的情况下才会出现。为了了解怎样才会产生禁戒谱线,我们需要讨论一下双重电离氧原子的结构。这原子可能有各种状态,大多数状态是很不稳定的,因此原子受激发达到这样一个状态的时候,只能维持到千万分之一秒,接着便回到较低的能量状态。这样,原子便发射一条容许谱线。还有另外几种比较稳定的状态,当原子受激发达到这些状态时,只能维持十分之一二秒钟,接着回到较低的能量状态并发出一条禁戒谱线。但是要完成这种瞬间的发射,在这时间内,原子需要不受外来原因的干扰,如和另外原子碰撞之类的干扰。要使在 1/10 秒(亚稳状态的平均时间)里没有碰撞发生,压力必须非常小。这便是异常稀薄的星云里的情况,在实验室里,即使在可能实现的最低压力之下,碰撞也会太多了。

鲍恩计算能级的方法实在是很复杂的,不能在此叙述了,但这方法是个很大的成就。鲍恩不但解释了双重电离氧(O^{++})的 4 959 埃、5 007 埃、4 363 埃等几条谱线,还说明了单

电离的氧(O$^+$)的3 726埃、3 728埃两条谱线以及硫和电离氮的谱线,这个理论也应用于因子性氧而生的夜天光的谱线。

我们可以把这漫长而且深奥的研究归纳成下面的这个结论:行星状星云是由氢、氧、氮、硫等气体所构成的,但是处在一种稀薄状态之下,比实验室里最好的真空还要稀薄。我们所造的氖灯,里面的压力是0.1毫米汞柱,行星状星云比这种情况还稀薄得多,可是就是这个光源才最类似行星状星云的光辉。霓虹灯里含有氖、氩和汞蒸气等,它们的光辉是在几千伏特的电压下受放电的激发而形成的。

图 712 星云 NGC7662 里氧的禁戒谱线 4 959 的复杂结构

这张照片表现出行星状星云在膨胀。由谱线红的一边求得远离速度是11千米/秒。平均说来星云是向我们接近,它的膨胀速度是22千米/秒。

星云里发射的机制和这个是相类似的,但激发原子的不是电子,而是中央星的紫外辐射。这种机制的完全理论是由荷兰物理学家赞斯特拉(Zanstra)所提出的,他说只有在中央星很热的情况下,星云才能发光,而且星云的亮度随中央星的温度增高而增高。所以,由星云的已知的亮度便可以计算出中央星的温度。这样求得的数字是从30 000℃到100 000℃。要使氧原子失掉两个电子,需要很大的能量,所以给出激发力量的星应发出紫外远区的辐射。

再谈星云的另外一些特性。在图710内,我们发现天琴星云光谱里某些单色像特别小,例如相当于4 686埃电离氦的像。当然,我们可以假设在外层没有氦原子存在,但最好是假设它存在而没有得到激发,因为所有的紫外辐射已经被中部的物质吸收了,其所以缺乏光亮,不是由于没有物质,而是由于没有激发的缘故。

有缝摄谱仪表现出来的谱线是双重的(图712),我们可以把这种现象解释为星云的膨胀,膨胀的速度不大,数量级是10千米/秒至50千米/秒,可是比起由古代新星而来的星云,这数值就大得多。但在拍摄到的星云的像上,因为这些天体太远,由膨胀而增加的程度总是观测不到。

行星状星云无疑是很明亮的,这从它们在天空的分布可以知道。它们差不多全在银河附近,而分布在其他区域的少数星云,都位于太阳的附近,它们的角直径也特别大。

我们对于行星状星云的距离还很不清楚,但知道它们差不多都是很远的天体,一般都比1 000秒差距或3 300光年还远。

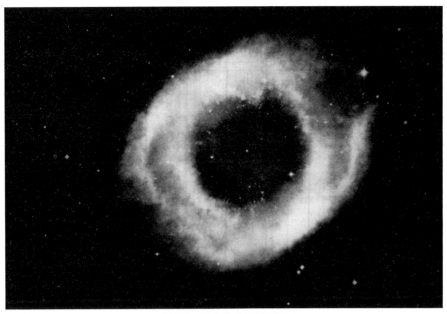

图 713　耳轮星云 NGC7293
宝瓶座内的美丽的行星状星云。注意气体的精细结构,好像有类似蟹状星云(图 762)的纤维结构,但沉没在广漠的星云气里。

◀ 沃尔夫-拉叶星 ▶

　　1867 年,沃尔夫和拉叶(Rayet)在巴黎天文台发现一些光谱特殊的星。一般恒星的光谱有许多吸收暗线衬托在连续背景上面,可是沃尔夫-拉叶星的光谱,却表现出一些强的发射光带,混在连续光谱上面(图 714)。我们发现,这种类型的星约有 80 颗。它们的符号是 WR 星。

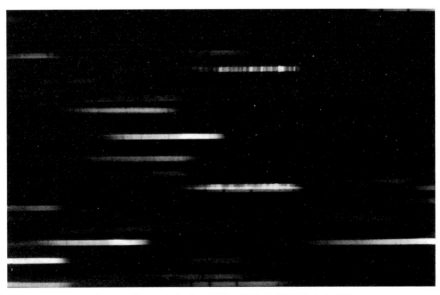

图 714　富有沃尔夫-拉叶星的天鹅星区,附近中心有两颗

这些星显然是属于 O 型。上面所说的这两种情况,都表示这类星是热星,可是它们的温度却不大明确,大约在 10 000℃ 至 100 000℃ 之间。在 O 型星里造成吸收谱线的原子以及在 WR 型星里造成发射谱线的原子都是相同的,这些都是高度电离的原子。在这样热的星里产生高度电离,是不足奇怪的。

对 WR 型星的分类是很困难的,因为其中大多数的性质都是很特殊的。根据最近的研究,WR 星可以分为化学成分不同的两类:一类多氮,另一类多碳和氧。

第一类叫作 WN,N 是氮的符号。这类星除了具有两类公有的氢和氦的谱线之外,还有两三度电离的氮的强谱线。第二类叫作 WC,其中两三度电离的碳的谱线特别多,还有高度电离的氧的谱线。

从光谱的仔细研究中可以说明以下这个比例:每有 100 个氦原子,在氮星里就有 5 个氮原子,在碳星里就有 6 个碳原子、2 个氧原子。

碳星里没有氮,多数的氮星里却有极少量的碳。有几颗特殊星的组成则介于这两类星之间。

这种化学成分上的差异具有重大的意义,因为这表示原子核的反应在这两类星里是不同的。当我们谈到恒星的化学组成时,我们还要仔细讨论这个问题。

由于我们发现几颗 WR 星是双星,因此我们对于这些星的认识便大有进步。

1940 年,威尔逊(A. Wilson)发现,HD219460 号是一颗 WR 星,它是差不多相等的、相距 1″.2 的双星。在这颗星的附近,我们还于 1900 年观测到另一对类似的双星。天文学家仔细研究观测记录便发现一个抄写上的错误:这两对双星确是一对,而且在这 40 年间,这对双星没有移动。这种轨道运动不显著的现象,可能是因为双星彼此相隔很远引起的,它们的距离等于太阳和海王星之间距离的 100 倍。对应于这样远的距离,周期当是两万年。由于观测期不够长,还不足以发现轨道上这样缓慢的运动。

威尔逊的发现引起许多天文学家去追究某些 WR 星是不是分光双星。这样的追究是困难的,因为 WR 星的视向速度因谱带宽不能确定而难以测定。这些星的双星性只能在伴星很亮而且有吸收谱线的时候才能发现。自 1947 年以来发现了十几对分光双星属于 WR 星,其中有几对经过仔细的研究。我们甚至还认识到有几颗是交食双星。由这些研究所得的结果表明,WR 星的质量大约是太阳质量的 10 倍,所以是质量大的星,但是还不及 O 型星的质量那样大。

WR 星的发射谱线很宽,例如 4 686 埃处的电离氦谱线的宽度比实验室所观测到的约宽几千倍。对这种情况的解释是这样的:假设有物质流很快地不断地从星射出,这些物质

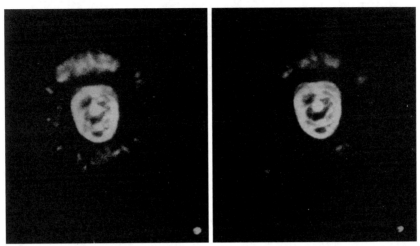

图 715　NGC2392
双子座内的行星状星云,难道不像一个小丑吗(帕洛马山天文台的两色照片)?

以很大的视向速度向我们射来,于是谱线因多普勒效应向紫端移动;接着这些射出物像雨点一般垂直地落回星球去,于是又使谱线向红端移动。当然,我们也观测到从旁射出而不引起多普勒位移的物质。摄谱仪同时观测到有这些运动的各种光波,于是谱线因互相拥挤而变宽,且可由谱线的宽度推出这些射出物的速度。它们的速度是很大的,大约是每秒几千千米。从 WR 星喷射物质的机制看来,它和新星以及行星状星云是接近的。这三种天体的相似之点是很多的。例如,新星在衰歇期里常有典型的 WR 星的光谱,可是 WR 星却没有星云谱线。WR 星周围可能也有星云环绕着,可是这星云的范围比行星状星云和衰歇期的新星的气壳小而且更密,所以在 WR 星内我们不能观测到星云的壳和很稀薄的气体所特有的星云谱线。

行星状星云的核和 WR 星很相近,这些星的谱线相当纤细,如斯温兹所证明的那样,常属于碳类和氮类的两种 WR 星。

图 716　猎犬星团 M3

第五十二章

星　团

◀ 银河疏散星团 ▶

我们说过,有些星组成集团,我们称它为星团。大家都认识昴星团,它是由 7 颗至 9 颗肉眼可见的星所组成的,它们所占的空间很小,月亮在它们前面经过时,可以把它们掩盖住一半。这个星团在双筒小望远镜里,我们还可以看得见别的许多小星;在大望远镜里,特别是在照片上,可以显现好几百颗恒星(图 718)。

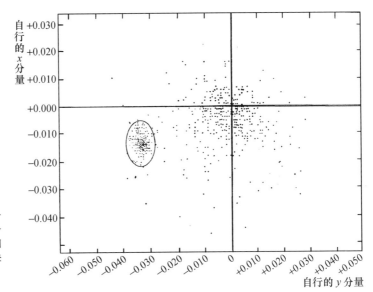

图 717 在这幅图上每一颗星有一个代表的点，坐标是自行的两个分量。 蜂巢星团的星在左边小椭圆的面积里面。 这样就可确切地决定哪些星是属于同一星团的星

这个星团无疑是空间里的一个集团，而不是因透视的缘故偶然碰巧看上去在一个方向上的形态。离昴星团不远，金牛座中央的星和毕宿五，又组成另外一个比较疏散的集团，叫作毕星团。

再介绍一个有名的星团——巨蟹座的蜂巢星团（图 717）。这几个星团都离我们相当近，表现出它们是由个别星汇聚而成的。至于远的星团，成员星比较密集，例如，英仙座双星团 h 和 χ，肉眼看上去好像是两个星云状的小光点，但是它们的星团性质已经在小望远镜里表现出来，每一星团都是几百颗星汇聚在天空一个很小区域里的集团（图 584）。

恒星聚成集团不是特殊的现象，类似以上所说的星团，计有 350 多个。除

图 718 昴星团
露光时间很短的照片，图上亮星突出在恒星的背景上面，且有纤细的星云气出现。将这张照片和图 719 加以比较。

了上面所说的疏散星团之外，还有另一类叫作球状星团。这类星团是由几十万颗恒星密集而成的，其密集程度之高，以致中心部分不能分开，只有疏散星团才容易分开成个别的星星。

14 个银河疏散星团表

NGC	方位（1975）		类型	视直径	真直径（秒差距）	星数	距离（秒差距）	名称
	赤经	赤纬						
869	2 时 17.2 分	57°1′	f 1b	36′	15	70(62)	1 320	英仙 h
884	2 时 20.6 分	57°0′	e1-2b	36′	15	40	1 320	英仙 χ
昴星团	3 时　44 分	24°2′	c 1b	120′	5.5	127	70～140	
毕星团	4 时　18 分	15°34′	e 2a	400′	4	80(63)	37	
1912	5 时 27.0 分	35°49′	e 2b-a	20′	5	100(32)	870	M38
2168	6 时　7.4 分	24°20′	e 1-2b	40′	9	120(34)	840	M35
2244	6 时 31.0 分	4°53′	c1-20	40′	14	30	1 330	麒麟 12
2323	7 时　1.9 分	−8°19′	e 1b-a	10′	3	100(7)	820	M50
2632	8 时 38.6 分	20°4′	d 2a	—	4	62	155	蜂巢星团
2682	8 时 50.0 分	11°54′	f 2-3a	15′	3	86	800	M67
6705	18 时 49.7 分	−6°18′	g 2b-a	10′	6	200(92)	1 300	M11
7243	22 时 14.2 分	49°45′	d 1b	20′	5	40(29)	750	
7654	23 时 22.8 分	61°28′	e 1b-a	12′	7	120(33)	1 300	M52
7789	23 时 55.1 分	56°35′	e 2-3a	30′	7	200(17)	1 150	

表中括弧里的数字是已经证实为星团的成员星的个数。

这两种星团的区别是很重要的。今天我们已经明白，疏散星团的成员类似我们周围的星，这些星团都离银河很近；反之，球状星团的成员是另一类特殊恒星。球状星团的成员叫作星族 Ⅱ 的星，比矮星亮，甚至比太阳附近星族 Ⅰ 里的巨星还亮。球状星团虽远，但天空到处都有，本章后半部分再来讨论球状星团。

再回过头来谈谈最著名的而且知道得最清楚的昴星团。自古以来，这个星团便引起人们的注意，中国人、印度人、迦勒底人、古希腊人、罗马人，以及在基督教的《圣经》里都谈到昴星团。荷马和赫西奥德也叙述过昴星团。

古人认为，昴星团是 7 颗星所构成的，设想它是昴宿七和昴宿增十二的 7 个女儿〔因此昴星团也叫作 7 姐妹星团。——校者注〕，于是这 7 颗星有着 7 位姑娘的名字，中文名分别为昴宿六、昴宿一、昴宿四、昴宿五、昴宿二、昴宿增六和昴宿三。在中世纪已经有人知道这 7 颗主星之外还有别的小星，默斯特兰于 1579 年所发表的星图上已经有 11 颗星。很敏锐而经训练的眼睛在无月光的晴夜里可以看见这 11 颗星。伽利略用他的望远镜观测到 36 颗星，1665 年胡克观测到 76 颗。这以后，在最亮的一颗昴宿六周围 1° 的半径内，观测到几百颗。在这些星中特别选了两颗，以昴宿七和昴宿增十二作为 7 个女儿的父母。昴星团经人加以仔细的研究后,我们可以说,这是天空中认识得最清楚的区域。赫兹普龙和比能迪克(Binnendijk)在来顿天文台对于昴星团做过重要的研究。赫兹普龙曾发表载有3 259颗星的星表,其中有2 920颗星的自行。这是根据具有34厘米口径天图式赤道仪的15个天文台的工作而制成的。根据这些天文台从前和现在所拍摄的照片,天文学家测量了星的长期位移或自行。这项工作的繁重可于下面这些数字里窥见一斑:所用的照片有80对,计有160张,经过18个人的测量。最早的照片是1885年在巴黎拍摄的,最近的是1943年在来顿拍摄的。测量和计算的工作自1924年至1944年,经历了20年之久。

图 719 围绕昴星团的云气
注意星云气的复杂结构,星云只在亮星附近出现,它们被亮星照亮。

赫兹普龙所测的自行不是绝对自行,换句话说,即不是相对于实际不动的轴,而是相对于随昴星团移动的轴而量到的。在这种情况下,我们可以由星表中一颗星的相对自行为零,而认识它是属于星团的星。事实上,这些自行的测定不是十分精确的,一方面因为测量上具有误差,另一方面星团内的星彼此间也不是绝对不动的。因为这些缘故,我们可以说,自行小于某一极限值的星,可能是属于星团的。星团内成员的相对运动的确很小,设想一颗星相对于别的星的周年自行是 0″.020,在 1000 年间改位 20″,100 万年间改位 7°。在 100 万年前,这颗星也许不属于昴星团,而现在成为一员也很可能不是出于偶然。因此,我们有很充分的理由假定这个星团很早业已存在,所以用自行来判别一颗星是不是属于星团,是一个很好的办法。赫兹普龙研究了 2920 颗经过测量的星,只留下 291 颗认为可能是星团的成员。这种结果好像是很奇怪,但是如果我们想到,一切亮星都属于星团,特别是暗星形成了背景,而且在昴星团附近暗星特别丰富,我们便不会感到奇怪了。

　　这项工作通过对昴宿六附近恒星颜色的测量而完成,1246 颗都经过这样的研究。这一研究证明,昴宿六星的 1°内有 190 颗星是星团的成员,它们都属于主星序里的矮星。最亮的星,如昴宿六、昴宿七、昴宿一、昴宿四都是 B 型星,顺着亮度的次序有 A、F、G、K 各型的星。比能迪克作了这个星团的赫罗图(图 668),在颜色或者光谱型和绝对亮度之间,发现有极密切的关系。仔细研究这条曲线表明,在两个确定的区域里的星是太暗了一些,距离星团较远的星也有这样的现象。我们可以设想星团前面或者邻近有吸光物质的存在以解释这个现象。这样对所讨论的星的亮度加以校正之后,赫罗图便大有改进,这使我们想到,亮度和颜色的关系确切可靠,就和许多物理学上的定律一般。

　　图 668 表现出下列几个反常现象。有一些星相对于它们的颜色来说是太亮了,也许这些是双星,理由是容易说明的。假设一对双星颜色相同,因而亮度也是相同的,每颗星在孤立的情况下,位置恰好在赫罗图上;但是如果把两颗混在一起,我们便把它当作是一颗两倍亮的单颗星,它的位置当然跑到图的上方去了。这种发现双星的奇特方法,已经由观测证实,有几对分光双星或目视双星就是这样被发现的。

　　为完成对昴星团的叙述,我们还必须说明,这些星星都沉浸在由尘埃和自由原子所形成的物质当中(图 597、图 719),这些物质在以后的有关章节里还要谈到。也许我们所说的这些吸光物质和星团本身的物质是有联系的。昴星团里最明亮的星照耀着比较接近的物质,这使我们看到,这些物质是明亮的。

　　昴星团的距离已经由几个方法测定,可惜不大准确。从视差和自行推出的距离大约是 77 秒差距。借视星等与绝对星等之差(距离模数)容易计算出星的距离。如果以视星等作为横标而绘赫罗图,我们便容易定出距离模数,因为这个长度便是将这赫罗图垂直向上移动,使它和根据已知距离的星所作的标准赫罗图相重合时所移动的距离吻合。对于昴星团来说,这个移动的距离是 5.72,和这模数相当的距离是 140 秒差距。这个数字和上面那个数字显然很不符合,我们还不大明白,这种不符合的原因究竟是什么。也许昴星团星的本身特别明亮,如果它们所含的氢特别丰富,这便可以得到解释。昴星团所占的直径约有 1°,我们现在可以计算它的真正的范围,大约有 4 秒差距。它的成员估计约有 400个,星与星之间的平均距离大约是 0.4 秒差距即 1.3 光年。这样大的密度大约是太阳附近星的密度的 100 倍,但却不算过于拥挤。

还有许多类似昴星团的星团,但是它们的结构却大有差异。特朗普勒曾对星团做过整体的研究。他按它们的形态分为四类。

前三类的星可以和背景的星分开,只是中央的聚度有程度上的差别。

Ⅰ类中央聚度很大,Ⅱ类聚度平常,Ⅲ类无显著的聚度。最后这一类是难于和周围的星分离的星团。这样的分类法显然不能表示星团所具有的特性,而是取决于星团的距离与位置。同是一样的星团,如果距离我们很远,看上去就更密集些;如果这星团所投射的天区的星少些,看上去就更突出一些。

特朗普勒把昴星团列为Ⅱ类,英仙星团列为Ⅳ类。

分辨星团还有一种更有趣的方法。我们说过,昴星团里只有矮星,最热的星是 B5 型。许多星团都属于这一类型,例如英仙 χ 星团。也有含巨星的星团,可是为数很少,只有NGC6939 含 11 颗巨星和 2 颗主星序里的蓝色星。这是一个遥远的星团,属于主星序里的星当然不止这 2 颗,一定还有许多矮星。星团组织上的这些大的变化是重要的,因为由这些变化可以说明,各类型的星团里星的分布可能随人们还不知道的局部因素而变化,而且只就银河区域里进行局部的研究,也不能知道各种星团里星的分布。

由星团里的星的星等和光谱型的测量可以计算星团的距离。对特朗普勒星表内 334个星团都已经进行过这种研究。我们仔细分析一下这种研究的结果,促使我们注意到一个有趣的问题。

一颗 A0 型的星如果放在距离太阳 10 秒差距处,它的绝对星等是 0.9;如果这颗星在星团内,视星等是 10.9。这就是说,它的距离使它增加了 10 个星等,距离模数是 10。距离平方反比的定律表明,星等增加了 10,距离远了 100 倍,所以这星团的距离应在 1000秒差距处。这种理解上的正确性,是以星光不受星际吸光的影响为依据。特朗普勒对于星团的研究证实了我们已经知道的一件事:星光是被空间的尘埃吸收的。吸收率是每

图 720　武仙座球状星团

　　由这张照片可以想象这个星团内恒星之多。最暗的星在原来的照片上，直径是 0.03 毫米。在中央，星密集到不能分开的程度（法国南方天文台 120 厘米反射镜拍摄）。

1000 秒差距 0.9 个星等。这颗星团里的 A0 型的星,星等不是 10.9,而是 11.8。反过来说,如果我们在求距离的时候忽略了吸光的因素,就会引入一个误差,而且这个误差将随距离的变远而迅速地增加。例如,对于 100 秒差距引入的误差不过是 4%,但是对于 1000 秒差距,这误差就增大到 52%。如果我们计算一个 10000 秒差距的星团,而忽略了星际吸光,我们所求得的距离比实际就远了 60 倍。

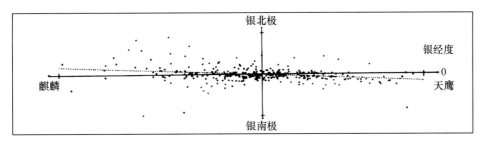

图 721、图 722 这两幅图表示星团在空间分布的特性
　星团都在银河平面附近,它们的中线和银河平面相交成几度的角。已知的星团都在太阳(图的中心)附近,在半径 5000 秒差距或 1.5 万光年的圆圈之内。

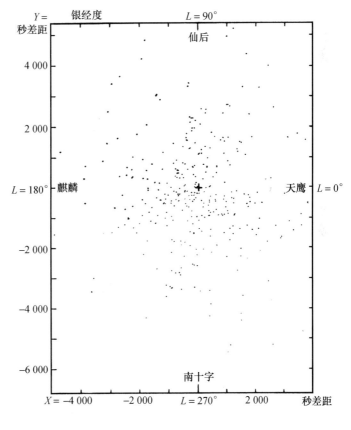

星际吸光现象一向没有引起人们的注意,现在我们才第一次感到,它是非常的重要。对于疏散星团而言,将吸光的效应计入以后,距离的变化在 100 秒差距和 5000 秒差距之间。它们在空间的分布,如图 721 和图 722,几乎全在银河平面附近。

　　疏散星团在银河平面内的分布表明,我们观测到的都是太阳附近的星团,而这只不过是银河系里的 1/25。

从形态和组成方面来说,银河星团是很有差异的,但是它们的大小却相差不远。例如,特朗普勒对于天空分离显著的星团(Ⅰ至Ⅲ类),算得它们直线范围的变化仅是 4~6 秒差距,而对于Ⅳ类星团,所求得的 10 秒差距是很不精确的。

在结束对疏散星团的叙述以前,我们谈一下其中一个很特殊的类型。由对大熊座里许多星的位移的精密测量表明,它们都以相等的速度平行移动。这种相同的运动是星团的一个特征。大熊星团的成员经我们发现的约有 120 颗星,分布在天空相当大的范围之内。

我们还知道一些以星流得名的星团(图 723)。例如猎户座里 60 多颗星所形成的星流,毕星团是属于比星团本身大的一个星流。星流比疏散星团范围大得多。大熊星流所占的体积是平均大小的疏散星团的 5 000 倍。星流的成员相隔颇远,平均距离是 20 秒差距的数量级,不像太阳附近的星相距只有 2~3 秒差距。如果我们所认识的大熊星流只是其中的一小部分,那么星流里的星的密度可能和太阳附近的一样大。

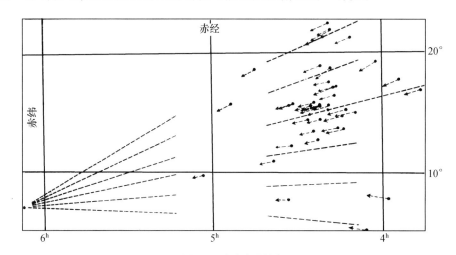

图 723　金牛座的星流

图中的箭头代表星在 5 万年内的位移,所有的箭头差不多会在一点,这便是判别属于星团的星的方法。这交点便是这群星的向点。自然这不过是一种透视效应,这些速度在空间是平行的。

苏联天文学家还加入一种名叫星协的新类型,这是同一光谱型星的集团。星协分为 O 型和 A 型两种。根据安巴楚米扬(Ambarzumian)的意见,星协内的成员都有物理的联系,也许有一个共同的来源。我们认为,星协在膨胀,而且可以计算出膨胀开始的时期,因而可以推算这些星形成的年代。这样就可以说明,为什么我们发现的只是少年的星协。至于老年的,因为已经全部解散,我们无法辨识它们共同的来源了。

这种星协的见解最近经布洛夫(Blaauw)由英仙 ζ 星团加以证实,他因此说明,苏联天文学家的理论是很重要的。对于天蝎-人马星协,他求出膨胀的年代只有 7 200 万年。

在这以前还有别的天文学家,例如博克(Bok)证明,很密集的星团应该是很稳定的,星团里的星相互间的吸引力阻止它们离散。对于最疏散的星团而言,经过的时间约和我们银河星系的年龄相同;对于毕星团,大约是 30 亿年;对于昴星团,大约是 300 亿年。

◀ 球状星团 ▶

凡是从大型望远镜里见过球状星团的人,绝不会忘记见到的景象。照片给予我们一个优良的整体的观念,可是对于这些星团而言,照片却不能代替目视所得的印象(图 716、图 720)。

成千上万的星密集在分不开的核心的附近,没有别的天体比球状星团更奇特的了。武仙座和猎犬座里的两个球状星团是北半球所能看见的最美丽的球状星团。

我们试研究一下这个武仙座内的星团 M13(图 720)的照片。中心的部分一片白,分辨不开,其中的星密集得使照相不能把它们分开,肉眼观测也还是分辨不清中央的部分。可是我们确信,它们是很多的星,因为这一部分的光具有星光的特征。每单位体积内的星数愈向外愈减少,和星的背景并无显著的界限。所以很难为球状星团规定一个直径,一般公认的数值是 18′,比月轮的半径稍大一些。

计算球状星团的星数是一件很困难的事。沙普利和比斯(Pease)计算到 3 万颗,实际的数目绝不止这些,数量级当在 10 万至 20 万之间;在中央不能分开的部分,计数成为不可能,而且不是所有的暗星都看得见。在外面的部分,星的密度还是太阳附近的星的密度的 40 倍,但是在中央处密集甚紧,星与星之间的距离便像太阳系里行星与行星之间的距离一样。

12 个最亮的球状星团表

NGC	名称	方位(1975)		视直径	真直径(秒差距)	摄影星等	距离(秒差距)	类	光谱	
		赤经	赤纬							
104	杜鹃 47	0 时 23.4 分	−72°13′	23′	45	5	6 800	Ⅲ	G5	
5139	半人马 ω	13 时 23.9 分	−47°10′	23′	45	5.1	6 800	Ⅷ		
5272	M3	13 时 41.0 分	28°31′	9′.8	35	7.2	12 200	Ⅵ	G	猎犬
5904	M5	15 时 17.3 分	2°10′	12′.7	40	7	10 800	Ⅴ	G	
6121	M4	16 时 21.6 分	−26°28′	14′	29	7.4	7 200	Ⅸ	F	
6205	M13	16 时 40.8 分	36°30′	10′	30	6.8	10 300	Ⅴ	G	武仙
6254	M10	16 时 54.6 分	−4°4′	8′.2	27	7.6	11 200	Ⅶ		
6341	M92	17 时 16.4 分	43°10′	8.3	27	7.3	11 200	Ⅳ	G5	
6656	M22	18 时 34.9 分	−23°57′	17′.3	34	6.5	6 800	Ⅶ		
6809	M55	19 时 38.4 分	−31°1′	10′	26	7.1	8 800	Ⅺ		
7078	M15	21 时 28.8 分	12°3′	7′.4	28	7.3	13 100	Ⅳ	F	
7089	M2	21 时 31.1 分	−0°57′	8′.2	33	7.3	13 900	Ⅱ	F5	人马

在这种恒星集团里,速度相当小,但是我们应设想,星团内的星可能互相碰撞。如果恒星碰撞而成新星的理论是正确的,那么球状星团便成为产生新星的巢穴,可是我们只在M80的边沿上观测到一颗新星。我们现在知道,差不多有100个球状星团的星等在5与12之间。这些星团分布在全天,大多数可以同时看见。其中15个是很亮的天体,最亮的半人马ω星团是肉眼可见的。这些星团相似但并不相同,视直径的长短随距离而变化,从杜鹃星团的23′变到NGC6517的0′.05。所有的星团的形状或多或少是球状的,但是有一些扁平形态是很显著的。例如,半人马ω的最长径超过最短径20%,而对于M19来说,扁平度更大些。接近中央,星的密集率变化也很大。沙普利将球状星团分为12类,Ⅰ最集中,Ⅻ最分散。武仙座球状星团密集度是中等的,属Ⅴ类。

对球状星团的研究表明有很多天琴RR型的变星,这是我们已经说过的。在60个球状星团里,我们找到1215颗变星,其中1172颗属天琴RR型。所以这一类型的变星又叫作星团变星。这类变星的多寡随不同的星团而大有差异。密集率中等的星团(Ⅳ至Ⅷ类),如半人马ω有136颗,M3有164颗,这是含有天琴RR型变星最多的了。我们在别的星团里尽力寻找,也没有发现有这么多。实际上,这些变星在星团内不是最亮的,找到它们比较困难可能是由于它们本来就稀少的缘故。

这些变星使星团的距离得到很好的测定。和造父变星一样,这些变星的绝对星等可由光变周期决定。造父变星的绝对星等虽然还不太确定,但对天琴RR型变星的绝对星等我们的确了解得很清楚。对于不含有这种变星的星团,毫无疑问,这种优良的方法完全无效,那么只好用间接的方法。一种方法是,从含变星的星团的研究中所得的25颗最亮的星的绝对星等对于一切星团大约是相同的,如果假设这种性质是共有的,我们便可由此推出别的星团的距离。另外一种方法是,距离确定的具有变星的星团,直径和亮度两个特性差不多是相同的,如果假设这种性质是共有的,我们便有了第二种求距离的方法。可惜和第一种方法一样,都只能得出一个粗略的近似值。但是,由这两种方法所得的结果是相当吻合的。

在大望远镜里对球状星团作目视考察,可以看见许多红色的星。所有最亮的星都显得很红,在小星所照明的白色背景上特别突出。很久以来,人们认为这些星是巨星或超巨星,和我们在太阳附近所看见的那类星相似。今天我们才知道,球状星团的成员和分布在银河系里的星基本上是有差别的。我们已经说过有两种截然不同的星族。

球状星团的赫罗图(图724)说明了这种差别。我们先追述一下赫罗图的绘法。每颗星可以表示成一点,这一点是两条直线的交点。水平线代表绝对星等,垂直线代表光谱型。我们说过,代表我们太阳附近的星以及疏散星团的成员都排在一条对角线附近(图

667）。这条对角线是矮星或主星序所在的一支。另外，相当于巨星之点的位置在一条水平线附近。

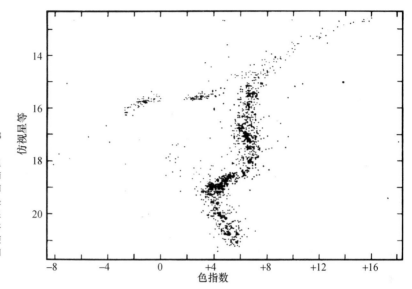

图 724 猎犬球状星团 M3 的赫罗图

桑德奇对于这个星团里 1100 颗星，使用光电和照相两种很精确的方法，作了蓝黄两色的光度测量。这图中横标是色指数（即蓝色星等与黄色星等之差），纵标是黄色星等。将这幅图和图 667 比较，我们便可看出有显著的差别。这幅图明白地指出恒星有属于星族Ⅰ和Ⅱ两类的。

如果我们对于球状星团来绘赫罗图，结果就会绝对不同。这条曲线的描绘因光电技术的进步才成为可能。被排列的星的星等在 11 与 18 之间，而且不能拍摄它们的光谱。我们以色指数代替光谱。所谓色指数，即是照相星等和仿视星等之差，这两种星等均借光电管分别测定。图 724 是威尔逊山天文台的阿普（Arp）、波姆（Baum）和桑德奇（Sandage）对猎犬星团（M3）所绘的赫罗图。我们把这些结果移在表示星族Ⅰ的赫罗图（图 725）上，我们便会感到，这两类星显然是有很大的差别。球状星团的成员经人识别并加以测量的，只限于最明亮的星，因此这样

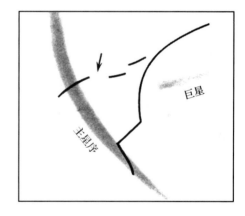

图 725 这幅图内有两种赫罗图重合在一起

实线表示属于星族Ⅱ的球状星团里的星，灰色线表示属于星族Ⅰ的太阳附近的星。星团变星的位置在图中以箭头标出。

绘出的赫罗图下方是不完全的。这幅图是由倾斜的两分支所组成的，在最亮的红星处相接合，在暗星的方向分开。左边的一个分支包括白色星或蓝色星，其中便有天琴 RR 型变星，左边的另一分支包括更显黄色的星。右边一支内红色星比红巨星还亮，可和超巨星的亮度相比拟。我们还没有发现左边两支上有无白色星，如果真有这些星，它们应该和白矮星一样明亮。

当我们谈到恒星内部的结构时，我们便可以知道，这两类星族的成员确实有本质上的差别。

因为已经知道球状星团的距离，所以它们在空间的分布很容易知道。这些星团实际包含在 3 万秒差距即以 10 万光年为直径的球内。这球很大，包含了我们的整个银河系。这两个系统的中心相合在一处。所以我们确信，球状星团是属于银河系的，但是它们所组成的集团范围更是广阔，远远超过我们的旋涡星系。我们在讨论银河系的时候，还要再谈谈这个事实。

图 726　双子星区
右上方有一广大星团 M35，附近有几个小星团。

图 727　三叶星云，这个美丽的星云是由发光物质和黑暗物质所形成的

第五十三章

星的化学结构与演化

　　我们说过，怎样计算太阳大气里各种化学元素的比例或者含量。同样的方法也可用在恒星上，所以在此我们再谈一下这种方法。

　　如果恒星的光谱里有某一种元素的谱线时，我们可以断然地确定，这种元素存在于这颗星的大气里，但要计算出这种元素在一平方厘米截面的柱体内的含量却很困难。现就以钠这种元素作为例子来说明这个问题的困难性。假设星的每一立方厘米的物质内有钠原子若干个，我们就要想法算出这个数目。这些原子有一部分是中性的，一部分是电离的。只有中性的钠原子吸收黄色的双重线，而且还必须是这些原子处在某种激发状态之下。另外还有别的困难，因为处在这种状态下面的每个原子还可能吸收别的辐射，因此还必须把这一切可能的情形都计算进去。纵然我们终于决定了提供这条谱线的原子数，可是还没有完成我们的工作，因为谱线强度不是吸光原子数的简单函数。如果这些原子不太多，谱线强度和原子数成正比例，但是如果原子很多，便形成一种饱和的状态，多余的原子不起吸光的作用。所以天文学家要测定星内元素的含量时必须事先知道，谱线强度是怎样随吸光原子的数目而变化的。

这些结果的完成还可用别的测量方法。举一个特别的例子来说，氢原子因另外附着一个电子而形成负离子，我们便可借这种负离子来计算氢的含量。这些 H^- 离子对于可见光和紫外辐射很有吸收力，曾经被许多天体物理学家加以研究。对分子光谱的研究，天文学家也很感兴趣，因为从这一研究中，除了发现比较丰富的 C^{12} 之外，还可以发现原子量为 13 的碳，即同位素 C^{13}。氦的含量只是在晚期光谱型的星里的测定是很困难的。对于正常的星，化学成分是这样的：氢和氦两种原子最多，每有 1 个氧原子，便有 1 000 个氢原子和 160 个氦原子。仍以氧为标准，别的重元素的含量如下表所示：

	氧	氮	碳	镁	铝	硅	硫
天蝎 T 星	1 000	390	180	59	4	65	—
蝎虎 10 星	1 000	230	210	66	—	85	—
8 颗 B 型星	1 000	230	150	93	4	38	45

这结果是翁索耳由天蝎 T 星和蝎虎 10 星，以及威尔逊山天文学家由 B 型星而求得的。这些数字彼此很吻合，而且和许多天文学家对太阳所作的更精密的测量非常接近。

物质的这种均一性是普遍的。今天大家承认，下列各种天体的成分是很相同的：这些天体包括大多数恒星、新星、行星状星云、弥漫星云和星际物质。行星、彗星和陨星的组成也很相似，除了大行星这些天体以外，都失掉了它们大部分的氢和氦。具有上表内所列元素成分的物质，可以叫作“宇宙混合物”，宇宙里 95％～99％的物质都是这些混合物所构成的。这种均一性说明，原子核变化的机制在宇宙里或许是相同的。在研究核反应以前，我们先谈一下具有非正常含量的恒星。

具有非正常含量的恒星　宇宙里物质的均一性，不应该当作是一个自明的公理。我们已经看过，有些类型的星的成分和一般恒星不同。譬如，R 型和 N 型碳星比 M 型星含碳丰富，而 M 型星的主要成分是氧。在 S 型星里，锆异常丰富，代替了一部分钛。沃尔夫-拉叶星更分为两类，即氮星与碳星，这两种元素的比例随这两类星而不同。

超巨星的含氢量好像比正常星要少一些。我们认为，昴星团里的星含氢量特别丰富，这样就可以说明，它们的绝对亮度为什么超过平均亮度。

现在我们应该举另外四群星，它们与主星序的星比较，成分是不同的。很久以来，我们就知道，天琴 RR 型星的氢谱线相对于它们的光谱型而言，实在是异常之弱。这是星族 Ⅱ 里大多数星的共同特征。这种现象可以说是因为氢的含量特别少的缘故。高速星一般有特殊的光谱，例如 G 型星以 CH 星著名，因为这种分子的光带在这些星里很强。

具有金属谱线的 A 型星，以铁和电离钪的谱线为最强，电离钙的谱线异常微弱。这种现象的原因可能是由于特殊的物理情况，而不是由于这些元素特别丰富。

除成分独特的这几群星以外，还有一些星具有奇特的谱线。例如，猎犬 α 星的光谱有很规则的变化，周期是 5.5 日。这不是一颗分光双星，而是一颗奇特的星，有着强的稀土金属（电离的铕、镝和钆）的谱线。在地球上，这些稀土金属的含量很少，平均说来，每 4 000 万个氧原子，才有 1 个铕原子。假使在猎犬 α 星里，铕的含量不很大，则它的谱线便观测不到，因此它的含量至少比地上多 1 000 倍。这一类型的星，我们知道的还有几颗，奇怪的是，它们都属磁场有变化的恒星。元素的含量应该和产生能量的机制有关系。我们就要说明碳在这机制内所起的主要作用，由此可见，马克拉尔发现 R 型星分为两类的重要性。其中一类每含 50 个原子量为 12 的碳原子，就有 1 个原子量为 13 的碳原子。这种含量和地球上的含量的比值为 90 : 1。另一类比较丰富，对于 1 个 C^{13} 而言有 3 或 4 个 C^{12}。这种同位素成分的变化，是一个值得注意的现象，因为在地球上元素的同位素的成分是固定不变的，只有一些稀有元素，特别是铅才有例外，那是由于放射元素衰变的结果。

恒星的内部结构和恒星能量的来源　我们现在对于恒星，特别是对于太阳所具备的知识，使我们能进一步讨论恒星内部的结构。这里提出的第一个问题便是恒星能量来源的问题。这个问题的解决拖延了很久，这是因为首先得等待一个有关问题的解决，后来由爱丁顿解决了。这第二个问题便是恒星稳定的问题。组成恒星大气的原子，遵循万有引力定律，本该密集成一小团，究竟是什么力量使其离散呢？这些问题在讨论太阳的时候已经谈过，因为重要，我们将再说一下。

爱丁顿证明，和太阳相同的恒星内部的每一点上，因吸引力和辐射压而得到平衡。自坡印廷的实验以来，大家都知道，各种形式的光线对于它所接触的质点施加一种压力。就是这种压力抵消了牛顿的引力。为了解决这个难题，爱丁顿不得不作几个简单化的假设，其中有些是很大胆的，但是已经由计算的结果加以证实。爱丁顿首先假设，恒星内物质的作用和理想气体内的相同。可是实际上，那里的气体已经很密，不能叫作理想气体，这种假设真是有些武断。现在我们知道，这个定律是可以应用在恒星高温的环境里。爱丁顿本来也采取保留的态度,只将他的理论应用到最稀薄的巨星上。

第二个假设便是恒星内部各处物质成分的均一性和吸光能力的不变性,并且假定能量的传播只限于辐射的方式。

在这些假设下,爱丁顿证明,恒星平衡的条件是星的亮度须有一定的数值,这数值是由星的质量、平均分子量和半径三者的函数关系决定的。事实上,只是质量决定了亮度,因为半径由质量决定,而分子量又假设对于所有的星都是一样的。于是,爱丁顿求得质光关系,这是由观测已经表明了的(第四十八章)。这种关系对于一切星都有效,表明完全气体的假设甚至可用于矮星。恒星内部结构的理论可以计算恒星中心的压力和温度。下表是钱德拉塞卡的计算结果,表中的数值是由简化的计算求得的,真实的数值应该还高一些。

星	光谱	亮度	压力(10 亿大气压)	温度(万摄氏度)
太阳	G0	1	1.3	1 400
武仙 ζ	G0	4.57	9.6	760
小犬 α	F5	5.75	4.2	1 300
大犬 α	A0	38.9	7.2	1 600
巨蛇 μ	A0	5 500	2.5	1 500
御夫 α	G0	120	3.7	260

这些数值的求得并不需要知道恒星内部能量产生的机制。我们现在只对于释放能量的区域作一个假设,还不需要谈到能量的来源。

在一切可能的假设中,我们只谈两个:能量的释放只限于恒星的中心(这叫作点源的

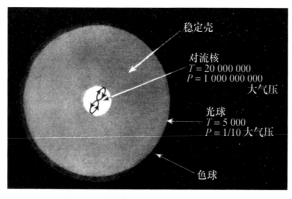

图 728　构成星球的各区域的示意图

星型),或者均匀地由恒星到处发出。在这两种假设下,恒星内部均不稳定,这不稳定的意思是指恒星核心处应产生极强的对流。这对流核心的半径随星的光谱型大有差异,对于太阳,这只是它的半径的 1/10,而对于别的星来说,这核心就大得多(图728)。

核心的物质搅混得很厉害,它们真成了一种均匀的混合物,这里的成分可能和恒星别的部分的成分不同。对于主星序而言,我们很有理由去假设核心和恒星的成分是到处都相同的,但是除去白矮星以外,这种

情况并非绝对真实。

最后的一个问题，便是人类有思想以来就想到的一个问题：恒星的能量是从哪里来的？亥姆霍兹和开尔文(Kelvin)于 19 世纪中叶作了一个假说。根据这两位物理学家的见解，太阳和恒星在缓慢地收缩，于是星的每一部分因接近中心而形成能量，正如瀑布下坠或者说是接近地心而释放能量一般。

我们很容易计算这样释放的能量。根据计算，半径的变化很快，只需在 1 亿年内，我们的太阳就会完全变样，这是和地质学上的事实完全矛盾的。

早在 1 亿年以前，地上已经有了生物，而且和现在的生物并无太大的差异。我们认为，自 20 亿年以来，太阳的辐射并没有什么变化。所以，开尔文的假说给予太阳的年龄实在太短暂了，而且所余留下的能量也太少，不足以维持以后的辐射，因为在 1 亿年内，太阳就会熄灭无光了。因此收缩假说不能成立，我们必须另找能量的来源。

1921 年，皮兰(Jean Perrin)首先想到，星球的能量可能是由氢凝成氦而产生的。这种反应只在原子核内进行，联系松弛的电子早就从这反应里逃逸走了。氢原子核又名质子，它具有大约一个单位的质量和一个正电荷。如果以氧的质量 O 为 16，质子的质量 H 为 1.008 13。氦原子核的质量是 4.003 89 和两个正电荷。我们可以设想有下面这样的反应。

如果我们对于质量算一下账，我们便会发现，氦的质量要小一些，因为 4H 为 4.032 52，1He 为 4.003 89。

4.032 52 与 4.003 89 之差等于 0.028 63，好像是失去了。但是，在自然界里是没有东西会"失去"的。拉瓦锡(Lavoisier)曾说"不能无中生有，也不能有中变无"，他的意思是只就物质而言，但是爱因斯坦把这原则加以推广：消逝了的物质可以变为能量。换句话说，质量是能量的一种凝聚的形态。

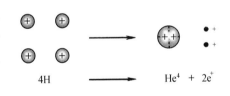

$4H$ → $He^4 + 2e^+$

1 克物质相当于 2 500 万千瓦的能量，或者等于 270 万千克炭燃烧所放出的热量。这是整个法国在 1953 年一天内所生产的能量的 1/5。所以物质是极端集中的能量。对于恒星而言，这种能量的来源足以说明太阳为什么可以发光几十亿年而不衰竭。假设在对流核心里只有氢变为氦，那么我们的太阳维持今天这样的辐射可达 40 亿年。如果太阳里面所有的氢都能够这样转变，这时间便可增长到 400 亿年。所以从原子核而来的能量是足够的。

即使在太阳内部——温度 2000 万摄氏度、压力几十亿大气压的环境里，这种 4H → He 的反应也不会发生的，必须经过一种间接的途径。

正如化学家不能直接使碳酸钙和氯化钠变化为碳酸钠和氯化钙，而必须使用氨作为媒介物〔制造苏打的索尔维（Solvay）方法〕。氨在这个化学反应里进去以后又出来，并没有消耗。我们把它叫作这个反应的催化剂。在星球里，催化剂便是持续发生作用的碳、氮、氧等各种原子。

首先，原子量为 12、电荷为 6 的碳的正常核固定一个质量为 1、电荷为 1 的氢核（即质子），而成一个新的质量为 13（12＋1）、电荷为 7（6＋1）的新原子。这个电荷为 7 的核是氮的一种同位素，以公式表示为：

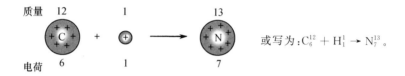

$$C_6^{12} + H_1^1 \rightarrow N_7^{13}$$

这个反应不能在通常的温度下进行，它需要很高的温度和很大的压力。即使在太阳那样的恒星里，这反应仍很缓慢。在 30 克/厘米^3 的密度和 2000 万摄氏度的情形下，一个 C_6^{12} 的原子还可维持 10 万年而不起反应。这样的反应当然不能说是容易的。

反之，氮原子 N_7^{13} 是异常的不稳定，它很快就会衰变。在 10 分钟内，它就会变成一个更稳定的原子。这真是一种放射物质。在这种变化里，它射出一个正电子，这正电子又变形为 β^+ 射线和一个中微子，反应式如下：

$$N_7^{13} \rightarrow C_6^{13} + \beta_1^0 + n$$

这两个连续反应所提供的 C^{13} 是稳定的，但是它可以捕获另一个质子，这个反应便形成一个电荷为 7、质量为 14 的核，即 N^{14}。这个氮又可和第三个质子集合，而成电荷为 8 的核，即 O^{15}。这个氧的同位素不稳定，立刻衰变，射出一个电子和一个中微子，这样使电荷变为 7，重新变为氮核 N^{15}，和以前的氮仅是质量不同而已。最后，如果这个氮原子再碰上一个质子（这是第四个质子），最后一个核子反应再使原来的 C^{12} 出现，并随之有一个 He^4 的核。下列的图解释这个循环：

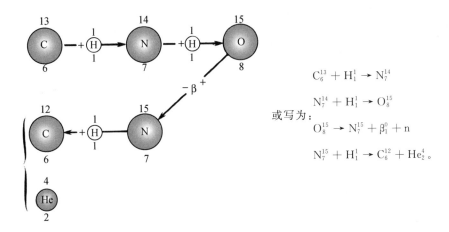

或写为：

$$C_6^{13} + H_1^1 \rightarrow N_7^{14}$$
$$N_7^{14} + H_1^1 \rightarrow O_8^{15}$$
$$O_8^{15} \rightarrow N_7^{15} + \beta_1^0 + n$$
$$N_7^{15} + H_1^1 \rightarrow C_6^{12} + He_2^4 。$$

　　这个反应的过程是清楚的：四个氢原子进入反应，出来一个氦原子、两个中微子和两个正电子。在这个反应里，有些质量丧失掉了，但它们在恒星内部转变为能量。除了很容易穿过恒星物质的中微子之外，没有什么逃掉了的。当然，这是最慢的一种反应，它影响着整个循环的速度。对于这个循环而言，以氮 N^{14} 和质子的反应为最缓，需要几百万年的长时间。由计算表明，恒星所释放的能量确实和由这个循环所产生的能量有着相同的数量级，而且我们已经看到，以氢作为燃料可以维持几十亿年。

　　这种循环经贝特说明以后，使我们明白，为什么像天狼这样的星，内部温度只超过太阳的 30％，而所放的能量却有太阳的 40 倍之多。这是因为，碳循环的核反应很受温度的影响。当温度由 2 000 万摄氏度变至 2 100 万摄氏度，只增高了 5％ 的时候，能量的变化便成为 1 与 2.4 之比，增长率是 140％。

　　碳循环可能发生在主星序的一切星里，但它却不是产生能量的唯一机制。

　　我们再谈一下钱德拉塞卡和沙兹曼（Schatzman）对于白矮星的看法。白矮星中心温度很高，使碳循环产生的能量超过这种不很明亮的星所发出的能量。于是，我们不得不假定，在这些星的相当大的对流核心里，已经没有氢而只有重元素，碳循环因缺乏氢作为燃料，已经停止了。星的核心被纯氢包围，因为没有催化剂，碳循环不能进行。在这个区域里只发生两质子间的反应，这样就可以说明，为什么白矮星所放的能量很少。

　　如果我们将碳循环应用在超巨星上，那么所产生的能量远远不及我们观测它们所放出的那样多。现在我们还不清楚，这些星是不是有另外一种模型，或者产生能量的机制是两样的。许多天体物理学家认为，反应可能是正确的，模型可能是弄错了。

　　不管怎样，碳循环的机制却是相当复杂。我们感到奇怪，恒星内部产生能量以及发出辐射，为什么要满足这许多条件。现在似已了解：刚才谈到与白矮星有关的、简单的质子

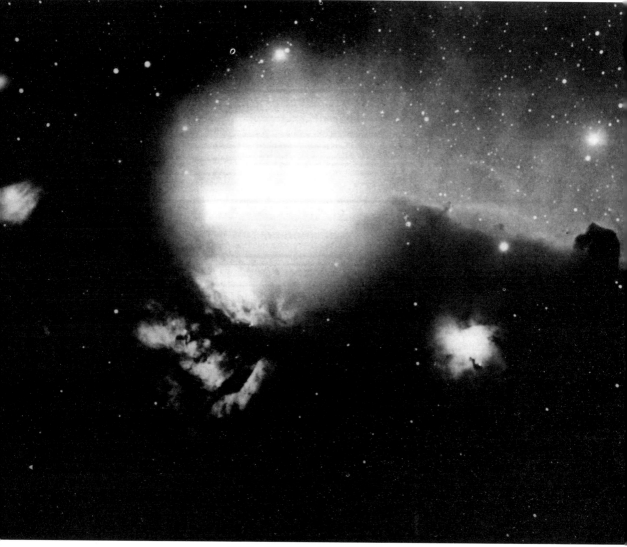

图 729　NGC2024、NGC2023 和马头暗星云
在猎户ζ星附近的吸光和发射星云,这幅图的北方在左边。

间的反应,对于主星序下部的星(包括太阳)也很重要,碳循环只对主星序上部的星才是产生能量的主要因素。

星的演化　我们刚才说过,由于氢核聚变以辐射的能量供给太阳。假使太阳里的氢全部由这个方式耗尽,按现在的发射率计,太阳还可维持 400 亿(4×10^{10})年。可见,太阳是一个很节约的星,它极其缓慢地使用它所储蓄的"燃料"〔1964 年出版的英文译本增加了这一节,以补叙这个问题的最新进展。——译者注〕。

可是,并不是所有的星都像太阳这样节约,由双星观测所发现的质光关系(第四十八章),便可说明这个看法。例如,一颗星的质量是太阳的 10 倍,虽然它的氢燃料储备也是太阳的 10 倍,可是它所输出的能量却是太阳的 3 000 倍,显然,这样的星只能够经历几百万年(相对于人类的标准,这是一段很长的时间,但相对于以百亿年计的银河系的寿命,这便是很短的一段时间)。这样,对于质量大的星,在它的演化史上,氢燃料的消耗必定产生深刻的影响。这类的星属 O 型和 B 型,在天文学的尺度上是年轻的星,而 G 型或 K 型星的年龄却相当长,甚至可以和银河系本身的岁月同样悠久。据计算,太阳的年龄与由岩石里放射物质所推出的地球年龄即约 47 亿(4.7×10^9)年〔本书初版作 35 亿年。——译者注〕(第八章)具有相同的数量级。

在星的演化历程中,最明亮的星也需经过 100 万年始能用去它储备的燃料,这显然不是能从观测中去发现的。虽然有时我们可以看见一颗超新星的爆发(第五十章),但是我们绝不能由个别恒星的观察去发现它的演化历程。可是在近 15 年内,由于对各种星团的仔细观测,我们搜集到有关演化的大量证据(第五十二章)。对星团研究的特殊意义是使我们可以合理地假设每一星团里的成员都是同时形成的,而不同的星团则形成于不同的时期。这样,星团在演化研究上所起的作用,好像地层里的"化石"一般,因而演化的问题便成了对于这些化石的分类与其形成的确定。明白了这一事实,再加上原子核物理学的进展和恒星结构的理论发展,便使我们对恒星演化的了解迈出了很大的一步。

一颗年轻的、只用掉少量氢燃料的星,其化学结构整个都是均匀的。这样的星稳定的条件有二:(1) 星体内任一点所受的压力(气体压与辐射压)必须与其上层的重力取得平衡;(2) 每秒钟从表面射出去的能量必须等于由其中心核反应所生成的能量。本章前一节说明,爱丁顿已经证明,在这两个条件下,如果已知星的质量和化学成分,则其光度与半径均可由计算而求得。质量仅能由少数星而求得,但是半径也可由计算而求得这一事实,表明光度与半径之间必定存在着一种关系,因而光度与表面温度之间也必有一种关系。光度等于星的表面积与表面亮度的乘积,而亮度又按温度的一定规律而增加。既然表面温度可由光谱型或色指数而推出,可见恒星内部结构的许多事实应当表现在赫罗图上(图 667、图 730A)。具有这些因素的恒星,事实上是赫罗图里的主序星。如果星有相当大的质量,它们便是明亮、炽热、均匀、稳定的早型星;反之,质量小的星便是既暗且冷的晚型星〔主星序里排在前面的,如 O、B、A 三型的星叫作早型星;排在后面的,如 K、M 型的星,叫作晚型星。——译者注〕。

由赫罗图可知,在空间的一定范围内,大多数星是主序星,其他的如红巨星与白矮星,则不属主星序。对于主星序的星来说,它们的质量不是太大便是太小,可是它们的

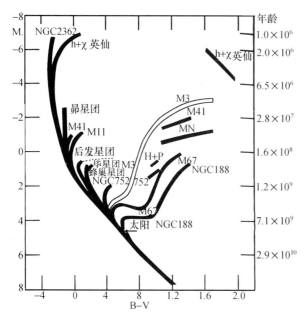

图730A　由十个银河星团组合而成的赫罗图
空白线是球状星团M3的巨星支,绘在一起以便比较。

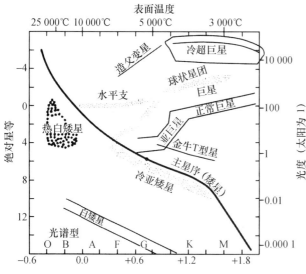

图730B　两种星族里主要星群的赫罗图（示意图）
色指数B-V表蓝星等减视星等（绿色-黄色）,按表面温度递降的次序增长。
点区表示星族Ⅱ所在处,主星序上的黑点代表太阳。

存在需在演化理论上得到解释。刚才讲过,白矮星内部的能量储备很少,再加上其他完全耗尽了核心内燃料的星,一并可以看作是演化终局的"墓地"。在理论上,巨星的结构不能当作是均匀的结构,但是如果把它们看作核心为氦即氢经过聚变后所余下的"灰烬"而外面围绕着未用的氢的结构,便可得到解释。当然,核心与外壳里的物质应是很少混合或不可能混合的。

导致现今恒星演化理论的另一线索,是巴德用感红光的底片拍摄到仙女座大星云的核心之后,所提出的两星族的理论（第五十二章）。银河系是如同仙女座星云那样的旋涡星系,星际尘埃与气体聚集在银道面内和旋涡臂上（第五十六章）。在主星序上段的O型和B型等热星聚集在旋涡臂上,这是可以理解的,因为这些星很迅速地耗尽它们的氢燃料,只能在现今还可凝成为星的尘埃与气体的区域里被人发现。这些星是新近形成的另一个证据,可以由星协

（第五十二章）成员的扩散现象而得到。这一类幼年星常出现在银河星团里,是星族Ⅰ的典型成员。

在半人马座里银河系中心的方向上,我们发现不少星族Ⅱ的成员（例如在球状星团

内),它们与星际物质无关,因而那里找不着幼年星。这一族星有一些也出现在我们附近,它们是第五十六章内所说的"高速星"。星族Ⅱ的主要特征是:(1)成员星的轨道是围绕银心的椭圆,与银道面的交角相当大,这与如同太阳那样的Ⅰ族星恰恰相反,它们的轨道是交角小的正圆;(2)谱线弱,表示重元素相当稀少,这又是与太阳不同的另一特征;(3)有天琴座 RR 型变星;(4)没有 O 型和 B 型星,这是缺乏星际物质的一个结果。球状星团里的一切亮星都是红巨星,因而巴德才能用感红光的底片拍摄到组成仙女座星云的核心的恒星。

以上这些由观测得来的事实当然是导致恒星演化的一个大概轮廓。开始,一团由气体和尘埃构成的云凝结成一群星,在引力收缩阶段度过一段比较短的时间,直到星的中部压力足以抵抗其自己的重力为止。星体的结构得到自身的调准,使得其辐射出去的能量与由中心氢元素的热核反应所释放的能量取得平衡,于是星在赫罗图的主星序上稳定下来。经历一段很长的时期,每颗星在主星序上的位置由其质量所决定了。由于最亮的星最迅速地耗尽其储备的氢燃料,它们在主星序上经历几百万年便不见了,超过某一光度时,它们便离开主星序。在年龄较大的星团里,其成员脱离主星序之点在光度较小之处。

一颗星究竟耗掉多少氢才离开主星序? 而离开之后又往哪里去呢? 观测表明,星从此变为巨星(按脱离主星序处的高低,可以成为超巨星或亚巨星)。由近 15 年来许多天文学家对于恒星结构的计算,才知道了巨星序的形成。氢核聚变首先集中在星中央的小区域里(即温度和密度极大之处),这个燃烧区逐渐扩大到外面,直到它达到其质量的 12% 时。那时星体膨胀,光度增大到原来的两倍,它在主星序上的位置稍微增高一点,这是它的临界位置,然后,核心处的压力不再能够支持其上层的重量,因而星失掉了稳定的平衡。

1952 年,桑德奇与史瓦西提出,星的核心处的氢元素耗尽以后,星开始收缩并释放一些由引力而来的能量,将核心以外的部分加热,更使那里发生热核反应。在这种情况下,恒星的外壳膨胀,因而形成了红巨星。以后的演化途径是直达红巨星一支的顶点,已由霍伊耳与史瓦西的计算得到解释。他们认为,这向上的发展达到某一点而停止,那时中部的氢核既热且密,达到足以推动氦核发生聚变,即由 H_e^4 聚合为 C^{12} 的热核反应。

这些计算的对象虽是星族Ⅱ的成员,但星族Ⅰ(包括老年星与青年星)的演化大体上也是这样,只是年龄与化学成分稍有差异而已。桑德奇为了表达演化过程,曾将十个银河星团的赫罗图综合绘在一起(图 730A),并将球状星团 M3 的巨星支绘上,以作比较。图中脱离主星序几点之高低的差异，正如埋在不同地层里的化石，愈往下去，年龄愈是增加。每幅赫罗图是对许多星的瞬时拍照，而不是表示单颗星的演化过程。星在巨星支上所经历的时间比在主星序上短得多，因而每一种星团内巨星的质量相差很少，换句话说，每一种巨星支可以看作是具有某一类特殊质量的星的演化途径。

巨星阶段以后的演变在理论上还不明白。球状星团有一"水平支"（包括天琴座 RR 型变星）与热亚矮星，后者也许是代表红巨星以后的阶段。有些热亚矮星的光谱里有氦而没有氢的迹象，是与这种观点相吻合的一个证据。耗尽了核内燃料的星可能以白矮星的形式而终结其生命，只是它们的质量不能超过太阳质量的 1.1 倍而已（准确的数值与星的分子量有关），而质量比这更大的星，不能演化为超密的白矮星。

因此，质量多于这极限的星在其演化过程里必定会抛出一些物质，程序缓慢的，如冷的超巨星，由其光谱得知有这一现象；程序急剧的，如超新星的爆发，会抛出大量的物质。

霍伊耳、福勒、巴比季夫妇等人提出，在这个演化的最后阶段里，由于很高的温度与压力的作用，原子核聚变的过程可由氢和氦而形成重元素。例如，从氦出发可能引出下面一系列的热核反应：

$$C^{12} \rightarrow O^{16} \rightarrow Ne^{20} \rightarrow Mg^{24} \rightarrow Si^{28}。$$

最后更形成 Fe^{56}。最后这一种原子核异常稳定，因为在一切元素中，它具有最大的结合能量。在以原子量为纵标、宇宙里元素的丰富度为横标的曲线上，铁表现为一个特殊的高峰，虽然铁在宇宙里比氢或氦（甚至比碳和氧）少很多。更重的元素的特性的差异更大，它们的形成可由铁捕获不同数目的中子，而随后发生 β 衰变，以成为一个稳定的核。这一机制好像是对恒星和陨星所观测到的元素丰富度给予一种很好的说明。当超新星爆发之后，它里面的重元素散布于空间与氢混合，成为凝成下一代星的材料。这样我们预料，愈年轻的星所含的重元素愈多，球状星团里的老年星与 I 族星的光谱的差异，便可由此得到了解。反之，I 族里最老的星与年轻的星相比，在金属含量上并无多少差别，这说明：元素的合成显然不是只有时间一个因素，银河系里不同区域处重元素的形成率必然大有差别。

关于演化的末期只说这些。其开始，即进入主星序以前，引力收缩的阶段又是怎样的呢？既然亮星比暗星完成其演化历程迅速得多，我们当可在极年轻的星团里观测到明亮的 O 型和 B 型星，它们已经在主星序之内，而其暗星还在主星序之上。事实上真有这样的星团，而且它们是和星云有联系的，具有异常明亮发射谱线的金牛座 T 型星（第四十九章）便是收缩星。也许闪光星（很冷的 M 型矮星）也处在收缩阶段里。

　　由此可见,近代的恒星演化理论虽然还不能解释一切现象(例如天琴座 β 那对密近双星),但确定了一种结构,可以将各种不同性质的天文观测结果很自然地嵌合进去。未来的进展须依靠以下的几种努力:(1) 使用快速电子计算机计算改进的恒星内部结构;(2) 原子核物理学的进展,以提供理论计算所需的数据;(3) 对太阳附近的恒星的仔细观测,这些星一般虽不属于星团,但其中多数可能是从星团逃出来的,而且无疑经过了相同的演化过程。

图 731　马头暗星云

用红光拍摄氢气表现得特别明显。这幅图的北方在左边（帕洛马山 5 米口径反射望远镜拍摄）。

第五十四章

弥 漫 星 云

　　我们在这一章里将要讨论一类形状和界限都不确定的星云。

　　猎户座内的美丽星云和环绕昴星团的星云气都是这类天体的典型。这些星云是由弥漫物质，如原子、分子和很小的尘埃颗粒所形成的。在性质上，它们是和亿万恒星所组成的星系或旋涡星云大不相同的。很久以来，天文学家对于这两类星云感到难于分辨，因为恒星所组成的星云距离遥远，一直到有了近代的巨型望远镜时才能把它们里面的恒星分辨开。我们暂时只讨论弥漫物质所形成的星云（图 731）。

　　现在我们很容易分辨弥漫星云和河外星系。首先，它们在天上的区域不同。所有的弥漫星云都在它们所属的银河的附近。弥漫星云是我们星系里的成员,而旋涡星云分布在很远的空间,就像我们的银河系一样是恒星的集团,所以旋涡星云又有河外星系的称号。旋涡星云在天空上应该到处都有,实际也是这样的,只是由于我们的星系挡住了银河平面上的旋涡星云,使得只有离银道面较远的旋涡星云才能被我们看见。

弥漫星云的范围常是很广,没有明晰的界限,而河外星系范围看上去要小些,其轮廓相当清楚,常具有特殊的形态。许多弥漫星云发出很特殊的光谱,而河外星系的光谱却和太阳的光谱相似,因为它是像太阳那样的恒星集团,光谱当然是相似的。

猎户座大星云　这种星云的位置表示在图 732 的照片上。这种星云容易在巨大的猎

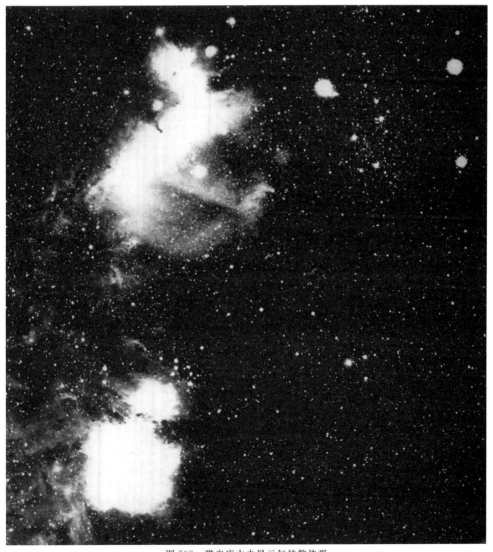

图 732　猎户座中央星云气的整体观

图上方是猎户的腰带即 ζ、ε、δ 三星。第一星沉在星云气里。左下方是猎户座大星云。右方的气体云一定是被吸光物质所掩蔽的。

户星座的中央找到。视力好的观测者容易用肉眼看见，但是用一具双筒镜看得更清楚。如果有一架天文望远镜，更易欣赏这种星云的伟大。借近代的大望远镜照相，这道天空的奇景才完全表现出来。在大望远镜里，我们可以看见，一颗六联聚星沉浸在很有特征的绿色光辉里（图733）。这一团组成星云的气不是均匀的，各部分浓淡不一，整个形状像一只飞翔的鸟，翅膀半展，头嘴向前。这在我们的照片上就很明显。仔细研究这张照片便可看出，这类星云有两个特征：首先是它的纤维结构，好像被风吹散的卷云；其次是一些黑暗的区域，好像其中有些明亮的部分被吸光物质所掩蔽〔1959年用5米反射望远镜成功地拍摄了猎户座大星云的彩色照片，可以看出这个星云所具有的异常富丽的色彩，请参看本书彩图。——校者注〕。

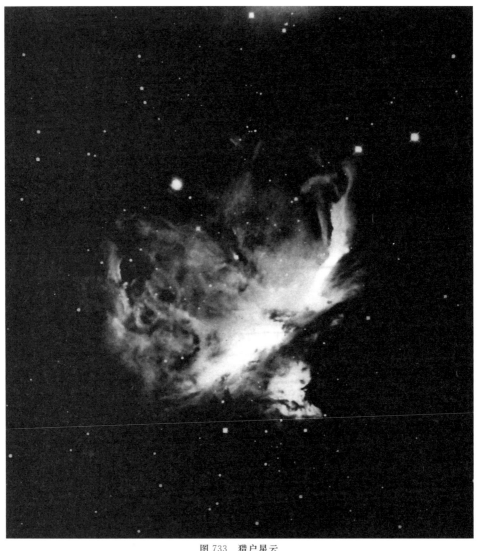

图733　猎户星云
六联聚星猎户θ星沉没在露光过久的区域里。注意气体的混涌结构，发射的和吸光的两种气体混在一起。

十个大范围的弥漫星云

星号	方位（1975）		别名
	赤经	赤纬	
NGC1976	5 时 34 分	$-5°30'$	猎户座大星云
IC434	5 时 40 分	$-2°25'$	马头星云
NGC2244	6 时 31 分	$4°57'$	玫瑰星云（麒麟座）
NGC3372	10 时 44 分	$-59°30'$	船底 η 星云
NGC6514	18 时 1 分	$-23°2'$	三叶星云
NGC6523	18 时 3 分	$4°57'$	M8
NGC6611	18 时 17 分	$-13°49'$	M16
NGC6914	20 时 24 分	$42°13'$	天鹅 γ 星云
NGC6992	20 时 55 分	$31°35'$	⎫ 网状星云
NGC6960	20 时 45 分	$30°38'$	⎭
NGC7000	20 时 58 分	$44°14'$	美洲星云

　　这类星云的性质是怎样的呢？摄谱仪给我们回答了这个问题：从弥漫星云而来的光和行星状星云的光完全相同。我们所观测到的，不是恒星的连续光谱，而是稀薄气体的光谱。在这种光谱里有许多氢的谱线，从红色的 H_α 线一直到紫外谱线，包括整个巴耳末系，还有比较弱的中性氦和电离氦的谱线（图 734）。

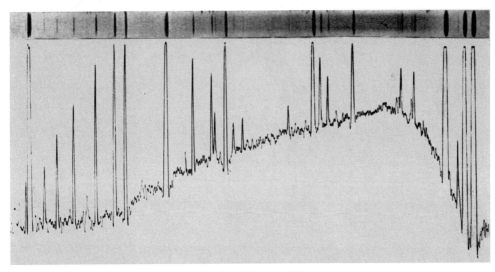

图 734　猎户星云的光谱

强线属氢气与其他亚稳状态下的原子，这是气体星云的特征。右边那条谱线从前以为是氦的，其实是 O^{++} 的谱线。

　　以前人们设想，氦的谱线是弥漫星云最富有特征的谱线，而现今确认为双重电离氧的谱线，位置在青色区 H_β 线的旁边，其辐射很强，给予这类星云以特殊的颜色。在讨论行星状星云时，我们说过，禁戒谱线是异常稀薄气体的特征。这些谱线的相对强度在星云上各点不同。较弱的谱线是由氮、氖、碳、硫等元素所发出的。

这种光谱和行星状星云的光谱很相似，使我们知道它的光线发射的机制。六联聚星猎户 θ 星在星云里的地位绝不是偶然的，因为这颗星便是整个星云发光的来源。发射的机制和行星状星云一样，猎户 θ 星的紫外线变形为可见光，再漫射出去。

我们应该想到沉没在由孤立原子和小粒子所形成的弥漫物质云之中的恒星。它们的紫外线夺取这些孤立原子的电子。这些原子回复到不受激发的中性状态，便发出星云的

图 735、图 736　天鹅 γ 星附近同一区域的两张照片
左图是用滤光板选择氢气的红光拍摄，表现出很多的星云气。右图是用红外线拍摄，只有恒星出现。相同的星可在两张照片上同时找着，但是红色星在红外照片上特别显著，因此使这两张照片不易进行比较（法国南方天文台施密特望远镜拍摄）。

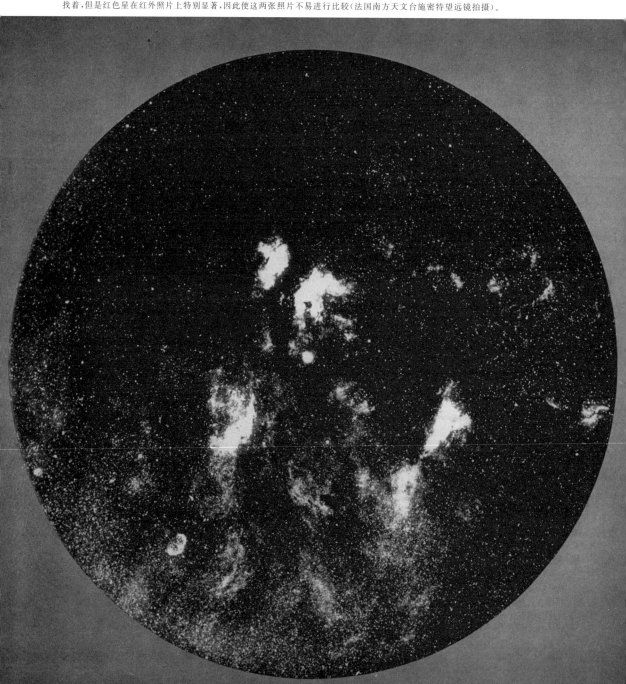

各种特殊辐射。离开激发的星愈远,起作用的紫外线的分量便愈少,距离和吸光的定律都在同一个方向起减少的作用,激发愈来愈弱,到了边沿,星云暗淡,以至于不能看见。但是这样的暗淡是逐渐变化的,我们有可能追寻星云气直至离星很远的区域,这可以从法国南方天文台施密特望远镜所拍摄的那张照片(图732)看出来。这张照片具有明显的特征,因为在猎户星云(照片下方的大白斑)和猎户ζ之南的星云之间,照片上并无明显的不连续之处。有些明亮的部分被吸光物质所掩蔽,正如在这张照片上方有马头形的那个黑暗星云那样(图729)。这个黑暗星云的大尺度的照片见图731。在这张照片(北方在左面)

的下方,这个星云中断了,也许是被吸光物质遮掩的缘故。这种吸光物质和发光的星云在本质上并无多少区别,只是因为这些吸光物质距离猎户 θ 星太远,不能受到这颗六联聚星的激发。

我们还认识了许多和恒星联系的发射星云。用红色氢线的光所拍摄的照片表现出较大的反衬度,在恒星背景上特别突出(图735、图736)。这些照片表明,整个银河里充满了氢气的云,其中有些可能和亮星有联系,有些关系不太肯定。例如,天鹅座内美丽的网状星云形成半径大于 1° 的两段圆弧,激发这两个星云的星还没有被确认出来,也许就在这个区域的繁星之中(图737、图738与图739)。这种星云成圆弧形的结构是常见的现象,一个大圈环绕着整个猎户星座。关于天鹅星云构成圆弧形的原因,奥尔特的解释是由于古代超新星射出的物质和星际物质的冲突所致。这就可以说明星云的纤维形态以及现今找不到的、很久以来便熄灭了的中央星。弥漫星云的距离很难测量,只好借和它们有联系的恒星去确定它们的距离。

我们所说的弥漫星云发光的机制,需要有一颗很热的、发出的光很富于紫外线的星,这便是猎户星云里 O 型星的情况。这样我们就可以探讨,如果该星比较冷,基本上不发射紫外线,那么这些星际物质又会有什么样的表现呢?激发的机制虽然不起作用,原子不发出发射谱线,但是星云物质仍然可以漫射光线的。那么,我们所遇见的便是另一类弥漫星云,如同出现在昴星团内几颗主星周围的那些星云气(图719)。这些星云气所发出的光差不多和它们附近的星光相同,但又有一点不同,这从原子和质点对于光的漫射的理论中容易得到解释。

被原子和质点漫射的光线有这些特征:光线的颜色改变;反射光将光波振动的方向加以选择,只允许某一特殊方向的光线反射出来,这样就可以计算漫射光线的质点的大小。这些质点的直径是万分之一毫米的数量级,可是原子更小,即使是这样小的质点,还包含有几千万个原子。

对于光波的波长而言,大质点漫射光而不改变其颜色;如果漫射的是光的分子或原子,那么漫射出来的光线显然比星光更蓝。

发射的或反射的弥漫星云给我们表现出星际物质的两种情况。由观测而得的整个现象(我们现在只举出重要的几种)表明,星际物质到处都有。它的密度不是均匀的,就因为它分布的不均匀才表现了它的存在。

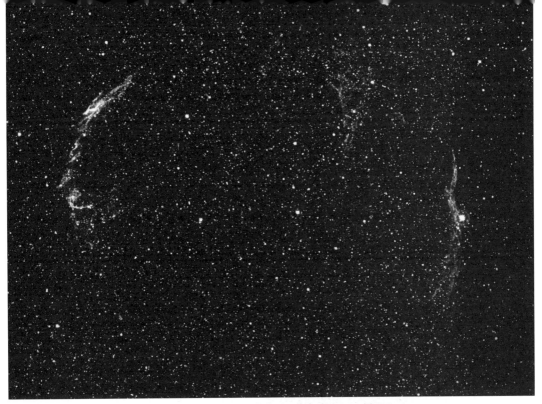

图 737　网状双星云的整体观，并参看图 738、图 739

图 738　天鹅座里的网状星云（NGC6995 的北边部分）

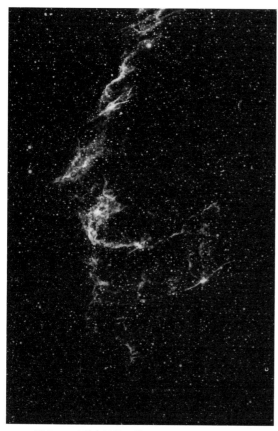

图739　天鹅座里的网状星云（NGC6995 的南边部分）

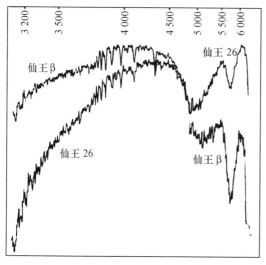

图740　两颗 B 型星光强度随波长的变化而变化

这两张光谱照片的露光时间调节到使青蓝区 4 800 埃 处有一样的黑化情况。由这幅描迹图可见仙王 26 星比仙王 β 星更富有红光，而少紫光。这种差异是因星际吸收而使仙王 26 星发生红化。

在对星团的研究里，我们已经说过，星光在它所经过的星际空间里被吸收。如果星光经过 3 300 年走了 1 000 秒差距，它就失掉了它一半的能量。一颗像太阳一般明亮的星，处在这样的远处：没有吸光作用，视星等是 15；因有吸光作用，视星等是 16。因此这种吸光效应很大，而且随着距离而增大。如果我们根据视星等去测定星的距离，这个效应是必须计算进去的。一颗 22 等的小星，如果它的绝对星等是－2，它实际是在 1 万秒差距处，但是如果我们不把吸光的效应计算进去，所得的结果便会有 60 倍远的距离。所以，星际吸光是一个很重要的现象。它对于蓝色辐射比红色辐射更要强些（图 740）。因此，认识吸光随光色（或波长）而变化的定律是很重要的。许多天文台都做过这种研究。迪旺（Divan）曾精密地比较很红化和未红化的星，而得出最新的结果。这些未红化的星是在特殊方向上的近星，可以由它们的光谱型而判断。迪旺证明，吸光定律在各种方向都是相同的，只是吸光物质的数量而不是它的本性随方向有变化。

这些吸光质点究竟有哪些性质？这个问题还没有确切的答案，可是我们在这方面已经有相当确切的认识。对于吸收一切辐射的大质点而言，如同一个不透明的帘幕一样，吸收作用是中性的。这样形态的物质，对于一定的质量而言，粒子愈大,吸光作用愈小,这是不难理解的。设想我们堆集8个小立方体形成1个大立方体,体积增大了8倍,可是它的长度只增加2倍,面积只增加4倍,但是每个独立的小立方体,面积却是8个单位(图741)。所以,堆集起来的物质吸光作用只有独立时的1/2。

对于很小的质点,如原子与分子,吸光定律就完全两样。瑞利(Rayleigh)曾经研究过这个问题,证明紫光和蓝光比红光更容易被吸收。这种选择性是很大的,紫光比红光吸收量要大16倍。但是在这样的形态下,物质吸光的能力却很弱。日常生活里的观测可以说明这个现象:澄静的大气如果含过饱和的水汽,便是完全透光的,但是如果因为某种气象的变化,水汽凝结,即水分子形成小水点,吸光就变得很厉害。我们看见,先有白云而后转变成为黑云。

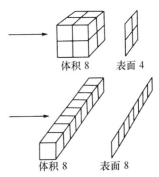

体积8　表面4

体积8　表面8

图741　体积与表面积增长比较示意图

星际空间的吸光介于中性吸收和瑞利吸收之间。例如,星际物质吸收紫光只是吸收红光的两倍。这数字在分子的吸光数和石子的吸光数16:1之间。我们由此推出,星际物质的直径也在这两者之间,事实上,其直径的长短是可以和光的波长相比拟的。

图742　金牛星区

照片表现出发射和吸收的气体混淆在一起,有几条吸光物质把背后的恒星掩蔽(17厘米口径的物镜拍摄)。

奥尔特从银河星系动力学的研究推出星际物质的数量,他求得,在太阳附近,每边长为 1000 千米的立方体内有 3 克物质。相对于地球上的情况而言,这样稀薄的密度实在是微不足道,可是从天文的尺度而论,这是一个相当大的密度,等于将所有的星研成尘埃散布在空间的密度,或者说,空间里凝聚成星球和分布为质点的物质,两者的数量是均等的。说得确切一些,奥尔特的看法必须作这样的修正:每边长为 1000 千米的立方体内含 3 克物质的数字仍然有效,只是这些物质有一部分形成不发光的星,另外一部分才是原子。

不管怎样,要解决的问题是很明显的:有一种确定的选择吸收,如紫光的吸收是红光的两倍;总吸收量是每 1000 秒差距吸收一个星等;密度是在每边长为 1000 千米的立方体内有相当于克的数量级的物质。这便是需待说明的三个数据。未知的东西便是这些吸光质点的性质和大小。天文学家曾经想到两种质点:一种是绝缘物的质点,如冰和非金属;另一种是金属组成的导电质点。这两种质点的作用是完全不同的。前一种只能造成漫射,当它们的直径是光的波长的数量级时,最为有效。对于 1/10 000 毫米或 1/10 微米直径的绝缘尘埃粒子,我们找到了星际吸光的定律。这些粒子实在是异常的微小,需要有 1000 兆(10^{15})个这样的粒子才形成 1 克,可是每颗粒子里还含有 5 亿(5×10^8)个原子。平均说来,每边长为 10 米的立方体内有这样的一枚粒子。

图 743　因无星可见所表现出的黑暗星云
实际上并不是没有星,因为在视向方向上至无穷远处找不出星,这是不可能的事。

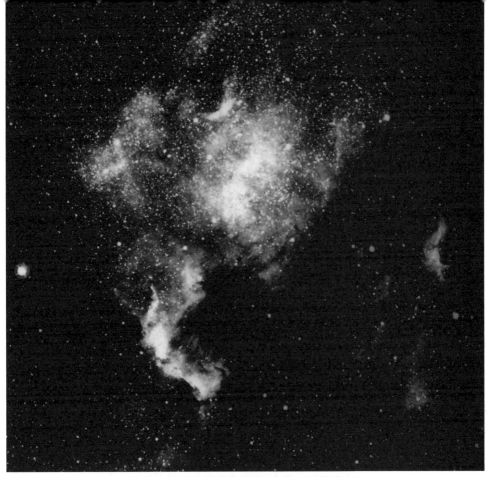

图 744、图 745　天鹅座美丽的美洲星云和鹈鹕星云

上图用氢气的红光拍摄，下图用红外线拍摄。

这些质点很可能是绝缘物质所组成的。我们要说明，星际物质基本上是和太阳物质相同的。每有一颗金属原子，就有 6 000 颗氢和氦的原子和几颗氧、氮与类金属的原子。范·德·胡斯特和奥尔特说明，这些质点凝集成像冰那样的微粒。

瑞典天体物理学家沙伦(Schalen)研究过金属质点。他证明，这种质点真的会吸光而变热。这种现象加上绝缘质点的漫射作用，使得这些质点更具有吸收性。一定质量的铁如果分布成小于 1/10 微米的质点，不管这些粒子的直径怎样，吸光的数量总是一样的。

如果星际质点是铁，它们的直径就不能得到确定，因为我们不能说，在一定体积内只有 1/10 微米的粒子 1 颗，或者有 1/1 000 微米的粒子 40 万颗。因宇宙物质里金属含量很微小，也许并没有所谓金属微粒，但是为了解释我们下面就要谈到的光的偏振现象，我们好像应该假定有这样的微粒。

星际原子　因质点吸光，亮星附近的氢原子形成发射星云。离亮星远的区域里也可能有原子，这是可由以下的几种方法证明的。

星际原子，特别是电离钙 Ca^+ 的原子，表现在吸收谱线上。这是 1904 年哈特曼(Hartmann)观测分光双星猎户 δ 所发现的，他指出有两条钙谱线不参加分光双星的谱线移动，而是永远固定在光谱上。如果我们假设，这两条谱线不是由于星的色球层的吸收，而是被星和我们之间的星际原子所吸收，这现象便得到解释。

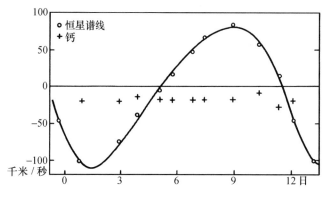

图 746　B_3 型博斯 5070 号星的视向速度曲线
具有固定的钙谱线，这是由星际吸光物质而来的。

哈特曼的结果得到进一步的推广：不晚于 B3 型的许多热星(图 746)不含能吸收 H 和 K 谱线的 Ca^+ 原子，但如果这些星的光谱里有这样的谱线，它们便是从星际物质而来。由这些谱线所推出的视向速度常和恒星的视向速度不同，因为这样推出来的是吸光云的视向速度，而不是星的视向速度。比尔斯(Beals)和亚当斯进一步指出，这些星际谱线常是多重的，因为光线在到达观测者以前，常常经过几重具有不同速度的云。每有一重云就有一条相应的受多普勒效应影响的谱线(图 747)。除了上述的重要谱线之外，还有别的星际谱线。例如，中性钠的黄色 D 双重线(5 890 埃、5 896 埃)和别的元素，如电离钛、铁与中性钙的谱线。其余的谱线就难于确认了。

最奇怪的是,有十几条谱线(其中三条最强)是由碳分子CH 和 CN 而来的。在星际空间极特殊的情况下,复杂的分子光谱常是简化成几条谱线。温度低是星际空间出现分子的原因,分子得以结合,正如尘埃微粒得以存在一样。

现在(指 1952 年)有六条星际谱线和谱带还没有得到确认。这其中有一条强而且宽,即在蓝色区的谱带4 430 埃处。

根据星际谱线的强度,是不是也可以测定各种元素的相对含量呢? 做法虽很细致,但是可以办得到的,因为谱线强度不只取决于元素的含量,而且还取决于该元素在某一光谱区里吸收某一条谱线的能力。例如,电离钙和中性钠是容易进行观测的谱线,但别的更丰富的元素便没有在适当位置上的吸收线。所以,若要计算星际元

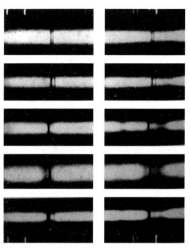

图 747 天鹰 X、HD167264、御夫 X、人马 μ 和 HD199478 五颗星的 K 和 H 谱线

K 谱线是双重的或多重的,H 谱线也有相同的结构,但是恒星的氢谱线 H$_\varepsilon$ 也在里面。每条谱线相当于星光在行程中所经过的一重钙云。这些谱线因云的视向速度而有不同的位移。

素的含量,就应该将这个因素考虑进去。下面记载星际空间每立方米内各种原子的数目,这是现在所得到的最可靠的结果:

氢	100 万	钠	60
氧	1 000	钾	4
钙	100	钛	2
		碳分子	1

按我们现在的认识,碳和氮原子的含量还不能确定,而且氢的含量是通过一个很间接的途径求得的。钙原子的高度电离使星际空间每一立方厘米内有一颗自由电子。于是空间里有很多电荷,它们应该在许多现象上表现出来,可是却没有得到观测上的证实。如果我们假设,每一立方厘米内有一颗电离的氢,这个困难便可以消除。这种假说好像是合理的,因为在热星附近,氢原子的存在表现在热星的发射光谱里。我们把含电离氢的区域叫作 HII 区域。对于距星很远的空间,奥尔特和缪勒尔以特殊的研究方法发现有中性氢或HI 的区域。当我们谈到银河系的结构时,我们还要提到中性氢和利用它发出的射电波去探寻的办法。

星际物质里元素的相对含量就我们现在所得的片段知识而论,是和太阳、行星或者恒星里的元素的含量很相近的。这是一个很重要的结果。由恒星到星际,推广了宇宙里物

质组成的均一性。如果我们承认这个结论，则星际空间里也应该有大量的氦原子。1953年在马克当纳天文台有人在氢的发射谱线旁边观测到氦的发射谱线。这些谱线的暗淡还是一个需要解释的疑谜。

很久以来，天文学家便考察，是不是有从几毫克的颗粒到几千千克的大块物质在星际空间里运行？对流星的观测给这个问题提供了一些线索。我们知道，陨星是进入地球大气的小块物质受摩擦而形成的，是我们熟知的发光现象。天体力学给我们一个简便的方法，去判断流星是从太阳系以外而来的还是太阳系内所固有的。在前一种情形下，流星和地球碰撞时，相对于太阳的速度应该超过 42 千米/秒；在后一种情形下，这速度就小一些。因流星飞得快，而且其出现又不能预料，所以对它的速度的测定是困难的。照相的观测特别是雷达的观测，才解决了这个问题。我们所观测到的流星都是属于太阳系的，从来还没有观测到一颗我们敢于确定它是从星际空间而来的流星。根据观测，有几颗流星速度达 43 千米/秒或 44 千米/秒，事实上，因有 1 千米/秒或 2 千米/秒的误差，它们的速度可能只有 42 千米/秒。以前的目视观测的结果应当看作是错误的。

根据上述的结果，假设星际空间的流星仅有太阳附近的 1%，我们便可对于星际大质点的密度得到一个上限。

试算一下这些大质点密度的上限。陨星的质量很不相同，从万分之一克到几十万千克，而且质量小的非常之多。根据最好的估计，太阳系里两颗陨星之间的平均距离是 60 千米，因此地球在它运行的途程里，每秒钟捕获 100 万颗陨星。和这数字相应的密度是，每边长为 1000 千米的立方体内有 500 毫克的物质，而在星际空间里，密度只有这个数量的 1%，因而在这个立方体内只有 5 毫克的物质。可见，凝聚成陨星的物质比质点的物质要少一些，它的不随波长变化的吸收性还没有被查出。

星际空间的物理情况　星际空间的物理情况究竟是怎样的呢？我们所测量出来的物质是这样的：

在每边长为 1000 千米的立方体内有孤立的原子 2 克至 3 克、质点 10 毫克、陨星 5 毫克。

平均地说来，这些物质都是中性的，因为每立方厘米内的负电子和正电子中和。这个空间里当然充满了各样的辐射能量。

银河系里的星所放射的光能量当然处处很不相同，随附近的星的密度和温度而大有变化。

在太阳附近，如果不将太阳计算进去，能量的密度是微小的，每立方千米的体积内只有 500 尔格。星际空间里，每 10 立方厘米平均只有一个光子。如果在这个空间里放上一个温度计，它吸收这些能量再转化为热以至由它发出辐射，再将这份能量发散出去。这个温度计的温度将是绝对温标 3 K,即－270℃。

对于孤立的原子,短波辐射还有另外一种作用:辐射打出原子的电子,以相当大的速度外射。这些电子和空间别的质点交换它们的能量。因此,原子所有的平均速度比在空间温度 3 K 的情况下大得多。法布里想到的这个概念,经过爱丁顿的计算,求得这种扰动温度应该是 10 000℃。这好像是一个很大的矛盾,事实上却不矛盾。在星际那样的空间里,温度统计的概念是不存在的,因为碰撞稀少,平衡建立得很迟缓。质子间的碰撞是异常稀少的,如果温度是 10 000℃,平均在 12 年内,两个质子可能发生一次碰撞;在 3K 的温度下,这时间便是每 700 年才有一次碰撞。质子和质点的碰撞比较多些,如果氢原子的平均自由程是 1.5 万千米,则平均每 15 分钟内两个质子发生碰撞。

尘埃质点和恒星的形成 荷兰天文学家奥尔特和范·德·胡斯特研究了质点和原子之间的统计平衡。假设星际空间充满了各样的孤立原子,比例相当于宇宙里的混合成分。我们说过,光谱分析证明,宇宙里的物质(包括星际物质)成分非常相似,最多的是氢,其次是氦,再其次是氧、氮、碳、镁、硅等。各种原子间有碰撞,碰撞的数目随各种原子的含量和体积而变化。这些碰撞一般是弹性的,即是说,两颗原子碰撞以后又重新分开,并无动量的损耗。但是,如果原子的速度小,碰撞就可能很软,于是原子集合在一起,形成分子;这分子再经过一次碰撞,可能与第三个原子集合,如此继续下去,以至形成质点。范·德·胡斯特研究了这个复杂的问题,但从物理学的观点看来,这一问题却是完全确定的。

星际空间的物质密度和能量密度都是知道的。能量密度决定分子的温度、分子的平均速度以及在平均值周围速度的分布。这两位荷兰天文学家证明,星际形成最多的粒子应当是冰的颗粒。这些颗粒是球形的,由所含有的氦和从"宇宙混合物"而来的原子形成杂质。当质点达到一定长的直径时,氢和氦的原子便不会被捕获,而只受弹性的碰撞,至于别的原子仍然继续聚集。由理论证明,0.1 微米的质点(由观测证明有这样的质点)在 900 万年内可以形成。这个时间和宇宙的年龄(至少 30 亿年)相比较,还算是很短的。奥尔特为了避免这一困难,假设两团恒星云互相碰撞的时候,宇宙尘埃的颗粒可以再度蒸发。

在亮而热的恒星附近,吸光的质点可以被辐射压所驱逐,同时,氢原子受到激发,发出富有特征的谱线。这样就可以说明,为什么银河系里有这样多的弥漫星云。离亮星远的尘埃聚集造成强的吸收而很少发射。最近的理论试图说明,这些暗云里质点因凝结而形成恒星,有名的"煤袋"便是在形成过程中的恒星。这样,我们就亲眼看见恒星的生成。博克使人们注意到异常纤细的吸光云,这些云很容易和固定在照片上的灰尘混淆起来。这些云是真实的,图 748 表现得很清楚。我们可以证明,这些凝聚物和恒星在质量上是相同

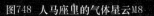

图748　人马座里的气体星云M8

　　这个典型的气体星云内有着纤维结构的发光气体和有名的黑色球状体。据博克的研究，这些球状体便是在形成中的恒星。

数量级的。如果这个见解是正确的,这程序的结果又将是怎样的呢?刚生出的恒星是红巨星呢,还是很热的 O 型星?这颗初生的星,是不是将经过所有的光谱型阶段呢?我们的看法并不是这样的。我们一向认为,星由热的少年期而变至冷的老年期,但是用这种拟人化的生死观去看星球的看法已经过时了。我们还不知道,为什么是太阳的 20 倍或 30 倍的 O 型星会变成比太阳质量还小的 M 型矮星。根据我们现在的核反应知识,我们还不能说明,为什么会有那样多的物质变为能量。要得到那样的结果,恒星发出辐射必须比实际的情况多几百万倍。

再回过头来谈谈星际空间和空间里的能量。我们知道,地球不断遭受宇宙线的辐射,但宇宙线的来源现在还不清楚。我们从这种射线所得的能量等于从银河系内全部恒星而来的能量。假设这种辐射也存在于整个银河星系里,为此,便该将每单位体积里所含的能量加倍,这样,每立方千米内就有 1 000 尔格。既然宇宙线特别强,它应当对星际原子的物理情况产生作用。

科学家最近证明,从空间而来碰着我们大气的宇宙线具有高速度的电离原子。我们已经能够分析出,形成宇宙线的原子的组成和宇宙物质的成分是相同的,只是缺少了氢和氦两种较轻的原子。

星光的偏振化　光线可以看作是振动。根据法国物理学家马吕(Malus)的实验,这种振动是和光线传播的方向正交的。电磁学的理论

图 749　天鹅座里的星云 ICII5146
这星云扩大到发光区以外,事实上恒星被星云气的吸光外层所掩蔽。

表明，光波和带有电场和磁场的电磁波是相同的。

在天然光里，磁场的方向和振动的方向不断地变化，每秒变化有几百万次之多，而且没有一个特别的方向。物理学家有一种只容许平行于某一特殊方向的振动通过的仪器，这种仪器叫作起偏振镜。有些晶体完全吸收某一平面的振动，只让和这平面正交方向上的振动通过。我们在市场上可以购得的偏振片就具有这种作用。从偏振片出来的光已经偏振化，这是容易得到证明的。因为如果使第二个偏振片和第一个偏振片有同样的方位，第二个偏振片便会让所有的光线完全通过；如果将第二个偏振片的平面转过 90°，它就会把所有的光线一齐吸收掉了。这个能够检验偏振光的第二个偏振片叫作检偏振器。

在完全偏振的光和天然光之间有着各种可能的混合成分。例如，如果我们说，某些光线有 5％ 的偏振化，那就是说，这条光线里有 95％ 的天然光和 5％ 的偏振光。要说明这条光线的性质，还需指出偏振化振动面的方向。

天文学家经过许多年的研究才查出，有些星的光线是经过偏振化了的。这一发现是通过间接的途径得来的。天体物理学家钱德拉塞卡建立一种理论：质量大的星边沿上应发出偏振光，但是这个效应只能在星被它的暗的卫星遮蔽的时候，才可以查出来。霍尔和许特内尔（Hiltner）于 1947 年在叶凯士天文台对于英仙 RY 星以及在马克当纳天文台用两米的望远镜对于仙王 CQ 星寻找过这种现象。他们寻得的结果是偏振光异常微弱，相比较而言，A0 型的星

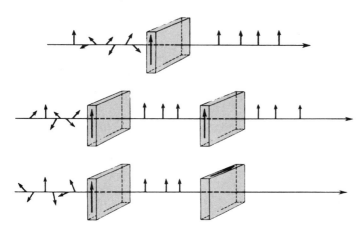

图 750　只让垂直方向振荡通过偏振片的示意图
第二个平行的偏振片（中图）没有发生什么改变，但是如果把它的平面转过 90°（下图），则所有的光线都通不过去。

所发的光有一部分是偏振化了的。

1948 年，这两位观测者进行了独立的工作，都证实了以前的结果。1951 年有 841 颗星经过观测，由不同观测者独立进行测量的结果是很吻合的。偏振度总是很小，一般是 3％～4％，只有一种情况达到 7％。统计表明，发出偏振化了的光的星总是集中在银河平面附近。一般说来，和电场方向相同的偏振面的方向是和银河平面平行的（图 751）。偏振度基本上不随所采用的星光的波长而变化。

要解释这一种效应,我们必须从它和别的因素的关系上去探索。我们首先想到的是,星光的偏振化可能受到星际物质的影响。我们实验中的偏振镜含有许多电气石的平行小晶体,它们能吸收某一方向上振动的光,而让和这方向正交的振动的光通过。如果空间内含有和这些相类似的晶体,而且这些晶体又排列整齐,星光的偏振现象当然容易得到解释;如果晶体是

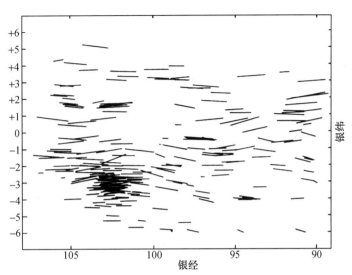

图 751　光线偏振化了的每一颗星在图上用一段直线表示,它平行于偏振的方向,直线的长度与偏振的程度成比例。　这些线段差不多都是平行而且相等的,这就说明偏振不是星本身的特征,也许是银河系的特征,而且偏振面和银河面是一致的(仙后区,根据许特内尔的测量)

星际物质的一个成分,星际物质当然和星光偏振有关。

这种现象虽然存在,但却没有我们所想象的那样明显。我们可以说,强的吸光表现为强的红化,当然就会有偏振化,但是我们却认识只有红化而无偏振化的恒星。

偏振光和星际谱线的关系也不清楚,在 4 430 埃处来源不明的光带好像比别的光带和偏振光联系更要密切。根据观测,邻近星的偏振情况可能很不相同。昴星团里只有一颗星有偏振光,还有一对双星,只是主星有偏振光。

我们说过,星光的偏振面颇有规则,大致和银河平面平行,但也有些不规则的情形,这在天鹅座的区域内比较显著。

我们将怎样解释这些现象呢?现在的理论都以偏振化的光起源于平行方向的小晶体为依据。但是有多少可以想象到的晶体,就有多少相应的理论。斯比泽尔(Spitzer)和图克(Tukey)认为,这些应当是放在磁场上的氧化铁的小晶体。根据理论,费米推出银河系的磁场比地磁场弱,约为它的一百万分之一,可是,即使是这样弱的磁场已经足够说明偏振光了。但是这个理论也遇到大的困难,因为分子对晶体的碰撞会把晶体的方位弄乱。戴维斯(Davis)和克雷(Cree)研究小晶体在磁场内的运动,以便维护这一理论。他们的结论是,银河平面内应当有一个比费米所研究的磁场强大得多的磁场。

这疑谜将怎样得到解决呢? 这是由一些粒子的所悉知的性质所引起的呢,还是如同

麦克尔逊的实验所表示的由革命性的效应引起的？偏振化是不是空间的平常的性质？现在要回答这些问题尚嫌太早，还有待于新的观测结果了。

图752　巨蛇座星云NGC6611内表现出发光和黑暗两种星云极度混淆的情况，其中也有被博克认为是形成恒星的球状体

图 753　澳大利亚悉尼附近波茨山(Potts Hill)的射电天文仪器(两架射电望远镜和一架十字形接收器)

第五十五章

射电天文学

我们说过,太阳发射射电波段的电磁波。用来观测太阳的射电望远镜也可以用来探测星际宇宙。这样探测所得的结果是很有趣的,这一章里我们简略地作一个介绍〔想对射电天文学作进一步了解的,请参看许克洛夫斯基所著的《无线电天文学》一书。——校者注〕。

1931年以来便已经发现有电磁性的射电波从银河星系发射出来。央斯基(Jansky)在美国贝尔公司工作的时候,发现他所研究的 15 米波上的寄生噪声随地球自转的恒星周(即 23 时 56 分而不是 24 时)而变化(图 754)。他说明,这辐射是从人马座,即银河中心的

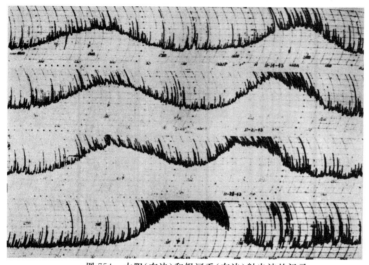

图754　太阳（右边）和银河系（左边）射电波的记录

由于太阳在群星之间的运动，太阳有时挨近了银河面，每年12月太阳在人马座里的时候，两个记录重合在一起。锯齿形的记录是由大气和工业的寄生振荡引起的。

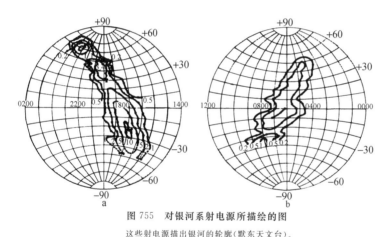

图755　对银河系射电源所描绘的图

这些射电源描绘出银河的轮廓（默东天文台）。

方向而来。

今天我们对央斯基的观测已经不感觉奇怪了。因为我们知道，这种发射超过太阳的发射，所以在白天就可以观测银河系的射电波而不受太阳的干扰，而在强度上，这两处的辐射是差不多的。

自1940年以来，这种观测被积极地进行着，我们已经绘出银河系的射电发射图（图755）。对恒星的射电研究得知，这些辐射是从银道面南北两旁各15°的一带而来，极大是在银经330°，即在银河系中心的方向。这些结果好像和探测的波长无关，不过因仪器的分辨

力差，这些区域的界限很不明确。

氢原子21厘米波长的谱线　1945年，荷兰少年天体物理学家范·德·胡斯特说明，中性氢原子在某些情况下应该发射21厘米波长的射电波。这种谱线的性质大约是这样的。物理学家说明，原子只能存在于某些能量状态下。根据量子力学，我们可以计算这些状态下的数值，而且可用图来表示，如像我们以前所说过的那样。量子理论经过各种改进以后，说明这些能量状态（或者能级）不是简单的，而是有一种精细结构。这种成分经索末菲（Sommerfeld）据相对论予以说明，现在的解释是因电子不是一个静止的电荷，而是一个自转的电荷。在这精细结构之外还有一种超精细结构，由波动力学可以解释为，它是由于

原子核的自转而形成的。

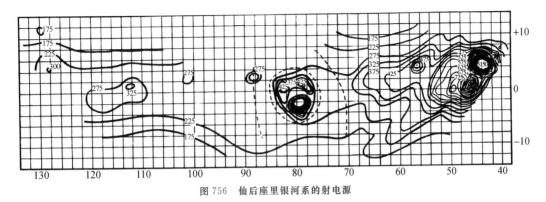

图 756　仙后座里银河系的射电源

在基态里,氢原子不发出精细结构而只发出超精细结构的能量,其基本能级分解为两个异常接近的能级,其间的距离只有通常两能级之间的距离的 1/200 000。

在常态下,这些邻近的能级上都布满着电子。当电子从高能级跃迁到低能级的时候,电子就发出 21 厘米波长的谱线;由低能级跃迁至高能级的时候,就形成吸收(图 757)。

这种跃迁好像是不可能的,但是只有在实验室里是不可能的,在星际空间里则常有可能。范·德·胡斯特

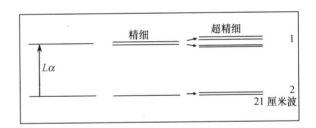

图 757　氢原子能级(1 与 2)示意图

如果我们不讨论细节,可以把能级当作是简单的。如果讨论到精细和超精细结构,能级便分解成这个示意图所表示的情况。小箭头代表范·德·胡斯特的 21 厘米波长的谱线。

的研究起初没有引起人们的注意,6 年后才证明,银河系里真的有发射 21 厘米波长的辐射。1951 年 3 月 25 日,尤文(Ewen)和珀塞耳(Purcell)在哈佛天文台发现了这种短波射电,同时荷兰伟大的星系专家奥尔特和他的助手米勒也发现了它。在这位大学者手里,收获很丰富。

我们早已知道,空间有着由氢原子结成的云,但这只限于热星附近。那里的氢原子基本上处在电离的状态下,当它再降落到中性状态下的时候,发出各种辐射,其中就有 H_α 那条红色谱线。现在特别把这个区域叫作 HII 区,以区别于中性基态下的氢所组成的新的云区,后者叫作 HI 区。来顿的天文学家所观测到的就是这些 HI 区。

这样的探测好像不会达到很远的区域,和我们接近的氢会把银河系里别的氢掩蔽住了。幸而,因银河星系的自转,实际并不是这样的。

假设有 A 和 B 两堆氢云(图 758),B 比 A 更和太阳 S 接近。这两堆云从太阳看上去是在同一个方向上。我们在下一章就会知道,这两堆云和太阳都环绕银河系的中心以不

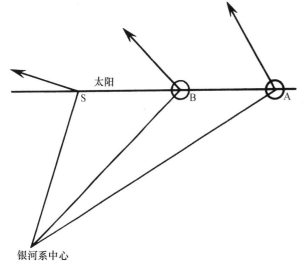

图 758　A 和 B 两堆氢云和太阳的示意图

同的速度自转。A 云所发出的电磁波达到太阳 S 的时候,频率已经遭受多普勒效应的改变。A 云所发出的电磁波经过 B 云的时候,并不会被吸收,因为云的吸收具有选择性。从 A 云而来的辐射,因多普勒效应和 B 云所发出的已经不相同了;从 B 云到达太阳的辐射,也已经是由于 B 相对于 S 的运动而产生了频率上的改变。所以射电天文学家接收到的是两个稍微错开一点的辐射(图 759)。由于我们已经有了银河系自转的知识,所以可以利用这些位移去测定这些氢云的距离。

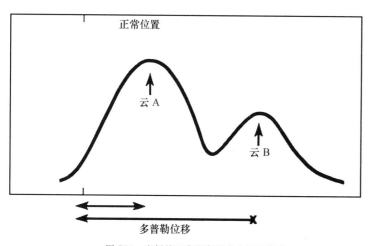

图 759　来顿的天文学家所作的记录举例

他们所接收到的辐射都具有因多普勒效应而产生的移位。第一个峰由于近云 A 而来,第二个峰由于远云 B 而来,由多普勒位移可以算出这些云的距离。

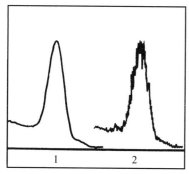

图 760　射电点源经过射电望远镜时所作的记录

仪器是固定的,周日运动使星经过射电望远镜的"视野"。由经过的时刻,仿效目视观测的方法求得赤经、赤纬。在 2 处的真正记录上,有许多起伏(天鹅座里的射电点源据焦德雷尔班克的观测)。

奥尔特和他的学生就是这样绘出氢云在空间的分布图,范围之远超过 5 米甚至 50 米口径的望远镜照相所能达到的范围。因为有了射电天文学的贡献,我们才第一次明确地描绘出我们的旋涡星云的臂部。

图 777 表示这样绘出的一个图,因为观测还不完全,特别是缺南半球的数据,所以这张图还不很完全。令人十分惊异的是,我们的旋涡臂差不多是圆形的,而人们一般把我们的星系当作 Sb 型(图 790),这就很值得怀疑了。

点源　关于银河系里发射的细节的研究使我们发现一种以前不知道的天体。1948 年,英国的射电天文学家海伊、斐利蒲(Philips)和帕森斯(Parsons)发现,在天鹅星座里发射出一种射电波,变幅很大,周期在数秒至一分之间。他们说,这种波可能是由射电点源而来的,像光线一般受了空气的闪烁作用。他们的看法得到博尔顿(Bolton)和斯坦利(Stanley)使用类似于研究太阳所用的干涉仪的证实。他们证明,天鹅座里的射电点源范围小于 8′,约为月亮的 1/4(图 760)。

当然,这几位天文学家赶快在星图上去寻找哪一颗星发出这种射电波。虽然这个方向的坐标 α 为 19 时 57 分 45 秒,δ 为 40°35′是很确定的,可是那个方向上却没有一颗星。不久,博尔顿又发现许多射电点源,如在金牛座内和室女座内的。特别重要的是,赖尔(Ryle)和史密斯(Smyth)在仙后座内所发现的强射电点源,比天鹅座内的点源差不多要强两倍,但也不能找出一颗星作为射电波的来源。

这样使我们想到,这种波是射电星发出的,它们只发出这种电磁波而不发出可见光(图 761)。射电星便成了我们需要解决的疑谜。

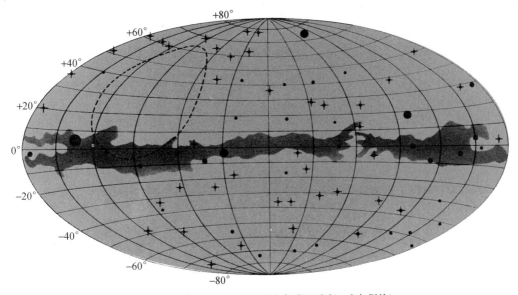

图 761　天空 77 个射电点源的分布(银河坐标,米尔斯绘)

(1) 金牛座里的射电点源现在已经确认是属于蟹状星云的,我们已经研究过这个星云,它是 1054 年超新星爆发以后的残迹(图 762)。这颗超新星在中国史书里是有记载的

〔《宋史》中有下列记载:"至和元年五月己丑,(客星)出天关东南,可数寸,岁余稍没。"——译者注〕。

仙后点源的区域曾使用帕洛马山 5 米口径的望远镜,借氢光(Hₐ)拍摄,拍得一个小星云,但是它却和第谷在仙后星座内所发现的新星没有关系。

(2) 最近的干涉测量和以上的结果相吻合,这些射电点源不是一点,而是有一个小的

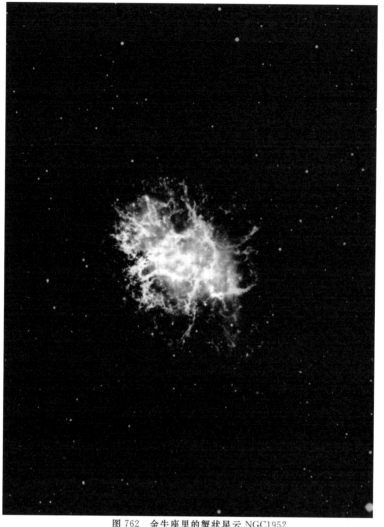

图 762　金牛座里的蟹状星云 NGC1952

这是 1054 年超新星的残迹，也是第一个被人确认的射电点源。这是用氢的红光（H_α）所拍摄的像。北方在图的左边。

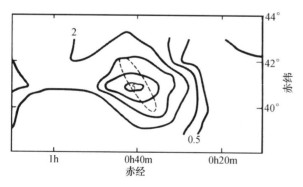

图 763　仙女座星云的射电源

曲线代表射电的等强轮廓（波长为 1.89 米），中心强度为 5，边沿强度为 0.5。

直径。例如，仙后座椭长点源约为 $4'$，天鹅座点源约为 $3'$。

（3）在这些近似于点的射电点源之外，最近的研究还发现范围比较广大的射电源，如在半人马座里所找到的。

这使我们立刻想到，这些射电源是不是很多，足以用来解释银河系里的电磁辐射的总量。最近的结果还没有肯定这种看法。有人认为，射电星好像没有光学星那么多，不能说明电磁辐射的总量，而赖尔却认为，射电星的数目应该和可见星一样多。

我们刚才所指出的射电点源，好像是属于我们的旋涡星云。这个星云里电磁辐射的能量应当是很大的，因此根据类比推理，河外星系里也应该有射电源。我们由仙女座星云（图 763）和几个大的河外星云已经得到证实。与河外星云相联系的还有两个来源：室女座里的射电源是一个圆形小星云，那里还嵌有一个喷气式的物件。这个例子和天鹅座的射电源一样,巴德认为是两个河外星云发生了碰撞。但是进一步的研究,使人怀疑这个看法,许多射电源可能是经历了灾祸般的爆发之后的星系残迹。

图 764 地平装置 10 米口径的射电望远镜(在悉尼附近的射电物理实验室)

图 765　银河的照片

第五十六章

银 河 系

　　银河系最伟大、最奇妙的景象便是银河。夏季晴朗的夜晚里,肉眼中的银河就像是一条用乳点铺成的道路,界限模糊,横跨于星座之间而高高悬挂在天空。在法国境内所能见的部分起自天蝎座,中经人马座内的特别明亮部分,然后到达了盾牌星座。这三个星座里美丽的星团和星云特别丰富。最小的望远镜,即使是一个双筒镜,也可以在这里欣赏天空的奇景(图 765、图 766)。

　　银河经过天鹰座和天鹅座,在这里银河被分为距离约 15°的两个支流,北支接触蛇夫座、武仙座和天琴座,南支经过牵牛星座和狐狸星座,这两支又在天鹅座 α 星附近会合。

　　这以后,银河逐渐暗淡下来,跨过仙后座和英仙座。以后的部分只有冬季才可以看见,经过御夫、双子、金牛、猎户与麒麟等星座。天球南半球的星比北半球更为丰富。银河经过南船座的船尾与船帆,于是到了半人马座、南十字座,再经过矩尺座,而又重回到出发

的天蝎座与人马座。

以前对某些星进行特殊研究时,我们说过,银河是我们星系里的主要部分。所以我们的星系专称为银河系。当然我们需要仔细讨论一下。基本上看来,银河在天球上描绘出一个大圆圈。这样就可以说明,太阳差不多在银河的平面内。如果太阳在北,银河将悬挂在南方的天空;反之,太阳在南,银河则在北。银河的平均平面的位置很难精确地测定,为了统一认识,天文学家选定经过天赤道上 α 为 18 时 40 分之点和赤道相交成 62°的大圆作

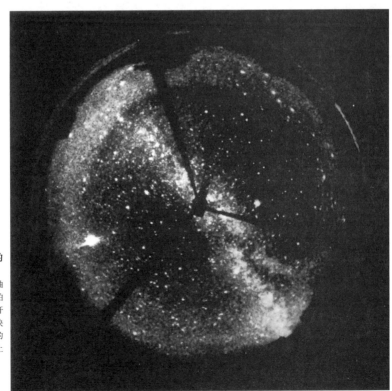

图 766　全天摄影表示夏夜的银河

　　为拍摄全天,我们放一个垂直轴的球面反射镜向着天空。照相镜拍摄反射镜里的天空。图中三条黑杆是用来支撑照相镜箱的,中心的黑块即是照相镜箱的投影。左边沿上的大白点是木星,四周黑影是地平线上的树木。

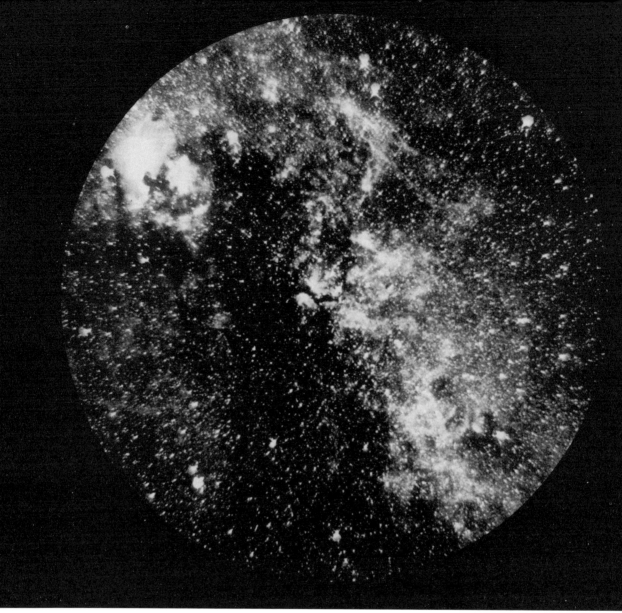

图 767、图 768　这是天鹅座里同一星区的两张照片，左边一张是用氢的红线 H_α 拍摄，右边一张是用和 H_α 很接近但不是氢的辐射所拍摄的。　氢的辐射已经被证实存在于银河之内。　左上方是美洲星云（参看图 744）

为银河平面。〔参看《天文爱好者》月刊，1966 年分期刊印的全天星图。——校者注〕我们可以将这大圆分刻为度数，并且采用银河平面和赤道的交点为原点〔1961 年，国际天文学联合会采用一种新的银道坐标系，以银心的方向为银经的起算点，相当于旧制的银经325°〕，于是我们定出一种银道坐标系，称它为银经与银纬（图 769）。

现在将以上各章所得的一些结果合并在一起，将银河系大概的情况叙述一下。

银面聚度　星的计数向我们表明，星在银河面内比在银极要多得多。这种银面聚度对于亮星已很显著，对于暗星更是这样。我们试举数字来表示这一情况：在银面内的 4 等星是在银极的 2 倍，而在银面内的 21 等星是在银极的 17 倍。我们说过，这种效应的原因是因银河系是一个很扁平的星系。根据对自身很亮的星的聚度的研究也可以证明这个结

论。例如,O 型星和 A 型星、行星状星云、新星、造父
变星、发射星云、疏散星团等天体在银道面附近都要多
些。天体的自身亮度愈大的,这种银面聚度也愈大。
对于扁平星系而言,这是容易理解的:暂时假定我们的
星系被两个平行的无限平面所分割开(图 770),太阳
在这两个平面之间。在这个平面上的法线指向银极的
方向上,我们观测到图 770 内被上边的一个平面所分
割开的小圆锥内的星。在银河平面内,这个圆锥的范
围就扩大到我们的观测工具可能达到的界限处。这个
球的大小将随星的亮度增加而增加。

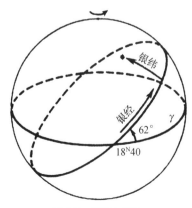

图 769　银经与银纬

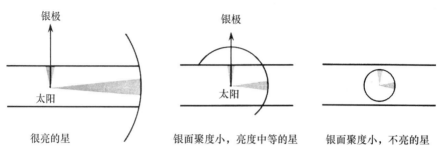

银极　　　　　　　银极

太阳　　　　　　　太阳

很亮的星　　　银面聚度小，亮度中等的星　　　银面聚度小，不亮的星

图 770　当观测能够分别达到 1800 秒差距、600 秒差距和 300 秒差距的星的时候，我们所能探测的银河区域的示意图。　可观测的星的数目与灰色锥的体积成正比例

　　图 770 表示三群亮度逐渐变小的星的聚度。天文学家根据观测的结果去了解我们的银河系的深度与范围。观测时遇见的一个困难便是，星际物质的存在把银河系远处的部分掩蔽了。我们说过，根据对疏散星团的研究，证明每 1000 秒差距内有 0.8 星等的吸光，因此计算恒星的距离时应当特别注意这一点。

　　特朗普勒证明，疏散星团基本上包括在 400 秒差距厚的一层内。太阳是在对称面之北 20 秒差距处的那一层内。

　　马克洛林(Mclaughlin)对于新星的分布的研究给银河系的研究以很大的启示：所有的新星都在 500 秒差距厚的一层内，而且它们大多数距离太阳都在 3000 秒差距以内。但是在人马座的方向上新星最密，这个方向上有几颗新星在 10 000 秒差距处。更远一些，这些星就被星际物质遮掩了。

　　别的银面内聚度大的星的分布也说明以上这个启示。我们的扁平星系在太阳附近大约厚 400 秒差距，中心在人马座的方向上，距离大于 3000 秒差距。根据对新星的研究，这个距离的数量级也许是 8000 秒差距至 10 000 秒差距。

　　关于球状星团研究所得的结果是很重要的。这些星团因为含有短周期变星，容易求出它们的距离。球状星团的分布是很奇特的，因为它们和亮度大的星恰恰相反，银面聚度为零，全部球状星团基本上在半径 2.5 万秒差距的球体内。球状星团的中心在人马座的方向(银经 327°)上，距离是 9000 秒差距，它处在新星最密集的区域里。我们现在根据这些数据将我们的银河系描绘出一个轮廓。

　　全部恒星形成一个扁平的轮，直径长 3 万秒差距或 10 万光年(图 771)。这个星系的基本面就是银道面，中心在人马座内。太阳在距离中心 9000 秒差距处。在太阳附近处，这个星系的厚度约有 400 秒差距，而太阳位于对称面之北约有 20 秒差距处。中心附近的厚度，可以由银河的视直径推算出，约为 5000 秒差距或 1.6 万光年。

球状星团所组成的系和银河星系有相同的中心，基本上是球形的，直径比银河系的直径长些。在这个球形里，除球状星团以外，还有一些天琴 RR 型星和几颗特殊恒星，例如具有很显著的金属光谱的星。现在有人把这些外围区域叫作银晕。

我们再谈一些从视向速度得来的知识。对于近星而言，太阳是以 20 千米/秒的速度指向武仙座内的一点运动。但是这只是相对于我们的近邻星的相对运动。我们已经说过，如果我们选择更广大的星系，如球状星

图 771　从边沿看银河系的示意图

中心有一球状的核，臂向左右伸出。银晕里只有球状星团和少数属于星族 II 的星。晕的界限很不分明，但远远超过正式的银河系的范围。注意太阳在左边一臂的偏心处。

团或者河外星系所组成的系统作为参考的坐标，结果就会大不相同。

相对于这些远方的星系来说，太阳的速度大约是 280 千米/秒，方向是指着天鹅座内 α 星附近的一点。这一点在银道面内，恰与人马座里的那个方向成 90°。这样就说明，太阳作为一个成员的本星系围绕着银河中心旋转，其转动的速度为 280 千米/秒。太阳向武仙座去的速度可以当作是太阳相对于本星系特有的速度。

所以，太阳离银河系中心为 9 000 秒差距，以 280 千米/秒的速度运行。根据简单的计算，太阳绕银河中心自转一周需要两亿多年。这是我们银河系的自转周期，更确切一些，便是太阳附近的周期。因为银河系不像刚体那样作整体的转动。奥尔特首先研究了组成银河星系的恒星云的运动。

假设银河系里大部分的质量汇聚在中心，每颗星都将围绕着这一点，按照开普勒定律运行在一个椭圆轨道上。为简化模型计，我们可以假设，所有的轨道都是圆周，如像太阳系里的行星所运行的轨道一样。在这些情形下，每颗星的圆周速度只取决于它到中心的距离。如果我们知道银河系里物质分布的情况，这些速度是可以计算的。反之，由已知的 280 千米/秒的速度并利用开普勒第三定律可以求出银河系的质量和太阳质量的比例。但是银河系里的质量既不是密集于中心，也不是均匀分布于周围，因此它的成员的轨道并不确切地遵循开普勒第三定律。如果我们了解这个定律的真实情况，我们便可以求得银河星系里物质的分布。这就是我们所要说明的。

暂时还须假设，所有的星环绕银河系中心走圆周的轨道。这些轨道的周期和速度（以千米/秒表示）都不相同。只是离银河系中心一样远的星，速度是相同的。

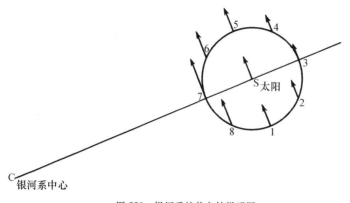

图 772　银河系较差自转说明图

如果我们讨论的是两颗近邻星，它们的轨道彼此相近，速度也很接近，因此这两颗星的相对位移是难以查出的。可是它们的较差效应是可以观测到的。奥尔特研究过银河系的较差自转。我们介绍一下，这位荷兰天文学家是怎样理解这个问题的。

在图 772 里，C 表示银河系的中心，S 表示太阳，1、2、3、4、5、6、7、8 分别表示八颗星的位置。假设这八颗星和太阳很相近，而且距离太阳一样远。1、5 两颗星与太阳距离银河系中心一样远，因此它们也以 280 千米/秒的速度绕 C 点转动，它们和太阳的距离不会改变。对于我们来说，感兴趣的是，这两颗星相对于太阳的视向速度为零。至于 3 和 7 两颗星，因为它们距离银河中心不与太阳相同，所以它们的轨道速度也不与太阳相同。事实上，星 7 比太阳的速度大，星 3 比太阳的速度小。但是 S、3 和 7 三颗星的速度都和视向 S-3 与 S-7 正交，因此 3 和 7 相对于太阳的视向速度也为零。至于另外四颗偶然记号的星 2、4、6 和 8 的速度和太阳的速度相比，既非相等，又不平行，因此它们相对于太阳的视向速度是可以观测到的。这种因银河系自转而来的特殊速度，随星和太阳的距离而增加。对于 1 000 秒差距处而且同处于一象限内的恒星，这效应达 19 千米/秒。我们谈一下怎样表明这个效应。首先，测量在银道面内很多恒星的视向速度。若把我们的特殊运动的速度除去，每颗星的剩余速度便是星的特殊运动的速度和较差自转的速度之和。由互相接近的很多颗星的平均速度，我们可以抵消掉星的特殊速度，因为特殊速度是任意分布的，在平均值上就互相抵消了。我们现在举一个有数字的例子来说明这个互相抵消的情形。假设有六颗星，它们的特殊速度如下表中所记载的那样，并且都有一个较差效应 18 千米/秒，我们所观测到的速度记载于第三行，即是前两行数的总和。

特殊速度	−25	−12	0	13	15	18
较差效应	18	18	18	18	18	18
观测速度	−7	6	18	31	33	36

观测速度的平均数是 20，与 18 的数字很是接近。这两个数字之所以有这样显著的差异，就是因为所取的星的数目太少了的缘故。

因较差效应和星的距离有关，所以我们只能借助于一群和太阳距离相等的恒星去求它们的较差效应的平均数值。

在图 773 上，奥尔特的效应很是明显，这张图是将平均的剩余速度表示为星的银经 λ 的函数。自然，较差自转在自行上也造成相类似的效应。对于视向速度，这效应是和距离成正比；对于自行，这效应就和距离无关。这是容易理解的，因为如果较差自转随星的距离成正比例而增大，但由这速度而生的角位移却和距离成反比例而变小，因此这两个效应是互相抵消的。自行变化的幅度很小，每年只有 0.004 弧秒。因测量到的自行很多，于是测量的结果便有可能达到相当高的精确度。

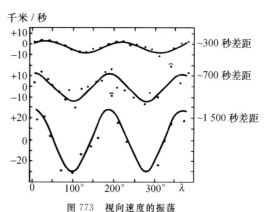

图 773　视向速度的振荡

对于在 300 秒差距、700 秒差距、1 500 秒差距的星进行测量的结果，这效应经奥尔特给予解释。

由视向速度随银经度而变化的曲线可以求出银经差约 90° 时银河中心的方向。这条曲线在银经 55°、145°、235° 和 325° 等处为零。因为 325° 是在恒星最多的人马座内，所以我们可以把这个数值当作是银河中心的方向。

从视向速度和自行所算出的常数是互相吻合的。由这些数值的讨论表明，恒星围绕银河中心运行的轨道并不遵循开普勒第三定律，如同假设银河的质量大部分汇聚在中心所应有的那样，因为银河系里质量的 1/4 分布在旋涡臂上。

高速度的恒星　由视向速度的研究发现一些具有高速度的星。举例来说，有 283 颗星的视向速度高于 65 千米/秒，因而它们的空间速度也快。米塞卡（Miczaika）编了一个高速星表，有成员星 600 颗。

它们在天球上的分布并不表现出任何特点，但是它们的速度却有一些简单的规律。这些速度都和银道面平行。如果在银道面上以箭头来表示这些速度，则绝大多数的箭头指向银经 175° 和 305° 两个方向。

这些星的运动可以对银河自转的研究提供解释。我们曾经假定所有的星都围绕银河中心走圆周的轨道。如果我们取消这个假设，试研究一下情况将会是怎样的。在太阳那里，圆周轨道的速度是 280 千米/秒，如果轨道是椭圆的，这速度将随偏心率和星在轨道上的位置而大有变化。

现在讨论一下图 774 上所绘的两个简单的情况。在第一个情形（椭圆 E_1），如果星在轨道上的近星点，即是说，它和银河中心最接近的时候，它的速度的方向和太阳的圆周速度的方向相同，但是它的数值要大一些，于是相对于太阳，这颗星便向银经 55° 处移动。凡是走像椭圆 E_2 的星，因为它们的速度比太阳的速度小，它们的视运动将指着相反的方向。从我们银河系的结构得知，太阳邻近的星的速度不能和圆周运动的速度成大于 30° 的角。更完全的推理可以说明恒星速度的分布。我们知道一些事实，显著的是星过近星点时，它的速度不能超过某一极限值，速度再大，星就逃出了银河系。根据奥尔特所求得的，这极限值是 330 千米/秒。

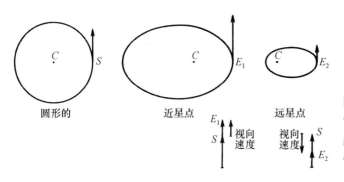

图 774　太阳和两颗运行在椭圆轨道上的星的速度

这三颗星都绕银河中心运行，但是它们的速度大不相同，这表现在图上。箭头代表星 E_1 和 E_2 相对于太阳的相对视向速度。

高速度的星在太阳附近仅是暂时的现象。它们在遥远的过去比现在更靠近银河系的中心，所以它们是从核心而来的样本。

根据近来的研究，我们知道，核心的星属于星族Ⅱ，所以研究高速星是有很大意义的。

下表综合地记载了银河系的物理数据：

银河系

银面内的直径	3 万秒差距或 10 万光年
中心密处的厚度	5 000 秒差距或 1.6 万光年
扁度	1/6
球状星团系的直径	5 万秒差距或 16 万光年
太阳附近银河系的厚度	400 秒差距或 1 300 光年
太阳到中间面的距离	北边约 15 秒差距或约 50 光年
银河系中心的方向	银经 325°(人马座内)
中心至太阳的距离	9 000 秒差距或 3 万光年
太阳附近的恒星轨道运动速度	280 千米/秒
太阳附近恒星轨道运动的方向	银经 55°
自转周期	2.2 亿年
总质量	2 000 亿个太阳的质量
核心处的质量	1 600 亿个太阳的质量
平均密度	每立方秒差距 0.1 个太阳质量
每边长 1 000 千米立方体内的平均密度	7 克
绝对星等	—18(约为太阳光度的 10 亿倍)

直到现在,我们只假设银河系里的星是均匀地分布在球或椭球里,还没有谈到它的细微结构。因为研究上的困难,第一步不能不有这样简单化的模型。幸而对银河系的研究表明我们的星系和旋涡星云,特别是和仙女座内的大星云很类似,这样就便利了天文学家的研究。为了叙述便利起见,我们将要把银河系的研究归并到河外星云那一章里去,以免对某些概念的重复叙述。读者可以先读那一章,然后再回来重读这一章。

银河系是一个旋涡星云　我们的银河系类似于我们在下一章所要讨论的旋涡星云,这好像是确定的事实。天文学家把银河系当作是和仙女座大星云一样的星云,同属于 Sb 型。它应当有一个相当大的核心和相当发展的臂。我们说过,因奥尔特和他的同事所从事的射电天文学的研究,对这旋涡臂人们已经可能探测到相当远的区域(图777)。

我们很惊异地发现,银河星系的臂差不多是圆形的,我们现在怀疑银河系和仙女座星云为同一类型的看法,我们的星云更近于旋涡臂不太张开的 Sa 型(图790)。奥尔特的测量也表明,银河系转动的方向是银河的臂的凸出部分的运动方向。如果这些臂譬如是固定在转动线筒上的线,那么这些线便会卷起来的。

摩根(Morgan)按照研究和 O 型星与 B 型星联系的氢气云的分布,绘出了一个类似的图形(图778)。这些星的距离容易从它们的视星等推出,所以我们可以定出它们所在的云

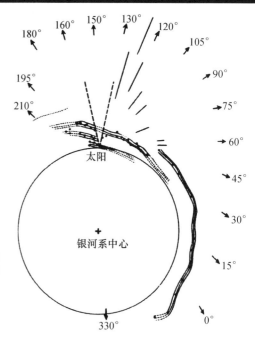

图 775、图 776　蛇夫 45 附近星区的两张照片，是迪费用法国南方天文台的施密特望远镜拍摄的

　　左图用蓝色辐射拍摄，星少，只有几个吸光区域。右图用红外线拍摄，出现的星很多。这种区别主要是因吸光云掩盖了银河的广大区域。红外线很少被云吸收，因此星得以明晰地显现出来。即使在右图的上方，吸光现象也还很明显。

图 777　银河系旋涡臂的示意图

　　根据 21 厘米波长的射电波所绘出的。这个图形是奥尔特和范·德·胡斯特等所绘的。在各方向上描出氢（HI）区域的距离，这个距离是从银河自转所推出的。

太阳

银河系中心

180°　160°　150°　130°　120°　105°　90°　75°　60°　45°　30°　15°　0°　195°　210°　330°

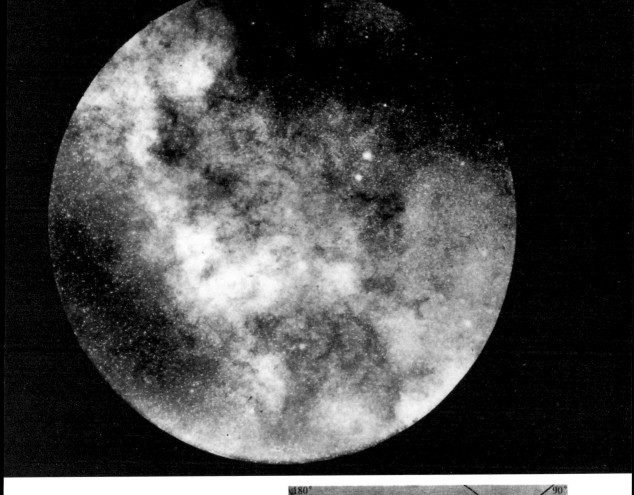

图 778　热星星团的位置（根据摩根的研究）

这些星族 I 的星是银河臂里的特征星。这张图内也有两臂，和前一张图里的情形类似。太阳放在两轴的交点上。

的方向和距离。我们更可以看出,这些星描绘出旋涡的两臂。

很久以来,人们就认为,太阳是在银河系的一个稠密区域里。近来的研究,特别是奥尔特和迪费(Dufay)的研究表明,并没有本区星团,毋宁说有本区孔穴。在太阳附近,恒星是相当稀少的。说明这个结论的一件事实便是,太阳不在旋涡臂里,而在臂的附近。旋涡臂自天鹅β星的方向开始,走向船尾座的方向去。

对银河系中心的方向,人们知道得很清楚,但是它差不多完全被星际物质所掩蔽了。人马座内很丰富的恒星云比银河中心更和我们接近些。

博克在南非和迪费在法国南方天文台所拍摄的红外线照片(图776、图779)都表明,如果我们以感红外线的照片代替通常的照片,照片上所拍得的星的数目将增加很多。这个效应的原因:一则是吸光云对于红外线比蓝色光更为透明;再则是核心的星因为属于星族Ⅱ,应当红得多。苏联天文学家利用对长波特别灵敏的红外望远镜也得到同样的结果。现在正在进行一种详细的研究,以便决定红外星的云在空间的地位,拿骚(Nassau)曾在每一平方度内寻得几百颗 M 型的恒星。

另一方面,巴德曾经系统地寻找属于星族Ⅱ的星团变星。在银经328°、银纬−4°.3,靠近银河中心吸光较弱的一个区域里,巴德发现,每平方度内有变星400颗之多,其中60%属于天琴 RR 型。他证明,这些确是属于星族Ⅱ的星,也许在9000秒差距处,换句话说,即是在银河系中心的方向。这个方向上的吸光很强,这些星的光只有10%才达到我们地球。

近些年来,关于银河系的研究有很大的进步,但是需待解决的问题还不少。我们认为,两个蜷缩很紧的旋涡臂,从含有星族Ⅱ的星很稠密的核心处伸出。这两个臂里混合有星族Ⅰ的星、气体和星际质点。在两臂之间,恒星很少,它们很可能属星族Ⅱ。在包括所有球状星团的大范围里(包括银晕在内),很少有特殊恒星存在于球状星团之间。但是关于这些区域的知识还是不完整的,非常需要进一步的了解。

图 779　迪费使用法国南方天文台 81 厘米望远镜借蓝光和红外线拍摄的蛇夫 45 附近的星区

这是图 575 一小部分的大尺度照片，在这张图上的中心附近的右下方可以寻找到图 775、图 776 内的两颗亮星。左下方有恒星云与星团，这在蓝光照片上简直看不出来。

图 780　仙女座星云 M31 即 NGC224 的全貌

用法国南方天文台施密特望远镜拍摄。我们可以看出很明亮的核心和两个旋涡臂,在这大星云附近有两个小的椭圆星云,一个靠近旋涡臂在左上方,另外一个 NGC205 在下方,略微偏右,显然是与大星云分离的。

第五十七章

河 外 星 云

　　很早我们便认识河外星云〔河外星云也可叫作河外星系。——校者注〕了。两个多世纪以来,人们便怀疑它们是恒星的集团。1750 年,赖特(Thomas Wright)提出了关于宇宙的一个理论,我们这个时代的天文学家还能接受这个理论。可是赖特以及康德的理论(1755 年)都没有科学的根据,直到有了赫歇尔的观测,这些理论才表现出一些价值。

　　但是自 1880 年至 1916 年间的科学观测在有些地方好像又使 18 世纪哲学家的伟大

见解减色。有些星云是气体的,属于银河星系。1864 年哈金斯、1900 年基勒都能分析出它们的性质。对于另外一种星云,它们的恒星集团的性质并没有受到光谱学的否认,但是它们在天空的分布,好像表明它们是银河系里的天体。1916 年万玛南(Van Maanen)测量这类星云的自行,求出的数值是每年 0″.02,这使理论家惶惑难解。这样的运动是和距离恒星很远的天体不相吻合的。由这种运动所引出的速度将会达到 100 000 千米/秒。

现在,疑难是澄清了。我们知道,万玛南的测量有误差,星云在天空的特殊分布可以用银河系里的吸光物质来作解释。另外一方面,旋涡星云是恒星的集团,关于这一点已没有人怀疑。近代的大望远镜在那里找到了各种类型的明亮天体,正如在银河系里找到了各种天体一样。

◀ 星 云 星 表 ▶

河外星云很多,我们该谈一下它们的命名法。最大的星云常用它们所在的星座命名。另外,我们习惯用它们在一种星表的号数命名。

1784 年梅西耶在法国天文年历里发表了包含 103 个星云的表,其中大部分是河外星云。按梅西耶星表的号数,M31 表示仙女座星云,M51 表示猎犬座星云。

1888 年德雷尔(Dreyer)在英国皇家天文学会的记录里发表了一个新的表,以它的缩写 NGC(New General Catalogue,新总星表)命名,记载有 13 226 个星云和星团。1895 年和 1908 年又增刊两个补篇,以 IC(Index Catalogue,索引星表)命名。在这张星表内,仙女座星云的号数是 NGC224,猎犬座星云是 NGC5194。这些星表很有用,但自照相术发明以后,它们便不太够用了。

还必须提到沙普利和艾姆斯(Ames)于 1932 年在哈佛天文台年刊中所发表的优良星表,表中有 1 249 个星云,其中 1 025 个星云的亮度超过 13 星等,21 个亮度超过 10 星等,我们把它转载在下面。还有记载星云团的星表,著名的如后发座星云团和室女座星云团等的星表。

21 个最亮的河外星云表

NGC	方位（1975）		星等	范围	类型	附注
	赤经	赤纬				
55	0 时 13.7 分	−39°22′	7.8	25′.0×3′.0	S	
224	0 时 41.4 分	41°8′	<5	160′×40′	Sb	仙女座星云 M31
221	0 时 41.4 分	40°44′	9.5	2′.6×2′.1	E	M31 星云的伴侣
253	0 时 46.3 分	−25°26′	7.0	22′.0×6′.0	Sc	
	0 时 50 分	−73°	1.5	216′×216′	I	小麦哲伦星云
598	1 时 32.5 分	30°32′	7.8	60′×40′	Sc	三角座星云 M33
	4 时 26 分	−69°	0.5	432′×432′	I	大麦哲伦星云
3031	9 时 53.4 分	69°11′	8.9	16′×10′	Sb	大熊座星云 M81
3034	9 时 53.8 分	69°49′	9.4	7′.0×1′.5	I	M82
3115	10 时 4.0 分	−7°35′	9.8	4′.0×1′.0	E	
3627	11 时 18.9 分	13°9′	9.9	8′.0×2′.5	Sb	M66
4594	12 时 38.6 分	−11°29′	8.1	7′.0×1′.5	Sa	
4631	12 时 41.3 分	4°6′	9.6	12′.0×1′.2	Sc	
4736	12 时 49.8 分	41°15′	9.0	5′.0×3′.5	Sb	M94
4826	12 时 55.5 分	21°39′	8.0	8′.0×4′.0	Sb	M64
4945	13 时 3.5 分	−49°9′	9.2	11′.5×2′.0	S	
5128	13 时 23.8 分	−42°53′	7.2	10′.0×8′.0	I	
5194	13 时 28.9 分	47°19′	10.1	12′.0×6′.0	Sc	猎犬座星云 M51
5236	13 时 35.7 分	−29°45′	8.0	10′.0×8′.0	Sc	M83
5457	14 时 2.3 分	54°28′	9.0	22′×22′	Sc	M101
7793	23 时 56.6 分	−32°43′	9.7	6′.0×4′.0	S	

　　国际天文协会编制了一个新的河外星云表，但只限于明亮的，不可能将已知的暗的河外星云一概列入表去，因为用照相的方法发现了很多河外星云。大望远镜可能照到的河外星云的数目达几百万之多。不但不能把它们列在表上，甚至把数目计算清楚也很困难。我们还要回过头来谈到这个问题，现在先研究一个最美丽的旋涡星云。

　　仙女座星云 M31 即 NGC224　美丽的仙女座星云（图 780）是可用肉眼看见的，它像是一团模糊的小块云，在仙女座 ν 星附近，差不多在 β、μ 和 ν 三颗星连线的延长线上。用一个好的双筒镜可以看出，一个卵形的大轮子有 2° 长、0.5° 宽那样大，这样就和四个月亮并排在一起一般大，所以这是一个很大的天体。如果我们用巨型望远镜去看，它就像是一个乳点般的大斑痕，中间有一团恒星状的核心。当然，还是照片才能使我们把这个星云的真面目看得清楚。图 780 所复制的那张照片是用法国南方天文台的施密特望远镜所拍到的。照片上表现出有明亮的中心，伸出两个对称的旋涡臂。它的椭圆的形状使我们想象它是一个平面的圆形体，成为 3/4 的侧面透视。在旋涡臂附近有吸光物质，掩蔽了核心和旋涡臂的一些部分。我们还可在照片上看出两个小的星云，一个投影在主体上，另一个在离开中心1°的部位上(图780)。大望远镜可以拍摄到用小望远镜所不能看见的细节。这个星云很大,我们的照片不能把它全部容纳进去,所以必须拍几张照片,拼起来才能窥见它的整个面貌。

图781是用法国南方天文台口径1.20米的望远镜所拍到的这个星云的核心部分。在这张照片上,核心以及两个旋涡臂的一部分都露光过度了。吸光物质在旋涡臂上描出很明显的细节。

在照片的东北端,旋涡臂分解为大的颗粒,清晰程度不尽相同。这些颗粒代表恒星云,清晰的细粒是星团,甚至是孤立的星。用许多照片作精细的研究,使我们在这个星云里发现有下列的各种天体:

图781　仙女座星云的核心情况

中心的核过度露光,细节不显著,但在旋涡臂上可以看出有吸光的云向内部伸入的线纹,而在外面的部分可以看出星团。

40多颗仙王δ型的变星(即造父变星),1颗超新星——S And 1885,100多颗新星(参看图703),249个球状星团。

在这个星云里也发现了超巨星、发射星云和吸光物质。

所以,凡是银河星系里相当大而亮的天体,都可以在仙女座星云里找到。这一切详情都说明仙女座星云和银河系具有同样的结构,这一点是不容怀疑的。

仙女座星云的距离只能用光度的间接方法去测量。我们说明一下这种方法所根据的原理。所谓"距离模数"是一颗星的视星等与绝对星等的差。如果星在10秒差距处,这模

数为零,而且距离每增加 10 倍,这模数便增加 5,于是我们有下列的表:

距离(秒差距)	10	100	1 000	10 000	100 000	1 000 000
模数	0	5	10	15	20	25

所以只需找到一颗已知其绝对星等的代表星,再量出它的视星等并算出它的模数,便可求得这颗星和包含这颗星的星云的距离。

唯有很亮的星才能够提供这种测定,而且它们的亮度又可从它们的现象中求出。对于这种测量最有用的两类星是新星与造父变星。新星是银河系里很明亮的星,在最亮的时候,它们的星等差不多是相同的。

1917 年李切在 NGC6946 星云内发现 1 颗新星,1917 年柯蒂斯(Curtis)在另外的旋涡星云里又发现了 5 颗。柯蒂斯想利用这个发现去求距离,因而证明他所研究的星云是河外星云。

李切的发现促使他本人对威尔逊山的大量照片作精细的研究,于是他在仙女座星云的 1909 年所拍摄的照片上发现了 2 颗新星。1917 年和 1918 年他用照相术留心寻找,又发现了 6 颗新星。今天我们所观测到的新星已经超过 100 颗。

哈勃于 1929 年发表了他对于仙女座星云的研究,并讨论了当时已知的 86 颗新星的观测。这些新星和银河系里的新星很类似,光亮变化是相似的,它们在星云核心附近的位置使我们联想到银河新星的分布情况。

很遗憾,这些新星很难用来对于星云的距离作精密的测定,其原因有:

(1)正如我们对银河新星的研究中所说过的,新星彼此之间并非完全相同,在极亮时也不是一样明亮。哈勃证明,M31 里新星的视星等在 15 与 18 之间,常见的极大值是 16.5。

(2)我们对新星的绝对星等了解得很不清楚,因为即使在银河系里,这些星还是太遥远,不能使用直接的方法去测量它们的距离。

哈勃很聪明地放弃了用新星去测量星云距离的方法。他宁肯用造父变星的方法。他在威尔逊山的照片上发现 50 多颗变星,其中 46 颗是造父变星。对于这些脉动星,勒维特曾经发现有名的周期亮度关系(见第四十九章)。这些变星周期在 10 日与 48 日之间,星等在 18.1 与 19.3 之间,而周期更短的星因为太暗不能观测。

关于周期亮度关系,因勒维特和沙普利的观测早已弄清楚。但很遗憾,把这条曲线放在星等的尺度上去是很不确定的。哈勃从新星和造父变星的测量求出的星云距离是彼此符合的。一般公认的模数是 21.8,因而距离是 23.1 万秒差距,但是这结果已经发现是不正确的。天文学家在这个问题上所犯的错误是值得详细叙述的。我们在第四十九章内已经谈过这个问题,因为它的重要性,我们还要在这里再谈一下。

周期亮度曲线安放的地位是不稳固的,因为它的基础只建立在几颗短周变星上。巴德根据他的研究说明,这些星不是典型的造父变星,而是天琴 RR 型、属于星族 Ⅱ 的变星。这些星相对于这两个星族有两个不同的周期亮度关系。因此,属于星族 Ⅰ 的真正造父变星的曲线应当向亮的一方移动 1.5 星等。距离模数应该增加 1.5,于是距离便应该加倍。因此,仙女座星云的距离是 45 万秒差距。

求仙女座星云的距离,哈勃没有用新星,但是别的天文学家用了新星,他们所求得的结果也和 23 万秒差距相近。但是当我们仔细研究他们的计算过程时,我们才明白,他们测定的结果是受了哈勃结果的影响。距离确定的银河新星的绝对星等平均值是 −8.5。如果我们采用所有的新星(包括几个可怀疑的结果)的总平均值 −7.0,那么由这个数值所得的结果就和哈勃的结果很接近。虽然仙女座星云的距离还没有得到精密的测定,但我们可以预言,应该把从前所测定的河外星云的距离加倍。宇宙的这种新尺度消除了以前的几个困难:(1) 仙女座星云里球状星团显得比正常状态暗四倍;(2) 这个星云本身比银河星系小得多。这两个问题都不成立了。现在一切都合适了,这两个星系实在是可以相比拟的。

仙女座星云是一个很亮的天体,可以用作分光的研究。虽然拍摄其中个别恒星的光谱是很困难的,但是我们却可以借分光的方法说明有发射星云的存在,并求得它到中心的距离与自转速度变化的关系。图 782 表示这些测量的结果。在如同我们太阳那样远的距离处,直线速度和银河系自转的数值很相似:对于仙女座星云,它是 300 千米/秒;对于银河系,它是 280 千米/秒。自转周期也和我们银河系的情形相同,大约是两亿年的数量级。

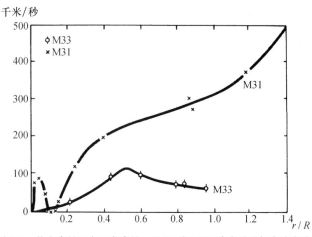

图 782　仙女座星云和三角座星云(M31 和 M33)内各处的视向速度随至中心距离的变化而变化。 M31 在挨近原点处的小起伏还不能确定,这一段的速度和银河系里的速度相似

仙女座星云的线直径可由它的视直径和距离推算出,新近求得的数字是 5 万秒差距

即 16 万光年。

它的质量可由星云的自转程度和直径推算出。根据开普勒第三定律,我们算出的质量是 2 000 亿个太阳的质量。

自从距离加倍以后,这一切数据都经过了修改,于是我们知道,仙女座星云和我们的银河系是相同的宇宙。因在远离星云中心处发现了一些星云物质,更增加了这相似之点。这其中的四团物质一定是球状星团,因为由视向速度证明,它们是属于仙女座星云的星系里的。可见,在这个星云的周围也有着如同银河系里包含一切球状星团的大球。这个球状星团系的大小也可以和我们的球状星团系相比。1944 年,巴德将仙女座星云核心分解成星,同样也分解了这个星云的两个伴星云 M32 和 NGC205(图 783)。这种将核分解为星的观测是很困难的,因为星很紧密,而且不太明亮。最亮的星是红色的,巴德便是利用这一性质进行分解的。因为大气的扰动对于红光的影响要小一些,所以底片对于红光的分辨力要好一些。最亮的星的照相星等是 21.3,目视星等是 20.0,所以这些星很红。巴德指出,这些星是球状星团里的红超巨星,但球状星团完全是由星族Ⅱ的星所组成的。仙女座星云和伴着它的两个很紧密的星云都是由星族Ⅱ的星所组成的,而旋涡臂上的星则属于星族Ⅰ,这是一个很重要的结果。再顺便提及一下另外一个有趣的现象,即 O 型和 B 型恒星、弥漫星云、星际物质只存在于星族Ⅰ之中。

图 783　仙女座星云的伴星云 NGC205

这个椭圆星云已经分解为恒星,注意对于亮星所形成的晕,底片上颗粒的表现不很相同。底片上有许多远方的河外星云。在图 780 内 M31 的右下方,我们可以看出这个小的河外星云(巴德用 5 米口径大望远镜以红色光拍摄)。

图 784、图 785　这是库尔太斯(Courtes)用两个波长很接近的红色辐射所摄的 M51，下图用的是 H_α 谱线。 在下图上有许多凝聚的核，它们是和星团联系的氢 气云，但在上图里就没有这些凝聚的核

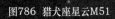

图786 猎犬座星云M51
　　图上有两个主要的旋涡臂，一臂的末端有一大片附属物。
臂上的稠密点是埋没在星际物质里的热星星团。

图 787　大熊座旋涡星云 NGC5457 和三角座旋涡星云属于同一类型

　　现在我们可以把这样的描述推广到别的星云去。例如,三角座星云也曾被哈勃细心地研究过,那里也有在仙女座里所发现过的一切天体。

　　三角座星云 M33 即 NGC598　　这个星云在三角座内,它是容易被辨认的。用以辨认仙女座星云的仙女 ν、μ 和 β 三星的连线向南延长便到了三角座 α 星。这条线经过三角座星云,这个星云是可以用肉眼看见的。在照片上,它是一个大星云,直径 0°.5 多。它有一颗很小的核和两个很不明晰的臂,甚至使人想到它还有另外的臂。将臂上的星进行分析是比较容易的事。哈勃详细研究过这个星云,发现 44 颗变星,其中 35 颗属造父型,只有 2 颗新星,还有发射星云环绕着的 O 型和 B 型的热星。从这些结果,哈勃推出,它的距离模数是 22.1,现在必须将我们银河系的吸光和定标的 1.5 星等的校正一并加以改

图 788　后发座星云 NGC4565
中心核和一个吸光物质形成的带子，位置在星云的对称平面里。

正。于是我们求出的它的距离和仙女座星云的距离相同，都是 45 万秒差距。这个星云的直径达 9 000 秒差距，即是银河系或 M31 的直径的 1/3。它的亮度也小一些，约和我们将要谈的麦哲伦星云的亮度相等。仙女座星云和三角座星云在空间很接近，彼此间的距离只有 10 万秒差距即 33 万光年。

猎犬座星云 M51 即 NGC5194　这个美丽的星云（图 786）在猎犬座内，离大熊座七星的末端 η 星约 3°。这个星云比仙女座星云要小些，但是我们却是正对面地看它，所以能显露出它构造上一切的美貌。

从核心伸出两臂，其中一臂末端有一团很大的凝聚物质，这是一个较远而非旋涡状的星系，另外一臂就没有这样的现象。用氢的红色谱线所拍摄的照片（图 784、图 785）明显地表现出它的有些凝聚处是类似于银河系里所发现的氢气云。后发座星云 NGC4565（图 788）是一个差不多从边缘处看上去的旋涡星云。这个特殊的位置就使我们看不出旋涡臂来，但是中心核的性质表现得很明显。在这张照片上，我们明显地看出，这些星云是由显然不同的核和臂两部分所构成的。核的构造是均匀的，臂却可以分为凝聚处、星团和吸光物质等几种形态。

　　以上所叙述的四个旋涡星云,形态虽有差别,但彼此却很相似。我们下面要谈到类型很不相同的河外星云。

　　看一看星云NGC1300（图789）。在臂和核的连接方式上,它和上面所叙述的旋涡星云大不相同:臂还没有成旋涡状绕着核心之前,便从向径上离开,随后形成近似于圆的形状。从星云的总体来看,便成了希腊字母Φ的形状,这是纺锤状星云,我们已发现了不少这样的星云。

　　还有很多河外星云完全没有旋涡臂,仙女座星云的两个伴侣就属于这一类型。是由于它们的形状如此才把它们叫作椭圆星云。其中有圆形的,也有很椭长的。

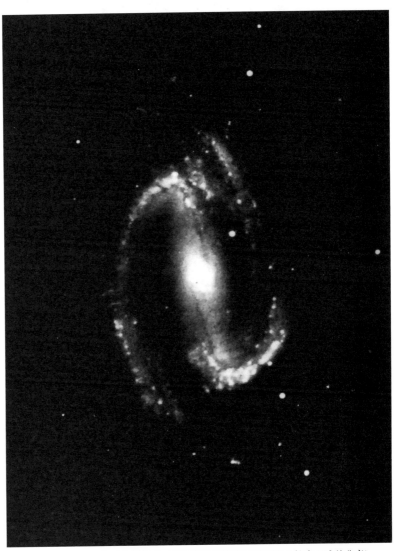

图789　波江座 Φ 字形纺锤状星云 NGC1300（注意两臂和中心轴成 90°的分离）

还有一些河外星云,形状既无规则,又不表现自转的结构。大小麦哲伦星云便属于这一类型。

　　大小麦哲伦星云是两个恒星的集团,在南天极附近范围达12°和8°。它们很容易分解成单颗的恒星,我们说过,在对造父变星的研究方面,它们起了很大的作用。这两个星云和银河系很接近,它们的距离只有5万秒差距,只有银河星系的直径那样长。我们可以把这两团恒星云当作银河星系的"卫星"。它们的直径分别是9 000秒差距与7 000秒差距。

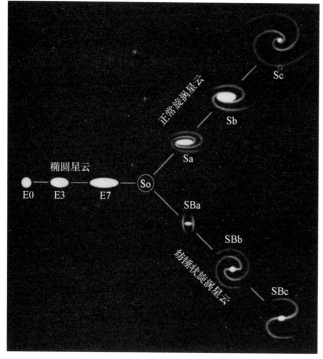

图 790　河外星云分类的示意图

河外星云有一种相当简单的分类法。图 790 表示这种分类法的原则。

我们将一般的旋涡星云按它们的核的大、中、小三种形态划分为 Sa、Sb、Sc 等三型。纺锤状的旋涡星云 SB，也像一般的旋涡星云那样分为 a、b、c 等三个分型。最后，椭圆星云 E，按它们的椭度从 0 到 7 有七个分型，E0 很圆，E7 很椭长。

对于很小的星云当然很难分辨它们的类型，各种类型的分布仅限于最明亮的 600 个星云。

下面是一些统计的数字：在河外星系中，椭圆星云占 17%，不规则的只占 3%，其余的 80% 全是旋涡星云。纺锤状旋涡星云仅有一般旋涡星云的 1/3。三种分型的数目差不多相同，小核的稍微多些。

旋涡星云最大，平均光谱型和太阳的光谱型接近。椭圆星云最小，颜色更黄。近年来的研究得出一些很重要的结果，我们综合叙述如下：

旋涡星云的核和椭圆星云是由星族Ⅱ的星所组成的，这个星族的特征是有许多红色的超巨星和短周期的星团变星。平均地说来，这些星比组成旋涡臂的星族Ⅰ的星更红一些。

星族Ⅰ的特征是，存在着许多 O 型和 B 型的热星，以及由星际物质、气体和尘埃所构成的弥漫星云或暗星云。星族Ⅰ的发展愈是迅速，吸光物质的含量便增加得愈快。在椭圆星云里没有吸光物质，在大核的 Sa 型星云里很少，到了 Sb 和 Sc 型星云便增多了。吸光物质呈无规则的分布，甚至形成异常显著的一个平面层，如 NGC4594 那样（图 792）。在纺锤状星云里，星际物质就更为稀少了。

关于旋涡臂的形成问题，还没有得到满意的解释。对于银河系说来，旋涡自转的方向问题直至 1951 年才得到解决，说来倒也有些奇怪。用摄谱仪观测河外星系可以精密地测定它们的自转速度，但是不容易测定自转的方向，因为我们不能够预先知道旋涡在空间的方向。它的一般形状,例如由视长轴的比例可以计算倾斜角的绝对值,但却不能说明哪一只臂究竟和我们更接近。在两种假设下,速度在视向上的投影的方向就有差异。反过来说,视向速度的测量可以决定方向,除非是我们先知道所讨论的臂谁近谁远。很难找出一个方法去判别旋涡臂在空间的位置。专家如斯里弗、哈勃、哈马逊、林德布拉德(Lindblad)等对于同一星云也得出相反的结果。斯里弗认为,近的臂是表现吸光物质最显著的一只。林德布拉德却认为,远的一只臂更要暗些,因为光线在空间里透过更多的吸光物质。

图 791　狮子座星云团

　　这张照片上有两个纺锤状星云 NGC3185SBa 和 NGC3187SBc,一个旋涡星云 NGC3190Sb,一个椭圆星云 NGC3193E2 和许多暗星云(帕洛马山 5 米望远镜拍摄)。

图 792　室女座星云 NGC4594("西班牙草帽")

　　这个星云有一个核心,吸光物质带分布在对称平面上(注意在这个星云附近有弥散物质形成的"星系晕")。

由此可见，在从事旋涡星云的动力学的研究和了解物质怎样从核心逃逸这些问题以前，以上所说的旋涡臂位置的问题应该首先得到解决。

哈马逊说明，所有的旋涡星云都是按同一方式旋转，而且就是在旋涡臂蜷缩在核心的方向上旋转。我们说过，奥尔特的射电观测给银河系解决了这个问题。旋涡臂是旋进而不是旋出的。有人解释，核心物质有这种运动是由于一种波动而引起的。我们可以证明，这样的旋进或旋出需要有非常扁平的核心，否则就会发生不稳定的情况。但是这个理论还有许多缺点。

小型河外星云的距离　将星云分解为个别的恒星，因而辨识其中标示距离的成员，如新星、亮星与造父变星，但这只能对于近的河外星云来说才可以办到。超过 60 万秒差距或者 200 万光年的星云，要直接测量它们的距离就很困难。

让我们在下面举出两个间接的方法。各种旋涡星云的形状虽有区别，它们的自身亮度却很接近。大星云如仙女座星云，比较小的星云如麦哲伦星云，总亮度之差还没有 10 倍之多。这两种亮度之比在绝对星等上相差不过 3 星等。

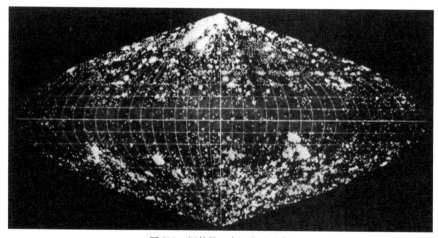

图 793　河外星云在天空的分布
银河是图内的中线，注意在这一区域里没有河外星云。

所以我们作下面两种假设是合理的：(1) 愈远的星云，光亮愈暗；(2) 将视星等与平均绝对星等之差作为距离模数。现在我们假定，这平均绝对星等 M 为 -15.7。

于是要知道河外星云的距离，只需测量它的视星等。可是要测量这种视星等却不太容易，因为需将一个范围广大天体的星等和点状的恒星的星等加以比较。

这个问题现在因光电管的协助已经得到圆满的解决，因为光电管所测量的是光通量，它是不管光源的大小有怎样的差别的。在这个简捷的方法发明以前，天文学家利用法布里的方法，借星云的光亮去拍摄望远镜上的反射镜，也曾提供了一些数据。

图 794 后发座河外星云团
距离是 2 600 万秒差距或者 8 000 万光年(新尺度),这个集团的范围超过照片的界限(北方在左面)。

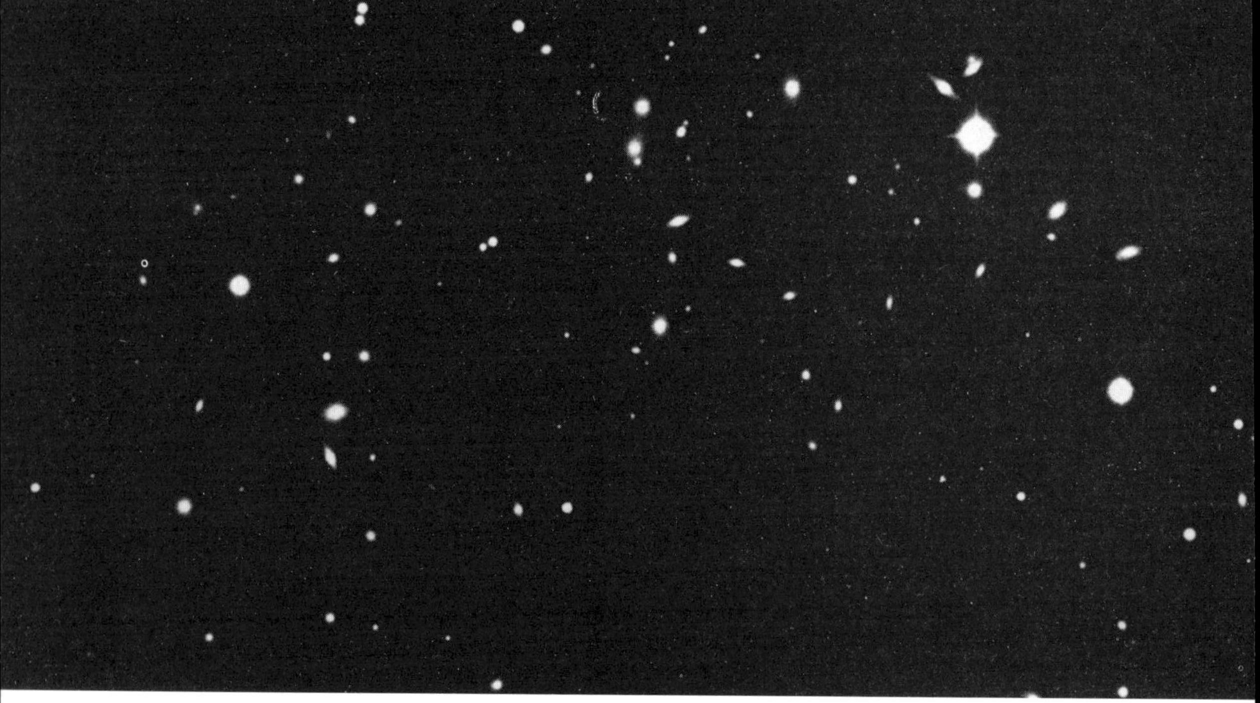

图 795　北冕座河外星云团，距离是 2.4 亿光年(5 米望远镜拍摄)

对于很暗的星云(威尔逊山大望远镜的极限星等是 21,帕洛马山大望远镜的极限星等是 22.5),星等的尺度还没有得到确定。光电的方法欠灵敏,唯有用照相估计的办法。帕洛马山拍摄到的最远的河外星云(图 796),模数是 38.3,距离相当于 4.6 亿秒差距即 15 亿光年。

河外星云的数目与分布　我们在这一章的开始就说过,河外星云在天空的奇特的分布,曾有一个时期使人错认为它们是属于银河系的。

这是因为河外星云的分布具有银河系的对称性(图 793)。它的分布在银极上很多,在银道面上却完全没有。这样的分布和 O 型的亮星的分布恰恰相反。初看去,我们也许会认为旋涡星云是很近的天体。当然,事实绝不是这样的,从我们看别的星系所得的形象便可得到解释。至于银道面上之所以没有旋涡星云,只是因为那里有很多吸光的星际物质将星云遮掩了的缘故。

设想我们暂时移居在像图 788 那样的星云 NGC4565 上去,我们就不会看见这个星云的内部,因为它完全被黑暗的密层所遮蔽了。当然,在这些吸光物质里,我们也看不见我们的银河星系。

图 796 最暗的河外星云，在 10 亿或 20 亿光年的远处

我们可以利用河外星云的数目去决定银河系吸光层的厚度。当星光垂直地沿它最薄的方向上通过的时候，它会吸收半个星等的。

能够观测到的河外星云究竟有多少？就像恒星的情形一样，愈数到暗的星云，数目增加得愈快，以至使我们难于想象。

在没有被银河系星际吸光物质所遮蔽的区域里，哈勃估计，每平方度内按极限星等所得的河外星云的数目如下：

星等	数目	星等	数目
18.5	78	20.0	485
19.0	145	21.0	1 450
19.4	220		

最后这一个数字的意思是说，在天空中像月亮那样大的面积里，就有 300 个河外星云。在这样的密度下，全天的河外星云当有 6 000 万之多。帕洛马山的大望远镜能拍摄到的，比这数目还多 10 倍。

我们说过,恒星的数目随视星等而增加,而且从那里可以推出,我们的银河系不是无限的。同样的推理也可应用于河外星云。如果整个宇宙是无限的,那么极限星等增加一个单位的时候,河外星云的数目差不多就要增加 4 倍。实际上,这倍数不是 3.98,而是更小一些的 3.28。这个数字还不十分确定,因为星等的尺度还没有建立好,星云的数目也没有确定,但是观测的结果似乎表明,我们是在一个星系团里,成了大星系中的一个小星系。当然还有别的解释。例如,星系间的吸光也可以解释这个效应,关于这一点,以后我们还要谈到。

星云在空间里的分布究竟是怎样的呢？在天空有些区域里,河外星云是成团出现的(图 794、图 795)。最有名的星云团当是室女座和后发座里的两个星云团。就室女座星云团而言,在 10°×14°的区域里,亮于 18 等的星云有 2 500 个之多。据沙普利和艾姆斯的研究,这里面有 6 个星云团,最近的一个星云团距离 500 万秒差距,直径 100 万秒差距。最远的距离是 7 000 万秒差距。

后发座星云团(图 794)直径 6°,距离 2 500 万秒差距。我们所知道的最远的一个星云团是在牧夫座内,其中最亮的星云的星等是 18。这个星云团的距离是 1.4 亿秒差距。

现在经天文学家很好地研究过的 15 个星云团是汇聚在空间同一区域里的集团,因为同一集团内星云的星等和平均星等相差不多。例如,在后发星云团内,所有星云的星等在 14 与 18 之间;在室女座星云团 A 内,这种相差更小。这说明,同一集团里的星云是很相似的,而且星云团是在空间有限范围内的,这些星云绝不是因透视的缘故凑合在一起的。

星云联合成团是常见的现象,我们不禁要问,所有的星云是不是都集合成孤立的团。我们在银河系邻近的探测发现有十几个星云,彼此间的距离不到 45 万秒差距。我们的本星云团里有银河系和它的两个卫星系,以及大小麦哲伦星云、玉夫座椭圆星云、仙女座星云和猎犬座星云。这个集团好像是真实的,因为在 50 万秒差距之外呈现出一个空缺。本星云团的范围和别的星云团的范围是差不多的。有些天文学家甚至想研究我们的本星云团的结构,还有的天文学家想从这个集团里找出一个超星云的旋涡臂,不过这是还不能确定的猜想罢了。

关于星云的相对运动的研究是很重要的,但只有星云的视向速度是可以观测的,因距离遥远的缘故,其他的线位移如形变或自行都太小而不能观测到。而且很遗憾,视向速度的测量也很困难。在室女星云团里已经测得 30 多个视向速度,可是没有发现其中有任何简单的规律,没有发现膨胀或自转。这是可惜的,因为我们正盼望从这样的运动里去求得星云团的质量。对于室女座星云团来说,视向速度彼此相差很大,有些星云的视向速度和平均值相差至 1 500 千米/秒之巨。

除了河外星云团之外,我们还发现有成双的河外星云。迄至 14.5 星等,霍姆柏格 (Holmberg)计算了 827 个多重星云,其中有 1 854 个成员。根据统计,其中 87% 都有物理上的联系,只有 13% 是由于透视的缘故偶然凑在同一方向上的。这些双星云可用以测定星云的质量,所用的方法和应用于双星的方法相同。只有视向速度才能测量,因为运动周期之长当以几百万年或几十亿年计算。以前说过的两个星际射电源好像是和几个特殊星云有关,一个是双星云,另一个是一个星云投射到另一星云里去,如枪弹射击靶子一样。星云的碰撞在射电波的区域里造成了许多噪声。

自从银河系里星际物质的重要性被人认识以后,星云间有无物质存在的这个问题便被提出来加以研究。距离增加,星云的数目却不能按比例增多,这是不是可以解释为因为星云间有物质的存在呢?因为星云的光谱向红端位移足够解释这种效应,我们就不再提出这种假设了。迄至 1950 年,一直没有观测证明星云间有物质的存在,可是就在那年,兹威基利用帕洛马山的大望远镜拍到很清晰的照片,发现河外星云之间有发光物质,像绳索那样联系着它们(图 797)。这些观测很有意义,因为从这里表明了星云之间的确有物质存在。

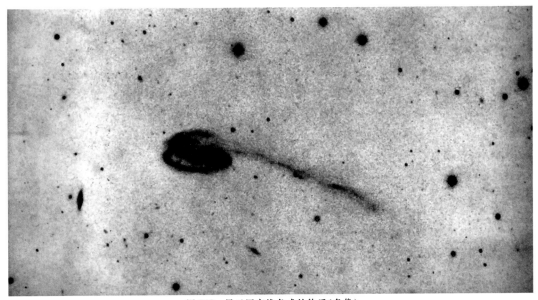

图 797　星云同它线条式的物质(负像)

在结束这一节以前,我们还需提到,根据现有的认识,每一个河外星云大约有 2 000 亿颗恒星,平均在每边长为 1 秒差距的立方体内有 1/10 个太阳的质量。根据对星云的统计,在每边长为 100 万秒差距的立方体内有 1/2 星系。如果我们把物质均匀地分布在这个体积内,每立方秒差距里便只有一千万分之一个太阳的质量了。

所以,银河星系比大宇宙的平均密度要大100万倍。假使宇宙里的物质作均匀分布,那么原子间的平均距离大约是100米的数量级。

宇宙的膨胀 从1912年起,斯里弗就开始测定河外星云的视向速度,他测到了50多个。这些速度大多数都是正的,这表明这些星云是离开观测者正在逃逸。这些速度的数值之大,说明了河外星云位置的遥远。即使使用60厘米口径的望远镜,也只能用来测量明亮的河外星云。

当哈马逊使用威尔逊山2.50米口径的望远镜,并利用雷汤(Rayton)设计的很亮的摄谱仪的时候,观测河外星云就得到很大的进步。哈马逊证实,斯里弗观测到的膨胀实在是一个普遍的现象:视向速度总是正的,而且愈远的星云视向速度愈大。经过测量的最远的一个是大熊座星云团内的一个小的椭圆星云,它的视向速度的数值是42 000千米/秒,相当于光线的速度的1/7。相对于邻近河外星云,我们的太阳沿着银经59°、银纬10°的方向,以344千米/秒的速度运行。这样求到的太阳运动的向点和以球状星团为定标系所求到的向点差不多相同。速度上之所以有差异可以这样解释:太阳围绕银河系中心的速度是280千米/秒,而银河系本身相对于邻近的旋涡星云的集团并不是静止的,它相对于这个集团的重心的速度是140千米/秒。这两种速度的合成速度便是我们所观测到的速度——344千米/秒。

银河星系固有的速度和别的邻近的河外星云的速度有着相同的数量级。这些测量已经可以说明,对于每100万秒差距膨胀速度就有280千米/秒的数量级。

图798表示几个典型的光谱与和它们相当的星云,这幅由哈马逊绘的图同时说明了问题的困难性和宇宙的膨胀效应的重要性。

大熊座星云团内有一个小星云,它的星等是18,很暗,即使在威尔逊山的大望远镜里,肉眼也看不见。但是照相可以把它拍出来。它的谱线的位移很大,钙的紫外谱线H和K都移到4 500埃的蓝色区去了。下表内记载了哈马逊所观测到的一些视向速度。在视星等的旁边,我们还列出了经过最近校正的这些星云的距离。

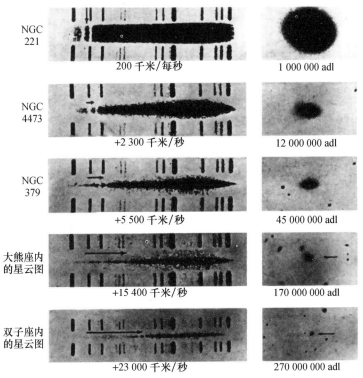

NGC
221
200 千米/每秒
1 000 000 adl

NGC
4473
+2 300 千米/秒
12 000 000 adl

NGC
379
+5 500 千米/秒
45 000 000 adl

大熊座内
的星云图
+15 400 千米/秒
170 000 000 adl

双子座内
的星云图
+23 000 千米/秒
270 000 000 adl

图 798　几个河外星云的光谱。哈马逊拍摄。箭头表示多普勒位移。 对于最暗
的星云，这种位移最大

几个河外星云的视向速度

名称	类型	星等	距离(100 万秒差距)	视向速度(千米/秒)
M31	Sb	5.0	0.460	−220
NGC6822	Irr	11.0	0.320	−150
M33	Sc	7.8	0.480	−70
M81	S	8.9	1.98	−30
小麦哲伦星云	Irr	1.5	0.05	+170
大麦哲伦星云	Irr	0.5	0.054	+280
M101	Sc	9.0	0.52	+300
NGC5985	Sb	12.2	7	+2 600
NGC3147	Sc	11.9	3.3	+2 600
NGC379	Sa	—	14	+5 500
NGC72	SBb	—	15	+7 000
大熊 1 号	E	15.9	60	+15 400
北冕	E2	16.7	72	+21 000
双子	E	16.8	66	+23 000
牧夫	E	17.8	140	+39 000
大熊 2 号	E	17.9	130	+42 000

从这张表中我们立刻发现，愈远的星云视向速度愈大。图 799 表明，在测量的精确度范围内，逃逸速度和距离成正比。

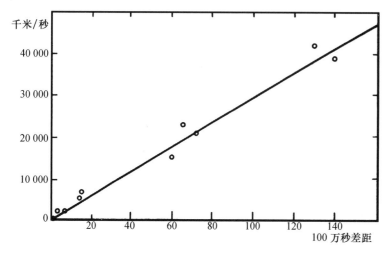

图 799　河外星云的逃逸速度与距离成正比

星系的逃逸是近代天文学，也许是整个天文学界最惊人的发现。乍一看来，我们可以把这种逃逸现象看作是以我们为中心，或者把我们的银河系当作是整个宇宙的中心的现象。但仔细一想才知道，事实并不是这样的。设想我们置身于一团散开的人群里，这群里的每一个人都在运动，看上去别的人都从他身旁离开，好像都在逃逸他，如果他因此推想他是这人群的中心，那便错了。

河外星云的膨胀比这个比喻更为复杂，愈远的星云逃散得愈快，这种情形好像是在某一时期里所有的物质都汇聚在一点。我们甚至可以计算这种膨胀开始的时代。当然，因最近对于宇宙的尺度的修改，天文学家对于宇宙膨胀的常数也需加以调整。从前的数值是每 100 万秒差距的膨胀常数为 580 千米/秒，现在便该改为每 100 万秒差距的膨胀常数为 290 千米/秒，这是因为速度虽没有变，但宇宙的大小却增加了倍数。实际相隔 100 万秒差距的两点按 290 千米/秒的速度彼此离开，我们很容易算出，在 33 亿年以前，这两点间的距离为零〔这个数字经最近（1964 年）对于宇宙尺度修订而改为 100 亿年。——英译者注〕。

这一切结果都是异常惊人的，于是引起了各种怀疑。有许多专门的著作讨论这些问题，我们只能略述一二如下：

谱线向红端改位是一个很显著、不能否认的现象，同时也不能否认，当星云的视星等变大（即变暗）的时候，它们的视直径变短。膨胀和距离的关系是已经被证明了的，只是因星云的距离还不大确定，膨胀率的数值还需修改罢了。我们说过，星系的逃逸使 H 和 K 位移之大达 550 埃，所以我们所接收的辐射更接近于红端。可是光子所带的能量是和它的频率成正比,即和它的波长成反比。在这些情况下,光子所带的能量就要小些,星云也就显得暗些,于是也被人估计得远些。不管谱线位移的原因怎样,这校正是必须的,而且星等随距离的增长而增大,对于最近所测到的远星云,这校正数达 0.6 星等。但是这里所说的效应是多普勒效应,这校正数便应该加倍,因为在这个情形下,我们所接收的不但是能量小的光子,而且接收到的光子的数目也要少些。因为每秒钟内所接收的光子排列在 300 000＋v 千米的长度上,而不是排列在 300 000 千米的长度上。这个效应所需的改正数和前一个效应是相同的。

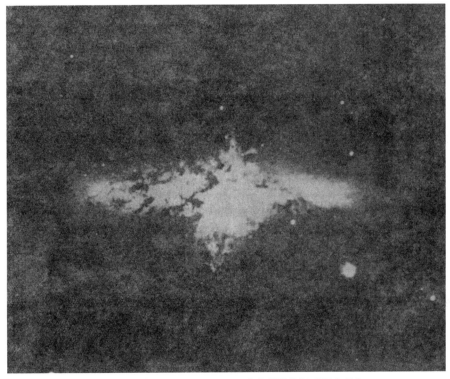

图 800　河外星云 M82(NGC3034,在大熊星座内)的巨大爆发

在 1963 年 9 月所拍摄的照片上发现,这个星云中心部分产生了巨大的爆发(星云中央向上下突出的部分),物质喷射的速度达到每小时 3 000 多万千米。这是至今已知的宇宙中最大的爆发。根据计算,这个爆发产生在大约 150 万年以前,目前爆发仍在进行,喷射出的物质相当于 500 万个太阳。这个河外星云和我们的距离约 1 000 万光年。

　　现在总校正数虽然是相当之大,但离实际还嫌太小。当帕洛马山的大望远镜能够发现更远星云的视向速度时,也许情形会不同的。

　　帕洛马山所观测到的最远的星云的速度是 138 000 千米/秒,即约为光速的 46％。显然,速度比之快 2.2 倍的星云就观测不到了,一方面它的光子不能到达我们,另一方面光子也没有能量了。

　　现在要解释宇宙的膨胀还很困难,因为还缺乏物理学上的根据去验证天文学理论家这一很大胆的假设。

宇宙膨胀的假设至今尚未确定,但即使我们观测到的河外星云有远离我们向四方分散的现象,这也只能说明由于某种尚未明了的原因,我们所能观测到的星云现在正在"膨胀"着,这也只能说是宇宙中的局部和暂时的现象,它并不能用来概括整个宇宙的运动和发展。这也不过是我们所知的宇宙有限部分所特有的现象罢了。

宇宙是无限的,它没有边界,没有始终。我们现今虽然只能认识宇宙有限的部分,然而随着科学技术的进展,人类将会逐步地无限地认识宇宙。

图801　法国南方天文台1.2米口径的望远镜

图 802　世界最大的反射望远镜，口径 5 米，在加利福尼亚州帕洛马山

第五十八章

天 文 仪 器

　　望远镜的发明是在 17 世纪初。自古以来，人类便希望增进五官的感觉能力，但只有在实验科学跃进的时期，这个古老的希望才变成了事实。这种新的仪器指向天空，立刻提

供了一些人类文化史上未曾有过的知识。我们一下子就用眼睛证明了从前理解中认为应有的事实(如金星的位相、木星的卫星、月面的起伏、银河是恒星的结构等),这样鲜明的验证更增加了用理解推求的信心。望远镜更显示出一些没有料到的现象(如太阳的黑子、土星的光环、仙女座和猎户座的星云等),这样更激发人们去进行实际观测的研究。

用望远镜观测所得的结果展现在我们的眼前。古人所知道的宇宙只限于肉眼所能看见的约 6 000 颗星,而读者们在这本书的每一页里可以看见,我们今天所认识的宇宙是怎样的丰富、怎样的广阔。科学的历史雄辩地告诉我们,这三个半世纪以来,重要的发现是怎样地依靠光学仪器的进步。我们已经了解,天文仪器的研究和天文学本身的研究是分不开的,所以有关天文仪器的叙述在这本书里是有它的地位的。当然,我们只能叙述重要的方面,至于复杂的技术问题一概略去不谈。我们先谈原理,我们设想读者们眼前有一架天文望远镜。如果你有一架望远镜,纵然很简陋,你若不用它去作观测而想去做天文的研究,这是难于想象的。我们抱着实际的目的作一般的叙述,初学观测的人可以从这里得到一点帮助。然后我们再进一步谈到现今天文台所用的大型望远镜与构造上的一些困难问题。

折射望远镜主要部分是将大小相差很大的两个透镜安装在同一个轴上。这两个透镜中的一个叫作物镜,是望远镜上的主要部分。它的口径从几厘米到几十厘米,它的焦距一般是在口径的 10~20 倍之间。物镜 O(图 803-Ⅰ)的作用是使在靠近光轴方向的那些很远的物体成像。我们可以把一片毛玻璃放在焦面上,去接收这个像。如果我们站在这片毛玻璃的后面,就可以在这片玻璃的表面上看出物体的形状与颜色,这个像总是倒立的。

要研究这个像的细节,我们须使用一个焦距很短的透镜,作为放大镜,这叫作目镜 o。改动目镜的位置,使眼睛看见毛玻璃上的像。我们所以用毛玻璃来辅助我们,是因为这是根据读者们已有的经验,但是这张毛玻璃

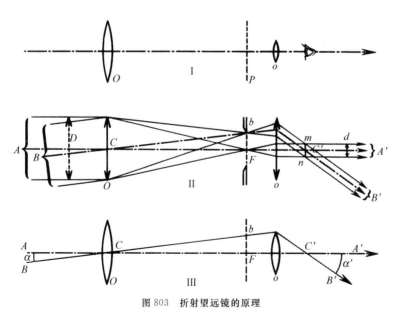

图 803　折射望远镜的原理

是不需要的。把它拿掉,并不改变刚才定的两个透镜的相对位置,而且像更明亮、更清晰,只要眼睛放在适当的位置,像所占的可以观测的范围(视野)是相同的。

图 803-Ⅱ表示光线经过整个光具组的路径。假设一束光 A 是从很远的星光而来的,刚好在物镜的光轴上,而 B 是从另外一颗星而来的光束。物镜将这些平行的光束变为汇聚的光束,这些光束作成了两个圆锥,公用底是物镜的周界,顶点是 F 与 b。从目镜出来的光束 A′ 和 B′ 又是各自平行的光线,如像进入物镜时的情形一样,但是却有一个差别:这些光束出来时,它们彼此间的角度就大得多,而且每束光的横截面就小得多。折射望远镜的几何特性就表现在这两点上,我们再进一步去说明这两个特性。在图 803-Ⅲ上,我们只以光束的轴(主光线)去表示光束。物镜所造成的远处物体的像 Fb,离物镜愈远即焦距愈长的时候,这像愈大。用来看这像的目镜 o,如果焦距愈短,这像所配的角愈大。所谓望远镜的放大率是两颗星的主光线穿出目镜和进入物镜所成的角度 A′C′B′ 和 ACB 之比 G,即

$$G = \alpha' : \alpha.$$

可以证明,这样定出的放大率等于物镜的焦距和目镜的焦距之比。例如有一架望远镜,目镜的焦距长 2 厘米,物镜的焦距长 1 米,它的放大率便是 50。回头去看图 803-Ⅱ,我们提出一个要点:进入物镜的光束 A 或 B 比从目镜出来的光束 A′ 或 B′ 横剖面要大得多。人们容易证明,这些光束的直径 D 和 d 之比(D:d)等于物镜和目镜的焦距之比,也就是等于望远镜的放大率 G。如果我们要测定望远镜的放大率,或量两焦距之比,或量两光束之直径的比都是一样的,不过后面这个办法比较容易一些。

在图 803 所表示的天文折射望远镜里,F 和 b 是两颗星在物镜和目镜的公共焦面上所成的真像。如果在这焦面上我们放些实物,眼睛也会清晰地看见它们,天体的像就可以直接和它们进行比较。假使我们在焦面上装置两根形成十字的蛛丝,一方面有蛛丝的交点,另一方面有物镜的光学中心 C,这两点的连接线清楚地、精确地定出空间里的一个方向,我们的望远镜就成了一具定向的仪器。我们还可以在焦面上装置复杂的蛛丝结构,例如装置在仪器上的定丝及用精密螺旋推动的动丝,这种辅助的结构,叫作测微标线,可用以测量两颗星的距离 Fb,于是可以推出两颗星的方向之间的夹角 FCb,所以,具有测微计的望远镜是一具测量角度的仪器。

如果 b 点离开物镜的轴比图 803-Ⅱ 所表示的还要远些,它的光束便不能全部被目镜接收着,因为目镜的周界是圆形的,Fb 是焦面上所绘的圆的半径,这个圆形包含在照明范围里可以观测到的象的全部,这叫作望远镜的视野。通常我们在焦面上放置一块涂黑的金属片,在这上面开一个相当于视野的圆孔,这就是光阑。在目镜所看的视野的角直径是

$2\alpha'$(图 803-Ⅲ),在一切常见的天文望远镜里,这个角大约是相同的,即是 35°。在物镜上,对应的范围是 2α,叫作真视野,放大率愈大,这对应的范围就愈小。例如放大率是 70,视野的视直径是 35°：70,即约为半度,差不多是太阳或者月亮的角直径。所以只有在放大率大约是 70 的望远镜里,我们才可以同时看见太阳或月亮的整个表面,若放大率再大一些,就只能看到表面的一部分了。

利用天球的周日运动便很容易测量视野。将望远镜指着一颗赤道上的星,测出这颗星沿着视野的一个直径走过去所需的时间。我们知道,在 4 秒钟内星走 1 弧分。如果一颗星用 1 分钟经过视野,这视野便有 1/4 度。这个方法加以精密的使用,可以测定标线间的角距离或者测微螺旋转动一周的弧度值。

进入物镜而且穿过视野的光阑的一切光束,在出来的时候有一公共的横剖面,在图 803-Ⅱ 上便是 mn 那一部分。这公共的剖面是一个圆,即是目镜所看出的物镜的像,我们把它叫作出射光瞳。如果我们在白昼里将天文望远镜对着天空,把眼睛放在目镜后面几十厘米,我们容易看见这个出射光瞳,形状像射在目镜周围的小光圈,位置在观测者的这一面。如果如上面所说过的,我们要比较出入两光束的宽度,去测定望远镜的放大率 G,测量的对象就该是出射光瞳的直径,因为这样便不需要平行光线的点光源了。一般使用望远镜的方法,眼睛应该放在出射光瞳上,以便收集和轴斜交的光束,这样便可看见整个视野。事实上,如果这出射光瞳比瞳孔大一些,从物镜进入的光线便有一部分不能进入肉眼,就如同物镜加上光阑缩小了一般。黑夜里瞳孔的直径达 6 毫米,如果物镜的直径是 10 厘米,我们只该使用超过 100：6 即 16.7 倍放大率的目镜。下面我们特别假设这个条件是满足了的,而且眼睛所放的位置足以使瞳孔容纳整个出射光瞳。

现在我们可以回答下面的这个问题:望远镜是怎样增加或者减少眼睛接收由天体而来的光的多寡呢？先讨论星的情形。星在望远镜里和肉眼所见的情况相同(至少在放大率不太大的时候),像是一个很小的光点。但是这点的亮度增加很多,增加的数量是等于物镜的面积和瞳孔的面积之比。例如一位天文爱好者的望远镜,直径是 10 厘米,等于瞳孔的 16.7 倍,应该看见比肉眼所能看见的星暗 16.7×16.7 倍,即看见大约暗 275 倍的星,这个数字代表望远镜相对于星的相对亮度。

由于透镜的反射与其玻璃的吸收,损失掉一些光线。在讲解原理的这一节里,不能对此作详细的讨论,只举出这一研究的结果。已知在优良的天气下,肉眼能看到 6.5 等的星,则在不同口径的望远镜里,可以看见的极限星等,如下表所载。

物镜的口径	最低放大率	极限星等	物镜的口径	最低放大率	极限星等
5 厘米	8.3	10.6	75 厘米	125	16.5
7.5 厘米	12.5	11.5	100 厘米	167	17.1
10 厘米	17	12.1	150 厘米	250	18.0
15 厘米	25	13.0	250 厘米	415	19.1
30 厘米	50	14.5	500 厘米	833	20.6
50 厘米	83	15.6			

天文爱好者的望远镜口径通常是 10 厘米至 12 厘米,比肉眼所能看见的星数增加 1 000 倍;如果用今天的巨型望远镜,这 1 000 倍的数字还可增加 1 000 倍(这不是对于目视观测而言,只有照相的方法才可以达到望远镜的亮度或聚光能力的极限)。

以上讨论的是作为点光源的星星,它们是不会被望远镜放大的。这个理解不能应用于片光源,在这个情况下,望远镜的聚光能力需有新的定义。如果我们用以上所说的那个望远镜,附以 70 倍放大率的目镜去看月亮,它将完整地出现在视野里。物镜所接收的月光也全部进入肉眼,这光线的总量是肉眼所接收的 275 倍(细微的损失没有计入)。在黑夜观测的情况下,就使肉眼有一种昏眩的感觉,但是如果我们只去看月亮的一小部分,观测者反而又有光亮不足之感。因为如果放大率是 70,那么使用望远镜下的肉眼所接收的全部光线将是肉眼所接收的 4 900 倍。最后,月面的亮度缩减为 275∶4 900,即约为 1∶18。如果我们在同一物镜上使用再放大 1 倍的目镜,这比例就会变成上面的 1/4 即 1∶72。如果在相同的目镜下将物镜的口径加倍,这种表面的亮度就会增加 4 倍。

如果对于同一望远镜逐渐增加它的放大率,它对星的聚光能力不变(至少当放大率不超过某一极限值的时候)。反之,当放大率增加的时候,它对片光源的聚光能力就会迅速地减少,对于大气的漫射光也是同样的。这样就说明,大望远镜可以增加星的亮度,并减少天空的亮度,所以在望远镜里,白昼也可以看见亮的恒星。

我们说过,望远镜造成倒立的像,对于天体的观测无关紧要,只是对于观看风景有点妨碍。为了把倒像弄成正像,我们有两个办法可以做到这一点,或者在物镜和目镜之间放上全反射的棱镜(作用等于四个平面镜),或者使用一个特殊的名叫地面目镜的器具,其里面有附属的透镜,将倒像弄成正像。

现在我们要谈到另外一些事实和星光的性质有关,而且是上面的几何光学所没有谈到的。

假使用很高倍的放大率去研究星象,例如在 10 厘米口径的望远镜上使用 200 倍的放大。星象就不会是一个几何学上的点,而成为一个小的亮圈,中心比边沿明亮,外边先有

图 804　星的衍射象
这是在很好的仪器和很好的
大气情况下所形成的。

一个暗淡的环,再外边还有一些更暗淡的环(图 804)。这种现象和光源的形态没有丝毫关系,它只受进入物镜的光波的形式和范围的影响。这是由被圆形物镜所选择的波阵面所形成的情况。这些环绕着几何光学的点的圆圈,叫作星光的衍射现象,只和所用的物镜的口径有关,它的角半径和这个口径成反比。如果口径是 10 厘米,衍射圈或星的假轮将有 1″.4 的角半径,便像一颗 14 毫米直径的小珠放在 1 千米以外所成的形象那样。

这个现象就限制了我们在望远镜里所能查出的细节程度。如果我们观测一对密近的双星,两颗星的衍射圈互相穿插,假设两颗星大约一样明亮,如果它们之间的距离不短于 1″.2,我们还可分辨出它们是两颗星,这叫作所用的物镜的分辨限度。为了看见衍射圈,因而可以达到分辨限度,所需的最小放大率,对于 10 厘米口径的望远镜将是 100。200 倍的放大率使我们可以看见衍射斑和衍射圈,可以看见这个星象里的一切细节。如果目镜的放大率再增加,这些衍射现象将更显著,可是也就变为更暗淡了。

如果物镜的口径比上述的口径小一半(5 厘米),则所形成的衍射斑痕的角度将大一倍,因而分辨限度也增加到 2″.4。如果要看的星象的细节正如上面的例子里肉眼在相同的角度下所看到的,50～100 的放大率就足够了。有一条容易记忆的规则:将物镜的口径化为毫米加倍,作为放大率的倍数,便很容易看出衍射轮圈。

我们说过,应用大的倍率去观测广阔的对象,便会减弱像的亮度。如果光亮不足,我们的视觉便失去了敏感度。观测行星的时候,我们便应该摸索出最能感觉出细节的放大率,最好的放大率一般总是小于上面所说的那个规则的。天文望远镜一般具有一套可以交换的目镜,可以取得各种放大率,我们可以从这里去选择最适宜于工作所需的视野的亮度和大小。

总之,适宜于折射镜的最小的放大率等于以毫米为单位的物镜口径除以 6,最大的放大率等于相同的数字乘以 2。市场上售卖的物镜,焦距常是口径的 15 倍。利用上面所说的放大率的定义,读者可以计算目镜的最有用的焦距是在 7.5～90 毫米之间。

天文观测需要的望远镜应当满足光学的要求,这句话的确切意义是,在最大的放大率下,它能够表现出衍射斑痕的正常形态。设想将物镜分裂为许多连接的小单元,这些单元全体所成的像,只是在每一单元光束所带的光能量以同位相达到焦点的情况下才算完善。瑞利爵士给予一个可容许的限度:如果到达焦点的光波有一部分相差不超过 1/4 波长,则

图 805　威尔逊山天文台 254 厘米口径的反射望远镜

衍射花样的变化不至于太有妨害。现在我们的眼睛最敏感的光,波长大约是 0.5 微米,所以 1/8 000 毫米是可容许的缺陷的限度。这样的精密度比我们操作机器运动的精密度还高。我们不在这里叙述达到这样高的精密度的方法。我们只说这种方法基本上是琢磨玻璃,自从有光学的技术以来,这还是唯一的方法(第一批眼镜磨成于 18 世纪末)。琢磨玻璃的工作起初是纯粹根据经验的。但是 18 世纪中叶,最能干的光学仪器工作者已经知道

图 806　世界上最大的折射望远镜（口径为 102 厘米，焦距为 19 米）（在叶凯士天文台）

怎样消除目镜上所看见的像的缺陷，即是从这里去改进工作的方法，以避免像上的缺点。19 世纪的时候，傅科（1819—1868）在这方面有了一个大的进步，他发明了一种检验的方法，不但可以查出小于容许程度的误差，而且还可确定误差在镜上什么地方。今天我们已经有达到目标所需要的很可靠的方法。

星光所经过的光具组有一部分不是来自人手的——这是地面的大气，它可算是最有缺陷的一部分。即使在很澄静的气候里，大气的吸收也使辐射的测量复杂化，而且短波区域的辐射完全被截断不能通过。大气绝不是一种均匀的介质，它里面常有冷热不同因而是屈折率不一的气团在流动。望远镜里所成之像因而在模糊跳跃，正如我们观看火炉上的物件一样。这效应一半是和地理与地形有关，因此在建造天文台以前，为选择台址必须作很仔细的实际观测。我们要叙述一些有关这些有害现象的内容，因为即使是天文爱好者所用的小型望远镜，也受到这些现象的影响。

大气微弱的扰动在星象上的表现是衍射环的亮度不均匀,我们看见的是迅速运动的光点。扰动更厉害一些的时候,中心斑痕会不断地变形,同时衍射环破裂成不规则的碎片。在这样的大气扰动之下,分辨限度显然会受到影响。我们所看见的,有时不是寻常的星象,而是在迅速颤抖、混淆不清的斑痕,它们比平常的衍射假星轮大了许多。于是这斑痕的大小限制了分辨力,使足以明辨这斑痕的更大倍率的目镜完全无用。

图 807　麦克唐纳天文台口径 208 厘米的反射望远镜

如果我们使用十几厘米口径的望远镜去观看月亮,大气微弱的扰动只使月亮的像整个地变形,每一部分的细节仍然如往常一样清楚,所以我们说像在波动。在强烈扰动的情形下,细节也模糊不清,边沿混淆错乱,好像在射出火焰一般,因此我们说像在沸腾。

大气澄静的程度须达到能使我们看清衍射花样的正常形态,物镜的口径愈大,这要求便愈难达到。75 毫米口径的折射镜差不多每夜都可观测到好的星象,而对于口径加倍的折射镜,情形便是另一种情况,但是勤勉的观测者有可能等待到优良的气候条件,从而得到小型仪器难以得到的细节。

在同一瞬间里,星象的扰动从天顶至地平线按星光穿过空气的厚度而增大,所以观测天体最好是在子午圈的附近。观测地点最好是在空旷的地方,只有使用很小的折射镜,才可在屋内透过窗户去作观测。

大气的扰动严重地影响风景的观看，特别当光线掠过被晒热的地面通过远距离传来的时候更是如此。在 100 米处的物件可以使用放大率很大的目镜进行观测，至于几千米以外的物件，很少使用放大 40 多倍的目镜。

我们说过，在大气扰动剧烈的时候，可以使用光阑去限制物镜的口径。这样做自然是使衍射做成的假星轮变大，促使扰动的斑痕沉浸在该轮内。星象显然更澄静一些，当然不能显现出新的细节，亮度也变小了。

我们在上面叙述了望远镜的基本构造和一般性能。现在我们再谈一谈制造的方法或技术的细节。我们只说一些使用望远镜的天文爱好者必须具备的知识，另一方面再说一些巨型望远镜演进的经过。

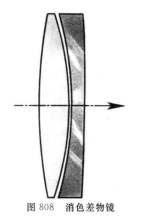

图 808　消色差物镜

如果折射镜的物镜只有一片透镜，那么便有两个大的弊病。因为透镜上每一小单元的作用像是一个棱镜，它折射白光内各单色辐射不是一样的，比如焦距 CF（图 803）对于绿色光比对于蓝色光要长一些，对于红色光更长一些。所以一个发多色光的物体的像上有彩虹的颜色，使得所成之像不很清晰，这个缺点叫作色像差。自 18 世纪中叶以来，人们才知道制造消色差物镜，即是将不同质料的玻璃所磨出的透镜合并在一起（图 808），以消除像上的颜色。透镜中一片凸形透镜，是用和窗户玻璃成分相同的玻璃（冕牌玻璃）制成的，另一片凹形透镜，是用含铅的晶体玻璃（火石玻璃）制成的。这样的装置还有另外一种好处。如果只用一个透镜，即使对于单色光也不能造成完全清晰的像；如果口径与焦距相比还不算很小，接触透镜的周围的光线与通过中央的光线相比，焦点更和透镜接近一些。这种误差的来源是由于透镜面是球面，这叫作球面像差。如果用两片玻璃组成的透镜，我们便可将球面像差和色像差同时消除，方法是适当地选择四个玻璃面的曲率。读者在常用的望远镜，如风景镜、观剧镜、双筒镜以及天文爱好者所用的小型折射镜等的物镜上，都可以看出上面所说的那种装置，当然天文台的大型望远镜更是这样了。

我们知道，一个凹面反光镜能够将远处一点所发的光汇聚成像，作用和物镜相同。所以望远镜该分为两大类，即物镜由透镜所组成的一类叫折射镜，与物镜由反光镜所组成的另一类叫反射镜。这两类望远镜的基本性质是相同的，上面所说的放大率、视野、亮度、分辨限度等名词完全可通用于这两类望远镜。可是由反射而成像还须有另外一套装置，现在说明如下：

为使一束平行光线 A（图 809）会合在一点 F，凹面反光镜的子午线 SM 应该是以 SF

为轴的抛物线。最简单的办法便是用使光线投射到远方的探照灯那样的装置,但是这只是在原则上相同而已。对于同直径的反光镜而言,望远镜的焦距比探照灯的焦距常长 10 余倍,因而反光面磨制的精密度应有几千倍之高。在 A 点附近方向上的物体,在焦面 P 上所成的像亦在 F 点的附近。于是我们可将天体的形象接收在 P 处的照相底片上面。安放底片的装置不免遮着一部分入射的光线,因而使光线有一些损失。这样的装置是最简单的,实际上应用于天体的拍摄。在帕洛马山现今最大的反射镜(口径 5 米)上,人们在 C 点装上一个柱形的、足以容纳一位观测者的小筒,因为拍摄的对象常是离地平线很高的天体。观测者的座位是不太舒适的,我们可以想象,他坐着而且依靠于夹在两膝之间的盛片盒上。

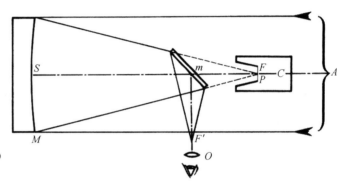

图 809　反射望远镜(牛顿装置)

　　更常见的装置是如下面所说的这几种,它们都是在 17 世纪就有了的。牛顿在焦点面前略微大于口径的一半的距离处放上一个平面镜 m(图 809),它将焦点移动到 F′,然后将目镜装在望远镜镜筒的筒壁上面。图 810 表示卡塞格林式(Cassegrain)的装置,它维持仪器的对称性,副镜 m 是凸面的,由它反射的光束经过主镜中央的圆孔,成像在最后的焦点 F′上(图 810),所成之像被放大的比例是 mF′∶mF。卡塞格林式的装置可以比拟成一个远距物镜,它上面的凸面反光镜 m 是一个散光的单元。

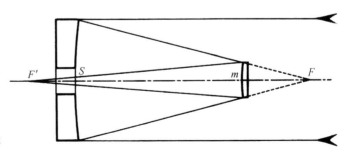

图 810　卡塞格林式反射望远镜

　　我们还需提到另外一种装置,它与天球的周日运动无关,成像的地方总是固定不动的。这样的装置对于安放分析天体辐射的附属仪器是必需的,所以巨型摄谱仪应当放在恒温室里固定的位置处。这种装置有一套活动的平面镜,将光线送入固定的折射或反射镜里去,这叫作定天镜,常用在对太阳物理的观测上。因为这种仪器所需要的口径不大,所以是容易研制的。可是我们不能在研究恒星辐射的大望远镜前面安装上一具定天镜。我们不将平面镜放在物镜前面而放到焦点附近,并且改动寻常的卡塞格林式的装置,不让光线通过大反光镜,光束被小型的几个平面反光镜截获。不管望远镜在任何地方,光线都被送到一个固定的方向上(肘形装置)。近代所研制的大望远镜都具备以上各种装置,只需移动附件,便可得到所需要的任何一种装置。

在以上所说的应用于天文学上的光具组,如果我们不谈到专门为照相而用的装置,那便是不完全的。照相的方法可以使人同时研究一个广大的天空区域,因此光学的装置应当使大视野里的星象都很明晰,另外一方面,片光源如星云或者彗星,在底片上的照度(照度与物镜的口径和焦距之比的平方成正比例)应该是尽量的大。通常照相机的物镜满足了这两个条件,足够用来拍摄地上的人物。拍摄天象就须使物镜的口径和焦距长得多,可是这就不可能办到,因为要增大光具组(比如 20 倍),同时我们也就将两种像差增大了 20 倍,在小仪器上这样的缺点对于底片上的感光颗粒还无关紧要,但在大仪器上就成了不能容许的缺陷了。按照平常的方式很难制造一个焦距长 2 米的物镜,使所成之象正好盖满一张 25 厘米×25 厘米的底片,而又得到天文测量所需要的清晰的程度,即使是我们只追求一个相当小的相对口径,如 $F:10$。于是光学家当另行设计一种与平常绝不相同的图样。我们只提一下今天大家喜欢使用的汉堡的施密特于 1934 年所创造的一种装置(图811)。M 是一个球形凹面反射镜,D 是一个光阑,它的口径的中心便是反射镜的曲率中心 C。经过这一点的光线都垂直地落在反射镜的面上,以这条光线为轴的光束成像在以 C 为中心、以 M 的半径的一半为半径的球面的某一点上,如 F'。将一张软片贴在 P 处的一个球面感光胶片匣上,去接收所成之像。由于这个光具组特有的对称性,底片上凡是如 F' 之点的像都可当作一个轴向的像,它只有一种缺点,即上面所说的球面差。我们在放置光阑的开口上装上一片薄的玻璃,其表面具有一种特殊的形状(磨制相当困难),如图 811 所表示的。这片玻璃中央部分的形状是略凸的透镜,边沿是凹形的透

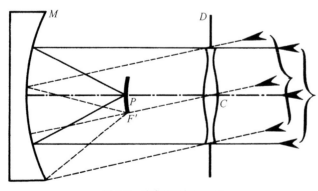

图 811　施密特照相望远镜

镜。这样就使中央部分的光线汇聚得快，边沿部分的光线汇聚得慢，于是使各部分的焦点全汇在一点上。施密特的基本观点后来有了许多变化和改进，我们不必在这里详细叙述。我们只介绍根据这个原理已经造出的大型仪器，其口径达 120 厘米、焦距只有 3 米，足以在 25 厘米直径的表面上成像，到处都得到完美的清晰度。

施密特将反射镜和折射镜综合而成的装置，解决了一个特殊问题，即如何在大的视野里有很大亮度的拍照。我们回头再来讨论折射镜和反射镜，说明它们各自的特殊用途。

在折射镜上装置光具组相当方便，既少受机械约束的影响，又可得到稳固的装置，而且一经调节准确便可以使用很久。这些优点推广了它的用途，从最常见的双筒观剧镜以至方位天文、大地测量、航海、航空上所使用精密测量角度的仪器，都使用折射镜。初学观天的人也宜使用折射镜，所以自学校以至天文爱好者每年购买了不少的折射镜。可是折射镜不能满足科学研究上的一切需要。对微弱的星光的分析需要大的聚光仪器。因天体物理学的发展，天文学家竞相制造大型望远镜，反射镜便战胜了折射镜，其原因叙述如下。

折射镜上的几片透镜应当是完全均匀的，而且无丝毫缺陷。光线穿过透镜总遭受到一些吸收，吸收的量随透镜的厚度而增加，尤以短波更为厉害，有可能将透过大气而来的紫外线完全吸收。色像差和球面差只能大致而不能完全被人消除，这些残余的缺点将随仪器的扩大而更加显著。为减少这些不良的效果，人们便制造很长焦距（达 20 米）的折射镜，容纳这样笨重的又长又大的仪器的圆顶室不但很贵，而且同一物镜很难兼顾目视和照相两种不同的工作。现今最大的四个折射镜的

图 812　施密特-马克苏托夫照相望远镜

口径分别是 80 厘米(波茨坦,1905 年)、83 厘米(默东,1896 年)、91 厘米(里克,1888 年)和 102 厘米(叶凯士,1897 年)。最后一个折射镜(图 806)还保持着最大的纪录,暂时不会被更大的口径打破。这些大玻璃都是在巴黎铸造的,现在很少有人知道,在法国光学玻璃的制造业曾经是一个很出色的工业。

自傅科的工作以来,反射镜的镜面都使用玻璃,这只是因为玻璃可以磨得很平滑的缘故。它的作用只是支持一层镀在它上面的反光的金属(银或铝)薄膜。玻璃本身的缺点就完全不起作用,因而玻璃的铸造就容易多了。不管目视观测或者照相观测都可以使用反射镜,因此可以制造一具焦距相当短的反射镜,这样便可使机械装置和圆顶构造都简便而节省费用。现今世界上有 40 多具口径大于 80 厘米的反射镜,最大的装置在加利福尼亚的帕洛马山上,口径长 5 米(图 802)〔后来苏联又制成口径长 6 米的反射望远镜〕。

我们说过制造光学仪器需达到的精密度。假设光学仪器的制造者达到了这种精密度,但还有意外的原因会使仪器的表面在使用的情况下改变形状。在精密的机械制造上,固体的一些形变经常可以略而不计,可是在光学仪器的要求下,却需要考虑进去。近代望

图 813　地平式装置

远镜的精良主要是由于深入的研究,避免了镜面在支持点之间因自身的重量而产生的弯曲。另外一个意外变形的原因是,当作天文观测时,仪器上的温度有变化。黑夜温度下降,仪器外部散热,使得镜面变形。为减少这种有害的效应,我们采用膨胀率特别小的特种玻璃。在镜面下适当的地方装上微量的热源,以使玻璃里的温度均匀地分布,因而消除这种有害的效果,这是一种近代的改进方法。

讨论了望远镜的光具组以后,我们还需谈到支持它们的机械装置。用望远镜进行观测的时候,大家都欣赏镜身的稳定,只是放大率很低(2 倍或 3 倍)的观剧镜才握在手里。一具观看风景的双筒镜(放大率 8 倍),除非把它装在离开观测者身体的支架上,否则是不能显出它可能达到的效果的。天文爱好者所用的可以放大 200 倍的折射望远镜,更是需要一个很坚实、结构很精细的装置。图 813 表示一种常用的方便的装置。

　　望远镜筒由两个转轴安放在叉形臂所支持的两个枕木上，这枕木便做成一根自转的水平轴。叉形臂可以绕着一根垂直轴转动，这样便得到瞄准任何一点所必需的两种运动。由图 813 可以看出，平行于镜筒的杆上有一个可以移动的锤，它的作用在于维持平衡，因为两根轴的运动有一点摩擦，使仪器总是稳定在人们所引导到的方向上。图中的这个模型带有两个联系在柔软的杆上的手转柄，其转动连接在齿轮的螺旋上，可以给两旋转轴以微小而确定的微动。对于使用高倍放大率的望远镜，这样的附属装备是有益的。还有一根附有齿钩的垂直柱，可以将仪器抬高，以便作靠近天顶的观测。我们说过，高倍率的放大使视野变得很小，于是只沿镜筒去瞄准对象便不很容易，因此在主要望远镜上附有一个低倍率大视野的望远镜（寻星镜）。它的目镜上附有十字蛛丝两根，这对蛛丝一经校准以后，凡是在望远镜的最大倍率的情况下，在目镜的视野里能看得见的东西，都必定出现在寻星镜的十字蛛丝上。

　　天体因周日运动在视野里改位。在放大率愈大的视野里，离北极愈远的星移动得愈快。所以在观测的时候，应当不断地变动两个旋转轴，从而校正望远镜的位置。天文台的工作不容许这样随时的移动，于是人们想出赤道装置的办法。这种装置的原则是简单的。为了瞄准天空中任何一点，需要两个正交的旋转轴。其中的一个叫作极轴（图 814、图 815 和图 816 中的 PP' 线），它倾斜地指着一定的方向，即是与地球的自转轴平行的方向，一经装好，不再更动。为了使天体追随周日运动，应当使极轴均匀地转动，速度恰好等于地球自转的速度，方向恰和地球自转的方向相反。一种名叫转仪钟的仪器便可完成这个任务。在图 814 所表示的装置里，极轴上端装有一具钢叉，借转轴 DD' 支持着望远镜筒，这种转轴叫作赤纬轴。这种装置特别方

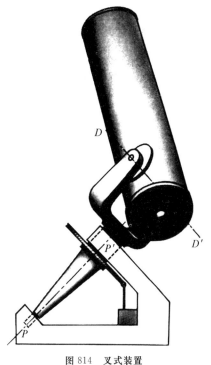

图 814　叉式装置

便，常用于中型的反射望远镜，因钢叉上载重悬垂，我们需将极轴（至少它的上部）做得相当粗大，这样转动就很难灵活。图 815 表示英国式的装置，这里极轴固定在枢轴上，赤纬轴上载重悬垂。近年来，许多望远镜采用这种装置，支持枢轴 P 和 P' 的两个柱头是用钢筋水泥制造的。

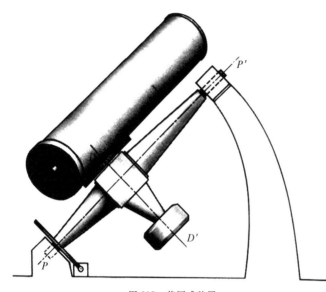

图 815　英国式装置

图 816　德国式装置

许多很长的折射镜采用德国式的装置,它的两个转轴比望远镜的焦距还短,两轴的载重都是悬垂的。图 806 和图 816 内的望远镜都是用的这样的装置。为避免两轴上有悬垂的载重,世界上最大的两个望远镜的装置是这样的:威尔逊山的 2.54 米口径的望远镜(图 805)的极轴是一个矩形的钢框,被两个枢轴载着,这样的装置容易制造,但不能指向极点;

帕洛马山望远镜(图 802)的钢框上端是一个马蹄形的开口结构,它的柱形的外部是很大直径的转轴。

使望远镜指向所要观测的天体,并没有什么技术上的困难,这个问题在大炮的结构上已经得到解决的办法。只是极轴应该追随星的周日运动,这个条件引起一个难于解决的问题,这问题是,使星象固定在照相底片上,即使焦距长至 10 米或 20 米,也不要差错到几微米。这样便需使极轴在支持它的转枢上摩擦小而且不变。因为旋转速度很慢(23 时 56 分为一周),而且在重载下不适宜用好的滑润剂,起初有人使用辘轳,后来有人想用水力去减轻转枢上的负荷,方法是使几个固定在极轴上的柱头漂浮在液体的表面上。1891 年,康芒(Common)所造的望远镜上面有一个柱形的壳,漂浮在水上。如果液体是水银,漂浮物的体积还不会太大，这和海上灯塔的建造有着相同的技术。美国的几座大望远镜（如威尔逊山上的大望远镜）就是这样制造的。球状和柱状轴承的改进大大便利了这方面的工程，现在已经普遍地得到使用。但是载荷太重，使人不得不采用垂直轴的涡轮式发电机上的支持物，那就是高压下的液体。

赤道仪的转动应该是均匀的，它的速度有着很确定的数值。起初有人使用如同时钟上那样的调节器（转仪钟）。近代的望远镜常用摆钟控制的电动机，其方法是用一种振荡器（音叉或振荡的绳索）去调节频率固定的交流电，再把这种电流适当地放大，送入同步的电动机里去。

事实上，推动赤道仪的装置纵然很有规则，但对于稍久一点的观测，我们不能盲目地依靠它。一方面，仪器因在位置上有变化，不免发生弯曲；另一方面，大气折射使星光改变方向，于是观测常处在变化的情况之中，因此天体的周日运动并不如一般天文书籍里所说的那样简单而均匀。所以，赤道仪的运动需根据观测作不断的校正。其方法是，在观测的对象旁边选择一颗导星，观测者不断地监视着，借以发觉应该给予仪器的校正分量。观测者需既耐心又密切注意。现在天文学家用光电管去做这种导星的工作，赤道仪稍微出规，光电管即加以自动的调节。这种校正的工作是由电动机推动一系列的齿轮而完成的。在长时间的拍摄里，如果将赤道仪时常作少许的移动，例如移动一个弧秒的分数，我们就不需在整个笨重的仪器上去作修正。我们让望远镜追随周日运动，只让盛底片的盒子和盒上的导星目镜移动一点去作这个修正。

在结束讨论天文观测的光学方法这一章以前，还该提一下望远镜观测星象的接收器，但本书对于供特殊研究所用的附属仪器就不再提了。我们也不再提我们眼睛的性质——那是个涉及面广的题目。我们讨论望远镜的亮度和放大率的时候，曾经举例说明仪器对于接收器必须具有的适应。我们现在要比较一下两种重要接收器——照相和光电——的特性。

照相底片所保存的天象并不如目视所得的结构一样精细，照片上分解的限度只能达到半个弧秒。可是照片的记录比起目视的印象有几个重要的优点。首先，照片能够将现象保存永久，综合记录。在晴朗时几点钟里所拍到的照片是一个经久的文献，其中的材料不但足供几个星期的研究，而且还可代替几个月的目视观测。事实上，天体照相将我们已知的宇宙推广到不可思议的遥远。可是最好的照相底片还不及我们的视神经那样敏感。设想有一个物件反射光芒，在肉眼里出现 1/100 秒即可以被我们看见，而要使这个物件在这相同的时间里被和肉眼一样大的仪器拍摄下来，它须要几千倍的明亮。

但是照相底片却具有一个很可宝贵的性质。光的感觉随眼睛的被照明的时间而增加,可是这时间极短暂,仅在零与十分之几秒钟之内,但是光线在溴化银乳胶上所起的作用随露光的时间而增加,这时间可能很长,这样足以补偿以上所说的底片的缺陷。肉眼所

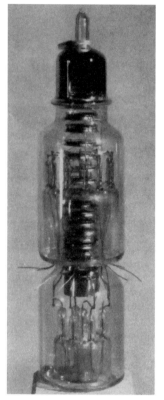

能看见的最不亮的物体,可能在 1/4 秒钟引发感觉,而要用和肉眼一样的仪器去拍摄,露光时间须多至 3 500 倍,即约 1/4 小时。现今的天文照相露光时间之长有至 25 小时的(分为几夜露光),用这样的仪器有可能记录到比视觉的极限所能看见的星还暗 50 倍的星〔肉眼只能分辨出较亮发光体的颜色。发光微弱的物体,眼睛无法分辨它们的颜色。近年来,天体的彩色照片拍摄成功,向我们显示了星球世界的绚烂色彩,有助于我们进一步探索宇宙的秘密。参看本书的彩色插图,并参看《天文爱好者》月刊 1964 年 8 月号以及《科学画报》1964 年 7 月号。——校者注〕。

图 817 拉耳芒的 19 级光电倍增管,用于测量天体光度(巴黎天文台天体物理实验室)

当光线被某些物质(在适当物理情况下的钾、铯、硫化铝等)所吸收的时候,它们就从表面射出自由电子,这些电子可能被一个带正电荷的导体所吸收。于是我们得到一种电流,原则上是和入射光的流通量成正比例。现今的技术能够使光电接收器有惊人的灵敏度,这种技术以两种不同的方式用在天文的研究上,即光电倍增管和光电像管。

被光线释放的电子从光电倍增管的光电发射面出来(图 817、图 818),速度是相当小的。我们使用一种阳极高电压去提高这个速度,然后将这些高速的粒子射在有下列特性的物质的表面上:这表面接收一粒高能的电子,就会发出几粒自由电子。这样的办法连续做上几次,于是电子的数目在这样的每一个过程上均有增加。比如,我们已经能够将这样的光电结构重复到 19 级,放大到以亿计的倍数。现在我们已经能够对于一颗在望远镜里看不见的暗星,借电流计上的读数精密地测出它的光强度。

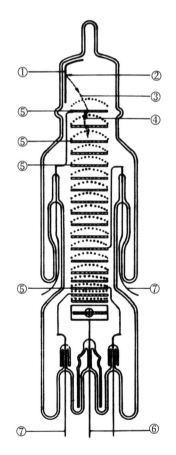

图 818 光电倍增管的原理

1 为光阴极面,2 为光射入处,3 为光电子,4 为次级电子,5 为反射极,6 为阳极,7 为向反射极输电的导体。

　　还有另外一种装置。设想我们用通常的光具组,使研究的对象成像在光电发射面上,这面上的每一点都成了一个发射电子的来源,各点发射的强度和被照的亮度成正比例。这些光电子从一个加速电位差得到一种确定的速度,然后再用一种光电的装置,如电流螺旋管或可以聚焦的带电导体来改变电子的路径,使由同一点源射出的电子经过空间里相同的一点。因此我们可以将这光电阴极的电子像接收在一个表面上。如果这接收面是一个类似电视荧屏那样的荧光屏,这个仪器就可用作目视观测。这种装置也可以逆转过来,如果光电阴极接收了一种肉眼不能感觉到的红外线,我们就可以造成一种光电像管。

　　另外一方面,现在我们能够制造感觉通常光线的光电阴极和支持很高的加速电位差,因此使荧光屏上的亮度超过原来的光学成像,于是我们制造出一种光线倍加器。另外,还有其他的转变。在荧光屏的位置上,我们放上一张照相底片,这张底片直接记录电子所成的像。用这种转变的方法,我们已经可以在一秒钟内拍摄到以同一仪器用通常的办法需要一分钟才能拍摄得到的暗星。

　　这些最近获得的成果显然是很引人注意的。如果仔细分析,我们就会感到这些方法真是大有前途。上面说过,肉眼对于弱光的感觉有一个限度(视阈),光线弱到某一个程度,视神经就没有感觉。照相底片的效率亦因照度变弱而减少,要拍摄上 1 000 倍暗的物体,所需要露光的时间远远超过 1 000 倍之久。重要的事实是这样的:光电效应没有最低的限度,而且它的量子效率恒常不变;还有,如果将照相底片用作电子检验器,它的效率也不会改变。这样看来,这些新技术的发展好像可以消除原来的基本障碍。我们认为,光电效应应用在观测科学上将要产生的作用会超过照相术的发明,这绝不算是夸张的说法。

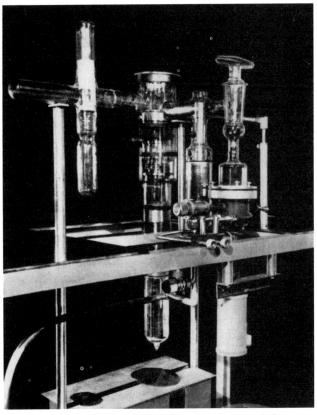

图 819　拉耳芒的光电像管在它的抽空架上(巴黎天文台)

图 820　拉耳芒的光电像管，同一仪器装置在折射望远镜上面(巴黎天文台)

附　录

第一章

地球的结构

◀ 地震波与地球的内部 ▶

由于最深的矿井与铅孔只达到地面以下几千米,所以要了解地球内部深层的结构,只能使用间接的证据。火山爆发时从地球内部涌出的岩浆亦只暴露下层很短距离处的特殊区域的情况。地震波在地球内部传播既深且广,它们的速度与性质可以对于地球内部的结构提供极重要的信息。

地震波表现出各种方式的振动。所谓初波(P波)是像声音那样的纵波,由压缩与膨胀而传播;次波(S波)是像水面的波纹那样的横波,是一种切变波。P波比S波传播得更快,前者在中层里的速度达8千米/秒,后者只有5千米/秒,因此从远处震源而来的P波比S波先将信息送到地震观测站。据由远处地震而来的振动所经历的时间,并计算出它们的波阵面在地球内部所走的路径,地震工作者可以推出地震波在地球内各层传播的速度。例如P波在3 100千米深处速度达13.7千米/秒,在那里它们骤然变缓到它们在表面的速度。跟着它们再度变缓,向中心去的速度约11千米/秒。S波的情况大约相似,只是它们不能到达地球的核心,在2 900千米的不连续(即结构突变)处完全反射。极近地心处还有一个不连续的区域。

这些观测结果表明地球内部有两个重要的情况:地球内部物质愈在深处,密度愈大(因地震波一般在愈深层传播愈快);地核必然处于液态,至少为液体层所包围着(因S波不能在液体内传播)。地核可能全部是液体,但比外层的密度更大,因为P波在固体内比在密度相同的液体内运行更快。大多数地球物理学家同意这样的看法:地核是液体,至少是熔融的铁或铁-镍(像陨石那样)的化学结构。地心处的铁核被压缩到水的密度的18

倍。地核的温度还不清楚,据多数的估计在 2 000℃以上。

接近地面处的地震波(人造的或天然的)为我们提供关于岩石结构的有益的(如对建筑、采矿、石油勘探等)信息。外层地壳是密度较小的火成岩(如花岗岩),下面是玄武岩。而沉积岩大多在表面最上两三千米处。顶层地壳,在大陆下面较厚,约 30～60 千米,因此大陆是处在均衡的"漂浮"状况下;反之,在海洋下面,地壳的厚度不过 5～8 千米。1909 年地震学家莫霍洛维奇发现外层地壳有一个地震波的不连续区,于是有人定出在大洋底地壳最薄处钻孔以达地幔的计划。对地震波的仔细分析可以得出从地心到地面的径向结构里的几个不连续层,其中一些的成因可能是由于分子结构的变化,而不一定是由于结构成分的突变。

上层地壳下面的缓慢环流,必然也可能出现于地幔与地核内。地质记录明白地表示由褶皱所造成的山脉与山脊。在整个的地质历史里,大陆在不断地生长,同时有证据说明海洋里的水量随时间增多而不是减少。地质各时期内造山率大有变化的这一事实,可以说明这种环流随时间作无规则的变化。

以下一节我们将比较详细地叙述近十几年内地质学、海洋学、古生物学、古地磁学等学科的工作者的观测,从而得到支持"大陆漂移说"的种种证据。

◀ 地壳结构的板块理论 ▶

远在公元前 600 年间便有人注意到高山顶上有一种石质的贝壳,很像现今还在海滨活着的文蛤,因此人们认为在以前某一个时期海水曾经覆盖现今的某些陆地。这种看法现在被认为是完全正确的。海洋与大陆两种地貌的位置曾经发生过改变。可是只在最近 20 年内,人们才对于这些变化与其形成的原因,得到比较深刻的了解。这一了解的基础建立在岩石的磁性与地震带分布的两个支柱上面。

地球具有单一磁场,磁针总指向地磁场的北极。由地面上各处磁针方向分布的图形,我们明了地磁的作用像一条巨大的磁棒。这一条假想的磁棒与地球的自转轴稍微有点儿倾斜。大家知道磁棒受热时失去磁性。但是地球内部的温度相当高,那里的物质不能形成固体的磁石,因而地球的磁场,现在认为是由地核内液体铁的流动而形成的。

岩石形成时按地磁场的方向而磁化,这意味着岩石内具有无数的细小磁棒。在它们形成的时候,这些小磁体按当时地磁场的方向排列整齐,然后凝固而冻结于岩石里面,换句话说,即熔岩冷却后和它形成时的地磁场的方向是一致的。因此我们现今可以根据岩石的磁性,以测定当时地磁的方向。如果将这样测得的各时代的磁极方向绘在地图上,便可得到磁极方向随时代变化的一条曲线。令人奇怪的是,从亚、美、欧等洲所测得的这种磁极迁移曲线并不互相重合。如果地壳各部分没有发生水平方向的移动,这些曲线是应当互相重合的。现在这些曲线并不互相重合,可见大陆曾经发生过水平方向的移动,或者说这些岩石所在的大陆发生了漂移。

大陆漂移的思想可以上溯到 16 世纪(弗兰西斯·培根)。根据非洲西海岸和南美洲东海岸形状相似到足以嵌合起来的现象,地球物理学家魏格纳于 1912 年提出了"大陆漂移"的假说。还有其他证据支持这个假说,如南非洲有冰川沉积的存在,表明它以前不在现今的地理位置上。珊瑚礁的地理位置,也表现由于大陆漂移所造成的地球上气候的主要变化。原来珊瑚虫生长于清净温暖的海水里,但有些珊瑚化石却出现在很冷的海水内,例如南极洲的珊瑚化石,表明那里从前的气候比现今温暖得多。还有在不同的大陆上发现某些相同的生物化石,也说明这些大陆从前是连接在一起的或者至少是很接近的。因此,不少人努力想把原始的陆地团块结合起来。虽然大陆漂移理论拥有了相当有力的证据,但我们还应该探求促使大陆漂移的动力是从哪里来的。显然,要使形成大陆的巨大团块移动,必须有难以想象的巨大动力。

很久以来,人们便认为多数重要地质现象发生在大陆与大陆架上,而且它们只覆盖了薄薄一层沉淀的海底盆地,这可能是地壳的最古老的部分。可是近些年来海洋学上的各种观测(例如根据海底盆地上岩石样品的放射性对它们年龄的测定)深刻地改变了这个图案,从而使地质工作者断定海底的大量岩石是缓慢地从地幔〔地幔亦称"中间层",即岩石圈与地核中间的一圈,厚度约 1700 千米〕沿海下山脉(海脊)突出,并向旁侧扩展,以形成新地壳,这新地壳向大陆前进的速度每年只有几厘米。现在认为这种海底盆地扩展的现象,便是造成大陆漂移的原因,而构成大陆地壳的物质团块(板块)便浮在地幔内较重的岩浆上,缓慢地移动。这些板块不但在地球表面沿水平向而且还沿垂直向移动。地球上某些地区,例如斯堪的纳维亚,从前为冰川覆盖的大片地区现在正缓慢地升高。同时由于大片冰层的消逝,这些地区才得到地壳均衡的调整。

海床扩展必然是由于地幔内的岩石流的活动。地震波的研究表明构成地幔的物质类似固体,我们一向将这种固体岩石当作刚体〔在外界作用下,体积和形状都不发生改变的物体,叫作刚体。这是一个抽象概念,实际上物体都不是真正的刚体〕,它在外力的作用下容易破裂,而不容易弯曲。但是在相当大的重力或压力的影响下，岩石会逐渐屈服，于是地幔内的岩石在重力的作用下，具有相当的可塑性。地幔内岩石流的作用为造山运动提供一个自然的机制。地幔流的会合或下沉之处可以堆积成山脊。大陆板块发生碰撞时，由于物质的挤压，也会造成高山峻岭。例如喜马拉雅山便是由于印度洋板块沉没在亚欧大陆板块之下时，按这种方式形成的。造山运动的褶皱虽对地壳深层有作用，但在地球表面所造成的结果，却形成了巍峨雄壮的高山。

地震与火山常发生于相同的地区，对于形成地壳的动力与运动，提供戏剧性的证据。这些地区的表面出现断层线，即断层面与地面的交线。例如最著名的一个断层是掠旧金山而过的圣安得累亚断层。当岩石变形超过其强度时，便发生地震。于是地壳破裂，板块移动，断层面变形，而当变形强度减小到岩石能够支持的程度，这种变形运动便停止。沿阿拉斯加的阿留申群岛远至其北方地区的断层面的分界处分布着许多火山，同样，沿地壳裂罅处的火山蜿蜒如带，而形成火山的环状山脉分布于太平洋东西两岸。

火山运动也是造山与改变地貌的一种机制。例如 1943 年爆发的帕里库廷火山。它的喷出物在火山口附近堆成火山碎屑和熔岩结构的锥状山坡。岩浆起源于地面下的局部区域，至于在什么深度处和怎样生成的，目前还不能确定。

最后还有一个改变地貌的重要因素：冰川。这是大团冰块在地壳上所起的作用的表现。在最近一次冰川期，冰川覆盖欧洲大部分地区和北美洲东部。最后一次冰河退走的时期大约开始于两万年前，而终止于 6 000 年前。冰川流动相当缓慢，每年前进约 50 米。大团冰块流动时剥蚀地面造成山谷、冰碛与地表上的其他特征形状。现在主要的冰川在南极洲与格陵兰岛和一些高山峻岭上面，如喜马拉雅山与阿尔卑斯山中还有冰川。冰川是巨大的蓄水库，它的盛衰兴废使海平面与海岸线的位置发生戏剧性的改变。我们现在处于冰川相当稀少的时期，可是假使现在剩余的冰川与冰块融化，整个地球的海平面也将升高 50 米，大部分港口和沿海城市将会被淹没。

虽然地质工作者与气象工作者对于冰期的成因还没有一致的意见，大家却认为只需地面的平均温度发生少许改变，便会出现一个冰期。前一次冰期时的地面的平均温度只比现在低 5.5℃。值得注意的是自 1850 年（大约是工业革命开始之时）以来的 100 年间，地面平均温度大约高了 0.6℃ 或 1.2℃。由人们活动所造成的废气（主要是二氧化碳），可能是平均温度增高的原因（温室效应）〔温室效应指大气中水汽、云层等的保暖作用。云层因善于吸收热量，再向地面反射，犹如温室（花房）的保暖效应，因此叫作温室效应〕。如果这是事实，大气里的污染继续增加,可能促进冰川与冰块的融化,从而使海平面增高,但是被工业和农业释放在大气里的尘埃可能对这些废气所产生的效应起抵消作用。浮在大气中的尘埃粒子可能反射少许日光于空间,因而稍微减少使地面温暖的太阳能量。事实上,地面的平均温度,由于尘埃的反光效应,近年来已有开始下降的趋势。由此可见大气里太多尘埃又可能造成另外一个冰期。

第二章

地球大气的演化史

我们呼吸的空气是从哪里来的？现在已经根据天文、地质与生物三门学科的研究得到一个令人惊异的答案。我们认为构成地球的气体（和少许尘埃）起初的质量比地球上现有的质量要多得多。这一大团原始行星的气体物质被其本身的摄引力所维系住。那么，它怎样演变呢？

较重的元素或化合物向内部下沉，轻的原子才会由于蒸发的缘故而逃逸于空间。地面附近的空气分子常处在运动的状态下，其平均速度随其所在的温度而不同。但是在地面附近密度较高（即单位体积内的分子数较多）的情况下，空气的粒子只走过一段很短的距离，便和别的粒子碰撞。假使我们将碰撞间的距离（叫作平均自由程）表示为大气高度的函数，我们便会发现在愈高层的大气里气体粒子的平均自由程愈长。在大约 500 千米或更高处，空气分子的密度低到足以使向上运动的原子或分子可能运动一段相当长的距离，而不和别的粒子发生碰撞。那么，如果速度大到某一程度时，原子便可能脱离地心引力的羁绊，而进入围绕太阳运动的轨道之中。太阳系里天然的或人造的天体在各自的轨道上运行，主要是由于其运动而来的离心力与主星对于它的引力取得平衡的缘故。因此运动在距离地面 500 千米或更高处的一个粒子，可能发生三种不同的情况：(1) 运动比较缓慢的粒子的离心力不足以克服它所受到的重力，因此像向上抛的石头一样，终于坠落地面；(2) 具有中等速度的粒子，可能在一定轨道上围绕地球运行，但这种轨道一般会使这粒子返回大气；(3) 只有运动相当快的粒子才能得到相当大的离心力，足以胜过地球的引力，于是这粒子才会飞向空间，不再返回大气层。一个粒子向上运动的速度必须达到逃逸（或脱离）速度，即大约每秒 11 千米时，它才离开地球。逃逸速度与物体的质量无关，对于空气粒子与对于人造卫星，逃逸速度都是一样。

由此可见，原始地球外层大气里的原子可以由蒸发而逃逸到空间去。大气的温度愈高,气体分子的运动愈快,因而超过逃逸速度的粒子愈多。在一定气体团内,质量较小的分子比质量较大的分子运动速度要快。由计算得知由于蒸发,地球很可能已经失掉它原有的氢(因为氢是最轻的元素),也许还失掉次轻的氦。(这种天文上的蒸发和水在地面的蒸发相同,不过在后一情形,水分子只从水团逃逸到大气层罢了。)

由此可见太阳系里的主要成分(氢与氦),也许由于蒸发而很早就脱离地球。原始大气很可能从水星、金星与火星分离出去,特别是其中的氢和氦。原始的地类行星里的较重粒子、尘埃与固体颗粒,可能在其自身的引力与化学作用下,凝固而形成这些行星的固体成分。反之如木星与土星那样的大型行星,引力就大得多(因而那些行星上的大气的逃逸速度也大得多),再加上更冷的大气(因为它们距离太阳较远),所以它们可能保留着大部分原始大气,这样便容易说明为什么木类行星的组织成分类似太阳。

假使以上对于蒸发的讨论是唯一的因素,则地球与地类行星的大气应该十分相似。可是事实并不是这样的。地球海平面上空气的组成成分如下:

表 1 海平面上空气的组成成分

气体	以质量计的百分数(%)
氮(N_2)	75.5
氧(O_2)	23.2
氩(Ar)	1.25
二氧化碳(CO_2)	0.05

上表内未列入与天气和气候极有关系的一个重要成分,即水蒸气(H_2O),随情况变化,在海平面处空气的含量以质量计,可能高达2%。二氧化碳(CO_2)的含量也是变化的。其他成分,如自然界的和工业生产所发出的气体,空气中也有少许含量。

正如以上讨论蒸发时所料到的,地球大气的成分完全不像太阳与木类行星,而且也不像火星与金星的大气。由不载人的宇宙飞船到达这两颗行星附近所探测到的数据,得知那里大气的主要成分是二氧化碳,纵然有点氧气,分量也很微薄。事实上现今海洋里的水和地上的大气,大部分是从地壳产生出来的,我们将于下一章之内详细讨论。地面的气体可能主要从火山发出,而且有证据表明过去的火山比现今多。勇敢的地质工作者曾经在火山口测量喷出的气体,测定其主要成分有水汽(H_2O)、二氧化碳(CO_2)、氮气(N_2)与二氧化硫(SO_2)。火山喷出的微量二氧化硫,很快便与岩石结合,我们大气中的氧差不多全由植物的光合作用(参看下一章)而来。氧气的来源必须是不竭的,假使地面的氧忽然停止供给,则现时大气里的氧至多在几万年内即为岩石风化时的氧化作用所耗尽,而且动物的呼吸与燃烧均需用氧。

在造成我们大气的火山运动过程中产生的二氧化碳比现在大气中的含量还多，但大气里的二氧化碳为以下几个变化所转移：（1）绿色植物的光合作用；（2）岩石风化中的化学反应；（3）海水的吸收。岩石风化是最重要的转移过程。氧气与二氧化碳均可溶于海水，因而使动物与植物得以生活于海洋里。事实上海洋是二氧化碳的巨大储蓄库，其中所含之量约是大气的所含之量的 60 倍。海洋协助大气保持二氧化碳含量的稳定，因为大气里二氧化碳的浓度增大时，海洋便迅速地将其吸收了下去。

动物呼吸与燃烧造成二氧化碳。在正常情况下，大气、生物与化学等的各种变化都处在平衡状态里。但是如果人造的二氧化碳连续不断地大量增多，即使海洋也不能完全吸收掉。

总之，我们大气的历史开始于主要是类似于太阳物质所构成的原始地球。重的物质向下沉，轻的原子从原行星逃逸到空间。大约在 45 亿（4.5×10^9）年前，地球已经达到现今的质量与成分。地壳形成于 40 亿年前。那时大部分原始大气早已蒸发，再生大气可能产生于 35 亿年前。原始大气里的氢气已经以化合物（如水、硫化氢、氨与甲烷等）的形式储藏于地壳内。由于散发的作用，这些氢化物又散发到大气里去，那时海洋已经发展到现今的体积，于是，这时或稍后形成了再生大气。这些氢化物与水的组成成分，为生命起源所需要的原始的"天然培养液"提供原料。从 20 亿年前开始，大量的氧气已由植物所制成。大约在 10 亿年前大气里的氧才增加到现今的分量。我们所认识的大气便从那个时期开始。应该记住的是，距今 10 亿年以前的地质时期，是还没有可靠的化石记录与绝对地质年龄测定的时代。更早的地层分层与其年龄的科学测定，无疑会对我们了解生物、大气与地壳的演化的基本情况有所助益。

◀ 现今大气的特征 ▶

关于现今地球大气的组成成分，见前文表 1 即可。太阳辐射间接影响大气的体积。阳光照射地面，那里的空气因热上升，再由对流作用而使大气变暖，大气里的某些部分，例如距离地面 160 千米高处的电离层，由于吸收太阳的辐射能量而直接变热。大气压随高度的增长而减少，表示于表 2 内，那里并载有各高度处的温度。表中的数值是平均值，因而与实际情形有或多或少的出入。大气在距地低处便造成所谓"天气"现象，而距地高处的大气性质为火箭与人造地球卫星的观测所测定。

表 2　地球大气的模型

海拔(千米)	附注	气压(地面值的百分数)	平均温度(K)
0	海面	100	280
1.5	云贵高原	85	273
		70	266
6	高山顶上	50	255
10	喷气机飞行高度	30	238
16		10	210
30	臭氧层	1	250
50		0.1	290
80	极光与流星	10^{-3}	170
160	电离层	10^{-6}	600
180	大气蒸发区	10^{-13}	1 200

〔K 表示绝对温标,以摄氏温标的零下 273°为零点〕

臭氧(O_3)层在 30 千米高处。这一层内的臭氧分子很能吸收比 3 000 埃〔埃是计量微小长度用的单位,为厘米的亿分之一(符号为 Å),常用以表示光波的波长〕短的太阳的紫外辐射。3 000 埃附近的辐射只有 7‰通过臭氧层,在这波长范围内的吸收高峰处(2 600 埃),只有入射日光的 10^{-32} 穿过臭氧层。达到地面的微量紫外辐射使皮肤烧灼,变为黄褐色的晒斑。假使没有臭氧层,达到地面的辐射强度可能破坏细胞,使生物不能存活。反之,在地球早期历史里,臭氧层还没有在大气里形成屏障之时,紫外辐射作为原始"天然培养液"里的某种化学反应,可能是能量的一种重要来源。

太阳辐射为臭氧所吸收的能量是 30 千米以上高处大气里的一种能源,因而使 50 千米高处的温度高达 290 K(即 17℃)(见表 2)。同样,由于大气成分为太阳辐射所电离,160 千米高处的气温亦大大增高,达 600 K(即 327℃)。大气的这一层叫作电离层,虽然这一层内大多数原子与分子是中性的,但却含有不少的自由电子与离子。电离层分为几层,能够反射几米至十几米波段的射电波。电离层与地面间的多次反射可以使射电波所带的信息传播到整个地球。电离层的主要一层叫作 D 层(90 千米高处),还有 E 层(110 千米高处)与 F 层(200~300 千米高处)。D 层的电子密度(即每毫升内的电子数)最小,因而中性气体分子的密度最大。这一种结构使 D 层对于电波的反射弱而吸收强。日落后,D 层内的电子与离子重新结合以成中性原子与分子,但较高的电离层里这种重新结合相对较缓。因此,夜里 D 层消逝,电波在 D 层原来的区域由反射而传播最为有效。因为电离层为 X 射线与紫外辐射所构成,太阳耀斑和由其他日面活动而来的辐射强度增大时,可以在电离层里造成暂时的扰乱,因而影响电波的通信。

根据我们对于天气与四季的经验,可知道大气不处在稳定或均匀的状态里。大气为太阳所致热与地球自转两者组合,造成一种大型环流的现象。海员根据航行的经验可以认识这种环流的许多表现。有名而相当稳定的贸易风(信风)便是这种大规模的大气环流的一种表现。这是由于副热带纬度区(30°~50°)的阳光照射和不定风向所造成的结果,也是地面大型环流的一个例子。这种普遍的大气环流亦在海洋表面造成大规模的洋流。

　　环流的性质随不同的高度而有差异。最熟悉的一个例子是高空的急流,即10.5千米高处自西向东的一种气流。急流的风速可达每小时320千米。因此由东向西比由西向东飞越大陆所需的时间更长,飞航的时间表内的时间差便表现出这个事实。因此驾驶员驾驶飞机向西飞时常选择飞行的高度,以避免这股强劲的急流,而向东飞时便利用这股急流。

　　大气除了对气压、温度与环流的改变以外,对于水在海洋与大陆之间的转移运动亦起重要作用。这便是水的循环。水在海、陆、空三界中的循环运动,其中的一个主要阶段是由海洋蒸发进入大气。这些水蒸气在云里凝结,为风所移动,以雨和雪的形态而降落于大陆,但终于由江河而流入海洋,以完成其循环。地上的水不断在一种闭合循环上完成其运动。在这种循环的某些阶段里,混在水里的某些物质只起堆积作用而不参与循环,例如水里的矿物质为江河携带入海,不断增加海水所含的盐分。

　　云彩造成美丽的夕阳,但大气的某些特征,即使没有云,亦可在红色的落日和蓝色的天穹上展现绚丽的美景。太阳西下时其颜色由橙而逐渐转红。这种大气现象是由分子所造成的效应。如果这些分子的直径比光波的波长短得多,日光便遭遇所谓瑞利〔瑞利(John William Rayleigh,1842—1919),英国物理学家。瑞利散射是光通过媒质时被小于其波长的微粒所散射的现象〕散射的过程。所谓散射是指光束在媒质中传播时,部分光线偏离原方向而分散传播,但其波长不变的现象。由于蓝光比红光散射较强,因而红光能透过更高层的大气。夕阳西下时,日光到达肉眼,经过的大气不断地增多,因此我们看见一个红色的太阳。蓝光向各方散射,从而使天穹呈现蓝色。但在大气外飞行的宇航员眼里,天穹却是黑的。

　　光线在大气里的穿透度随波长不同而不同的效果表现在同一风景以短波紫光和长波红外线拍摄的照片上。大气里长波穿过之处短波已经遭到散射。

　　大气是一个屏障,它不但防御紫外辐射,且为我们挡住了流星,这些"渺小"的天体在大气里100千米高处绝大多数因受大气摩擦而焚毁为灰烬。大气也阻挡某些宇宙线,这一效应与地磁场都使运行缓慢的宇宙线发生偏离,因而使生物演化的突变率降低到一个合理的程度,生物学家认为突变率过高是不相宜的。

大气层以外还有所谓磁球,这是电子与阳离子被地磁场捕获的区域,是由第一批人造地球卫星所发现的。至于地球以外其他几个行星的大气,将在谈到各行星的篇幅之内分别叙述。

第三章

生命的起源与演化

 生命的生物化学演化论

上面讲过，根据对放射性元素的计算，地球的年龄约为 46 亿至 47 亿年。但根据地质学的研究，只在 20 亿至 25 亿年前才有生物出现在地球上，所以地球上没有生命的年月约占去其一半的时间。在那大约 30 亿年生物还没有出现的岁月里，地球的原始海洋和那时可能由氨、甲烷（沼气）、硫化氢、水汽等组成的大气，自然会有化学反应发生。碳主要存在于碳水化合物里，这样就大大增加了化学反应的可能性，因为它们是整个有机化学的基本结构。由于电离辐射或放电作用，这些气体的混合物可能形成氨基酸〔氨基酸是含有氨基的有机酸，而氨基是由氨分子失去一个氢原子而成的原子团，以 −NH$_2$ 表示〕，而氨基酸是蛋白质的基本成分。在原始地球上，这些有机化合物像雨点般倾注到原始的海洋里去，形成一种稀释液汁，并可能互相结合形成凝块，自成体系为"凝聚点滴"。

大约 20 亿年前，由于这以前漫长年代的演变，这些凝聚物经过自然淘汰产生一种特性：即在基本分子的阶段里出现"自我复制"。这一阶段以后，演化速度增加，便出现光合作用（使有机体能够制造自己所需的食物）、原始的细胞组织（如现今的细菌、藻类与阿米巴）、原始的多细胞机体（使机体各部分的分工成为可能）等演化道路上的重要过程。接着地球上便会出现高级生物，经过漫长时期的天然淘汰，而终于演化成为"智人"。

以上是有关生物与演化的一些事后猜度，现在便谈谈现今科学家对于这个问题所做过的一些模拟实验。

构成生物组织的细胞有三种主要物质：碳水化合物、脂肪核酸与蛋白质。现今对于生命起源的研究便是决定这些物质是怎样来的。实验模拟可能存在于地球早期的情况以及寻求怎样从那样的环境里制造这三种物质里的基本成分。

这些实验的根据是从几种相关科学得来的事实及其推导。例如由化学知道蛋白质不能形成于氧气太多的环境里，虽然现今大气里有相当多的氧。反之，在其他行星上我们没有发现大量的氧，而且太阳系里行星的大气各有不同的成分。天文工作者认为太阳和它的行星形成于同一团气体和尘埃云里，因而所有的行星可能都有很类似的原始大气。可是它们现时的大气却很不相同，可见至少其中一些发生了变化。地质学与生物学均提供地球大气演化的证据。现今地上的氧大部分是生物出现后由植物的光合作用而释放出来的。现时大气里的其他气体与水分大部分可能是由于火山活动，从地球内部喷射出来的。

围绕早期地球的混合气体叫作原始大气，以区别于现今的再生大气。根据理论的研究，原始大气的主要成分是甲烷、氨、氢与水汽。现今大型的木类行星上便是这些气体的混合结构，因此我们相信过去的地球上也有这样的大气。

作为地壳的材料里并没有蛋白质，它是有生命的机体所构成的自然界里最复杂的有机物质。蛋白质在一切有机体的生命过程里起着主要作用。例如调整我们身体内多种化学反应的酶〔酶也叫"酵素"，是生物体产生的具有催化能力的蛋白质〕，便是各种蛋白质的合成物，因此对生命起源的寻找应从非生物的或与生命过程无关的变化中去研究蛋白质的形成。

生物机体内的蛋白质大约是由 20 多种原始氨基酸组成的。现在研究生命起源的实验室里还不能制造一般的蛋白质，只合成了化学结构已经完全清楚的个别蛋白质，如胰岛素和许多原始的氨基酸。实验的类型虽有差异，但基本方法却相似，即将模拟原始大气的混合气体暴露在电火花、热量、紫外辐射或原子粒束里〔氨基酸：含有氨基（- NH$_2$）的有机酸，是组成蛋白质的基本单位。1952 年青年化学家米勒（L. Miller）将电极放在一个大玻璃球内，使它们放出火花，以模拟太阳光里的紫外辐射，同时将氨（NH$_3$）、二氧化碳（CO$_2$）与甲烷（CH$_4$）的混合物及水汽（H$_2$O）不断在火花之间通过。一星期后，他分析玻璃球里的水，发现有氨基酸〕。这些流量便使混合气体发生改变，这些经过变化的物质，再经过分析，才知道它们已经组成氨基酸、核酸与其他生物的组织成分。现今的实验仅是一个开端，要了解生命起源的过程，还需做许多更深入的实验。

总之，如果出现天文工作者与地质工作者所认为的存在于早期地球上的大气环境，生命自然会经过一系列化学变化而出现。生物出现以后，自然选择的演化必然接着而来。最早的化石经人验证认为是细菌与藻类的遗迹，其年龄约为 34 亿年。生物起源的重要阶段，根据现今的研究，可以粗略表示如下：

时间	事件
46 亿年前	地球形成
42 亿年前	初次出现自我复制品,根据自然选择的进化开始
34 亿年前	细菌与藻类出现
21 亿年前	多细胞生物出现

讨论陨星和星际介质时,我们在那里都曾发现有氨基酸,可见生物可以居住的世界不仅在地球上。因此"有生命的世界极多"的看法,由于有天文观测的根据,应当认为是合理的见解。

◀ 演化的洪流 ▶

从单细胞到多细胞,初期的演化阶段发生在海里,接着才出现了多细胞之间的分工。这种演化的进展,因获得食物的方式的不同,生物的形态也发生了变化。机体的生长有赖于营养的供给,可是由天然化学合成的给养既有限而又不可靠。于是出现一种经常而可靠的食物,这是由植物所提供的,其中起主要作用的是一种结构复杂的名叫叶绿素的大分子。这些分子在合成碳水化合物的化学变化中起催化作用,它们吸收太阳光的能量,同化二氧化碳和水,制造有机物质而释放氧气,这种过程叫作光合作用,其化学反应式为:

$$6CO_2 + 6H_2O \xrightarrow[\text{绿色植物}]{\text{日光}} C_6H_{12}O_6 + 6O_2 \uparrow$$
（二氧化碳）＋（水）　　　　　　（糖）＋（氧）

现今大气里的氧差不多全部都是由光合作用所造成的。

植物为动物提供基本食物,只有植物才是基本的生产者,因为只有它们才能将无机物转化成有生命的有机物。动物需要植物的机体和别的动物的肉体来作为生长和生存的营养剂,因而动物是消费者,由此可见只有在植物发展后,才能出现动物。

我们所拥有的演化知识的根据在于化石的记录。读者可从地质年代表看到一点概况。多细胞生物最初出现于海洋里,可能与现今的浮游植物相似。浮游植物是海洋里的小动物（如原生动物）的基本食物。这些微型植物是地上食物与氧气的最主要的来源。

演化的主要过程概略地表示为以下几个主要的发展阶段。30 亿年前的太古代,除了一些低级的藻类之外,很少有化石记录。大约在 10 亿年前（元古代）,动物才发展出相当复杂的形态,例如蠕虫和它们在沙上爬行所留下的遗迹化石。这一阶段出现的最早而且最多的一种化石,是生长在海里的一种无脊椎化石:三叶虫。石炭纪（3.55 亿年至 2.9 亿年前）内,石松、芦木一类植物森林般地繁殖于潮湿地带。这是一个主要的造煤时代,现今所用的"化石燃料"便是那时的产品。

中生代三叠纪(2.5亿年至2.05亿年前)爬行动物(恐龙)异常发展,海中有蛇颈龙,陆上有蜥龙,空中有鸟龙。这些庞大无比的动物,在地上称霸达1亿年之久,至中生代末期始全部灭绝。动物演化的一个著名例子是马在0.5亿年来的发展史。在始新世(0.53亿年至0.365亿年前)这种动物的形状像狗,而现今的马体形较大,跑跳较快,牙齿可以啮吃各种食物,而且比它们的祖先机敏。

新生代第四纪开始于250万年前,包括更新世与全新世,广泛地发生了多次冰川,出现了与现代人类有亲缘关系的人类祖先(如中国猿人)。第四纪里的生物化石多像现今的动物与植物。

◀ 人 的 演 化 ▶

前面一节讨论了生物在地质时期大尺度上的演化,人的演化亦可做类似的研究。

由化石学与人类学的研究,得知人类于400万年至300万年前出现于非洲。他们是由哺乳纲里最高的一类动物(灵长目),由狐猿与类人猿等经过一系列的演化而转变来的。他们的特点是有完全直立的姿势、复杂而有音节的语言、解放了的双手和特别发达善于思维的大脑,并有制造工具、改造自然、掌握和运用社会生活规律的本领。人类是借着劳动摆脱了动物界的生物,恩格斯说:"劳动创造了人本身。"所以说人类是劳动的产物。

人类演化的历程,最显著地表现在脑的容量上。化石类人猿(如南方古猿,生活于400万年至300万年前)的脑容量为510立方厘米,直立人(90万年前)为975立方厘米,尼安德特人(11万至3.5万年前)为1420立方厘米,这已经可以和现代人的脑容量相比了,但黑猩猩的脑容量只有395立方厘米。

灵长目的最早标本里有列在古猿类的东非的普罗猿(Proconsul,约2500万年前),可能是黑猩猩与大猩猩的祖先。人类最早的直接祖先是腊玛古猿(Ramapithecus,1300万年前)。可是人不是猿的直接后裔,人和猿只有一个共同的远祖,而彼此是"堂弟兄"。

化石类人猿出现于400万年前,演化为更进步的形态,而繁荣于150万年前至100万年前之间,约在90万年前他们才进化为直立人。直立人在50万年至25万年前进化为古智人。以上这些结论是根据非洲出土的大量化石综合而来的。

人类起源于非洲,这已经得到广泛的承认。现代人是经过几百万年的演化而来的结果。发展的途径是从食果的树居人演化到食兽的穴居人。人类曾经过食果的时期表现在牙齿上，因为我们的牙齿与纯粹食肉兽的牙齿不同。石器工具的使用相当早，增进了人类狩猎和其他劳动的本领。这些不易损坏的工具，表现了人类早期的生活方式。最后，社会组织的功效使得人类能捕猎到比他们强大的古代巨象。

我们直接的祖先遭遇到很复杂的气候变化。更新世是地上气温发生剧烈改变的时代，其间出现了几个冰期。这真是一个考验人类的时期。现代人所以具有大而复杂的脑子、使用工具并有形成和交流抽象思想的能力，以及适应新环境的本领（从动物的角度看，这叫作"非专门化的专家们"或"一专多能"），在某种程度上是因为人是时间积累的产物。即使今天，人在最不幸的环境里还能表现其最高的品质。尼安德特人繁荣于 11 万年至 3.5 万年前。他们之后才出现克罗马农人。

克罗马农人与其相关的种属广泛分布于地上，并得到迅速的发展。他们从狩猎而到种植与畜牧的社会，并发现而且使用金属，从而推进了文明发展。克罗马农人有闲暇从事艺术活动〔如法国拉斯科（Lascaux）洞穴里的史前壁画〕，并对死者举行埋葬仪式。由于生产的发展使人类企图了解他在万物中的地位，大约在这时期或更早期出现了巫术与宗教。在这进程中发展了语言，于是知识从一代传授给下一代，显然这是一个很大的进步。

人们对于天文学的兴趣开始于什么时候〔参看 1963 年 7 月出版的《天文爱好者》杂志中的《史前的天文遗迹》一文〕？无疑，在很早的时期里，人类已经认识了太阳、月亮与昼夜的循环对于生活的重要性。有史以前人们便对世界的性质与万物的本源进行猜想。由于太阳对于地上生物与生产活动的重要作用，在早期的神话与宗教里都把它当作神灵来崇拜。对公元前两三千年间楔形文字与殷代甲骨文的辨认，使我们得知古巴比伦与中国对于天象已掌握大量的知识，而且那时这两个文明古国的天文工作者已经开始观测月相以便建立并调整或修改他们的历法。我们可以合理地认为天文学是一门最古老的科学。异常的天象如日食、月食与彗星的出现早已记载于上面所说这两国的古代文字里了。即使没有文字之时，原始人也已将他们的天文观测雕刻在岩石上面。

人类的发展没有停止之时，也不会结束于不远的将来。文化演变的近代历程有 1770 年至 1870 年的工业革命，以及 1945 年与 1975 年以来的原子能与星际航空时代。现今科学与技术正在飞跃地发展，人们正在企图按照他们的意愿改造自然。

可是，要在地球上建立美好的人类家园，必须牵涉不在本书讨论范围内的许多社会问题与政治问题，但就过去以推未来，文化是发展的，人类是前进的。

人类的历史，就是一个不断地从必然王国向自由王国发展的历史。这个历史永远不会完结……人类总得不断地总结经验，有所发现，有所发明，有所创造，有所前进。

第四章

水星的自转及其表面观测

◀ 水星的自转 ▶

行星的固体表面的详细情况,只有水星与火星才观测得到。由于冥王星太远,其他行星覆盖着云层,所以它们的表面都不容易观测。19世纪意大利天文学家斯基帕雷利曾测定水星的自转周期,描绘水星表面的斑纹,而且将不同时期的图画加以比较,认为水星的自转周期与公转周期同为88日。这意味着水星常以相同的半球对着太阳,正如月球常以相同的半球对着地球一样。雷达天文学出现以后,为测量水星自转提供一种现代技术。射电天文工作者只能被动地接收由宇宙空间而来的射电波,但雷达天文工作者却可以在地面向他们欲研究的天体发射性质已知的射电脉冲波束,并记录由目标反射回来的射电波,然后将发射的与接收的两种信号加以比较,便可得到有关目标(天体)的某些知识。譬如根据向目标去而复返的脉冲波在途中经历的时间,便可测定目标的距离。又如从这些波束的波长所受到的多普勒位移,便可知道目标与地球的相对速度,即彼此是在离开或接近的速度,还可据脉冲波的多普勒扩展,以求目标的自转速度。现在解说一下什么是多普勒扩展。雷达发射器所产生的原信号集中在很窄的波段内,像一束可见光那样。这束脉冲波为行星所反射时,因受到多普勒位移而改变其波长,其位移度决定于地球和这颗行星之间的接近或离开方向上的相对速度。但是由于行星的自转,其一边缘向地球接近时,则其对径相反的另一边缘必然离地球而去。从接近的一边缘返回的波,因受多普勒效应移向较短的波一边,而从离开的一边缘返回的波便移向较长的波一边。当雷达天文工作者记录回波之时,他便会发现行星的自转使反射回来的波扩展到一个较宽的波段内,因而行星的自转速度可从多普勒扩展的量度来决定。测量的细节比这里所说的更加复杂。观测行星在轨道上运行一段时间，雷达天文工作者能够测定的，不仅是行星的自转速度，而且还有自转轴的指向与自转的方向。譬如假使火星上的雷达天文工作者观测地球时，他可能发现地轴指向北极星，而且地球自转的方向从北极星看是逆时针方向（这些说法是用地球上的语言来表达的）。

总之，据雷达天文学的观测的确能够对行星自转做出精密的测定，因而才知道从前由绘图法所推出的关于水星自转的结论是错误的。水星的自转周期不是 87.97 日，而是 58.65 日。事实上，水星绕太阳公转 2 周时，它自转了 3 周。水星的某一直径在过近日点时常指着太阳，可是这直径的另一端过近日点时便代替前一端，即两端交替地指向太阳。对这种现象的合理解释认为，水星不是一个正球形，而是（水星像月球，亦为有三个不等长之轴的椭球）一个椭长的球，过近日点时指向太阳的轴是其最长的轴。

根据这个理论，太阳对于水星近日的半球的引力比远日的半球的引力稍强，由于这个缘故便控制了这种校直（alignement）现象，从而可以得到自转周期的确切数值。假使水星的自转速度比公转速度的 1.5 倍还稍快（或稍慢）一点，过近日点时它的长轴便不会正指太阳，于是引力作用便使自转变慢（或变快）。水星轨道的偏心率大，也对此起了作用，因为在近日点附近比在其他向径处引力作用强。假使水星轨道是正圆形，它的轴将不断地指着太阳，于是自转周期必然等于公转周期。

1965 年射电天文工作者使用波多黎各岛上阿雷西博天文台的 305 米口径的铝制射电望远镜，首次求得水星的自转周期约等于其公转的恒星周期的 2/3。其实这个结果是可以根据天体力学推导出来的。由于水星轨道偏心率大到 0.206，当其达到近日点附近时，原来的自转周期受到太阳的引潮力的极大轫制（因为引潮力是与太阳和行星间的距离的立方成反比例的）。于是算出水星每次过近日点时太阳的引潮力使水星运行的角速度，和由开普勒面积定律所算出的角速度超过其平均值之量，两者之比恰好是 3∶2。因此水星自转周期被固定为其公转周期的 2/3。于是水星自转的恒星周期应是 $87.97 \times \dfrac{2}{3} = 58.65$ 日。

由此可见，水星的一日时间（由日出到日出）很长，就平均值而言，那里的一日恰好等于两年（即 176 个地球日）！在水星上某些经度和极区处太阳的视运动显得异常复杂。

重新检查以前的观测，方才明白前人根据水星表面的斑纹绘出的水星图，是在 87.97 日和 58.65 日的倍数的时间内做成的，因而可以适合于这两个周期的任何一个。但若以正确的周期去解释昔日的观测数据与根据目视或照相作出的图画，便出现豁然开朗的情况。巴黎天文台两位研究人员重新整理该台积累的大量水星照片与观测,得出其自转周期的确是 58.646±0.010 日。

◀ 水星表面的地面观测 ▶

即使使用大望远镜观测水星,所能看到的细节也并不会超过肉眼去看月面的情况。水星在大距时,我们看到它表面的细节,只有 0″.2 至 0″.3 或 150 千米至 200 千米的范围。如果水星表面有高山,便不会被人觉察得到。因此,它的表面结构的情况只能根据它反射日光的性质间接地推导出来。光度测量反映水星反射日光的强度的变化,与月光相同,在上合附近(即满相时)为最大。

水星对着太阳的半球中部的温度高,曾经有几位天文工作者用口径 2.5 米大型望远镜聚焦在一对温差电偶上,将从水星接收到的辐射变为极微弱的电流,从而使电流计的指针偏转。温差电偶所产生的电流愈强,行星愈热,它所发的红外线愈多。水星在近日点时,被照明的半球上,太阳在天顶的地方,温度高达 610 K(337℃),这是可以熔化锡和铅的温度。反之,和这地方对径相反的地点上,黑夜却是异常寒冷,可以冷至 150 K(−123℃)。由于水星上连续两个中午之间经历 176 日之久,因而在其自转周期里各处都受到日光长时间的照射。水星表面的物质不能保存热量,即热量不能传导到其表面下的深层处,因为它像月球表面那样,物质的导热率很低。

由于水星被太阳照亮的部分温度高,而且它表面上的脱离速度低,因而它不能维持住水汽。水星缺少大气,还可由它的反照率特别低(6%)而得到证实。和月面一样,反照率低是圆体表面的特征,只有富有大气的行星反射日光的能力才强。再由水星上没有曙暮辉区,亦可说明它缺少大气,曙暮辉是由大气散射日光到黑夜区里而形成的。再从水星的反射光谱分析,亦证实水星上没有水汽。可是有些目视观测者,如安东尼亚迪与斯基帕雷利在水星表面上却看出有隐现无常的斑痕,因而他们认为水星表面上可能有一层稀薄的大气。法国天文学家多尔菲斯曾经对水星表面的反射光作了偏振测量,也认为那里可能有稀薄的大气存在。以上曾经讲过,我们怎样利用滤光器(或偏振片)和检偏振器去检查由太阳发射或由行星反射的光波的偏振度。分子(如地球大气里的分子)散射的光线是高度偏振化了的,而由无大气存在的月面反射的日光只是微弱偏振。多尔菲斯在水星的反射光里找到微弱的偏振光,因而他认为水星上应有很薄的大气。但是这些观测还不确定,没有得到普遍的承认。总之,即使水星上有一点儿气体,也不能存在很久。这些气体也许是水星经过行星际空间所捕获的（或其岩石与内部所释放的）和逃逸到空间的气体，出入抵消之后所剩余的一部分。某些观测者认为在水星表面上所看见的浮雾，可能是这些气体所发的荧光或者是它们为太阳的紫外线照射时所发的气辉。我们应当得出结论说，水星表面有气体的说法仅是一种猜度，还没得到确切的证实。水星是大行星中最小的一个。水星的直径只有地球直径的 38%，即大约是 4 868 千米〔这是用雷达技术测得的最好数字，其误差范围只有 ±5 千米〕或等于月球直径的 1.4 倍。由于水星没有卫星，质量不易确定，但据它施于行星际飞船或爱神星的摄动，得出它的质量仅是地球质量的 5.4%（3.25×10^{23} 千克）或月球质量的 4.4 倍。由此算出它的平均密度与地球相近，是水的 5.4 倍。这结果是令人惊异的，因为水星在许多方面类似月球，而月球的平均密度是 3.3 克/厘米^3，与地球的表面岩石的密度相差不远。我们只能猜度这是由于它距太阳很近，当其刚形成时大量损失掉其表面附近的轻元素，剩下的只是一个薄薄的"幔"围绕一个相当大的重元素（铁）的核心，这核心里的铁约占其总质量的 80%。

由以上的数据算得水星表面的重力加速度为 3.6 米/秒^2，仅是地面重力的 37%；同样可以算出水星表面的逃逸速度为 4.2 千米/秒，相当于地球的逃逸速度的 38%。因此一切轻的气体分子，早从水星原来可能有的大气里逃跑掉了，可能保留在水星表面的只有重的如氙（Xe）、氪（Kr）等稀有气体。这就说明为什么水星的光谱分析中即使比较重的二氧化碳也未探测出来。

◀ 水星表面的宇航观测 ▶

1973 年 11 月 3 日发射了行星际飞船"水手十号"，人们才认识了水星的真实面貌。这艘飞船的轨道设计，使每隔 170 日（即水星上每两年）的时间"水手十号"和水星表面接近一次。因此发射后 5 个月即 1974 年 3 月 29 日、同年 9 月 21 日与次年（1975 年）3 月 16 日，曾连续三次在水星附近飞过。第一次距离水星表面 700 千米飞过时，拍照并送回了 8 000 多张照片，分辨力高出地面观测 5 000 倍，于是人们始能对隐蔽的水星情况作逼近的观测，它的面貌方才如月球那样呈现在我们的眼前。

我们在"水手十号"初次和水星接近时看见它表面上到处是环形山与盆地，这些照片很容易被人认为是月面上的景色，可是它们之间是有差异的。水星上环形山多的区域，在坑穴与盆地之间常有显著的平原，但月面上的高地区都出现重重堆积的环形山。

水星上环形山间的平原似乎形成于由冲击形成的大环形山之前。水星表面与月球表面不同的另一点是它并没有很多的直径在 20 千米至 50 千米之间的大环形山。有人指出这一差异是由于水星表面的重力为月面重力的两倍,因而水星表面受到冲击而抛出的物质,仅能达到月面在相同的冲击下所抛出物质的面积的 1/6,所以水星上由次级冲击形成的环形山比月面更密集于初级大环形山的外围。于是由于早期的事件(冲击或火山爆发)记录在水星表面上形成的"地貌"更易保存,而在月面早期的"地貌"常为近期的事件所掩蔽了。

水星上形成于 30 亿至 40 亿年前的大环形山保存得相当完好,似乎说明它们自形成以来,没有受到"地震"(水星震)使其表壳迁移或火山岩浆熔融的影响。环形山没有侵蚀的迹象,似表明它们自形成以来,水星上没有感觉得到大气的影响,这与水星表面上因微弱的大气使大环形山迅速改观,特别是从环形山出来的明亮的辐射纹显然不同。

由"水手十号"对水星表面的三次勘察送回的信息,确定了水星表面类似月球之处不只限于"地貌",更令人惊异的是它的历史与演变。可是水星内部的结构却又比其他行星更类似地球。水星的这种表面似月球内部似地球的奇特情况,不但对水星本身,而且对于整个内层太阳系的历史与性质都提出了重要的课题,例如:击成水星表面坑穴的碰撞体是否与 40 亿年前击成月球上环形山的属于相同的一群物体? 抑或对内行星和月球的冲击是在不同的时期由独立的几群物体所造成的? 这一类问题的解答还有待于将来的多次勘察与研究。

"水手十号"上的电视照相机传送水星表面坑穴"地貌"的同时,飞船上的磁强计、等离子探寻器与带电粒子探测器记录了比预料更强的太阳风(即粒子辐射)在这些仪器上所起的作用。在飞船第一次距离水星表面 700 千米处飞过时,这些仪器已探测出一个弱的磁场和类似地磁场与太阳风之间的相互作用。为了确定这些初步结果,第三次飞过水星时,距离更改到 327 千米处,并使其行径经过水星的北极,于是确定了第一次飞越时所探出的磁场强度与方向。水星有一偶极磁场,方向大约与自转轴一致,强度只有地磁场的 1%,但比金星或火星的磁场强得多。水星外围有一极薄的氦气圈,表示水星的磁场捕获太阳风里的氦原子核,也可能同时保留住它自己发出的辐射。

水星磁场存在的原因还不能确定,有人从理论上探讨地球磁场的机制去说明这机制怎样将地磁场减弱为水星那样小的程度。不论可能得到什么结果,幸运的是又有一个内行星具有可以和地球比拟的磁场。对水星磁场的进一步研究以及它的还没有观测到的半球的描绘,将是围绕水星运行的飞船的未来任务。

"水手十号"对于太阳系内层的勘察已经表明宇航探测里有不少令人惊奇的发现。再辅以由"阿波罗号"从月面带回的标本,由推论可能更增加我们对于水星的认识。由这些新的观测资料,天文工作者还要努力去描绘有关行星(包括地球在内)的起源与演化的丰富而统一的图案。

第五章

金星的自转、大气、温度及其表面观测

◀ 金星自转周期的雷达测量 ▶

金星是地球的近邻,大小和质量都和地球差不多,但因它覆盖着很浓厚的大气层,所以它表面的物理情况我们知道得很少。1961 年以前主要用雷达与红外线等技术进行观测,才在它的大气结构和自转的研究上取得一些成果。

由雷达观测求得金星的自转周期为 243 日,比它的公转周期长 18 日,而且是沿逆向转动。即面对着北极星看,地球与金星在轨道上按逆时针方向运行,同时地球绕轴自转也是逆时针向的,而金星的自转却是顺时针向的。在地球上我们的太阳日与恒星日之差不过 4 分钟,即地球自转一周之后,它还需要经过 4 分钟才使地上一个定点再次对着太阳。金星的公转周期为 225 日,因此在金星上的一个恒星日(即 243 日)内它在轨道上走了一周有余。结果,金星的太阳日便是 117 日。假想金星上有人可以看见恒星,那么相对于恒星而言,金星绕轴自转每 243 日一周,围绕太阳运行每 225 日一周,而这位观测者看见太阳每 117 日升起一次,而且是西升东落。

使用雷达技术也可能绘出行星的表面图。譬如金星自转时,人们发现某些雷达发射的脉冲波比从金星表层反射回来的波的时间或长或短一点,这种现象表示这些回波是分别从金星的低坑或高原反射而来的。而且由金星这些不同的区域反射回来的信号的强度也是不同的,这表明发射波碰见的土地的平滑度(因而反射能力)是有差异的。这种方法虽然不能将金星绘出一幅详细而且清晰的图画,但考虑到金星的云层使我们不能看见或拍摄它的表面,这种方法也算有相当的价值了。

◂ 金星的大气 ▸

许久以前人们便从以下各种观测推断金星上有浓厚的大气：

（1）金星的反照率特别大，这是有云或气体的特征。以上说过水星或月球由于没有大气，而且它们表面的岩石和尘埃颇能吸光，因而反照率低。

（2）金星在娥眉位相时其"月角"边缘伸长到黑暗一边去，表明被照亮的部分不止半球。这种现象是由于大气散射日光，经过明暗界线而造成的曙暮辉现象。

（3）金星云层的反射光谱里有吸收线，是由于云层上的气体所造成的。

用分光观测，首先于 1932 年在金星大气里被确认出的气体是二氧化碳，以后又找到微量的氟化氢与氯化氢。在地面上用分光观测很难找到金星上的水汽，因为地球大气里不少水分吸收光线，改变了行星的光谱。1959 年用升腾高空越过地面上大部分水汽的气球所拍的金星光谱，证实了这颗行星上有少量水汽的存在。

1967 年 6 月 11 日发射的"金星四号"于 10 月 18 日从金星附近经过时，用降落伞和吸气筒从金星表面采集一份金星的大气样品，加以分析。由拍回的报告可知金星大气成分的 90%～95% 是二氧化碳，氮还不到 7%，水汽与氧的混合体为 1.6%，至于水汽只有0.4%，但没有发现氧原子。"金星四号"的观测证实金星的大气很密，其表面气压至少比地球海平面上的气压高 20 倍以上。这些数据与早年天文工作者根据金星大气的理论模型算出的结果大致符合，事实上，为了说明金星表面的高温度，它的大气必须是致密的。"水手五号"（和"金星四号"同时发射）于 1967 年 10 月 19 日，携带测量金星大气与其附近环境的仪器距离金星表面 1 000 千米飞过，据其越过金星大气时发回的无线电波的衰耗情况，得到一些有关金星大气的密度与其他性质的信息。

"金星四号"从金星取得的样本，回答了一个很难了解的问题：金星上暗云般的大气究竟有多厚？那些吸气的罐子曾经下降到金星表面 15～22 个大气压处。既然金星和地球在许多方面都很相似，为什么它能保留那么多的大气？这个问题目前应当换一个方式提出，因为从前地球也有过这么多的大气。由现今地面的石灰岩层有一千多米厚的现象，推算出从前地球大气里应有 20 个大气压的二氧化碳，它和硅酸盐化合后，才能结合成这么厚的石灰岩。化学家尤里（Urey）说明这化合过程需用大量的水为催化剂。金星上之所以缺水是由于它的水分业已（和正在）被用去，这使它的大气里的二氧化碳变成"化石"。可见上面提出的问题的答案是由于金星表面上的水相当稀少，而不是二氧化碳特别丰富。

假使金星上原来有和地球上一样多的海洋,它的大气才可能和地球的大气相似。

"水手五号"上的仪器测得金星上的磁场很弱,但在其高层大气上发现有电离层,比地球上的电离层还密。虽然它上面的磁场很弱,可是太阳的粒子辐射为其电离层所偏折,而不像月球上太阳风与表面发生直接的碰撞。

金星的云层仍然是一个疑谜。据对这些云层反射日光的测量,结果是和由水滴形成的反射现象相似。这些云层表现淡黄色彩,但水滴的反射光却是白色的。这些云层也可能是水汽,但由于其中混有其他物质粒子,因而呈现淡黄色。反之,还有各种微粒晶体也可能使云层表现颜色。金星上的云可能不能形成云层的结构;金星上的大气相当致密,其中的尘埃或分子散射日光,亦可能造成颜色现象。

至于金星表面的情况,我们更是只有猜度。由于它的表面温度高,大气里水分少,大多数天文工作者认为金星表面既热且干,而且常有尘埃风暴掠其表面而过。

◀ 金星的温度 ▶

我们不能直接看见金星的表面,它为一层厚的云状大气所掩蔽。它的光谱的特征是二氧化碳的吸收谱线。人们一向认为金星大气的主要成分是氮分子,这是根据地球大气,用类比推理而作出的假设,因为在可见光的光谱里不能找到氮分子的强谱线的缘故。由金星的射电观测推出它的温度约为 700K(427℃)。这种惊人的高温使我们不敢肯定它是金星表面的温度。另外一个解释便是这些射电波是由金星大气里的厚电离层而来的。

由金星的射电观测所引起的问题,于 1962 年被行星际飞船"水手二号"所解决。射电波的强度在金星表面上各处表现相当大的差异。"水手二号"用 2 厘米波观测,证明射电天文学家所观测到的高温实际上是它的表面的温度,而不是它的电离层里的温度〔这结果为"金星七号"软着陆于金星表面而得到直接的证明,该飞船实际测得金星表面的温度约 750 K,而且其表面气压是地球的气压的 90 倍。"金星七号"原来设计是可以在 800 K 与 180 倍于地球气压的环境里工作的。该飞船在金星的黑暗半球里工作了 23 分钟,是其主要的成就〕。我们由分光观测得出金星云层顶的温度约为 235 K(-38℃),由此可见金星大气的温度随距离其表面的高度升高而迅速降低。那么,金星表面怎么能够保持这样高的温度呢?

要回答这个问题,需要了解行星的大气对温度有什么影响。例如火星的理论温度据计算为 250 K(-23℃),和实测值相差不多,又如地球温度的理论值与实测值都接近 300 K(26.85℃)。火星与地球皆有比较稀薄的大气,显然它们的大气对于温度没有多大影响。

金星的大气似有效地利用了射入的太阳能量，而造成它表面的高温。

造成这种高温的可能机制是熟知的温室效应。在气温高、阳光强的日子里进入温室或门窗紧闭的汽车里，立刻便会感觉到炎热高温的袭击。

以前讲过地球表面的温度是据白天接收太阳的能量与夜里地面辐射回空间的能量两者之差而测定的。如果这种夜里散热的损失减少，结果便使表面的温度增高，温室的作用便是这样。可见光容易通过玻璃而使温室里的泥土吸热，但泥土比太阳冷得多，它反射回去的不是黄光而是红外线。可是大多数玻璃不能透过红外辐射，因而它被拘囚在温室里，所以那里太阳的能量能够进去而泥土反射的红外辐射却不能出去，因而温室里成为一个炎热的地方。

由行星际飞船的测量得知金星的大气差不多全是二氧化碳，因此以前认为金星大气的主要成分是氮的假设是错误的。从空间探索的多次测量得知，金星表面的气压在地球的大气压的 90 倍至 100 倍之间。为二氧化碳构成的致密大气能够促进温室效应的理由是这样的：虽然太阳的辐射不能像地球的温室那样直接达到金星的表面，但对于可见光，金星的大气基本上是一种散射的（即改变光子的方向而不改变其能量的）介质，因此太阳的能量可以向下散射（漫射）而使金星的表面产生热。对于金星表面反射的红外辐射，二氧化碳是不透明体（或真正的吸收体），因此可以造成温室效应而得到高温。金星大气里可能发生对流，这就造成温度随距离表面的高度而变化的效果。

金星上二氧化碳的厚气层与超过 700 K 的表面温度，说明它是不适宜于宇航员去访问的行星。至少在可以看见的将来，不会有载人的飞船上金星去，至于进一步的探测，只好用不载人的飞行器了。

◀ 金星表面的宇航观测 ▶

1961 年至 1970 年间自动行星际站与金星探测器 10 多次的发射，终于进入金星的大气层，并在金星表面软着陆，从而取得许多重要成果，现综合列举重要几条以结束本章：

（1）金星大气的主要成分是二氧化碳，占 90% 以上，氧和水汽约占 1%，氮不及 2%～3%；上层大气布满浓密而寒冷的云层，厚 25 千米，由凝聚的二氧化碳组成。

（2）获得金星大气层的温度与压力随高度分布的资料，大气顶有狭窄的电离层。

（3）测得金星表面温度为 430℃，表面压力为 90±15 个地球的大气压。

（4）金星的磁场强度只有地磁场（约半高斯）的万分之一二，而且没有辐射带。

（5）金星外面有微弱的氢冕环绕。

（6）由飞船精确地测得金星的质量为太阳质量的 1/408 522.6，或地球质量的 0.814 85 ±0.015 倍。

第六章

射电天文学的新发展

许多年前,人们已经知道无线电收音机里有一种背景噪声(杂波),不管收音机的组件怎样完善,不管将收音机放在距离地面无线电发射源怎样遥远之处,这些噪声总是不能完全消除的。在无线电通信的早期,人们对于收音机里的噼啪音响做过大量的研究。早在1926年,青年无线电工程师央斯基开始对天空做扫描的接收实验,希望解决这个消除不了的噪声问题。经过两年的大量观测以后,他才明白一向认为是"天电干扰"的效应,实际上是由宇宙空间而来的赫兹波。1935年他使用更好的定向性天线去接收这些无线电波,才发现当天线逐渐接近银河的方向时,噪声逐渐加强,而且天线指向银河中心即人马座的方向时,噪声的强度达到极大值。他还发现他所研究的15米波上的寄生噪声随地球自转的恒星周(即23时56分,而不是24时)而变化。

这些奇特的观测接着为另外一位无线电工程师尔伯(G. Reben)加以证实和扩充。尔伯早在1936年便建起第一台"射电望远镜",这是一具口径9米的抛物面接收器,工作在2米的波长附近。他用这台仪器绘出天空的"射电图",内容是宇宙噪声的等强线。在银河里这些射电等强线一般是与光学等强线吻合的。最奇怪的是尔伯的仪器虽然相当灵敏,却不能检验出由太阳而来的射电波。这便是第二次世界大战以前射电天文学萌芽的情况。战争结束后,英国和澳大利亚的几个科学工作队,利用战争期间雷达技术的经验,努力从太阳方向探索,我们将在下面叙述。

射电天文学的发展　射电天文学诞生于第二次世界大战后,其研究对象可以大略分为三类:即太阳射电、宇宙射电和雷达天文。雷达天文主要内容是用雷达方法〔雷达是英文radar 的音译,原文为"无线电侦察和测距"〕探测行星、月球、流星和太阳等天体。近些年来,由于宇宙飞船实现了月球登陆和行星的近距观测,雷达方法已降到次要地位。

宇宙射电工作的发展,迄至现在可以分为三个时期。第一时期从第二次世界大战结束到 20 世纪 50 年代末,特别是利用大战中发展起来的雷达技术(主要是接收技术)进行宇宙观测,开始对全天射电现象的"普查"。很快便发现了这种观测的重要性,认识到宇宙天体的射电现象反映了天体的物理本质极重要的一个侧面。但这一时期的射电望远镜与常用光学望远镜相比只能算是一种很粗糙的工具,而光学望远镜分辨目标细节的能力比射电望远镜一般要高一百至几百倍。因此当时的工作主要采取这样一个程序:发现射电目标,然后找出和它对应的光学目标,再将光学与射电的观测资料联合起来分析,补充以往对宇宙天体的认识。这一时期的另一重要工作是:针对观测要求和观测工具之间的尖锐矛盾,投入很大力量从事射电天文技术方法的研究,并设计和建造大型射电望远镜与干涉仪。宇宙射电研究的第二个发展阶段包括了整个 20 世纪 60 年代。随着日益增多的射电望远镜投入工作〔典型的有直径 20 多米(个别的 40 米以上)的厘米波的射电望远镜和天线的口径面积是几万平方米的光波射电望远镜〕,在进一步精细"普查"的基础上获得具有重大科学意义的发现,主要有:1960 年人们发现类星体为"超宏观"物理规律和宇宙结构的研究提供重要的新材料;1968 年发现脉冲星(或射电脉动体)对恒星演化、基本粒子以及化学元素在宇宙环境中的形成都是头等重要的重大课题;1969 年在星际物质里发现水分子(H_2O)和甲醛(HCHO)等无机与有机分子并与前一年所发现的星际氨(NH_3)共同暗示了宇宙空间里存在(例如通过类似于实验室中的合成步骤而形成的)生命结构中最原始的素材(氨基酸)的极大可能性,为生命起源的探讨开拓了一个新的重要方向。

取得这些成果的同时,根据理论设计制造的各种类型的射电天文仪器大都通过实践得到比较好的发展,使射电望远镜从开始时每经三五年左右必须更新的状态进入相当稳定的趋于"定型"的阶段。20 世纪 70 年代的前两三年,可以认为是宇宙射电工作进入发展的第三阶段。现在射电天文学业已摆脱仅是"普查"或统计的时期,转而与光学天文并肩作战,对特殊天体进行频谱、射电亮度和偏振等测量,从而对天体物理性质、化学结构进行深入的探讨。20 世纪 70 年代开始时最大的射电望远镜,在效能上,不但可与最大的光学望远镜媲美,而且在一些地方超过了光学望远镜。如联邦德国的直径 100 米的厘米波抛物面天线与美国的 Y 型巨大干涉仪,这些仪器不但具有探测天体微弱辐射的能力,而且就 Y 型干涉仪而言,分辨细节的能力不低于现有任何地面光学望远镜的实际分辨能力。

射电望远镜 现在通用的射电望远镜分为两个大类型。尔伯的第一台射电望远镜是抛物面的盘状结构,口径为 9.3 米〔这一台射电望远镜作为"文物",现今还保存在美国国家射电天文台内〕,后来这种类型的仪器口径大有增加,英国焦德堤(Jodrell Bank)天文台的一具口径为 75 米,美国绿堤(Green Bank)天文台的一具为 90 米,联邦德国的一具为 100 米。这种射电望远镜的显著优点是可以操纵(即可以瞄准在天空的任何方向上)并可以研究一个较大区域的天空。

更大的盘状射电望远镜,当是康奈尔大学在波多黎各岛上阿雷西博山一堆天然岩石上修建的一台球面天线(大的抛物面在技术上难于建造),直径为 305 米。这台球面接收器上空 130 米处悬有一个由钢丝网络所组成的反射面。这虽是一个固定的仪器,但用这反射面作为馈线系统,可以接收天顶周围 20° 范围内的电波。

这些盘状射电望远镜,虽然主要用于接收地球以外的射电波,但亦可用作雷达的发射器与接收器,例如向月球发射短波脉冲信号。这些脉冲波经过目标天体的反射后再被发射源接收,由电波往返的时间可以估计天体的距离。现在已经用这方法测量到土星的距离,不远的将来,雷达波可望接触冥王星。由于行星的自转,更可由反射波的测量,以求行星自转的方向与周期,亦可从回波信号的特征,去了解行星的表面性质。射电天文工作者用雷达方法求得水星和金星的自转周期与表面物理性质,已在有关几章之内讨论了。

第二类射电望远镜叫作射电干涉仪,可用于高分辨率的工作。这是一组偶极天线阵或八木天线(波导式天线)阵,经常排列成十字形、半圆形或全圆形,例如澳大利亚悉尼的十字天线东西向与南北向两臂各长 1 600 米,可以调节,其作用如子午仪。又如建在新南威尔士苦古腊的射电太阳仪是口径 12 米的 96 支天线,排列于直径 3 千米的圆周上,在射电波段上以高分辨率观测黑子,每秒钟可扫描太阳一次,取得太阳的射电图一幅。

1970 年,世界上 43 个国家设有 292 个天文台,其中 197 个光学天文台、95 个射电天文台,它们大都从事天体物理(包括太阳物理)的研究。20 世纪 50 年代末全世界只有 4 架口径在两米以上的光学望远镜,自 50 年代末到 60 年代末的十年间增加了 13 架,还有 17 架正在建造中,其中最大的一架是 1949 年美国建成的 5.08 米口径的望远镜。苏联还建成 6 米口径的反射镜。

自 20 世纪 60 年代开始,大中型射电望远镜也在迅速增加。目前直径超过 25 米抛物面天线能工作到厘米波的,总数在 50 面以上。最大的射电望远镜有可以机械跟踪、完全可动的抛物面镜,其口径已达 100 米,固定式的口径达 300 米,还有许多其他类型的射电望远镜、天线阵和分辨率达 2′~5′ 的射电干涉仪。目前长基线干涉仪在欧美两洲观测同一射电源的角分辨力可提高到万分之一秒,在天体测量学上将成为一个无可比拟的优越仪器。

太阳的射电观测 第二次世界大战结束以前,从太阳而来的射电信号已经为英国沿海的雷达队所探得。1942 年 2 月 26 日这些雷达队报告各台站发生异常信号的干扰,来源的方向都认为指向太阳。白天这些干扰源的方向随太阳而移动,日落后就消逝了。第二天干扰又出现,到第三天干扰才衰弱而归于停止。因军事保密的缘故,当时没有公布这个奇特的现象,直到战争结束以后的 1946 年,英国雷达研究所才透露了这个信息。由天文观测得知那时有一个大黑子和它联系的耀斑正经过日轮的中心线,因此大家才明白这些射电干扰的来源与日面活动的光学现象(黑子和耀斑)是有联系的。

于是先在英国和澳大利亚,以后又在其他国家,组织了系统的观测去研究由太阳而来的射电波。不久便发现除了与太阳大气里光学扰乱有关的经历几小时乃至几天的射电爆发现象之外,还有经历几秒或几分钟便消逝的短暂爆发,而且在"宁静的"太阳上也有更微弱而经常存在的射电波。大战快结束的时候,美国的雷达接收器已经以 3 厘米和 10 厘米的波段查出太阳上常有的这种弱波,而且在这之前尔伯已经发现了波长 1.9 米的太阳辐射。这两种辐射的强度都远远超过 6 000 K 的光球的热辐射。射电异常爆发时的辐射大都在 1 米至 10 米之间的米波段内,至于经常爆发时的辐射是更平均地分布在射电波的极短区域内,自几厘米波长开始,能量逐渐加强。至于"宁静的"太阳所发的辐射以毫米波为最强,波长上升到 1 米时逐渐减弱,更长时便降到很微弱以至于不能辨认的程度。由于太阳现象对于无线电通信具有重要意义,天文工作者自大战以来做了大量的太阳射电研究工作,因而得到不少的收获。我们只谈几个重要的成就。澳大利亚悉尼射电物理实验室于 1949 年制成射电分频仪。这种仪器可于每秒钟内扫过频率相当宽的一带,因而查出大爆发时所发的辐射频率是有变化的,而且这些辐射里有时出现谐波。这些观测经人解释为太阳发出高速(1 000 千米/秒的数量级)粒子的表现,这些粒子(称为太阳风)接触地球时可能造成磁暴与极光。射电观测也表明太阳发射超高速的粒子,速度之高值可与光速相比。

1951 年悉尼射电物理实验室又发明另外一种名叫射电干涉仪的卓越仪器。这种仪器类似粗衍射光栅制成的抛物面反射镜,32 架排成一列,使接收图形成为宽窄相间的条纹。太阳经过这种仪器的视场时,每根条纹扫描日轮的情况和摄谱仪上的光缝一样,于是可以很精确地定出射电的来源在日轮的哪一点处。射电天文工作者使用这种仪器可以详细地定出黑子、氢气谱斑以及其他活跃区域里特别强的射电波的来源。

另外的重要观测是在日食的时候进行的,因为当月轮逐渐掩蔽日面的时候,那是我们研究日面上一定区域的射电辐射的一个最好时机。由这些和其他方法所得的大量观测数据,经许多理论工作者的研究,发现了太阳大气里射电波起源的几种机制,例如日光内电离气体的等离子区的振荡。这些振荡是由在高温低压的日冕里容易碰到的带电气体团所造成的。这种机制虽然可以说明射电爆发,但是要建立一个完满的理论去解释由太阳射电波所表现的复杂现象,还有许多细节需待澄清。现今观测太阳大气(色球和日冕)中发生的现象,所用的波段从毫米波到米波。厘米波和毫米波的辐射对于大耀斑的形成与太阳活动的预报,具有特别灵敏的作用。为了分辨活动区的细节,须造高分辨率的射电望远镜,自毫米波段至米波段内的分辨率目前达到 $1'\sim 3'$。口径 22 米的大型抛物面,工作波长为 8 毫米,分辨率达 $1'.6$。还有 34 面的小型抛物面组,工作在 8 毫米和 32 毫米的两具复合干涉仪分辨率达 $2'.4$,它们不仅能分辨目标区的细节,而且可以测量偏振,这为色球磁场的测量开辟途径。美国曾建成一具口径 4.56 米的毫米波射电望远镜,工作在 3.3 毫米波长上。为了观测爆发,高分辨率的望远镜需要配备快速扫描和数据处理系统(电子计算机)。前面所说的南威尔士排列在直径 3 千米的圆周上的 96 面天线阵便配备有扫描和数据处理系统。

流星的射电观测 研究太阳和宇宙噪声的射电望远镜只是一种收集电磁能量的仪器,正如光学望远镜是一种收集光线的管子,同是被动的观测仪器。但是射电天文学有一分支,使用雷达的全部技术(因而称为雷达天文学),换句话说,即将射电波从定向天线射出,再接收遇着障碍物回来的反射信号,然后加以检验与分析。如果障碍物是流星余迹(即流星余下的电离气体柱),我们便可用雷达去观测流星。1946 年 10 月 10 日流星雨出现的时候,英国曼彻斯特焦德堤实验室的射电天文工作者将这方法作了大规模的应用。这阵流星雨是 13 年前所见的另外一阵流星雨的重演,它是由一个周期 6.5 年的小彗星而来的。这阵流星雨在 1933 年出现时,因气候好,观测很成功,可是在 1946 年再出现时,欧洲大部分地区因有月光或云雾,观测遇到障碍,因为这两次观测只是使用光学的经典方法。如用雷达的方法,月光、云雾甚至阴雨都不能阻碍,保证观测一定成功。到了 1947 年,用雷达观测流星的优点更加显著,曾观测到白昼出现的几阵流星雨,这些流星雨不在夜间出现,是光学天文工作者完全无能为力的。这些流星有几群经人证认是属于哈雷彗星与恩克彗星的。

曼彻斯特焦德堤实验室的研究者对于流星天文学做出了重要的贡献。他们解决了关于偶发流星的来源问题的争论。根据目视观测,有人认为有些非周期的流星,速度超过抛物线速度,这就是说,有些流星是从太阳系以外而来的。但是用目视的方法求流星的速度是很困难的,因而所得的结果是不确定的。由焦德堤所测得的流星的速度有几千个之多,说明偶发流星和雨状流星一样,均沿椭圆轨道运行,同是太阳系里的永久成员。这一结果对于流星起源的理论有重要意义,自不待言。

月球与行星的射电观测　自 1946 年以来许多射电天文台向月球发出射电波，得到雷达式的回波而测定月球的距离，与根据天体力学计算出的结果完全吻合。随后更利用这种方法求得金星和地球间的距离，从而推出天文单位的最好数值。同样，又利用多普勒原则测定金星和水星的自转周期并绘出金星的表面图像。一方面人们又利用月球与行星所发的射电波，查出行星的物理（如温度和土壤结构）与大气特别是木星的磁球。我们已经将这些结果分别编入以前几章之内，便不在此重述了。

星际氢气　星际里亦如星球上一样，最多的元素是氢。1945 年荷兰青年天体物理学家范・德・胡斯特说明中性氢原子应该发射 21 厘米波长的射电波。这种谱线的性质是这样的，原来原子只能存在于某些能量状态下，根据量子力学，我们可以计算这些状态，而且可用图来表示，如像我们之前所说过的那样。量子理论经过各种改进以后，说明这些能量状态（或者能级）不是简单的，而是有一种精细结构。在这种精细结构之外，还有一种超精细结构，由波动力学可以解释为它是由于原子核的自转而形成的。

在基态里，氢原子不发出精细结构，而只发出超精细结构。换言之，这种射电波的形成是由自旋原子核逆转它的旋转方向时，氢原子能量发生细微的改变而来。这也是一个很难实现的跃迁，一个原子平均要在 1 100 万年内才能发出一次 21 厘米波的谱线。这种跃迁在实验室似不可能，在充满氢气的星际却常有可能。范・德・胡斯特的研究发表六年以后，这条谱线于 1951 年终于被荷兰、美国与澳大利亚的三个研究集体所发现，同时，在奥尔特和他的学生手里收获也很丰富。

射电天文工作者自从发现从暗星云里中性氢所发出的 21 厘米波以后，便开始用射电望远镜去描绘银河系旋臂的结构。现在举一个例子来说明这项工作是怎样进行的。设想射电望远镜指着银道面上仙后座内银经 80°的方向，这方向上氢气云的相对速度是向太阳而来的。这方向上有几团暗星云，离开我们愈远，它们的接近速度愈大，按多普勒效应，它们的谱线愈向短波方向移动。所以先把射电望远镜调节到 21 厘米波，然后到更短的波，这样的观测逐渐达到更远的空间。强度大的射电波便是由旋涡臂里的氢气云所发来的。射电望远镜所记录的谱线轮廓，由这三个大轮廓求出视向速度，更辅助以银河系自转的角速度便可求出这三条旋涡臂离开太阳的距离分别是 500 秒差距、3 200 秒差距与 7 500 秒差距。

从北银极下望，银河系自转的方向是顺时针的。在 80°的方向上有三条氢气所构成的旋臂，第一条是猎户臂，第二条是英仙臂，第三条是切于 18°的人马臂。猎户和人马两臂距离银心愈远时，银经度愈大，这表示在银河系自转里这两条臂是拖曳在后面的。太阳的上面有一狭窄的空隙，表示在背银心的方向上视向速度接近于零，因而氢气云的视向速度便不显著。

中性氢的 21 厘米射电波，也为澳大利亚射电天文工作者所发现。在最近的河外星系的大小麦哲伦云里，他们的测量表明小云周围有很广阔的由氢气组成的大气，且向大云伸展，好像受了潮汐的作用一样。光学观测也表现有类似的现象，只是更短小、更狭窄罢了。根据两云许多的气体所测定的视向速度，求得这两个近邻星系的自转与质量。

哈佛大学射电天文站所进行的研究，说明中性氢的 21 厘米波，不只是在银河附近，在天空许多区域都可查出，这表明银河星系周围有氢气形成的一个巨大晕冕。

我们早已知道，空间有氢原子结成的云，但只限于热星附近。那里氢原子基本上在电离状态下，当它再降落到中性状态的时候，发出各种辐射，其中就有 H_2 那条红色谱线。这区域叫作 HⅡ区，除了发射星云附近，银河内许多区域里都有电离氢气云，天文学家曾用光学望远镜观测，描绘出银河系的旋臂。至于射电文学家所观测到的发射 21 厘米波的中性氢的区域，叫作 HI区，只有射电望远镜才观测得到。

HⅡ区里的炽热氢气云，为什么除通常光线之外，亦发出射电波呢？这是因为热星埋入在氢气云里的缘故。这些是 O、B 型星，位置在主星序的高处的巨星，表面温度高达 25 000 K，发射大量远紫外辐射。它们能使中性原子电离，因此这些短波辐射为周围的氢气所吸收，而使其质子与电子分离。由于这些氢气云里有大量的蓝巨星，大量的热氢气都转变为自由质子与电子，更由于这些气体异常稀薄，它们在碰撞以前就有相当长的平均自由程。两颗粒子碰撞时可能产生两种现象：如果它们以适当的速度作适当的碰撞时，它们可能复合成为一个中性氢原子而发出可见光；反之，如果碰撞之时，两颗粒子不能满足复合成原子的条件，则一部分碰撞能量变形为辐射，其波长的范围很广，除可见、紫外、红外等辐射之外，还可能发出射电波（波长 9.4 厘米）。

银河系里的射电点源　银河系里除了发射电波的高温氢气云之外，还有其他点源发射很强的射电，其中一些的强度超过氢气云 100 万倍。这种射电能量的大量发射，不能用质子和电子相互作用的机制去解释，而需研究能量大到足以造成这种辐射的另外一种能量的机制。首先考虑一下这些点源的特性。例如一个强点源是金牛座内的蟹状星云，我们已经讲过这是 1054 年超新星爆发的遗迹。另外一个特别强的射电源在仙后座内，在肉眼里虽然不如蟹状星云那样显著，但在长时间露光的照片上它却表现出一系列的网状纤维。这些纤维经巴德和闵科夫斯基研究，表明它们常在运动之中。从照片上定出有些纤维的速度高达 2 000 千米/秒，至于比较弥散而不易识别的纤维，速度大到 4 500 千米/秒，还有一些纤维在其长度上速度是有变化的。第三个强射电源在天鹅座内,它在照片上非常暗淡,1954 年经人证认为银河系外的天体。

为什么这些以高速运动的天体会发出射电波呢?阿尔文曾经提出一个可称赞的解答,他说当这些高速运动的纤维互相碰撞之时,与这些气体云联系的磁场便受压缩,而增强其强度。另一重要结果便是这样的磁碰撞将使自由电子加速到很高的程度,以致其动能达到宇宙线粒子的动能。这样的粒子,当它们和这些运动的磁场起相互作用之时,很可能产生射电波。

除了已知蟹状星云是超新星的遗迹之外,我们还没有谈到其他银河系射电源的来历,现在认为这一类射电源大多数(即使不是全体)也很可能是超新星爆发的遗迹。1572 年仙后座内的第谷超新星和 1604 年蛇夫座内的开普勒超新星已经被证明是它们变成了射电源。的确,超新星产生上述理论所需的高速度来给予膨胀的气壳。我们将在后面讲到新发现的脉冲星(一种特殊的射电源)也和超新星遗迹有密切的联系。

除了上述的明确定出的射电源外,还有与银河系相连的其他射电发射区。例如伸展到银道面以外的一个普遍的射电发射区。迄至 1970 年在这广袤而弥散的区域里并未查出有射电点源,在像仙后座内那样强的射电源的某些区域,可能造成高能电子,而逃逸到银河系外围的普遍介质里去。这样的电子,也许由于其高速度与银河系普遍磁场的相互作用而造成这种射电发射区。银河系的中央区域也发射强的射电波,但其机制与以上的情形略有不同。后面将要谈到这种射电源是由演化末期的类星体所造成的。

河外射电源　既然我们的星系发射电波,那么河外星系(至少其中一部分)也应这样,这应当是一个合理的假设。果然,1949 年英国剑桥大学的赖尔首先在银河系以外发现了射电源。由于射电探测技术的灵敏度日益增加,迄至 1966 年列入剑桥射电星表的射电源已经超过一万个,其中绝大多数都在河外,只有少数发强射电波的才经过仔细研究。例如剑桥第三射电星表(3C)内有 100 个最强的射电源,其中只有 65 个得到光学的证认(1966)。这 65 个中的 43 个确定是"射电星系",它们发出的能量是银河系或其他"正常"星系的 100 万倍;另外 12 个是蓝色的类星体,也可能在银河系外;还有 10 个与银河系内的超新星遗迹和热氢气云有联系。射电源里 70% 是射电星系,其余 30% 是类星射电源(亦称类星体)。空间一定范围内,正常星系虽比别的星系多得多,但它们的射电强度相当微弱,以致只有少数几个才被探测出来。

我们从射电星系得到的知识主要综合自由光波、射电波(以及 X 射线波)而来的信息。用射电望远镜可以测量射电源的强度、形状与偏振度。这些性质一般是随观测的频率而变化的。可惜,现在还没有射电的方法可直接测定射电源的距离,而距离对于计算射电源的大小与其所发射的功率都是非常重要的数据。现今测量这种距离的方法只能是依靠它们光谱里谱线的红移度去作间接的推算,这样便需大胆地假设射电源参与"宇宙膨胀"而使红移与距离发生联系。

这项研究的途径,首先是将射电源证认为对应的光学天体。最早证认出的两个最亮的射电星系是半人马座内的 NGC5128 与室女座内的巨型椭圆星云 NGC4486 或 M87,这些星系有一奇特的射线从核心发射出来。与其他射电源相对应的光学天体都太暗,需对射电源的方位做出精密的测定,才能和对应的光学天体得到确切的证认。大约有 300 个射电源已经证认为河外星系与类星体(但精确度都有相当大的差异),其中测出谱线的红移度的还不到一半。1960 年闵科夫斯基对于一个射电源测量,得出其波长的红移度与波长之比值为 0.46,此外还有一些类星体有更大的红移度,将在后面要讨论。

我们曾经讲过,椭圆星云的可见光的强度与射电辐射强度无关,但大旋涡星云的辐射的这两种强度却有一个大约成正比例的简单关系。这种差异是由于这两种星云的本身性质所造成的。椭圆星云里的星属星族Ⅱ,是从原初气体形成的老年星。这些星虽然也存在于大旋涡星云内,但却在它们的核心与球状星团里,至于旋臂里的星,是椭圆星云里所没有的Ⅰ族星。Ⅰ族星的年龄差异很大,从几百万年到与太阳一样老的(几十亿年)恒星都有。Ⅰ族少年星在主星序的高处,以上讲过,这些星从银河系里的热氢气云发射电波,这还证明旋臂里含有大量可以形成恒星的气体,而这些气体便是这类射电辐射必需的成分。由于这些粒子中的电子被加速到高速,它们便和星系里的磁场发生相互作用。因为椭圆星云很少甚至没有这类气体,它们便不会在同样的尺度上造成射电辐射。因此旋涡星云的射电辐射便和少年的Ⅰ族亮星的数目成正比例,从而与旋臂里的总和亮度成正比例,但对于椭圆星云便没有这样简单的关系,因为这类星不但很少,而且形成恒星所需的气体与尘埃已经用尽或早已逃逸到空间了。

最后,我们还须讨论一个奇特的情形。据以上所讲过的,我们将预料到大旋涡星云是最强的射电星系,但观测却表明最强的射电星系是椭圆星云,而且其中一些是极其特殊的星云。一个例子是半人马座射电源 A(即 NGC5128)那个发强射电辐射的特殊星云,它的射电辐射比可见光强。起初天文学家以为这一类射电源是两个碰撞着的星云,因为在碰撞中,气体和尘埃云的相互作用可能产生射电辐射。由于宇宙空间无比广阔,这种碰撞的机会当是异常稀少,但这种特殊星云却非常之多,因此不能认为是由于碰撞所形成的。使用分辨率较大的射电望远镜对于这些射电源周围作等强线的测量,现在才认识到这些奇特的射电星系实在是广阔的空间里（对于人马射电源 A 的范围是 $8°\times4°$）有相当大的间隔的双重星系。

射电星系的能量　射电星系有多得无法想象的能量。我们有两个方法去估计这些能量。

射电星系的两个部分之间的距离是 10^5 光年至 10^6 光年的数量级。即使它们以接近光速分离开来，它们也可能在 100 万年前业已存在。因为一年大约是 3×10^7 秒，而 1 瓦特等于 10^7 尔格/秒，如果假设一个很强的射电星系在 100 万年内每年放射 10^{38} 瓦特，则该星系所辐射出的总能量便是 $3\times10^7\times10^7\times10^6\times10^{38}=3\times10^{58}$ 尔格。若再假设这星系能量的 0.1% 至 1% 转化为射电波，则快速粒子与磁场的能量便可能超过 10^{61} 尔格。

我们也可用下述的方法估计射电源的能量。既知射电源的发射强度与其大小，我们便可计算造成观测到的用同步加速辐射所需的快速电子与磁场强度的能量。再假设质子（氢原子核）也加速到电子那样高的速度，于是表示粒子与磁场能量的总和能量也大约是 10^{61} 尔格。

根据爱因斯坦的质能关系式，即任何物质的质量 m 与其能量 E 在数量上的关系为：

$$E=mc^2,$$

其中 c 为真空里的光速。原子核反应（例如在太阳内或原子弹里）所发生的都是质量转化为辐射能量。一个星系的质量约等于 10^{11} 个太阳的质量，可见它的质量里所蕴含的能量 $E=mc^2=10^{65}$ 尔格。所以射电辐射表明一个星系的总能量，至少它的万分之一能量等于 1 000 万个太阳已经变形为产生辐射的粒子与磁场的能量。已知的核反应还没有一个能够使物质全部转化为能量。这问题还没有解决，一个假说是星系的引力坍缩：质量向星系中心坠落，在其自身重力下不断加速，终于演变成一种猛烈的爆炸，结果造成能量的大量释放。

我们看过有几个星系（如天鹅 A 射电源）便有这么多的能量，虽然大多数射电星系不是这样的。尽管如此，它们都表现相同的能量问题。它们的射电结构与光学特性都差不多表示星系核心在过去曾经爆发过。由射电结构的分析表明，射电源中 85% 是双重或多重的结构，约 10% 是核和晕的结构，而其他类体的星系，只有 5%。

1960 年英国射电天文学家赖尔与休伊什（A. Hewish）共同发明综合孔径的射电天线阵。他们将几个较小的天线组合在一起，通过它们同时对一个目标作观测，不但可以得到单个天线所得不到的天体的清晰射电图像，而且能够达到一个大天线所具有的高分辨率。可见，综合孔径法使几个小天线起到了一个大天线的功用，即在不特别加大射电望远镜的直径的情况之下,提高了射电望远镜的分辨能力,使其能和光学望远镜媲美。它的应用对射电天文在 20 世纪 60 年代的蓬勃发展起了重要作用,而且必将对今后的发展产生深刻影响。

小结 这一章简略地叙述了射电方法对于天文学的贡献。我们不禁要问:为什么在不到一代人的短暂时间里,这种方法在天文科学的每个领域里都能够做出如此迅速而重要的成就,而且取得令人惊奇的进步呢? 首先,射电波具有一种显著的优点,它能穿过星际间的尘埃与云雾。只是这个因素还不足以解说这些伟大的成就,更基本的原因是在射电量子的低能量上。作为能量交换的单元的量子,在射电波而言是较小的,因为它比光波在频率上要小几个数量级。

天体物理现象中能量的释放,容易由多数低能量量子(因而由射电波)的次级过程而形成。而且讨论到射电波的吸收时,极限灵敏度为接收到的量子数(而不为总能量)所决定,因此这又是射电波的另一优点。虽然在决定天体物理现象的数量级上,能量是决定性因素,但是我们可以从天体发射来的低能量射电量子得到更多的信息。

作为通信工具,射电波具有很大的潜在能力,例如表现在无线电广播与电视里的成绩是大家所熟知的事实。用射电方法探测空间,又得到关于宇宙的大量知识。如果别的行星上也有生物(据估计银河系里有几十亿颗恒星,其中一部分可能有维持生物的行星),那么,假使不在同一个"太阳系"里的生物企图互相通信,必然要使用射电波(虽然在途中往返的时间至少需要十年之久,这是另一个问题)。由于了解与利用无线电波的特性,而且发现怎样翻译所接收到信息的意义而作出回答,于是射电波将为人类提供另外一种有力的新感官,从星际间生物得来的知识必然会使宇宙探索进入另外一种新境界。

第七章

新 天 文 学

可见光外的电磁波 我们看见从太阳、月亮、行星和恒星乃至遥远的星系而来的光线,都属于电磁波谱的一个很窄的区域,一端紫色,波长约 3 900 埃,另一端红色,波长约 7 400 埃。这两端的界限随各人眼睛的灵敏度稍有不同。远在 1800 年,威廉·赫歇尔便用一对温度计,将盛汞的球涂黑,曝露于日光里,证明太阳光谱里有可见光之外,还有看不见的辐射,因为它造成一种热效应,使温度计里的汞上升。这些看不见的光便以红外辐射得名,用特殊的照片可以将红外线追索到 1.2 万埃,用其他方法还可在太阳光谱里将它们追索到 5 万埃。至于红外辐射之外,还有更长的电磁波,取名为赫兹波,即射电波。

1801 年里特(Ritter)证明可见光谱的紫光一端还能向外延伸。这些紫外辐射也和可见光谱里蓝光和紫光一样,能够造成某些化学分解。例如它们可使一般照片上的乳胶感光,因而把它们记录到 2 000 埃,特殊的仪器还可将它们追索到 140 埃。

自然,电磁波谱并不停止在这里。在医学上很有用的 X 射线,波长在 0.1 埃至 25 埃之间,而不能察觉地侵入人体的更短的 γ 射线,其波长短至 0.05 埃。最后,渗透到整个空间里的宇宙线的电磁波部分,波长之短达 0.000 4 埃。

这些辐射有许多对于生物有毁灭能力。高强度的紫外线对于动物是致命的,X 射线能够毁灭植物和动物的生殖细胞。幸而从太阳发出的这种辐射,只有一小部分穿入地球的大气,我们才能生活于地面上。除了穿透力强的宇宙线之外,大气上层的氧和较薄的臭氧层吸收了紫外线里比 2900 埃短的一切辐射。而且太阳辐射里比 4 万埃长的红外线,通过大气里的水汽,传播到地面来的还不及百分之一。自然,从恒星发出到地面来的辐射亦有相似的情况。因此,如果我们要研究从太阳或恒星发来的这些短波或长波辐射,便需掌握从大气以外去观测它们的方法。只有射电天文学所用的射电波是唯一的例外。

直至不久以前,我们观测可见光范围以外的天穹,唯一的方法是将小型仪器装置在气球上面，并将它送至大气以外，升腾到许多吸收层之上。可是现在人们能使人造卫星进入绕地运行的轨道，既能运载更大、更复杂的仪器，又能在空中停留相当长的时间，因而可以使用各种波长去作各式各样的观测。有人还设想将来在月球上建立天文台，起初在地面用电波遥控，最后科学家将去那里亲自观测。近十余年天文工作者用地面上的特殊仪器和辅助设备，并将自动化仪器装置在轨道天文台（即人造天文卫星）上，为研究天体所发射的可见光以外的其他辐射做了不少工作，从而得到大量有价值的信息。因此，我们在本书内特辟本章，专门叙述在这方面迄今所取得的成果。

红外天文学 很久以前天文工作者已经感觉到，假使我们能用红外线去观测天空，必然和肉眼看见的情况大不相同。早年使用照相法去拍摄的星空与肉眼看见的星空比较之时，便得到这种印象。一般的照相底片乳胶对于各种颜色光的灵敏度和肉眼的灵敏度大有差别。肉眼最敏感之处在黄色区，而通常的照相底片以蓝色区为最有效。因此一颗红星，如参宿四（猎户 α），在肉眼里是明亮的 1 等星，而在照相底片上，只勉强可以看出；同样一颗蓝星，如参宿七（猎户 β），在照相底片上比肉眼里更明亮。这种差别的原因大多（纵然不是全部）是由于所研究的星的表面温度。太阳表面温度是 5 700 K，它的极大亮度在光谱的黄色区的大约 5 000 埃处。温度在 2 000 K 至 3 000 K 之间的星（大多是长周期和不规则变星），它们的辐射大部分在可见光的红端，至于更冷的星（只有少数几颗肉眼才能看见），它们所发出的辐射大部分在红外区。一个像恒星那样热的物体所发出最强辐射的波长，与其表面温度成反比（维恩定律）。表面温度比 1 000 K 低的天体不发可见光。

即使在红外线源发现以前，由简单的推理也已能说明它们的存在。假设在空间某一特殊区域内计算各种类型的恒星数目，如果不讨论新近才从气体与尘埃云里发现产生热量的猎户星云区，我们便会发现空间里多数恒星是冷星，即表面温度低的红矮星或红巨星。这可能表示不能看见的星或一般照相底片不能拍到的星，是由于它们的温度过低，以致它们所发的可见光过于微弱，因而探测它们的唯一方法是在光谱的红外波段里去寻找。

探测红外线源比测定可见星的位置更困难，可是有两种方法为人用过。赫茨勒（Hetzler）首先使用对红外辐射特别灵敏的底片，在叶凯士天文台 102 厘米折光望远镜上，成功地探测到几颗表面温度低至 1 000 K 至 1 500 K 的红外星。

诺吉鲍尔（Neugebauer）与莱顿（Leighton）制造一种红外望远镜（口径 158 厘米，焦距 163 厘米）。这种仪器基本上是一种环氧树脂〔环氧树脂是含有环氧基团的树脂的统称，为黏稠液体或脆性固体，可作涂料，广泛用作黏合剂，俗称"万能胶"〕涂在铝制的盘上，再在树脂上镀上一层铝。这种仪器的重要部件是在聚焦处放上一个红外探测器，而且使它冷到液体氮的低温

（－195.7℃）。

在地面上使用仪器作观测,只能研究某些特殊的红外波段。上面我们讲过大气里的水汽吸收不少红端以外的长波,因此电磁波谱里只有几个极窄的区域,其透视度才大到足以使我们作有用的观测。红外天文工作者碰到的第二个困难是周围物体所发的红外辐射的问题。由于我们的眼睛完全感觉不到红外线,因而不知道它们的存在,只有身体接近发热的物体时,皮肤才感觉到近红外波段的热射线。我们可以根据维恩定律计算由物体发出的能量波谱的峰值。这一定律的表达式是能量极大值的波长与绝对温度成反比,即:

$$\lambda_{极大} T = 3\,000,$$

式内 $\lambda_{极大}$ 表示以微米计的波长,在这波长上辐射能量谱的分布达极大值,而 T 表示绝对温度。由这个关系式容易算出与太阳表面温度为 5 700 K 相对应的波长的极大值为 0.5 微米(即 5 000 埃)。同样与一般室温(300 K)对应的物体所发射的能量的波长峰值为 10 微米,即在红外区内。这种情形可以比喻为一位光学天文工作者被迫在光天化日之下工作一样。

诺吉鲍尔与莱顿用一种巧妙的方法克服了这个困难,他们以匀速摇动红外反射镜面,这样便使地外的红外线源的像不断在红外探测器〔这种探测器上的主要元件是对红外线敏感的硅、硫化铅与锑化铟等〕上时隐时现,因而造成一种交流电。反之,背景辐射总是不断地照在反射镜的焦面上,因而提供一种不变的电流。利用适当的放大电路,可将后者消除,而使前者放大。

诺吉鲍尔与莱顿所选的波段是红外区 2.0 微米至 2.4 微米间的窄区。他们的巡天观测已经发现两万多个红外线源,并将其中 5 000 颗列为红外星表,这些光源里大约有 6 000 颗,与肉眼所看见的亮星大约相同。

可见星与红外星的分布　诺吉鲍尔与莱顿所作的探测发现几个有趣的结果,特别是关于银河系的结构与大小。晴明无月的夜里肉眼所看见的天穹上,亮星的分布显然相当凌乱。这些亮星是在以太阳为中心以 3 000 光年为直径的球内的少数几颗。我们看见的暗星密集在银道面内,形成银河,中心在人马座内。自然,我们预料得到要找到的情况。亮星比较接近我们,而且不管我们向哪个方向望,视向上找到的恒星数目总是大致相同。暗星一般总是较远的星,在背银心的方向上显著地减少,在银心方向上显著地增多。三个世纪以前,望远镜将银河分解为无数星点以来,我们便知道以上所说的那些情况,使我们了解银河系形状与大小的真相。

现在我们发现红外星也有类似的分布。最亮的红外星在天穹上分布的凌乱情况与可见星相似，原因也是一样，即如果我们只考虑太阳附近一个不大的空间，银河系里星的分布基本上是均匀的。暗弱的红外源在银道面内的分布相当显著，特别是在银心方向上，这种现象比可见星显著得多。这并不意味着这两组星有基本上的差异，很可能是由于红外天文工作者所看见的距离比光学天文工作者所看见的距离遥远得多吧。

星际空间并不是一无所有，而是到处都有气体与尘埃。最近的研究表明星际物质的密度随银河系里的区域不同大有差异。在银河（或银道面）里星际气体与尘埃对于星光的吸收，在银心方向上，每千秒差距至少一个星等，背银心方向上，每千秒差距约半个星等。这种吸光效应对于红外星便大不相同。使用红外望远镜，工作在 2.0 微米至 2.4 微米的窗口上，很显然可以探测到比可见光所能观测的遥远得多的恒星。自然，还有一个困难，即判别红色是由于近星的表面温度低还是由于遥远天体的星际红化。虽然这样，但这问题远不如目视观测那样复杂。

红外研究工作仍在努力进行，它使我们对银河系的大小与结构的认识已经大有进步。由红外观测求得银河系核心的直径在 4 000 秒差距（即 1.3 万光年）的范围内，与用其他方法所得的结果十分吻合。红外观测具有穿透银心方向暗黑尘埃云的能力，也提供直接的证据表明愈向银河系的外围去，星数愈是稀少这个事实。

可是还有一个问题，即几十年来天文工作者未能解决而希望红外技术去解决的问题，以上这些探测却未能提供一个答案。卡普坦与博斯首先提出银道面内有两个星流，方向在猎户座与人马座内。1927 年林德布拉德将这种效应解释为银河系自转的效应，以后由更细微的计算得出这种自转的周期在太阳附近大约是两亿年，而太阳大约在距离银心 3.3 万光年处。既知这些数据，人们算出银河系总质量的一个相当好的近似值。可是当我们把星际气体与尘埃的总质量和恒星的质量合并在一起，算出银河系里物质的密度时，发现这样得出的数字比根据与银道面正交方向的恒星运动所算出来的太阳附近的物质密度小。这表明太阳附近的物质约有一半没有被人探测出来，这被人叫作"行踪不明的物质"。

那么，这些行踪不明的物质究竟到哪里去了呢？除非早期计算里有某些极严重的过低估计，否则最可能的答案好像是在不能用目视或照相方法所探得的暗星方面。所谓暗星不是指那些生命已经结束、不发出任何辐射的物质团块。据我们知道的银河系的年龄和一颗典型星从诞生到死亡所经历的时间，可以估计这类星的数目不会很大。这些星可能是冷星，冷到它们的光谱里没有或很少可见光。因此前人认为银河系的红外观测可能克服这个奇特情况，从而为我们提供这种冷星的数目，以增加恒星的总质量。虽然人们终于寻找出一些暗弱的红外星,但它们多在银心附近的暗黑尘埃云里,而且它们的总质量只是银河系总质量的很小一部分。这个问题仍然没有得到解决,直到伍利(Woolley)和他的同事们测量出比以前更暗的 A 型星的速度时,才明白有两类这样的星,一类比另一类具有更大的运动速度。根据太阳附近的密度的修改值加以计算,得出的结果才和从银河系里已知的一切物质推导出的结果相吻合,因而才明白并无所谓行踪不明的物质。

原始星与行星系　几十年来我们便已认识到空间里有占据相当大范围的黑暗星云气斑。猎户座内的马头星云便是这种暗星云的一个典型例子,事实上,这种云状暗黑物质在银河系里分布很广。除了这些大团星云状物质之外,近年来还发现直径不过一光年的球状体。这些小块星云状物质的密度似乎和它们的大小成反比例,而且引人注目的是在银河系多星区里发现的球状体比天空中少星区的球状体小些。由于它们不发可见光,而且很小,因此只有它们投射在弥漫气体星云(例如人马座内 M8)的背景上,才很好地被衬托出来。

现今许多天文工作者认为这些球状体是在引力场与其周围恒星的强辐射压的综合效应下,凝结而成的气体和尘埃云——事实上,它们是恒星形成的第一阶段里的现象。不管它们的性质怎样,它们的温度必然很低,也许只有 400 K 至 500 K,仅比沸水的温度稍高,因而它们的辐射只在红外波段内。所以它们是红外观测的理想天体,人们已经用几个波长去探寻过这种原始星。

天鹅座内的一团星云状物质(在 2 等星天鹅 γ 附近),虽然出现在对红光敏感的照片上,但在对蓝光敏感的照片上却隐匿不见。在 2.0 微米的波长上,这种星云团的亮度可和北天拱极星中最亮的织女星(天琴 α 星)相比。在 2.0 微米的波长上,除了太阳和船底座 η 星之外,它比其他天体都明亮。关于这个奇特无比的天体的性质,现在还没有确定的结论。这个红外源的温度大约是 1 000 K,似可列入长周期或半规则变星的较冷星(这些星的表面温度大多是 1 500 K 至 2 000 K)中。可是精密测量表明这个天体所发出的辐射没有丝毫变化,显然它不是变星。

彭斯顿(Penston)提出在恒星形成的早期,凝聚的星胚(原恒星)周围有气体和尘埃云,这种星云团当然比星胚还冷。这个图景与上述天鹅座的这个源可能相符,虽然我们可能预料到它附近没有其他年轻的恒星,这种看法也许是有意义的,因为恒星形成的现今理论认为它们是集体地而不是单颗地形成。另一方面,这也可能是遥远处亮的热超巨星所发出的光,被星际尘埃红化所造成的结果。即使这个看法也遭到一些批评,迄至现今,事实上并没有观测过这一类超巨星。

还有两个值得详细叙述的新近发现的红外源，一个是猎户星云内的点源，另一个是几十年前发现的麒麟座 R 特殊变星。前面那个红外源为贝克林(Becklin)用威尔逊山 152 厘米反光望远镜定出它的位置。由于它不发可见光，在可以拍到 21 等暗星的照片上完全没有踪影。它的辐射曲线的顶峰在 4 微米处，对应的黑体温度只有 650 K。

猎户星云内点源的红外辐射曲线，透过可见光谱区而来的辐射实在很少。这可能是原恒星，曾经过几个集体的研究，得到让人很有兴趣的结果。1968 年洛(Low)与克兰曼(Kleinman)用 20 微米探测这一区域，没有找到这个红外源的踪迹，但在它的位置附近发现与它分开的既大且亮的另外一个红外源。在 22 微米波上，这个区域的亮度差不多和肉眼所看见的月亮一样！进一步的研究发现这个扩展红外源的温度低至 150 K(−123℃)，而以上所发现的点源里具有发射羟基(即氢氧基)的特征射电波。这里我们简单提一下，凡是有水之处常可找到羟基(-HO)。

自然，出现另外一个问题，即猎户星云里红外线的性质是怎样的？它可能是深藏在星云里的星，光线为它和我们之间的气体所红化，它的可见光在到达我们以前已经全部遭到散射与吸收了。它也可能是一颗很冷的正在尘埃云里凝聚过程中的原恒星。在这两个理论中，后者的可能性更大。如果这一物体是一颗藏在星云里的正常星，我们便可估计将它的光量削减到观测所须通过的尘埃的分量。这样算出的结果，是尘埃与气体层的厚度超过整个猎户星云的直径。如果这个红外源是一颗在形成中的星，我们便可对它的可能有的质量与直径作一些合理的假设，那么在几个世纪内(就天文尺度说，这是一段很短的时间)，我们应能寻找出它的温度与大小的变化。我们已经观测了著名的麒麟座 R 特殊变星半个世纪，积累了许多目视光变化的知识。这颗星的可见光变化无常，难于预料，一般列入御夫座 RW 型变星，而这颗星是很类似年轻并与暗星云气有联系的金牛 T 型星。它的光谱型与许多这类星的情况相同，它也和光量有变化的小星云物质有联系。有时这类星云的光变与这颗星自身的光变同步，但有时星光变化完全独立，而且随星的可见光微小变化而来的是红外与紫外辐射的很大变化，因而对于与这颗星有联系的星云物质的亮度产生显著的影响。

麒麟 R 星的视星等在 10.0 至 14.0 的范围内变化，一向没有人观测到这颗星有什么异状，直至 1966 年门多萨(Mendoza)发现它的光谱内 3.8 微米处有另外一个更高的峰。这个发现使我们对麒麟 R 星的性质应加以根本的重新估计。以前根据可见光谱估计其表面温度大约是 5 500 K，因而很类似太阳，现在认识到它的辐射大都是由红外区而来，这会将以前的估计大大降低到 750 K 的区域。可是需记住这颗变星的特殊性质，正如洛与史密斯所指出的,它可能是周围有吸收短波而再发红外长波的尘埃云里的一颗很年轻的星。有迹象表明尘埃云的形状并不是球形的壳,而是在星的赤道面上的一个圆轮。由光谱的研究没有发现从圆轮吸积物质的迹象,事实像是相反,这可能是一个在形成中的行星系的现象。这是一个相当合适的看法,因为金牛 T 型星(作为一类变星而言)是最年轻的一类恒星,几乎可以确定它正处于演化到主星序的过程中。

现今天文界一致承认恒星(太阳)是由大范围(以秒差距计)的气体和尘埃云凝聚而形成。目前最显著的研究进展是从红外观测探查出一个惊人的例证。洛和克兰曼在猎户星云里观测到的一颗红外星,它的温度只有 700 K(即 427℃)。他们还在 22 微米波长上发现一个直径 30″ 的星云,温度只有 70 K(即 −203℃)。由此可见拉普拉斯设想的星云,终于会为人们直接观测到。

银河系的中心　结束红外天文学的讨论以前,必须考察一个特殊的研究领域,这是说明银河系和邻近星系的结构(特别是密集的中心区)的极其有力的方法。已经讲过,气体和尘埃吸收红外辐射比吸收可见光少得多,因此我们可以利用这个性质去观测银河系核心的精细结构。

由几个星系的照片确定它们的中央区有高度密集的核心,即那里的恒星比外围的恒星密集得多。这里,我们从外面观测别的星系,自然处于比较优越的位置。对于恒星堆积的特别细密的核心,我们不可能将它分解为个别的星,还有几个别的理由使早期的研究者相信事情就是这样。我们洞察自己所在的银河系,由于大量的尘埃与气体的消光,便完全不可能用可见光的波长深入银心去。

几年前从另外一个方面对这问题获得一个初次的突破:射电天文工作者在人马座发现一个极强的射电发射源,根据恒星运动的研究,这个射电源差不多恰在银河系的中心。接着贝克林在差不多相同的位置上发现一个微弱的红外源,诺吉鲍尔与莱顿用红外区各种波长研究了这个特殊天体,关于银心附近的恒星分布得到不少有用的知识。X 射线爆发时有时从 26 个外围电子中失掉 24 个铁原子,这表明耀斑的温度可以高达 5×10^7 K,即耀斑聚变释放巨大能量,许多理论工作者认为这是由于强磁场所引起的作用。

天体物理学工作者据理论计算从其他可能的来源发出的 X 辐射之量,断定从太阳系以外而来的 X 射线都太微弱而不能为一般火箭上的仪器探测出来,因此早期的探空火箭未能查出新的 X 辐射源。1962 年 6 月从新墨西哥州白沙导弹场发射出一个载有仪器的火箭,才在银心的方向上发现一个异常强的 X 射线源。这个火箭以后的飞升不但证实了这个 X 射线源的存在,而且还在天空发现另外 50 多个 X 射线源。从这些源而来的 X 射线都有料想不到的强度与性质,使理论家为产生这种辐射机制建立了新的假说。我们起初认为 X 射线是从超新星遗迹里异常密集的中子星而来,但在 1964 年与 1972 年月掩蟹状星云之际测量其中 X 射线源的角大小时,证明它是一个片源而不是点源,因而中子星是 X 射线源的假说不能成立。同时出现了中子星的改进理论,说明从中子星而来的辐射,生命异常短暂,于是才知道蟹状星云的 X 射线是从那里的气体星云自身所发出的同步加速辐射,即高速粒子在强磁场内运动所产生的辐射。

一个形态极复杂的伸展红外源(也许是由于暗黑物质的密度变化,而不是辐射自身的变化)之外,那里还有一个很小的点源,假使这小点源在银心处,其直径当不会超过 1/3 光年。

虽然这红外源的范围很小,但它所发出的辐射却超过 25 万个太阳的辐射,情况与新星爆发相似。事实上,很少有恒星能够发出这样巨大的能量,只有剑鱼 S 星和类似新星的变星船底 η 星可以与之相比。有人认为这个特殊天体不是单颗星,而是一个极微密的星团。这样便可克服假设有这样奇特天体存在的问题,但又陷入另外一个严重的困难。假使有 25 万颗像太阳那样的星密集在这样小的范围内,便可能产生很多碰撞,于是这种星团的寿命便会比我们现在知道的银河系的年龄短促得多。因此我们还很不能肯定这个奇异的红外源究竟是什么。

红外技术的应用无疑会为天文学提供有关银河系与散布在可见宇宙的较近区域里类似星系的结构的信息。目前这项工作的重要意义特别在新发现的类星体与塞弗特星系研究中得到较好的认识。更有价值的数据必然会积累起来,从而澄清恒星的诞生与消逝的问题,因为恒星演化的这两种极端,据红外线比据可见光的观测更有启发作用。

紫外天文学　可见光谱的另一端属紫外线,刚才讨论过的红外辐射的波长比这种辐射长万倍。由于多种原因,到达地面的紫外辐射在强度上比红外辐射还低。在太阳系内,太阳是可见光,同时也是紫外线的主要来源。首先,我们须了解太阳里各种辐射的成因。多数热核反应在太阳核心深处进行,那里所造成的能量许多是 γ 射线型的辐射。它们的波长很短,因此能量很高。例如 γ 射线的一个量子释放的能量比可见光的量子能量大几百万倍。以前讲过,这种能量洪流的路径是向太阳表面传播,其方式起初是辐射,接近光球时便成为对流。人造卫星"探险者十一号"载有 γ 辐射爆发记录器,以测量太阳发出的 γ 射线的强度。对于地上的生命而言,幸而从太阳发出的 γ 射线很少,而且从太阳中心以这种形式发出的巨大能量,在通过太阳光的旅程中已经发生了变化。

促成这种变化的唯一方式是 γ 射线与太阳里原子间的碰撞。如果 γ 射线撞击一个原子,其能量足够敲掉原子最里层一个电子的话,那么太阳一般发出 X 射线型的辐射,其他类型的辐射也可能出现。如果里层电子被掀到外层轨道而不致使它离开原子,则当这电子复返回原来的轨道时,便发出较长波的紫外辐射。同样,原子内能量较小的跃迁产生可见光,能量更小的跃迁产生红外线。以射电波的形式出现的很长波的辐射,一般不因原子内的跃迁而形成,其成因主要是由于电子自身与磁场间的相互作用。因此我们可以想象这些碰撞使太阳表面发出各种类型的辐射,实际上是当能量从核心直达外层之际,整个原来的 γ 辐射转化为较长的波。这不等于说,这是造成这些辐射的唯一机制。光球层上的太阳大气可分为两区。下面一区高出光球一万千米叫作色球,更外一区便是日冕。考察太阳大气的方法,更合适的是使用火箭与卫星,由此发现色球发出可见光之外还有相当多的紫外辐射,而日冕则发出更多的 X 射线。

若只初步考虑太阳大气的温度或内部的热核反应,这便是一种预料不到的奇特结果。为了认识太阳大气怎样会有这些特殊类型的辐射,我们须研究太阳这一区域温度的含义。光球上大约 2 000 千米的厚度里温度大约是 5 700 K,与光球本身的温度相差不多。光球上 3 000 千米处的温度略高于 7 000 K,再升高 1 000 千米,温度便达到 25 000 K,直到可能探测到的最外极限处,便会超过 1×10^6 K。显然,这里所用的“温度”一词的意义和我们用以描述太阳内部的情况不同。如果太阳大气发出 1×10^6 K 的辐射,则整个太阳系将在这辐射的洪流里化为灰烬。

我们说日冕的温度是 1×10^6 K,这是指“运动温度”,是计量个别原子运动速度的一种指标。例如星际空间的一个氢原子,运动速度可以高达每秒几千千米,使它得到高达 1×10^6 K 的运动温度,但这颗原子的辐射温度(这是与我们所熟悉的地面热体相同的一类温度)可能接近绝对零度。重要的一点是太阳大气里的这些高速度可以使原子内的两粒子发生碰撞,正和太阳内部的情况相似;在低层运动温度相当低,造成紫外辐射,而在高层造成能量较大的 X 射线。

以紫外线拍摄的太阳照片表现出一种有奇异斑点的表面,我们知道大部分紫外辐射与黑子特别是与耀斑有联系。耀斑常与黑子同时出现,而且常在两个或多个黑子之间的日面上。耀斑是一种短暂现象,很迅速地形成,几分钟后便又消逝。由于黑子处于强磁场活动区,所以有人认为耀斑是一种电磁现象。除可见光外,耀斑还发出紫外辐射与高能 X 射线,它们都以光速在空间传播,只需 8.31 分钟便到达地球表面。

当这些辐射爆发并撞击地球表面时,它们使气体电离,特别使电离层最低的 D 层里的气体电离,因而使长波的辐射不能透过,但对于通信用的短波射电是透明的。因此,短波

大 众 天 文 学（修订版）（下册）

进入上空,扰动了地面大区域范围内的通信。

升高火箭和轨道天文台用紫外线拍照的星象得到一些有趣的结果。凡是比 B 型星晚的恒星差不多都出现在这些照片上,但是质量大而明亮的沃尔夫-拉叶星(O 型)和猎户座内表面温度超过 25 000 K 的某些恒星(例如猎户星云便是一个很强的紫外源),它们的辐射大都在紫外区,因而都被拍摄在这些照片上。

人造天文卫星上的紫外观测 自 1967 年以来已经发射了几个人造天文卫星,即轨道天文台(简称 OAO),例如 1968 年 12 月 7 日发射的 OAO2Ⅱ号,在高出地面 772 千米的圆周轨道上运行,携载有十一座薄壳望远镜,其中三座的口径是 40 厘米,四座是 30 厘米,四座是 20 厘米,质量总共约 1000 磅。这个外空天文台对于太阳和恒星发来的从来没有穿过地球大气的紫外辐射的观测,已经取得不少的成就。

OAO2Ⅱ号发射后的 5 个月内,已经对 5 万颗恒星系统地作了紫外辐射的测定,其中百分之一恒星的紫外辐射比预期要亮 6～40 倍,例如年轻的昴星团的成员在紫外波段比由红端推得的明亮 3～6 倍。虽然紫外天文学尚在幼稚时期,但天文工作者已经预见它将解决许多基本问题,例如恒星与星系的诞生、成长、衰老以至死亡所经历的过程。此外,紫外观测的数据还使我们了解到几年前发现的最遥远且最明亮的类星体和有规律地发射脉冲波(频率自几秒一次至一秒三十次)的脉冲星的性质与机制。

对外空的紫外辐射的观测也同样适用于河外星系和某些特殊天体,如气壳星、磁星、特殊变星、行星状星云、超新星遗迹(如蟹状星云)、类星体与塞弗特星系,从而获得一些以前未曾料到的有关天体演化的知识。

X 射线天文学 太阳是首先被火箭上的仪器探测出它光谱里有 X 射线波段(0.1 埃至 100 埃)的天体。"空蜂号"探空火箭所拍摄的 X 射线照片给予天文工作者以有关日冕结构的大量知识(以上讲过日冕发出大量 X 射线)。至于太阳内部所产生的 X 射线大多不能逃逸到太阳的表面来。由耀斑和日冕里产生的 X 射线容易逃到空间,像刚才讨论过的紫外辐射,也在地球大气里造成相同的效果,即能够使气体电离。随耀斑出现于日面的射电爆发已经被射电望远镜与人造卫星探测出。

1966 年 3 月 8 日的一次火箭观测使我们对 X 射线源的性质又得到进一步的了解,即在南天银河里测定了一个强 X 射线源天蝎 X-1 的位置与大小,并且证认为一颗 13 等的蓝星。这个发现最使人兴奋的是,这颗星所发的 X 射线的能量比可见光强 1000 倍,这是天文工作者在对各种恒星的研究上从来没有料想到的现象。后来更有迹象表明天蝎 X-1 发射的能量等于太阳全部电磁波的能量。怎样解释这种 X 射线能量的巨大输出呢？虽然还没有天蝎 X-1 的公认模型,但确定它绝不是中子星。可是,关于中子星存在的广泛意见已经是天文工作者采取的一种研究假设。1967 年休伊什和他的同事们便在以闪烁方法寻找类星体的射电望远镜里发现了第一颗脉冲星,接着这颗星便被认为是正在寻找的中子星。至于对银河系里 X 射线星和 X 射线新星以及银河系内与河外星系里 X 射电源的观测与研究,以后我们还会谈到,在这里只谈天鹅 X-3 的大爆发。

1966 年新生的 X 射线天文学发现了天鹅 X-3。自那时以来这颗星便以其特殊性质引起天文学界的注意。天文工作者使用专门观测 X 射线天体的乌黑鲁卫星上的望远镜,对它进行仔细观测,发现它的光谱有吸收效应。另一方面,其 X 射线的强度作有规则的变化,周期为 4.8 小时,无疑这是由于这颗星按这个周期旋转。1972 年夏季来顿天文台发现天鹅 X-3 附近有一些很弱而变化很大的射电波,这是 X 射线发射体极不寻常的性质。1972 年 9 月 2 日,加拿大多伦多大学射电天文台以口径 42 米的大型射电望远镜指向天鹅 X-3 时,在 3 厘米波长上记录到一个信号,比三天前所观测到的信号增强了 1000 倍,这是否是一颗新星的爆发呢?这个消息立刻传播到全世界,在一天内八个国家的天文工作者都把他们的望远镜瞄准这颗新星。

加拿大人发现它时,天鹅 X-3 已经过了它的 3 厘米辐射的极大强度,但用较长波的观测者还能捉住它爆发的上升阶段。例如根据英国焦德堤所提供的数据,在 73 厘米波长上的亮度在 9 月 7 日才达到极大。这个峰值以后,射电波的强度作指数函数的衰减,正和放射性元素铀那样衰减一样,不过这颗星的半衰期(或半生存期)只有 27.5 小时罢了。这段时间表明这个爆发的天体不会比以 300 亿(3×10^{10})千米为直径的区域大,即说明它的生存不会比一天内光所走的距离长。这种巨大爆发很像太阳的短暂爆发,只是天鹅 X-3 发出的总能量远远超过太阳罢了。9 月 12 日天鹅 X-3 已经不能被人探测出来,好像它已经归于平静,但是远射电源忽然于 9 月 18 日再度活跃,在 3 小时内其流量密度一下增加了 45%;以后继续上升,于 9 月 27 日达到峰值,其强度比第一次爆发还高,而且在 9 月 27 日最后消逝以前还出现几个峰值与谷值。

理论工作者目前还在探讨天鹅 X-3 大爆发的原因。这是一颗新星的诞生呢?抑或这种爆发表现了演化终结时一颗死去的星的"痛苦呼号"呢?不管怎样,在天文工作者眼里,这个观测到的现象是 1967 年脉冲星发现以来最轰动的一桩天文事件。

宇宙 γ 射线源　天文工作者对于空间电磁辐射的探索,逐渐推到愈来愈短的波段时,便会达到"硬"X 和 γ 射线的假定界限,即波长约为 1 埃的辐射。由于地球大气受宇宙线的撞击而发出强的 γ 射线,因此对由空间而来的这种辐射的探索,只能从升高到大气层上的气球或人造卫星上去作这种观测。探测仪器叫作"γ射线望远镜",主要是由两个部分所组成的:一个厚的塑料板,在γ射线的撞击下而闪烁发光,另一个是火花室,记录高能量γ射线物质的化学反应所造成的正负电子对。另外还用特殊装置以保证这种记录只是记录这种电子对而不是别的粒子。1967年至1968年间几群物理工作者在大气顶附近探测出比较弱的γ射线流。这流量大部分是漫射的,这意味着这些辐射是从空间四面八方而来,来源可能在银河系以外,其中一部分可能从银道面(特别是银心方向上)而来。同时,他们也探测出几个γ射线的个别源,如银河系里的蟹状星云与射电星系室女A河外源。虽然向地球来的γ射线光子率很小(每平方厘米每分钟还不到一个光子),但它的每个光子具有很大的能量(约10万电子伏特)。因此,例如从室女A源而来的γ射线和X射线的总能量可能超过从同一辐射源而来的射电波段的能量。在将来的年代里,对宇宙里这些最短的电磁辐射的进展迅速的研究所得来的新知识,显然具有基本的重要意义。

第八章

新型的河外天体

◀ 奇特的河外天体：类星射电源 ▶

自 1947 年第一次在天空发现了射电源之后，射电天文学便表现为突飞猛进的发展形势。今天所知道的这类天体已有数千之多，射电天文学家的一个努力目标，便是将这些射电源和用光学望远镜观测到的天体加以一一对应的确认。由于这些天体一般都很暗弱，这种确认工作有相当大的困难。原来射电望远镜的分辨力差，在其可能达到的极限误差之内，有不少暗星可能作为一一对应的目标，因而在它们之间难于作出确认。但是这几年来，对射电点源的方位的测定有了很大的进步，确认工作日趋完善。据统计，方位经过精密测定的射电源，其中 80% 都可以和帕洛马山 5 米口径的望远镜所拍照的暗弱天体相对应。

这些射电源只有少数是我们银河系里的成员，如超新星的遗迹与银河星云，原来这些天体是容易从它们角范围的广大与距离银道面的接近而识别的。大多数射电源是银河系以外的"射电星云"。它们一般是椭圆形的巨星系，本身特别明亮，而且具有很强的发射谱线。这些谱线常由于受了星际物质的激发而发射，但银河系里的恒星很少发出这类谱线，即使发出也很微弱。

由此可见，射电天文观测技术的改进，为人们在宇宙里开辟了许多新的境界，但最奇特而没有预料到的便是所谓"类星体"或"类星射电源"的发现。这些遥远的天体表现在照片上，一般是 16 等至 18 等蓝色小星点，但是经过研究以后才明白，它们是宇宙里发射能量最多的天体。比正常星云小得多，但却明亮 100 多倍。它们发光的寿命可能很短暂，而且亮度有不规则的变化。它们物理性质的极端情况，是以前我们所没有遇见过的。

　　类星体的发现需用灵敏度很高的射电望远镜。它们的方法与强度已经发表在几张射电星表之内,最完善的一张是《剑桥射电源第三星表》(简称 3C,现已修订为 4C)。读者知道,我们对射电源的方位很难测定到较高的精确度,这是由于射电波远比光波长,对于一定口径的望远镜来说,分辨力或方位测定的精度是与波长成反比的〔例如 15 米口径的抛物面天线,工作在 21 厘米波上,分辨力只有 47′,而 5 米口径的光学望远镜对于可见光,可以分辨到 0″.023〕。在 3C 表内,观测误差在赤经为 ±1 时秒,赤纬为 ±1 角秒。由于使用巨型射电干涉仪,射电源的方位在赤经、赤纬上都可以测到 ±1 角秒。用月掩星的方法也可以把一些射电源的方位测定得相当精确。这些比较精确的方位为光学天文工作者提供了很大的便利,他们便可在这些区域的照片上对这些射电源加以光学的确认。例如,3C 内有精密方位的射电源 88 个,其中 84 个都在帕洛马巡天照相星图内找到了和它们相对应的河外星云。

　　所谓类星体并不是和一般正常星云对应的射电源。首先被人发现的这种新型天体 3C48,在照片上是一颗微弱的星点(16.2 等),周围有一点儿暗淡的星云气,因而绝不像是一个星云。它的光谱具有很特殊的性质:在很强的连续背景上,重合几条强而宽的发射谱线。由光度观测得知,这个类星体的颜色异常之蓝,发射大量的紫外线。这光谱与爆发后的新星的光谱相似,但与正常恒星的光谱大不相同。天文工作者想尽了办法去分解类星体的组织成分,但没有获得成功。

　　3C48 的光谱拍到之后,人们没有办法去确认其中的谱线。后来有人想到,如果 3C48 的谱线有很大的红移,便可以使它和行星状星云的谱线对应起来。进一步研究才发现,表达 3C48 的谱线红移度的经验公式,与多普勒效应相符合:

$$z = \frac{\mathrm{d}\lambda}{\lambda} = 0.367,$$

式内 z 表示相对红移度,λ 表示波长,$\mathrm{d}\lambda$ 表示波长的位移。由此求出可见区里波长的红移度约为 1 000 埃。这就说明,为什么起初人们难于认识这些谱线。这种多普勒位移的正确性,后来在红外区的观测和在其他预先算出的谱线中得到证实。

　　自从这个射电源成功地证实为类星体之后,人们又找到几十个这样的天体。由于类星体发射异常多的紫外线("紫余"),因而很容易被拍摄到照片上。我们对于每个有嫌疑的类星体,可在它所处的方向上拍照两次(或用双筒望远镜同时拍照),使用两个滤光器,一个滤掉紫外线,一个让紫外线单独通过。凡是具有"紫余"的天体,显然与正常恒星或星云不同。现在把几个类星体第一批分光、光度和射电三种观测的数据,表示如下表所示。

类星体表(1964 年 4 月发表)

名称	方位(1950)		星等			红移度	绝对星等	射电	
	赤经	赤纬	V	B—V	U—B	z	MV	通量	直径
3C9	0 时 18 分	15°23′	18.2	0.23	−0.74				16
3C15	0 时 35 分	−1°31′						22	4″
3C47	1 时 34 分	20°42′				0.425	−23	27	8″
3C48	1 时 35 分	32°55′	16.2	0.40	−0.58	0.367	−26.6	50	0″.7
3C147	5 时 39 分	49°51′				0.545	−25		63
3C196	8 时 10 分	48°22′	17.7	0.60	−0.40			66	12″
3C216	9 时 6 分	43°7′	18.5	0.49	−0.60			24	
3C245	10 时 40 分	12°20′	17.3	0.46	−0.82			12	
3C273	12 时 27 分	2°22′	12.7	0.17	−0.89	0.158	−26	79	0″.7
3C286	13 时 28 分	30°40′	17.3	0.26	−0.91			30	20″

该表内 V 表示可见区视星等,B 为蓝星等,U 为紫外星等,射电通量是用 159 兆周波测定的。我们现在试用表内的数据去研究类星体的物理性质。本书内曾讲到哈勃的红移定律,即星云的视向速度与其距离成正比例,比例常数 H 约为每 100 万秒差距 100 千米/秒。试根据这个红移定律,借多普勒效应,求出视向速度,并去计算类星体的距离 d:

$$d = cz/H$$

式内 c 表示每秒 30 万千米的光速。当 z 为小数时,这公式久经考验是正确的,可是当 z 近于 1 时,我们便应当使用根据相对论推出的另一公式。在极限的情形(即星云以光速离开我们时),在上面公式里取 $z=1$,便可知道我们可能观测到的宇宙的半径为 30 亿秒差距,即 9.78×10^9 光年或约 100 亿光年。

由表内 z 的数字可见类星体射电源距离我们非常遥远。3C147 的 z 为 0.545 是 1964 年年初找到的最大红移,其距离据上面公式计算约为 50 亿光年。将这个距离和视星等联系起来可求出类星体的绝对星等 MV。上面讲过,仙女座大星云(M31)是最亮的正常星云,其 MV 为 −21,由表可见,类星体是宇宙中最明亮(即光度最大的)的天体。例如,3C273(MV 为 −26),比 M31 还亮 100 倍,比我们的银河系要亮 200 倍。

可是类星体的范围却不比正常星云大,否则人们便会把类星体的组织成分分解出来。它们的视直径的极限约为 1 角秒,这意味着它们的线直径小于 5 000 秒差距,即小于银河系的直径的 1/6。从光度观测得来的数据更需对它们的直径加以限制,因为许多类星体的视星等是作脉动式的变化的,光变周期约为 1/4 年至 1/2 年。因为物质扰动的传播速度不能超过光速,所以类星体的辐射大部分应当是从直径 1/4 光年至 1/2 光年的范围而来的。

综合以上两节的结果,可见我们观测到一个料想不到的奇特现象:整个正常星系的辐射的 100 多倍,是从一个不到 0.1 秒差距范围的天体发出。这样不难算出类星体每秒发射的能量为 10^{46} 尔格(太阳的发射率为 $3×10^{33}$ 尔格/秒)。要从原子核反应取得这样大的能量,即使可能,也不知道是遵循何种方式。近两年来(1963—1964),科学界为这个奇特的疑谜曾举行了几次国际学术会议,但迄今没有得出定论。有人主张,这样大的辐射能量可能是由质量庞大的天体(是太阳质量的 $10^5 \sim 10^8$ 倍)的崩溃而来的。如果我们采取物质崩溃为能量的假设,则类星体只能有极短暂的存在。根据不同的假设,长者不过 100 万年,短者只历 1 000 年便消逝了。

类星体的光谱线大多是由禁戒跃迁而来的发射谱线。这也许表现了形成其连续光谱的是极致密的核心部分,外面围绕有庞大而稀薄的大气,质量比核心部分还多。顺便有趣地提一句,类星体既然发出大量的紫外辐射,星际物质(主要是氢)一定会大量电离,可能使宇宙里的物质趋于全部电离化。总之,这种能量高、辐射强、光度大的河外天体的发现,不但开拓了我们前所未认识的宇宙的范围,而且为天文观测与理论提出许多最有意义的课题,无疑是 20 世纪天文研究上的一个重要成就,而将在对宇宙的结构与了解上表现出无比巨大的作用。

◀ 又一种河外天体:类星星系 ▶

1965 年 6 月,天文工作者又发现一种新型的河外天体——类星星系。它们和类星射电源一样,看上去是点状天体,所以同样叫作"类星",但两者有一些重大的差别。首先,类星体是强的射电源,而类星星系在无线电波段里发出的能量很少;其次,类星星系要比类星体多,前者约为后者的 500 倍。现代巨型望远镜能观测的距离内,类星星系约有 100 万个之多,所以它们是宇宙里为数不算稀少的成员。这种新型天体发现的经过是值得叙述的。自从类星体发现以后,有些天文工作者一直在继续寻找这种类星射电源。在寻找过程中,他们发现一些天体很像类星射电源,但却不发射无线电波。天空中有一些蓝星,人们一向认为它们都是银河系里的成员,但它们的位置却不在银道面内。一位天文工作者便怀疑这些蓝星中可能有一些就是类星体,于是对它们进行了研究。他用不同的滤光器对这些蓝星作了三色光度测量,发现它们是很富有紫外线的类星体,因此他便用巨型望远镜进行光谱观测。谱线的红移证明,有些蓝星确实是遥远的类星星系,而不是银河系里的

普通恒星。至此,遥远的河外天体已可按照发现的先后顺序被分成四个主要类型:

(1)普通星系——是巨大的恒星集团。每一个具有几百亿乃至上千亿颗恒星。它们是河外空间里最多的一种,现今最大望远镜里能够观测到的数目在 10 亿个以上。

(2)射电星系——各种星系发出或多或少的射电辐射,其中发出射电能量最强的,叫作射电星系。用光学望远镜观测时发现,它们形状特殊,好像这些星系里发生了某种巨大的爆发一般。

(3)类星射电源——发出比射电星系更为强大的射电能量,而且比普通星系的光度更大,但它们比普通星系小得多,所以叫作类星射电源。

(4)类星星系——看起来像类星射电源,但不发射强大的射电辐射,而只发出很强的蓝光和紫外线。这四类天体之间很可能存在着演化上的联系。有人认为,后面三种是普通星系的演化过程的重要阶段。也许类星射电源只是类星星系发出强烈无线电波的一个短暂阶段,而射电星系又可能是普通星系的一个过程。然而,星系演化的问题和 50 年前所提出的恒星演化问题一样,现时还在初步探讨之中,因而在天体物理学里成了最有挑战性的课题。总之,近年来人们在星系中央区所发现的巨大爆发现象,与 50 年前旋涡星云被证明为河外星系有着一样的重要意义,且为天文工作者开辟了广阔的前景。

◀ 类 星 体 ▶

类星体的发现是 20 世纪 60 年代天文学上最令人兴奋的一件大事。到今天我们还不明白它们的真实性质,可是它们无疑是具有重要意义的天体。

前文讨论的强射电源,有些在银河系内,如银面内的电离氢气云(HⅡ区)以及银心方向上的射电辐射、超新星的遗迹、中性氢的 21 厘米波(HI 区)。我们现在把这一研究扩充到另一类新型天体,它们给予天文学和物理学工作者以很多难题。我们不但还不了解它们的性质,即使解释观测到的现象,也引起不少的争论。这些天体正式的名称是"类星射电源",常简称为"类星体"。

迄至 1970 年,射电巡天普查共发现了大约 1000 个射电点源。现已达数千个之多。其中几个,即使在大望远镜长时间拍摄的照片上,也没有与它们对应的光学天体。解决这个问题的一大困难是射电观测所确定的点源的方位相当粗糙。原来在分辨力上,射电望远镜远比光学望远镜低〔如前所述,15 米口径的抛物面天线,工作在 21 厘米波上,分辨力只有 47′,而 5 米口径的光学望远镜对于可见光,可以分辨到 0″.023〕,因而前者难精密地定出射电源的方位,于是在繁星点点的照片上便难肯定地证认出和它对应的光学天体,除非它附近有特殊天体,例如强射电的发射体、暗星系或与超新星遗迹联系的气体纤维。天文工作者关于精密地测定类星体的方位,曾提出几种方法。第一是利用月掩点源的方法。自然,这只能应用于白道面附近的类星体,因而能够定出的对象为数很少。可是这种方法有一优点,由于我们利用月面的边缘作为衍射的脊棱,因而这种观测对于这些射电源的直径可提供详细的知识。即使射电源相当小,也可从衍射图求出它的直径,这种方法的极限精确度为 1 角秒。

1962 年,澳大利亚帕克斯(Parkes)天文台的 63 米口径可转动的射电望远镜,利用三次月掩的方法,定出一颗很强的类星体 3C273(即 M87 或 NGC4486)的极精密的方位。射电源被剑桥天文台编制成射电星表,这颗类星体的名称为 3C273,便是在剑桥第三射电星表中的 273 号。这个类星体在室女座内,曾经被相当于 136 兆周波、410 兆周波和 1 420 兆周波的三个波长所观测过。更由射电条纹证明,这个类星体是双重射电源,中间相距约 19.5 角秒。

既知类星体的精密方位以后,便可在 5 米口径的光学望远镜所拍摄的那一区域的照片上仔细检查,以证认出与 3C273 对应的光学天体。于是求得与这颗类星射电源最接近的天体是一颗星等为 12.6 的星,而且从这颗星伸出一条纤维状的星云。

类星体的奇特光谱 和处理奇特的恒星与河外天体一样,当其方位相当肯定之后,首先要做的便是拍摄它的光谱,因为光谱分析在确定天体的物理性质上总是很有价值的,可是 3C273 的光谱和从前所知道的大不相同。它的蓝色区里有一连续光谱,上面重合有几个宽的发射带,而这些谱带不能证认为已知的发射谱带。

现今对于这现象的解释是这些谱线上有很大的红移。这一假设的红移 $\Delta\lambda/\lambda$(λ 表示无位移时的波长,$\Delta\lambda$ 表示由于红移使波长增加之度)为 0.158,这样便可使六条发射线证认为氢的巴耳末系里的谱线、单电离的镁和双电离的氧的禁戒谱线。在这些研究以前,另外一颗类星体 3C48(这是用射电干涉仪首先精密测定其方位的类星体)曾被格林斯坦等人做过分光的研究。它的光谱和 3C273 相似,但由于这些谱线比熟知的巴耳末系谱线强,因而得不到证认,可是后来证明这是由于较高的激发离子所造成的大红移现象。这为 3C273 以后的研究,提供了证认这些谱线的线索,要使 3C48 的谱线和观测到的巴耳末系重合,必须假设它们具有更大的红移度,即均为 0.368。

由此可见,类星体的一些光谱已经经过研究,而且发现其中谱线具有异常大的红移,表明它们确是很特殊的天体。奥克(Oke)曾经由对 3C273 的红外线谱的研究,证实由可见光谱得到的结果是正确的,现在对于这些红移已经没有什么怀疑。

当前的问题是寻找这些大红移和与其貌似的恒星之间的关系。仅就我们所知道的而不另立新的物理定律去讨论，形成这种大数量级的红移，可能有两个原因：(1)类星体在银河系内，其附近的恒星有特大的引力场，因而在它的谱线上造成引力的红移，或(2)类星体是异常遥远的奇特天体。

现在分别研究这两种可能性。我们知道宇宙空间里确实有超密星，例如下一节要讨论的脉冲星是由超新星遗迹坍缩而成的中子星。如果假设类星体是中子与类似的重粒子所构成的超密天体，我们便在分光研究上遇到困难。我们已经看出，类星体的光谱内有容许与禁戒两种谱线，它们皆有相同的红移，不过其宽度只是波长的一个小的分数而已。据谱线位移的引力效应理论，观测与计算发生矛盾，或者对于不同的谱线应找到不同的红移，或者谱线的宽度应比观测到的情形大些。若认为类星体是很远的天体，便意味着红移的性质是宇宙性的，换句话说，即这种谱线位移是和类星体的距离与退行速度之间的规律有关的。就一个特殊的射电类星体 3C295 而言，它的退行速度大得惊人，达到光速的 36％。至于 3C273 与 3C28 表现的退行速度分别是 47 400 千米/秒与 110 200 千米/秒，这样它们的距离便分别为 5 亿秒差距与 11 亿秒差距。

迄今我们还没有谈到和类星体有关的主要问题，即它们的视星等与射电星等(射电亮度)。据 3C273 的距离与由月掩星的方法所测得的视直径算出，它发出极大部分射电能量核心区的线直径约为 1 000 秒差距。

最远的一个类星体 3C48 的绝对视星等达到−26.6，已超过最亮的巨型椭圆星云(绝对视星等为−22.7)。就射电频谱里发射能量而言，3C48 所发射的能量与最强的射电源大致相似，例如天鹅 A 所发射的。将小望远镜里看得见的视亮度(星等为 12.7)和距离相同处的星系的视星等比较，便不难知道为什么有些天文工作者对于类星体的红移，提出另外一种解释。虽然他们也同意大红移是由于退行速度所形成的，但是他们却认为类星体在银河系附近，以适合它们的很高的亮度。于是他们主张很高的速度是由于类星体的多次爆炸(类似宇宙形成时"原初原子"的大爆炸)而来的。但是这种唯心的思想应受到严格的批判。假使这些爆炸在比较近期发生在银河系内，这些星的运动方向便应是随机的，至少其中一些应向我们而来，它们的谱线应有些是蓝移的，而事实上并没有观测到蓝移。其次，我们不明白有什么机制能使寻常的星发出这样强的射电辐射。虽然有少数像类星体的天体发出很少(或甚至不发出)射电辐射，但大多数类星体是强大的射电源。

现时大多数天文工作者承认类星体是遥远的天体，一个典型的类星体发出的辐射的规模显然是相当惊人，远远超过现今所知道的宇宙里的任何天体。还有什么天体可能发出这样大的辐射洪流？而且同样重要的问题是，还有什么方法使类星体只有这样小的一个发光区域呢？

我们首先讨论后面这个问题，某些观测提供至少一部分的解答。这几年内发现的许多类星体中大多数都有强的射电辐射与光谱线的大红移。由对这类天体的广泛研究，发现其中一些的亮度不稳定，而且有显著的起伏变化，光变周期自几月至一年或一年以上。这是一个异常重要的观测事实，因为它立刻告诉我们类星体发光区的最大直径，而且由类星体的光谱得知它们不像正常星系的核心是由许多亮星（即便是蓝巨星）所组成的。产生可见光的区域像是有相干性的，这是说在其整体内物质结构大约是均匀的。因此，假使取极端的情形而论，光变起源于类星体上离我们最远的一部分，那么光线的起伏变化必然以光速通过类星体的整个质量，于是由此算出的最大直径当在零点几光年与一光年之间。可是，这样推出的直径还远远小于格林斯坦等人对 3C48 由月掩星的方法直接测量所推出的结果，即光学与射电辐射产生于约 5 500 秒差距的直径范围内。于是我们必须区别输出量不变的光源连续区域与输出量可变（因而可能较大）的射电辐射源。从这样小的天体发出来的异常强大的光辐射，可能表现类星体内有我们还不知道的某种基本的物理机制。有些辐射好像产生于磁场内以相对论性的速度（即接近光速）运动的电子（学名叫"同步加速器辐射"），但过去还有其他的解释。最挑动读者兴趣的一个理论便是引力坍缩理论。这是可以提供这样巨大能量的机制之一。

设想有一个直径大约几百秒差距的庞大气体球，在其重力作用下作迅速的坍缩，在其坠落的过程中所释放的引力能量当是异常之大。为什么会这样呢？答案在这事实上：引力能量与质量的平方成正比而与表面到中心的距离（半径）的平方成反比。这里，我们假设半径迅速缩短时，质量不变。因此在坍缩过程中所释放的引力能量迅速地按半径缩短而增加。如果这能量或其中心一部分能量使气体致热，这可能说明（至少一部分）可见光的高度发射量。

类星体的吸收光谱 这里，我们需讨论某些类星体光谱里的一种特性，这种特性使天文工作者产生高度的奇思妙想。上面说过，类星体的光谱主要是宽的发射线，而且根据这些谱线的红移度，在遵循宇宙论的红移-距离关系的假设下，确定了它们的距离。可是类星体的光谱里也有几条吸收线，而且由于这些谱线表现多重红移，问题更加复杂化了。如果假设是由于退行速度的多普勒效应，那么这些谱线的红移度便应该是一样的。

这些只在吸收线而不在发射线里觅得的红移，其数值不同的第一个解释，当是形成于类星体内的某种特殊物理机制。这像是和异常高的辐射流量一致，而这种流量仍然不能根据我们知道的一般物理定律去解释。可是有些天文工作者反对这个意见,因为发射谱线不表现这种多重红移效应,于是作为另外一种意见,他们提出吸收线并不产生于类星体本身,而形成于这些遥远天体的光线所经过的它们和我们之间的星系或气体云的空间里。大多数情况下,这些星系像是看不见的,它们是早已熄灭的暗星所组成的"死星系",以及恒星形成后所剩余的气体与尘埃的遗迹。根据这个思想,吸收谱线将参与这些个别星系的退行速度,而这些星系的数目可能有六七个之多,每一个在类星体的光谱线上造成一个不同的红移。

截止在 $\Delta\lambda/\lambda = 2.5$ 处,很少有几个类星体的 $\Delta\lambda/\lambda$ 的数值超过 2.5,这个事实显然是需要解释的。虽然这样大的红移可能表示这些光源在极其遥远的天体上,我们却不能说这些类星体超过现今最大望远镜所能达到的范围,从而取消了这个问题。最近提出的一个看法是,在这些距离处有某些吸收介质使类星体变暗,而且这些掩蔽的介质是氢,而这些氢又是"宇宙大爆炸"后几秒钟里以高速从原始气体中射出所留下的残余。自然,要探测出这些遥远的氢气是有很多困难的,虽然奥克在一个谱线的红移度达到 2.9 的类星体前面寻找到少量的中性氢。其他的氢气云可能据 21 厘米波的谱线测量而终被发现,它们和可见光谱里的吸收线一样,也具有大的红移。

作为类星体的星系核　这里,我们只讨论了作为遥远天体的类星体,但是更加明显的是:多数(纵然不是全部)旋涡星云的核心是极其特殊的物理变化过程的所在地。红外天文学工作者已经发现银河系中心发射很强的红外辐射。事实上,这些辐射的强度和我们在塞弗特星系〔塞弗特(Seyfert)星系是指核心处发射蓝光谱而且经常是射电源的旋涡星系〕里所发现的情形相似。所有的旋涡星系核心处是否都发强的红外辐射,还是一个未能解决的问题,但是现在有几个射电观测队正在研究,希望于最近的将来让问题得到解决。现在我们只能说已知的证据表明正常星系与塞弗特星系之间有密切的关系,如果观测发展到整个可见的光谱内,旋涡星系和塞弗特星系间的关系好像和塞弗特星系与类星体之间的关系很是相似。

桑德奇曾经估计过可见宇宙里类星体的数目,林顿-贝尔(Lynden-Bell)更根据这个数字计算了现时还存在的"死了的类星体"的数目,这数字至少在本星系团里是相当高的。林顿-贝尔为了解释旋涡星系、塞弗特星系与类星体之间的联系以及银河系核心发出大量红外辐射而提出的假说是由于银心处有一个"死了的类星体"。

现在我们需讨论一下,所谓"死了的类星体"是什么意思。由我们所了解的类星体的特性,得知它们比银河系一类的旋涡星系寿命要短得多,而且旋涡星系中心有类星体,它们的形成应与星系本身的形成同时。由于类星体的演化迅速而正常恒星还处在形成阶段，它已经将它的核燃料耗尽，又因为它的质量异常之大，便会发生引力坍缩。类星体终必达到这样一个阶段：它的引力场变得如此大，以致没有光球能够从它里面出来。对于光学天文工作者而言，它已经算是不存在了。但是由于其强烈的引力场，它对于其周围的物体仍有很大的引力效应，因此林顿-贝尔建议，空间里质量聚积的中心处即星系的核心处，应有这种死去的类星体。

那么，这种类星体的性质是怎样的呢？我们基本上应该把它看作是银心处的一大团气体旋涡，由于重力作用，物质不断地被吸引进去。这些粒子受到气体旋涡磁场变化的作用而加速，于是在旋涡的外部，这些粒子转化为宇宙线，至于旋涡内部，由于粒子碰撞的频繁，它们的动能转化为热能，于是发出强的红外辐射。据林顿-贝尔估计，要说明银心区红外辐射的强度，每一世纪内应有 0.001 个太阳质量的物质坠落到类星体内去；对于塞弗特星系的核心而言，这种物质坠落的速率还要大些。结束这一节以前，我们还需叙述一下，怎样利用类星体测量行星际空间电离气体的密度。除了太阳系形成时留下的残余，如尘埃、陨星与小行星之外，还有电离原子与自由电子组成的庞大云团，不但是从太阳附近到太阳系外缘，星际气体逐渐稀薄，而且在点与点之间也有不连续的变化。这些物质里无疑有一些来自太阳而形成广袤的日冕，其余一些可能从太阳系以外而来，由于摄引力被太阳吸引而形成激溅日光〔太阳外围星际空间里的尘埃与气体，受太阳的引力而被俘获，并以高速坠落日面，造成一种急溅。于是坠落的气体形成外日冕，在太阳周围形成一团热气的保护盾，更接收坠落物碰撞时所造成的剧烈冲击，使日冕的温度增高。这便是日冕形成于星际介质的溅落理论〕。

希顿托夫（Siedentopf）与伯尔在行星际空间探测到的自由电子，经证明是不确实的，现在已经知道行星际的电子密度比他们所估计的要小得多。就太阳的附近区而言，可在日全食时对日冕进行照相观测，以此去决定太阳系边界之外的运动"气体"的密度。

但是激溅日冕的表面到地球轨道之间的区域，不能用这种方法去研究，迄今还没有直接测量这些电离粒子的密度的方法。可是现在可以使用射电的方法去探测，即用射电方法（而不是目视方法）去观测射电源。简单地说，射电波经过含有自由电子的空间时，只要中间的介质密度不是均匀的，这些电子的某些特征就会发生改变。射电波发生的改变可以和星光经过地面大气所产生的闪烁现象相似。

这种精密测量的一个必需条件是射电源需有很小的角直径，因此我们不能测量银河系里范围较大的射电源。类星体用于这种测量相当合适，而且在黄道面附近幸运地有几个类星体，太阳经过某些星座（如黄道十二宫）时可能掩蔽它们。将这些类星体在远离太阳时与被太阳掩蔽时我们所接收到射电辐射加以比较,便可研究它们经过日冕各层时在强度上发生的改变。以后我们要谈到这个方法在另外一类特殊天体(脉冲星)的发现上所起的作用。

最后,我们再回到塞弗特星系、兹威基体(即 N 型星系)〔N 型星系是指有恒星状的核心、外边围绕暗淡雾气的河外星系〕与类星体三者之间的关系问题,这三种天体产生的能量是同类的,只是它们所发射的分量有差异而已。这种能量输出的级别,像是和它们的距离有关系的。普勒吉曼(Plagemann)等人对于发现红移在类星体中作随机的分布提供有说服力的证据,表明这些天体实际在宇宙论性的距离上,而且在宇宙演化的适当时间里形成。如果这个假说是正确的,类星体在这三类天体中当是最遥远的。塞弗特星系虽远,但和我们最近,至于 N 型星系却在这两类天体之间。

这个问题无疑是很玩弄人的。由于确定类星体内能量形成的机制遇到严重困难,所以在这些极端情况下支配物质性能的许多物理概念很可能需要重新审查,而且需要提出另外一套崭新的物理定律来。

◀ 脉　冲　星 ▶

我们讲过,在研究从太阳抛射到空间的带电粒子大云团(太阳风)上,类星体怎样起了有益的作用。如果射电源的角直径很小,河外射电源的射电波经过这些"等离子云"时就会产生畸变。寻常的射电源,如塞弗特星系(甚至银河系内的射电源)都太大,不能造成闪烁现象,这种现象可以比拟为星光通过大气时造成的闪烁。

1967 年休伊什和他的同事们研究类星体时,首先发现了脉冲星。他们利用以闪烁方法寻找类星体的特制望远镜(因为射电波的这种特殊变化只对很小角直径的天体而言才找得着,这便成了从射电源里区别类星体的一个简单方法),由于这架射电望远镜的工作波长为 3.7 米,所以对天空的大区域都曾系统地搜寻过了。在这巡天普查的过程中,它们所表现出来的闪烁现象使我们找到了许多射电源。

可是 1967 年 8 月他们发现一个很微弱的射电源,闪烁得异常迅速,由以后的观测才知道它在天穹上占着一个固定的位置,因而这是天空的一个射电源而不是地上的无线电波。从那时以后,有许多射电天文台发现了几个脉冲星,特别是在英国剑桥与焦德堤、加利福尼亚的金石村(Goldstone)、澳大利亚的帕克斯与莫龙洛(Molonglo)和波多黎各岛的阿雷西博等射电天文台。

这些脉冲波的严格规律性使早期的研究者不可避免地猜疑它们为太阳系外有智慧的生物发出的无线电信号，于是进行研究，看事实是否真是这样。在首先发现的编号为CP1919的一颗脉冲星里，每秒内有 15 个脉冲信号，其间隔的时刻为 1.337 011 3 秒。可是由很精密的时刻测定，得知这些脉冲时间在缓慢地变短，接着就被证明这是由于地球围绕太阳运动而接近这个射电源所产生的多普勒效应。将这种效应计算进去之后，脉冲周期便成了 1.337 011 3 秒，这是一个不变的常数，由观测而生的偏差只有其几百万分之一而已。

自然，在消除了由于地球运动而来的多普勒效应以后，我们更想寻找是否还有剩余的多普勒位移，因为假设这些脉冲是由太阳系以外的其他行星而来，那么由于这颗行星围绕它的太阳运动，也应产生它的多普勒效应。可是一切做过的检查都没有得到预期的结果，这说明除了地球的运动之外并没有别的行星的运动使脉冲的周期发生变化。

脉冲星的直径　我们已经讨论过某些类星体的亮度变化，以及怎样帮助天文工作者估计那一类天体的有效直径，同样，根据对由脉冲星而来的射电脉冲时间的测量，也可以估计它们的大小。由于射电波以光速传播，因而脉冲星的直径不能大于脉冲穿过它本体的时间内所经过的距离。从一个典型的脉冲星而来的脉冲不限于一个波长，而占有一个范围内的频率，如果有方法测量脉冲的宽度，我们便能找到它的实际的持续时间。例如CP1919，脉冲的持续时间在 10～20 毫秒之间，因此它最长的直径约为 5 000 千米，仅是地球直径的一半。由其他脉冲星得来的结果基本上是相似的，表明这些天体的体积类似地球，因而比太阳小得多。这一发现使我们立刻想到白矮星。可是，虽然很多白矮星已经被人研究了几十年，但没有一颗表现过射电式的脉动。

脉冲星在银河系里的位置　以上讲过，类星体被看作是很遥远的河外天体，可能在可见的宇宙的极端。脉冲星具有这样短的直径这一事实立刻意味着它们应在银河系内，可能和我们很近。最近已有几颗脉冲星被证认为可见光源，如武仙 X-1，即武仙 HZ，是一颗光学脉冲星，其周期与 X 射线的脉冲星相同，又如天鹅 X-1 与半人马 X-3 两颗脉冲星都被人类找到它们的光学对应体。

纵然这样，天文工作者曾对脉冲星的距离作了相当精确的估计。大家熟知光速在真空里比在密的介质（例如水）里稍微快些，而一切射电波无论波长如何，都以光速传播。可是射电波经过电离气体，速度便会发生变化，短波比长波的传播速度更快。

星际空间不是理想的真空。20 世纪初哈特曼对某些热而且远的 B 型星进行观察，发现了光谱里电离钙 K 线的特殊现象，首先证明了这个事实。他在一个交食双星（猎户 δ

星)里,发现这两颗星在绕公共重心的轨道上运行时都表现有造成多普勒效应的特征性振荡,只有 K 线稳定不动,而且与模糊的氢线和氦线不同,是很锐而窄的谱线。进一步的研究确定这些谱线没有位移,而且它们的浓度与距离成正比,这便表明这些谱线是由我们和这对双星之间的星际稀薄气体的吸收效应所形成的。更重要的是这些冷云的成分,大部分是中性氢,小部分是电离氢。这是早已预料到的,因为氢是最丰富的元素,可惜的是这些电离氢的谱线不出现在光谱里,因此其存在只能由间接的推论得出。氢的电离是由高热量的紫外辐射所造成,这种辐射剥掉氢原子唯一的电子,结果使星际空间有自由电子的存在。至于射电脉冲的弥散现象,是由大的冷区里的少量电离氢和小的热区里的大量电离氢合并而形成的。如果已知空间的电子密度,则由计量波长不同的波到达所需的时间,便能算出脉冲波所走过的距离。后面这种计时的测量比较容易进行,而仅有的困难是在测量电离气体的密度上,这便在用这种方法所测量的距离里介入一些不确定的因素。休伊什和他的同事们假设空间每立方米内有 1 000 个电子,这样便求得 CP1919 的距离约为126 秒差距。

已经测定距离的脉冲星,最近的一颗在狮子座内。这是 CP0950,它距离我们只有 30 秒差距。大多数脉冲星的距离的数量级是几千秒差距。

脉冲星在银河系里的分布　已知的脉冲星很明显是银河系内的天体,据宇宙尺度而言,有些是和太阳很接近的。我们将首先发现的一批脉冲星的位置表示在银道坐标图上,没有发现它们和银道面或银晕有什么联系。它们在银河系里的分布好像是随意的,有些和银河很接近(如 CP0328、PSR1749),有些在银极区(如 CP1133)。

可是,最近在莫龙洛射电天文台发现一些新脉冲星,它们在银道面内显然聚集成两个或三个群。这些新发现的脉冲星很引人注意,它们的位置在银河系旋臂里或其附近。这种集成小群的趋势,可能与超新星爆发有联系。

脉冲星的性质　脉冲星是体积很小,像行星那样的天体。这一事实说明我们所讨论的是白矮星或中子星。脉冲星发现以前,白矮星与中子星都被看作是没有人观测过的理论上的模型。我们认为应该适当地在这里讨论一下这两种星的性质,并谈谈它们怎样嵌合在恒星演化的图案里。白矮星一向被人认为是不正常的星,它们不遵循质光关系,相对于光度而言,它们具有过多的质量。因为它们的质量虽然只是 0.6～1.5 个太阳的质量之间,但被压缩在像行星那样的体积之内,因而它们的密度异常之高,高至最重金属的密度的 10 万倍。怎样解释这样高的密度呢?福勒解答了这个问题,以后更由费米(Fermi)加以彻底的研究。原来在很高的压力下,原子内的电子被压挤出它们的正常轨道。因此,我们所研究的原子核沉没在电子的"海洋"里。这便是所谓"简并"物质，其特性是质量愈多时所占的体积愈小。正常物质坍缩为简并物质，其临界压力的数量级为 1000 万大气压。我们讲过白矮星代表大多数恒星在完全熄灭以前的最后的演化阶段。

假使比白矮星的质量还大的天体处在类似的情况下，它内部所受的压力当然比白矮星的压力还高。在这种情况下，电子被压入原子核与质子结合形成中子。于是便出现一种为中子（而不是电子）组成的简并物质的"海洋"。

这样的天体叫作中子星，现在认为它们是由超新星爆发而形成的。脉冲星可能是假想的中子星，第一个重要线索是由于发现了与已知的超新星遗迹有密切联系的两颗脉冲星。它们是蟹状星云附近的脉冲星与被证认为船帆座 X 星（可能是超新星的外壳）的船帆座脉冲星。有意思的是，这两颗脉冲星是已知周期中最短的两颗：船帆座脉冲星为 89 毫秒，蟹状星云脉冲星仅 33 毫秒。

在理论上，还有几个理由使人相信脉冲星是中子星而不是白矮星。假使中子星（如距离分别为 30 秒差距与 49 秒差距的 CP0950 与 CP1133）是典型的白矮星，我们可能在 5 米口径的反光镜里看见它们很暗的发光体。可是迄今中子星还没有为目视或照相观测到，这说明它们不是白矮星（虽然还不敢严格地断定）。

我们还需叙述并解释发出射电脉冲波的机制，有两种很不相同的理论，由于这两种理论各有其可取之处，我们将详细讨论如下。

脉冲星的脉动理论　我们知道太阳发射电波，原因是从光球发出的声波通过它上面的太阳大气，当大气的密度变稀薄时，波的传播速度迅速增大，直到变成激震波〔激震波亦称冲击波或核波，是由于高速运动或爆炸等在介质中引起的压缩作用，以声速传播的过程。超声速飞行与原子弹爆炸均可造成激震波〕。这些波的效应将使电子在外层大气里加速到很高的速度，于是这些电子经过太阳周围电离气体流时便产生射电波。以上讲过，太阳风是从太阳表面射出到行星际空间的电离粒子云。据脉冲星的脉动理论，它的整个大气的振荡也造成类似的效应，这些振荡频率和我们接收到的射电脉冲的频率相同。

这些天体是否可能振荡得和高频射电辐射所需要的速度一样快呢？在蟹状星云与船帆座内两颗脉冲星被发现以前，有一个严重的困难：据计算，白矮星不能振荡得这样迅速，以致其频率达到观测到的脉冲星的频率，中子星又好像振荡得太快了一些。我们知道这两颗脉冲星周期很短，仅 33 毫秒与 89 毫秒，把它们证认为中子星，这困难便不存在了。现在已不怀疑脉冲星的振荡周期可能短到这个程度，但是假使白矮星坍缩时得到比几秒的周期还短的振荡，它便是完全在重力的影响下坍缩了。解除这个困难的唯一方法是假设大气层产生射电波的振荡速率,这速率以某种方式和星体内振荡较慢的速率相耦合。总之,如果采取脉动的观点,中子星的理论好像更适合观测的事实,特别是对于周期很短的脉冲星。

脉冲星的旋转理论 一颗迅速旋转的白矮星,其表面的活动斑点可以发出一束射电波,像灯塔送出一束扫射的光一样。这是奥斯克尔(Oshiker)提出而且发展的一种理论。这种理论可以解释周期较长(约 1 秒以上)的脉冲星。但是,如果将这种理论用于蟹状星云内的脉冲星,便立刻陷入困难。这样一颗星需每秒旋转 30 次,可是像白矮星那样大小与结构的天体,就必然会发生破裂或旋转得参差不齐,于是便与射电脉冲的规律发生矛盾。反之,中子星的直径在 10～100 千米之间,可以在这样高速下旋转而不致破裂。戈耳德(Gold)提出一个迅速旋转、周围有电离气体(等离子体)的模型去解说脉冲星,这些等离子体被一个很强的磁场固定在星体的表面上。由于高度电离的物质的超导性(即电阻降低到零的现象),这些等离子体不能沿正交向越过磁场,于是它们随着星的表面旋转,再由于等离子体的范围比星体大得多,它们外围的速度接近光速,因此以这样高速运动的电子便会产生射电波。

进一步研究这种模型的细节时,我们发现有几个特性与最近的观测有惊人的吻合。戈耳德在这种模型的基础上预言,由于大家认为中子星形成于超新星的爆发,它们便可能与已知的超新星的位置有联系。这种看法从蟹状星云与船帆座内的脉冲星得到证实,而且在理论上一颗超新星爆发时由于它的分裂可能造成多个中子星,这便可说明莫龙洛射电天文台发现的两三个脉冲星组成的小集团。脉冲星的另一特性是脉冲的周期与其持续时间表现为确定的相关性,而且应该出现可以检查到的脉冲率的变慢特征。戈耳德所作的这个预言值得更进一步讨论。

超新星爆发的最后阶段所形成的中子星,可与迅速收缩的星的角速度相联系,从而估计其旋转周期,中子星开始的旋转周期为 1 毫秒。可是由于中子星的不稳定性以及发射气体到外围的等离子区里要耗损能量,这种迅速旋转不能维持很久,结果造成转率的降低。当能量损耗之时,由于物质的损失或射电的发射,转率继续下降不已。戈耳德由蟹状星云里脉冲星的精密计时的测量,证明射电发射的周期真有这一变化。这变化的分量很小,每年只有其原来周期的 $1/2\,400$,但是由于脉冲如此迅速而有规律,这是在完全可以探测的范围内的。其他脉冲星,特别是 CP1919、CP0834、CP0950 与 CP1133,经德韦斯(Daviex)等人证明,也表现相同的效应。

由脉冲星产生的宇宙线我们可以估计得到,与脉冲星相联系的能量是异常之高,特别是在其形成的早期阶段里，以致这能量内大部分用来形成宇宙线。银河系里宇宙线的大部分流量很可能从迅速旋转的中子星而来。

从脉冲而来的光辐射 脉冲星的一个显著特征是：虽然探测由它们而来的射电辐射是比较容易的事，自从第一颗脉冲星发现以来，这些脉冲波便表现在电磁波的范围内，但是要从这些星去探测光波却异常困难。我们现在才明白，这是由于以前用了不适当的方法。天文工作者曾用大型仪器在脉冲星的区域里作过很多次的探测，但没有获得成功。直到最近大家才认识到这些天体在可见光区里的发射类似其射电波，以短脉冲的形式出现，于是才在蟹状星云脉冲星里探测到它的闪光来。它的方法是用高灵敏度的软片和高度巧妙的技术以增进落在软片上的辐射量，而连续拍摄一系列的照片。这种技术加以改进之后，还可能探测到其他脉冲星的闪射光。

超密星与"黑洞"假说 1967年脉冲星被发现并证认为一种很特殊的星，即多年前理论物理学家所预言的中子星，于是引起人们的兴趣去寻找另一类具有奇怪性质的天体"黑洞"。这一类星也是早已预言过的但还没有证实其存在。

恒星一般都是在流体静力平衡下的气体球，在其内部的每一点上，有指向外面的气压足与上面的气体重力取得平衡。如果从表面至中心向星的内部去，上面的气体的分量不断增加，因此需要和重力取得平衡的压力也应当均匀地增加至中心达到极大值。一般星与微密星的差异便由于这种压力。一般星体内的压力是由组成星体的电子与离子的随机运动而来。这是与温度和密度成正比的一种热磁效应，如理想气体方程式所描绘的那样。

在密度很大而温度不太高时，来源于量子化的压力（所谓简并压）则成为主要的因素，它起初来自电子间的排斥力。事实上，据泡利不相容原理，电子间不能彼此过于接近，换句话说，电子间有一种类似于压力的排斥作用，这只能在密度很大时才表现出来。电子的运动很有规则，只有其中很少一部分才是随机的，于是出现一种很强的内压力，它能维持一个稳定而较冷的星的存在，但只能提供很少的来自随机运动的热能量。这类星处于质量相当小的演化终期，在自然界里这便是白矮星。这种星中质量愈多的直径愈短，一颗典型的白矮星半径与地球的半径属于相同数量级，而它的质量却与太阳的质量属于相同数量级。

我们观测到的这类恒星不很明亮，因为它们只靠稀少的热能量而发出辐射，不像一般恒星那样有连续不断的能源。电子的简并压只能使质量限于某一临界值（约 1.4 个太阳质量）的白矮星维持在稳定状态里。

如果密度再大，达到在近似原子核的密度下的话，电子因核反应而被吸收，中子与质子之间也就会形成一种简并压。由这一种简并从而形成的压力所造成一种新的高密星，叫作中子星。只有在剧烈收缩下，如像超新星爆发所造成的坍缩，才能够形成这样的星。一般人认为最近发现的脉冲星便是中子星。

我们不能预先精密地算出中子星质量的上限，因为我们对于核子力还认识不够。这上限应在太阳质量的 1～2 倍之间，也许可能达到 3 个太阳质量。超过这个临界质量的星便不会保持稳定，它将无限地坍缩而形成"黑洞"。这样的物体只能用广义相对论去描述，在它的内部，对于我们的习惯而言，空间与时间的关系互相颠倒。不用数学语言，这些性质是难于解释的。举例来说，正如时间对于我们来说应不断地流逝，在"黑洞"内空间便必然是不断地坍缩。于是没有任何光线能够从那里出来，由于空间比光信号还坠落得快，因而光不能向外面传播（因此取名"黑洞"）。黑洞对于它外面的特征是它的质量、电荷与角动量，因此可由它对于外面物体的引力和电力的效应去探测它。爱因斯坦发表他的广义相对论（1915）后不久，史瓦西便根据这理论计算了天体在其自身引力的影响下发生坍缩的情况。质量为 M 的星，半径收缩到 $2GM/c^2$ 以下（G 表示万有引力常数，c 表示光速）就会出现黑洞。$2GM/c^2$ 这个数通称为史瓦西半径。黑洞是否真的存在？它的主要特点又是什么？目前的看法很不一致。惠勒（Wheeler）说 1972 年天空中有三个天体可能（或大概）是"黑洞"。这类超密态的天体应是质量大的恒星坍缩后的最后产物。多数天体中，其物质强度足以阻止发生引力坍缩，因而没有变成黑洞的危险。引力坍缩在恒星的生存期内起一定作用，有些天文学家指出黑洞可能就是某些恒星的一种结局。

虽然黑洞是看不见的，但假使它是由一颗普通恒星的物质所形成的，它就有可能被探测出来。假使形成一颗中子星或黑洞的物质是气体，它们就会发热，足以发出 X 射线来；假使一个黑洞能从近邻的伴星得到物质，它也会发射出 X 射线。这种物质可能形成围绕黑洞迅速转动的圆盘。从圆盘发出的 X 射线，既非稳定不变的，也非脉冲式的，而可能是迅速波动的。拉芬尼说，他们正在（1972）观测的两个天体很可能是黑洞，这两颗星是双星系射电源天鹅 X-1 和小麦哲伦云 X-1 中的黑色凝聚物。在双星系中的黑洞能使来自可见伴星的物质流向黑洞。由于星系的转动，这种物质具有角动量，因此不会直接掉入黑洞，而是围绕它进行螺旋运动，所以这种增生物质会形成一个环绕黑洞旋转的圆盘。这只圆盘将是一个稳定的天体现象，因为物质从内线掉下去时，新的物质又会补充到外线。圆盘中的气体原子互相碰撞生热，从而发出 X 射线。以上是有关黑洞如何形成与其性质的一些理论推测。

澳大利亚一个天文研究小组宣布，他们已经定出两颗恒星爆炸消失之后留在天空中两个黑洞的位置,它们距离地球大约 7 000 光年。恒星爆炸之后,由于发生巨大的压力作用,因而恒星覆没以后可能留下黑洞,即只剩下一个大约 5 千米的物质团。那里引力大到接近它的任何物质都被吸收进去,并被压缩到 1 000 万摄氏度的高温。这一过程可能引起 X 射线辐射,因而有可能探测到黑洞。这样将使人们可能充分研究恒星演化的最后阶段,并说明恒星不能含有无限多的能量,当能量耗尽后恒星就会坍缩。

总之,由于对黑洞的研究与观测的发展,天体物理学家愈来愈相信,他们将不得不把黑洞作为天体物理体系的一个组成部分来处理。英国剑桥大学的霍金推导出"黑洞力学"的四个定律。由于 1972 年在黑洞的研究上取得一定的进展,因此有人将那一年看作是天体物理学的一个新分支——"黑洞物理学"研究的开端。

对"黑洞"假说的批判 尽管关于黑洞的研究已经如上所说,非常之多,但是整个黑洞学说仍然是一个假说,到目前为止,天文观测还没有证实黑洞的存在。从理论上来说,黑洞学说是以爱因斯坦的广义相对论为根据的。目前,只有少数几项观测事实(如水星近日点的进动,光线在引力场中的弯曲和引力红移等)显示了广义相对论的效应,因而作为黑洞学说理论根据的广义相对论本身也还有待于天文观测实践的进一步检验。

此外物理学中每一项理论也必然有它的适用界限,例如牛顿力学适用于一般物体的低速运动,对接近光速的运动,它就不能适用了。广义相对论即使对一定的物质运动状态是适用的,也必然有一个界限,是否能应用到像黑洞学说里所讲的那种大质量、高密度的情况,也还是一个问题。总之,黑洞学说还只是一种假说,还要在天文观测中经受检验。同时,这也是对广义相对论与其适用范围的一种检验,因为黑洞是广义相对论的重要预测之一。

星 图

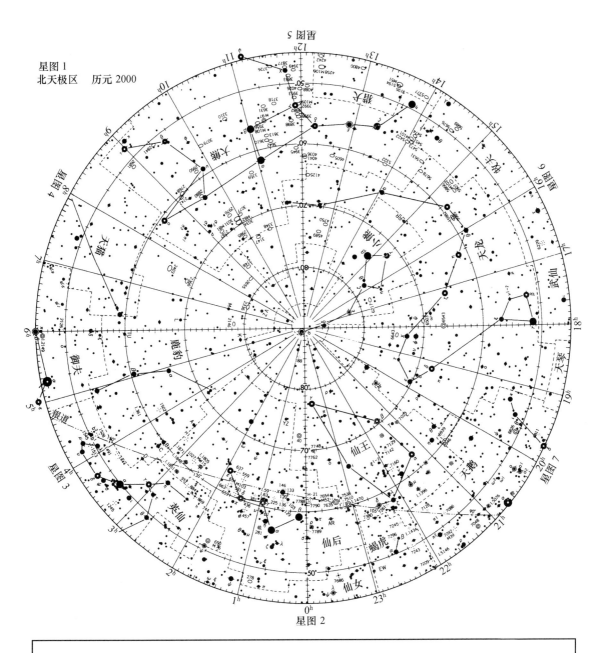

星图 1
北天极区 历元 2000

●1等星 ●2等星 ●3等星 •4等星 ·5等星 ·6等星 ⊛变星 ◦双星 ∷疏散星团 ⊛球状星团 ≋弥漫星云 ◎行星状星云 ○星系

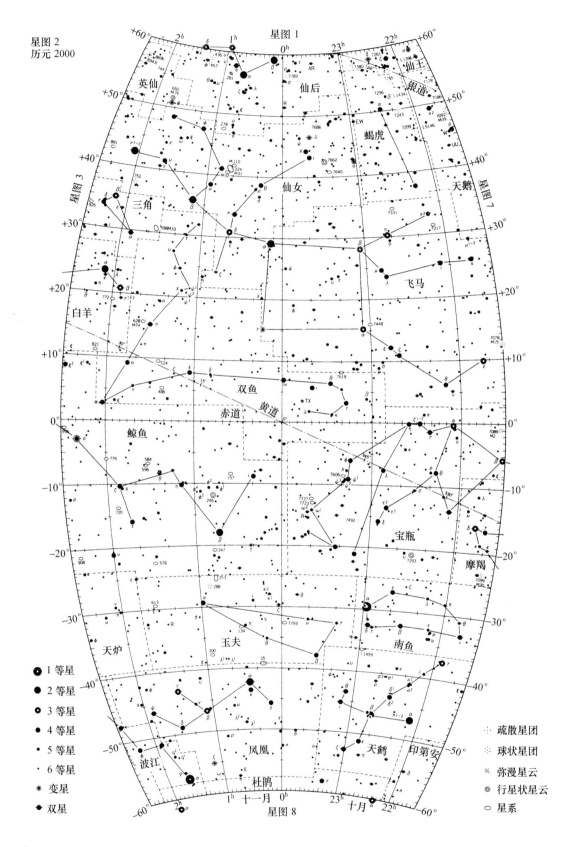

星图 2
历元 2000

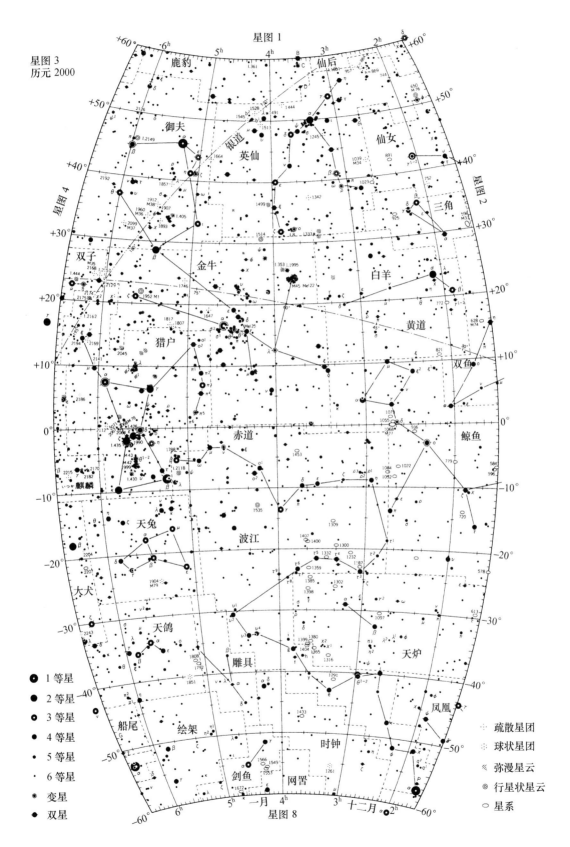

星图 3
历元 2000

星图 1

星图 4

星图 2

1 等星
2 等星
3 等星
4 等星
5 等星
6 等星
变星
双星

疏散星团
球状星团
弥漫星云
行星状星云
星系

星图 8

鹿豹　御夫　英仙　仙后　仙女　三角　双子　金牛　白羊　黄道　双鱼　猎户　赤道　鲸鱼　麒麟　天兔　波江　大犬　天鸽　雕具　天炉　船尾　绘架　时钟　剑鱼　网罟　凤凰

银道　黄道　赤道

一月　十二月

887

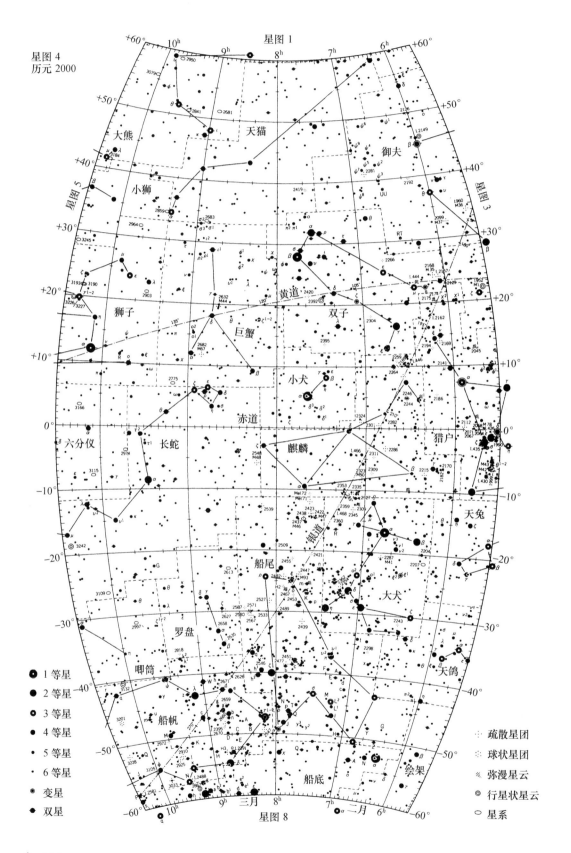

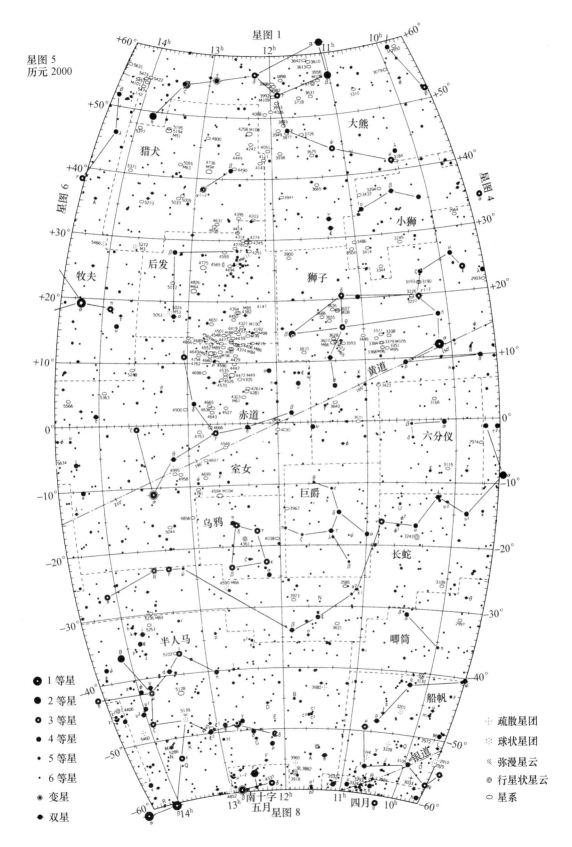

星图 1

星图 5
历元 2000

大熊

猎犬

小狮

星图 6

星图 4

牧夫

后发

狮子

室女

六分仪

巨爵

乌鸦

长蛇

半人马

唧筒

船帆

● 1 等星
● 2 等星
◉ 3 等星
● 4 等星
· 5 等星
· 6 等星
◉ 变星
◆ 双星

∴ 疏散星团
∷ 球状星团
⁒ 弥漫星云
◎ 行星状星云
○ 星系

南十字 12ʰ
13ʰ 14ʰ   五月   星图8   11ʰ   四月   10ʰ

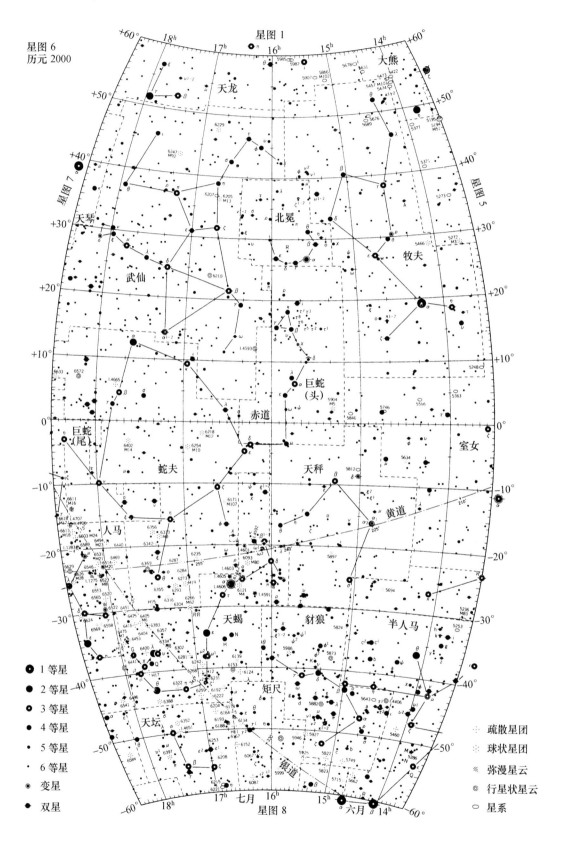

星图 6
历元 2000

星图 1

星图 7
星图 5
星图 8

七月
六月

天龙
天琴
武仙
北冕
牧夫
大熊
巨蛇
（头）
巨蛇
（尾）
蛇夫
天秤
室女
赤道
人马
黄道
天蝎
豺狼
半人马
矩尺
天坛
银道

● 1 等星
● 2 等星
◦ 3 等星
· 4 等星
· 5 等星
· 6 等星
◉ 变星
● 双星

⠿ 疏散星团
⦂ 球状星团
※ 弥漫星云
◎ 行星状星云
○ 星系

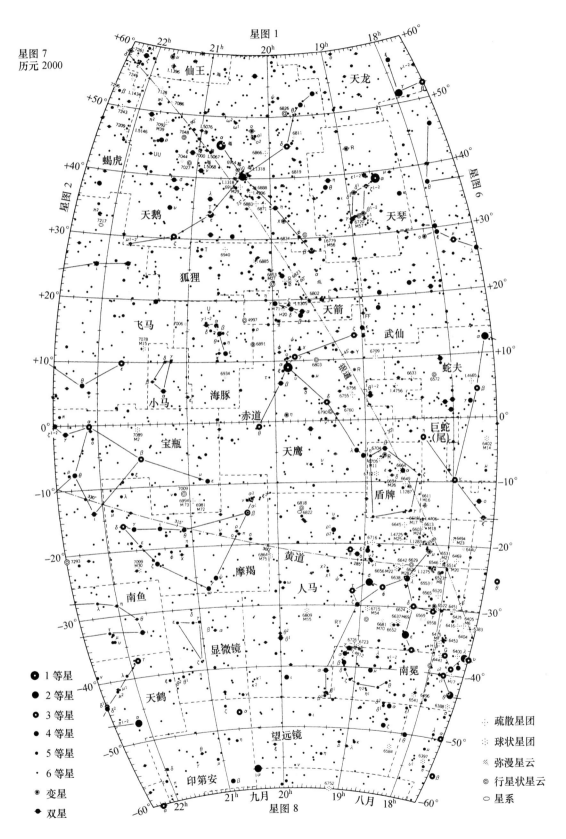

星图 7
历元 2000

星图 1

1 等星
2 等星
3 等星
4 等星
5 等星
6 等星
变星
双星

⋰ 疏散星团
⋮ 球状星团
〽 弥漫星云
◎ 行星状星云
○ 星系

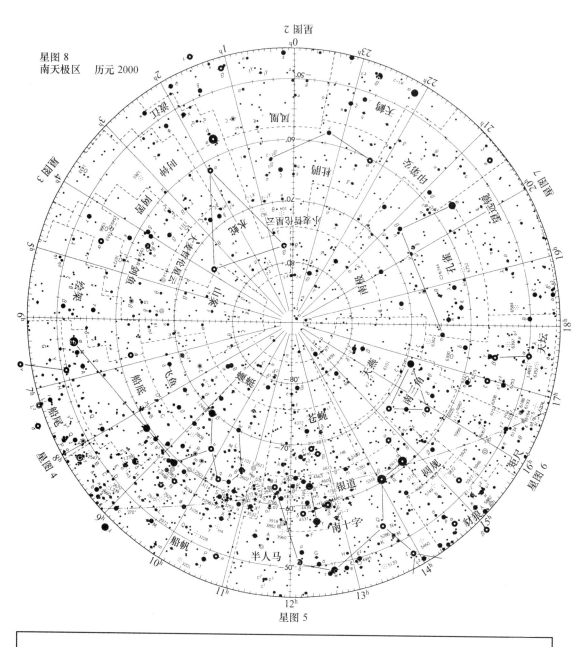

星图 8
南天极区　历元 2000

| ●1 等星 | ●2 等星 | ●3 等星 | ●4 等星 | •5 等星 | ·6 等星 | ⊙变星 | ●双星 | ⁖疏散星团 | ⦿球状星团 | ⋇弥漫星云 | ◎行星状星云 | ○星系 |

全天星图八幅由李元、李兆星编译